雪茄烟烟气成分及其检测技术

主　编　侯宏卫　李东亮
副主编　张洪非　杨　涓　庞永强　朱风鹏　李翔宇
　　　　罗彦波　姜兴益　何声宝　张　威　董　浩
主　审　庞永强

华中科技大学出版社
http://www.hustp.com
中国·武汉

图书在版编目(CIP)数据

雪茄烟烟气成分及其检测技术/侯宏卫，李东亮主编. —武汉：华中科技大学出版社，2022.3
ISBN 978-7-5680-8079-8

Ⅰ. ①雪… Ⅱ. ①侯… ②李… Ⅲ. ①雪茄-化学成分-研究 ②雪茄-鉴别-研究 Ⅳ. ①TS453

中国版本图书馆 CIP 数据核字(2022)第 038555 号

雪茄烟烟气成分及其检测技术 侯宏卫 李东亮 主编

Xuejiayan Yanqi Chengfen ji qi Jiance Jishu

策划编辑：曾 光
责任编辑：段亚萍
封面设计：孢 子
责任监印：徐 露
出版发行：华中科技大学出版社(中国・武汉) 电话：(027)81321913
武汉市东湖新技术开发区华工科技园 邮编：430223
录 排：武汉创易图文工作室
印 刷：武汉开心印印刷有限公司
开 本：787mm×1092mm 1/16
印 张：19.25
字 数：456 千字
版 次：2022 年 3 月第 1 版第 1 次印刷
定 价：98.00 元

编　委　会

前　言

有关雪茄的最早记载源于墨西哥尤卡坦半岛玛雅人在神器上的记录，500 年后(1492 年)，哥伦布来到美洲大陆，将烟草带入欧洲，当时美洲土著将烟叶编织成束，用干燥的棕榈叶或玉米叶包裹卷成长条，这就是最早的雪茄。雪茄烟是一种用烟草做茄芯，烟草或含有烟草成分的材料做茄衣、茄套卷制而成，具有雪茄型烟草香味特征的烟草制品，有别于卷烟等传统烟草制品，雪茄烟烟支中晾晒烟占烟支质量(不含烟嘴)的 70%以上，独特的烟叶组成和加工方式，成就了雪茄烟独特的香气风格。

雪茄烟烟草种类、烟支结构、制作工艺和燃烧特性与卷烟迥异，其香味成分组成和含量水平与卷烟有显著不同。随着国内分析化学的飞速发展，GC-MS、GC-MS/MS、LC-MS、GCO、IMS 等分析技术不断应用到烟草香味成分研究中，由于雪茄受众群体小，雪茄烟气分析测试经验少、难度较大等因素的限制，目前雪茄研究主要集中在原料生产和发酵工艺方面，化学成分分析领域基本为空白。近年来，随着中国消费市场全球化加速和国内消费结构提升，雪茄越来越受到普通消费者青睐，国内雪茄烟市场快速增长扩容，显示出雪茄市场的无穷潜力。围绕国产雪茄原料生产需求，亟须剖析雪茄烟化学成分，掌握雪茄烟和烟气化学物质种类、含量水平，明确雪茄感官质量与风格特征同化学成分之间的内在联系，表征国产雪茄烟感官质量的特征指标，以进一步提高国产雪茄原料的工业化应用价值。

基于此，编者对国内外代表性雪茄产品进行了全面的化学成分、烟气成分分析，对雪茄烟化学成分进行系统梳理和特征总结，以期为国产雪茄化学成分研究、中式雪茄风格塑造提供思路和参考。

本书内容丰富、全面，具有较强的科学性、知识性和实用性，是帮助读者正确理解和掌握雪茄烟气分析技术的科普教材和工具书。本书在编写过程中查阅参考了大量的国内外相关领域的论文论著，在此谨表谢意。

由于时间仓促及编者水平的限制，本书难免有不当之处，恳请读者给予批评指正。

编　者

2020 年 12 月

目　　录

第一章 雪茄烟气化学成分研究进展

雪茄烟是一种用烟草做茄芯，烟草或含有烟草成分的材料做茄衣、茄套卷制而成，具有雪茄型烟草香味特征的烟草制品，有别于卷烟等传统烟草制品，雪茄烟烟支中晾晒烟占烟支质量(不含烟嘴)的70%以上，独特的烟叶组成和加工方式，成就了雪茄烟独特的风格特色。近年来，雪茄烟保持稳健的发展态势[1]，但国产雪茄烟叶整体质量偏低[2]，国产雪茄烟质量特征和风格特色有待进一步明确和凝练。

烟气化学成分协同作用直观反映了烟气感官质量和风格特征，是构筑产品核心技术的关键点之一。国内雪茄烟研究主要集中在原料方面，烟气化学成分分析领域基本为空白。围绕国产雪茄原料生产需求，亟须明确表征国产雪茄烟感官质量的关键烟气指标，以进一步提高国产雪茄原料的工业化应用价值。基于此，本章对国内外雪茄烟气化学成分研究进展进行了梳理和总结，并提出展望和建议，以期为国产雪茄烟气化学成分研究和明确烟气关键质量指标提供思路和参考。

第一节 文献分析

据报道，雪茄烟的期刊论文仅为常规卷烟期刊论文的1/100左右[3]，有关雪茄烟气化学成分研究的文献则更少。国外对雪茄烟化学成分的报道始于20世纪30年代[4]，早期雪茄烟气文献主要为烟气有害及潜在有害物质成分(HPHCs)披露和毒理学研究，在20世纪60—70年代期间达到顶峰，主要由美国奈勒·达娜疾病预防研究所等研究机构发表。2000年后，研究重心逐渐转移到抽吸行为对生物暴露的影响方面，文献发布机构主要为美国巴特尔纪念研究所公共健康烟草研究中心、宾夕法尼亚州立大学烟草监管科学中心(TCORS)等烟草研究机构以及雪茄烟制造商。2016年，美国食品药品监督管理局(FDA)发布了一项认定“烟草产品”条例，将包括雪茄烟在内所有烟草产品纳入监管。按照条例要求，雪茄烟制造商需遵循与卷烟相同的规定：披露雪茄烟成分(包括HPHCs)[1,5]。因此，自2016年后国外雪茄烟气研究文献数量大幅增长。国内雪茄烟气研究起步晚，2013年在CORESTA推荐方法基础上制定了雪茄烟吸烟机及烟碱等常规指标测定方法行业标准[6-11]，国内目前公开发表的雪茄烟气研究性论文较少[12]。

第二节　雪茄烟烟气化学成分

烟气成分组成和释放量与烟叶类型、叶组(叶片、叶脉、烟梗组成)的燃烧性、氧气是否充分、燃烧锥温度梯度变化有关[13]。雪茄烟在以上几方面均与卷烟有较大差异:①烟叶类型不同;②加工方式不同,雪茄烟内部的致密结构决定了燃吸过程较卷烟燃烧更不充分;③雪茄燃烧锥升温速率变化梯度较卷烟缓和,燃烧达到的最高温度比卷烟高[13]。以上因素构成雪茄烟气氨、CO 释放量较高,pH 呈碱性的典型特征[14]。与卷烟相比,雪茄烟长度、直径、质量分布宽,加工方式决定了质量一致性较卷烟差,因而雪茄烟单位烟支烟气成分释放水平范围广、变异性大。为消除烟支规格对结果的影响,本节按单位质量烟气化学成分释放量对文献进行统计和梳理(见表 1-1)。由于抽吸参数是影响烟气释放量的主要因素,早期研究者抽吸雪茄烟尤其是大雪茄的条件不尽一致,加之大多数指标分析方法不成熟,因此本节对文献报道数据进行了甄选,剔除了较早的数据。值得注意的是,国外文献报道的与卷烟规格接近的小型雪茄大多按卷烟 ISO [15]条件进行抽吸,与 CRM No. 64[16]抽吸条件测定结果有一定差异。

表 1-1　雪茄主流烟气中的化学成分释放量(每克雪茄烟草释放量)

烟气成分		卷烟型雪茄	小雪茄	常规雪茄	卷烟	文献
粒相	pH	6.2～7.5	5.4～7.3	4.4～8.9	5.76[b]	17
	烟碱/mg	1.0～1.4 (1.6～4.4)	(0.7～2.8)	N. A.	1.0[a]	18, 19, 20
	NNN/ng	(389.0～1300.1) 326.6～1371.8	197～251 (163.4～659.2)	N. A.	180.3[a]	18,20,21
	NNK/ng	(311.0～879.6) 264.5～833.1	(157.5～742.0)	N. A.	150.0[a]	18,20
	BaP/ng	(15.6～47.9) 16.6～21.6	(36.8～75.7)	N. A.	10.0[a]	18,20
	降龙涎香醚/μg	0.4	N. A.	N. A.	N. D.[a]	19
	3-甲基丁腈/μg	0.8	N. A.	N. A.	N. D.[a]	19
	4-甲基咪唑/μg	13.6	N. A.	N. A.	4.6[a]	19
	喹啉/μg	(1.1～3.2)	(1.1～4.3)	N. A.	N. A.	20
	2,5-二甲基呋喃/μg	(15.9～34.2)	(139.4～381.3)	N. A.	N. A.	20

续表

烟气成分		卷烟型雪茄	小雪茄	常规雪茄	卷烟	文献
气相	NH_3/μg	N. A.	18.7.～25.4	N. A.	N. A.	21
	苯/μg	(113.4～253.5)	(158.4～343.7)	92～246	8.4～97[b]	20,22
	1,3-丁二烯/μg	(95.6～240.7)	(131.6～309.1)	N. A.	N. A.	20
	乙醛/μg	850～1390 (730.1～3681.4)	1046～1146 (1254.7～4502.8)	N. A.	N. A.	20,21,23
	甲醛/μg	N. A.	7.2～8.3	N. A.	N. A.	21
	乙腈/μg	(264.7～983.5)	(490.2～1266.8)	N. A.	N. A.	20
	丙烯腈/μg	(27.7～90.0)	(28.7～65.8)	N. A.	N. A.	20

注:1.括号内的数据为使用复制实验者抽吸行为的抽吸参数测定结果。2. N. D. 为未检出,N. A. 为无数据。3. a为混合型卷烟数据,b为市售卷烟或受试者日常抽吸卷烟,卷烟类型不明确。

2.1　常规指标

1.烟碱

雪茄烟主流烟气烟碱释放量(1.12～13.97 mg/支[12])分布范围宽,一方面是由于雪茄烟规格多样,另外,烟碱可直接挥发进入烟气[24],不同雪茄烟产品烟碱含量差异大也是原因之一,雪茄烟烟芯烟碱含量范围(6.3～24.8 mg/g[25,26])较卷烟(16.2～26.3 mg/g[27])更广。雪茄烟烟碱转移率与规格有关,不似卷烟烟碱转移率较为恒定(7%～10%)[27],小雪茄烟碱转移率(11%～16%)比大雪茄(3%～4%)高[14]。小雪茄单位TPM烟碱释放量比大雪茄略高。另外,研究者发现在ISO抽吸模式下,小雪茄单位烟支烟碱释放量与TPM显著正相关,与烟支重量、抽吸口数、滤嘴通风率及烟支长度相关性不大[26,28]。

研究表明,烟气中游离烟碱含量与劲头呈正相关[29,30],Schmeltz等[31]通过比较雪茄烟和卷烟烟气中碱性成分的含量,指出雪茄烟和卷烟烟气的感官区别与烟气挥发相中的游离烟碱有关。雪茄烟气偏碱性,烟气中烟碱形态分布与卷烟差异较大,烟气总烟碱中游离烟碱占比较卷烟高,因而雪茄吃味强度比卷烟大。雪茄烟气较高含量的游离烟碱能通过口腔黏膜迅速吸收,使抽烟者无须吞下烟气就能得到生理满足。卷烟烟气中烟碱主要以质子化形态存在,抽吸者需将烟气吞下通过肺泡吸收获得对烟碱更高效的吸收和输送[32]。烟气中游离烟碱含量差异是雪茄抽吸习惯不同于卷烟的主要原因,这一点,在碱性更强的大雪茄上体现更为明显。

2.焦油和CO

焦油是烟草中有机物质在缺氧条件下不完全燃烧后去除烟碱和水分的总粒相物。雪茄烟包裹茄芯的茄衣和茄套透气性较差,另一方面,由于雪茄烟尺寸比卷烟大,烟芯为叶卷裹制,密度较卷烟大,抽吸时内部空气少,以上因素决定了与卷烟相比,其燃烧更不充分,焦油释放量比卷烟高[13]。国外研究者[14]制作了不同茄衣材料包裹相同茄芯的卷烟型雪茄,发现薄片茄衣样品比卷烟纸茄衣样品的焦油释放量高，验证了包裹茄芯的茄衣、茄套透气度低是雪茄烟焦油释放量较高的原因之一。2019 年，研究者测定了中外雪茄烟气焦油释放量为 26.3～201.2 mg/支[12]，较国产卷烟高(5～16 mg/支[33])，其中大雪茄焦油释放量(54.9～201.2 mg/支)显著高于早期文献报道大雪茄数据(5.1～12.3 mg/支[34])，这可能是由于以前的研究者对直径大于 12 mm 的大雪茄采取恒定抽吸容量(20 mL)，导致结果偏低。从单位 TPM 焦油释放量来看，大雪茄和小雪茄释放水平接近[12]。

雪茄烟在不完全燃烧状态下，扩散进入烟支的空气少，氧化程度低，比卷烟燃烧生成更多 CO，雪茄烟主流烟气 CO 释放量(37.3～497.4 mg/支[12])显著高于国产卷烟(5～15 mg/支[33])。大雪茄单位 TPM 释放量比小雪茄略高[12]。小雪茄在卷烟 ISO 抽吸模式下，CO 释放量高于雪茄 CRM 抽吸模式[14]。另外，雪茄烟气中焦油释放量与 CO 释放量的相关性比卷烟小[34]。

2.2 有害成分

1. 烟草特有亚硝胺(TSNA)

烟气 TSNA 主要来自烟叶中 TSNA 的直接转移，雪茄烟叶中硝酸盐、生物碱含量都较高，由于调制和发酵条件适宜，亚硝酸盐积累水平较高，亚硝酸盐与生物碱作用导致雪茄烟叶 TSNA 含量较高。雪茄烟叶中硝酸盐含量高，在燃吸高温下，硝酸盐热解产生大量 NO_x 并与生物碱反应，进一步增加了烟气 TSNA 释放量。单位质量的卷烟型雪茄比 3R4F 参比卷烟(混合型)释放更多的 TSNA，且 TSNA 释放量水平分布范围广[18]。

2. 氨和氮氧化物

雪茄烟气中氨[14]和氮氧化物[13]显著高于烤烟和混合型卷烟，一方面是由于雪茄烟叶中硝酸盐含量较高，在抽吸过程中部分硝酸盐被还原成氨；另一方面，氨和氮氧化物的形成也与雪茄烟不完全燃烧有关[13]。氨是影响雪茄吃味强度的因素之一[31]，氨与其他含氮化合物参与了烟气吃味劲头的形成。雪茄烟气呈碱性，游离氨占氨总量比例较卷烟高，较高含量的游离氨会增加烟气的刺激性[35]，这也是雪茄烟感官不同于卷烟的原因之一。

3. 其他成分

雪茄单位质量多环芳烃释放量高于烤烟型卷烟，苯并芘释放量由大到小顺序为：小雪茄＞卷烟型雪茄＞卷烟[18,20]。雪茄烟中酚类物质释放量低于卷烟，这是由于烟叶中糖类是烟气中酚类的主要来源，雪茄烟叶中糖类含量较低与烟气酚类释放量较低有关[25]。另外，研究者发现卷烟型雪茄和滤嘴小雪茄无论是每口还是每支均比 3R4F 和 1R6F 参比卷烟(混合型)释放了更多的羰基化合物[36]。

2.3 香味成分

雪茄烟香韵远较卷烟丰富，2016 年，Klupinski 等[19]应用 GC×GC-TOFMS 分析技术比较美国产卷烟型雪茄和卷烟(混合型)主流烟气粒相物,前者色谱峰数量为2800～5700个,后者为1800～3800个,雪茄烟气复杂程度超过卷烟。研究者在卷烟型雪茄烟气中发现3种与卷烟(混合型)有显著差异的物质,降龙涎香醚是其中之一。降龙涎香醚具有琥珀、木香、苔香香气,研究者曾在香料烟中检出该物质[37],但还未有在烟气中检出的报道。因部分雪茄烟叶中含有赖百当类萜醇,该物质可能是由顺-冷杉醇(一种赖百当类萜醇)在烟叶调制及醇化过程发生氧化、降解和转化形成[38]。另外,有研究者发现雪茄烟气中释放较多挥发性吡啶类化合物有助于增强雪茄烟的吃味强度[17]。Bazemore等[39]应用多维GC/MS-嗅闻仪分析技术识别美国市场上浓味和淡味雪茄产品抽吸后实验者口腔中的有味道的成分,发现两者的特征成分不同,但绝大部分为吡啶类、吡咯类物质,主要是烟碱热解产物和美拉德反应产物,香气特征为坚果、霉味、烟草、黄油、烤肉、花香等。

2.4　烟气pH

通常认为,卷烟(烤烟和混合型)烟气呈酸性(pH5.6～6.3)[30],并随抽吸过程缓缓下降。雪茄烟中含有较多含氮化合物,糖类含量很低,燃烧生成氨、吡啶、吡咯等大量碱性物质,因此雪茄烟气大多呈碱性。

与卷烟(烤烟和混合型)烟气pH在抽吸过程中单向下降不同,雪茄烟气pH呈先降后升的规律[14]。大雪茄同卷烟型雪茄变化趋势相似,但变化幅度更陡,部分大雪茄抽吸过程中烟气pH最低值低于卷烟。研究者[26]发现卷烟型雪茄的pH变化趋势与卷烟接近,部分小雪茄在抽吸了1/3之后,烟气会变为酸性并一直保持酸性到抽吸结束,大雪茄会在抽吸了1/3之后变成酸性,2/3会变为碱性。不同抽吸段雪茄烟气pH变化情况如表1-2所示。

表1-2　不同类型雪茄烟气pH[13,14,17,26]

雪茄产品类型	pH均值(标准差)		
	起始(starting puff)	中段(middle puff)	最后(last puff)
卷烟型雪茄	6.81(0.21)	6.74(0.28)	7.17(0.45)
全叶卷小雪茄	7.03(0.10)	5.78(0.66)	6.25(0.79)
小雪茄	6.19(0.51)	5.62(0.67)	7.77(0.31)
大雪茄	7.00(0.12)	4.90(0.46)	8.55(0.27)

由于主流烟气pH反映的是主流烟气粒相和气相物质总的酸碱平衡状态,因此能够更准确地反映卷烟的感官质量[40]。对于手卷雪茄来说,在抽吸过程味道是不断变化的,通常来说前段比较清淡、中段味道丰富醇厚、后段辛辣感增强,大部分雪茄烟气pH在抽吸过程也有比较明显的变化过程。随着抽吸雪茄烟气pH降低变为酸性,烟气更加醇和细腻,在后段,烟气pH变为碱性,因而烟气辛辣感增加。pH变化趋势在某种程度上反映了化学成分变化的复杂过程。pH决定了烟气中游离烟碱的占比,研究表明,pH在6以上才会产生游离烟碱,在pH为8时,烟气中游离烟碱含量占50%[32]。pH与游离氨含量也有密切关系,烟气pH在6.8～7.2,烟气中游离氨的含量约为总氨的0.8%;pH

在5.3～5.6，游离氨仅占0.01%[35]。因而雪茄烟气较高pH与雪茄烟气的劲头和刺激性直接相关。有研究表明，卷烟烟气pH与影响综合感受的苦味、收敛、残留感、刺激感、热感呈显著正相关性[41]。雪茄烟气pH变化较卷烟复杂，不同规格雪茄烟烟气pH变化趋势对雪茄烟感官风格的影响还有待深入研究。

综上所述，雪茄烟和卷烟烟气中化学成分种类基本相同，但组成与释放量水平有较大差异。雪茄烟产品丰富多样、叶组组成、卷制特性均造成雪茄烟气成分释放量分布范围广和稳定性差，影响因素远较卷烟复杂。雪茄烟气文献有限，加上早期雪茄抽吸条件和分析方法不统一，文献报道雪茄烟气数据存在一定差异。由于卷烟型雪茄等小型雪茄在美国市场流行和抽吸难度较小等因素，国外学者对其烟气化学成分研究相对较多，大雪茄烟气成分释放量数据较为缺乏，且用于比较的卷烟主要为美国市售卷烟，以混合型居多，缺乏烤烟型卷烟的对照数据。另外，国外对雪茄烟气化学成分研究大多从监管角度出发，雪茄烟气香味成分的研究则更少且零散。雪茄制造工艺、烟支物理特性和养护环节对烟气成分的影响研究鲜有报道。近年来，复制吸烟者抽吸参数，研究雪茄烟抽吸行为对烟气释放量和生物暴露的影响[20,42-44]，开发稳定可靠的雪茄烟气分析方法[45-50]，成为国外雪茄烟气领域研究热点。随着国内雪茄烟市场快速发展，明确国产雪茄质量特征和风格特色，剖析国产雪茄烟气成分显得尤为迫切。

第三节　小结与展望

当前雪茄烟气研究远不如卷烟广泛和深入，分析方法标准有限、测试经验欠缺、无参比雪茄烟和雪茄烟产品自身特性等诸多因素，造成雪茄烟气分析难度大，成为当前雪茄烟气化学成分研究面临的挑战，可靠数据是开展烟气研究的前提和基础。鉴于此，CORESTA雪茄工作组成立了雪茄科学研究小组，明确雪茄烟使用模式和抽吸条件研究、标准分析方法开发和验证、参比雪茄烟的研制是未来雪茄烟重点研究方向[3]。

随着国内雪茄烟重大专项的启动，中外雪茄烟气成分差异、国产雪茄和国产卷烟烟气成分的差异、国产雪茄烟气感官质量和风格特征的物质基础均有待阐明。建议将国外雪茄烟气化学研究热点和前沿分析技术与国产雪茄烟质量评价破题需求相结合，多维度加强雪茄烟气化学成分分析和研究。①着重新分析技术的应用，开发稳定可靠的雪茄烟气化学成分分析方法，积累国产雪茄烟气成分释放水平基础数据。②模拟抽吸者抽吸行为，探寻不同雪茄产品抽吸习惯差异，研究雪茄抽吸条件对烟气成分释放量及感官质量的影响。③以感官为导向，分析中外雪茄烟气成分的差异，凝练国产雪茄烟特征香吃味的烟气物质基础，建立国产雪茄烟质量评价指标体系。④系统研究雪茄烟气有害成分的形成机理、雪茄烟与卷烟烟气成分之间的差异，筛选表征国产雪茄烟气安全性关键指标，建立国产雪茄烟气安全性评价指标体系。⑤研究不同产区雪茄原料、雪茄制造工艺、雪茄烟养护介质、雪茄烟物理特性对烟气化学成分和感官质量的影响。通过上述几方面研究工作的开展，为国产雪茄烟的发展提供一定理论支撑和参考依据。

参考文献：

[1] 衡丙权. 全球雪茄烟发展概况[EB/OL]. 中国烟草，2017，5.

[2] 李爱军,秦艳青,代惠娟,等.国产雪茄烟叶科学发展刍议[J]. 中国烟草学报，2012(1):112-114.
LI Aijun,QIN Yanqing,DAI Huijuan,et al. On scientific development of China's cigar leaf[J]. Acta Tabacaria Sinica,2012(1):112-114.

[3] Smith J H, Aubuchon S M, Wagner K A, et al. Challenges and opportunities in cigar science[C]//CORESTA Congress. Kunming: CORESTA, 2018.

[4] Haley D E, Jensen C O, Olson O. A study of the ammonia content of cigar smoke [J]. Plant Physiology, 1931,6(1):183-187.

[5] Food and Drug Administration-Department of Health and Human Services. Deeming tobacco products to be subject to the federal food, drug, and cosmetic act, as amended by the family smoking prevention and tobacco control act; Restrictions on the sale and distribution of tobacco products and required warning statements for tobacco products. Final rule[J]. Federal Register, 2016,81(90): 28973-29106.

[6] YC/T 461—2013 常规分析用雪茄烟吸烟机定义和标准条件[S].
YC/T 461—2013 Routine analytical cigar-smoking machine—Definitions and standard conditions[S].

[7] YC/T 462—2013 雪茄烟 调节和测试的大气环境[S].
YC/T 462—2013 Cigars—Atmosphere for conditioning and testing[S].

[8] YC/T 463—2013 雪茄烟 用常规分析用雪茄烟吸烟机测定总粒相物和焦油[S].
YC/T 463—2013 Cigars—Determination of total and nicotine-free dry particulate matter using a routine analytical cigar-smoking machine[S].

[9] YC/T 464—2013 雪茄烟 总粒相物中水分的测定 气相色谱法[S].
YC/T 464—2013 Cigars—Determination of water in smoke condensates—Gas-chromatographic method[S].

[10] YC/T 465—2013 雪茄烟 总粒相物中烟碱的测定 气相色谱法[S].
YC/T 465—2013 Cigars—Determination of nicotine in smoke condensates—Gas-chromatographic method[S].

[11] YC/T 466—2013 雪茄烟 主流烟气中一氧化碳的测定 非散射红外法[S].
YC/T 466—2013 Cigars—Determination of carbon monoxide in mainstream smoke of cigars Non-dispersive infrared method[S].

[12] 李翔宇，姜兴益，张洪非，等. 雪茄烟主流烟气指标测定及稳定性分析[J]. 烟草科技，2019，52(10):44-51.
LI Xiangyu, JIANG Xingyi, ZHANG Hongfei, et al. Index measurement and stability analysis of mainstream cigar smoke[J]. Tobacco Science & Technology, 2019, 52(10):44-51.

[13] Burns D, Cummings K M, Hoffmann D. Cigars: health effects and trends. Smoking and tobacco control monograph no 9. [M]. Maryland: NIH Publication,

1998,66-68.

[14] Schmeltz I, Brunnemann K D, Hoffmann D, et al. On the chemistry of cigar smoke: comparisons between experimental little and large cigars[J]. Beiträge zur Tabakforschung International/Contributions to Tobacco Research, 1976, 8 (6): 367-377.

[15] ISO 3308 Routine Analytical Cigarette-smoking Machine-Definitions and Standard Conditions [S].

[16] CRM 65 Determination of total and nicotine-free dry particulate matter using a routine analytical cigar-smoking machine—Determination of total particulate matter and preparation for water and nicotine measurements[S].

[17] Hoffmann D, Wynder E L. Smoke of cigarettes and little cigars: An analytical comparison[J]. Science, 1972, 178(4066):1197-1199.

[18] Hamad S H, Johnson N M, Tefft M E, et al. Little cigars vs 3R4F cigarette: physical properties and HPHC yields[J]. Tobacco Regulatory Science, 2017, 3 (4): 459-478.

[19] Klupinski, T P, Strozier E D, Friedenberg D A, et al. Identification of new and distinctive exposures from little cigars[J]. Chemical Research in Toxicology, 2016, 29 (2): 162-168.

[20] Pickworth W B, Rosenberry Z R, Yi D, et al. Cigarillo and little cigar mainstream smoke constituents from replicated human smoking[J]. Chemical Research in Toxicology, 2018, 31(4):251-258.

[21] Felix A F, Karshak K, Robert S. Impact of cigar physical variability on cigar exposure using probabilistic risk assessment[C] //Tobacco Science Research Conference . Bonita Springs: TSRC, 2017.

[22] Appel B R, Guirguis G, Kim I S, et al. Benzene, benzo(a)pyrene, and lead in smoke from tobacco products other than cigarettes[J]. American Journal of Public Health, 1990, 80(5):560-564.

[23] Hoffmann D, Rathkamp G, Brunnemann K D, et al. Chemical studies on tobacco smoke. XXII. On the profile analysis of tobacco smoke[J]. Science of the Total Environment, 1973, 2(2):157-171.

[24] 闫克玉.卷烟烟气化学[M].郑州:郑州大学出版社，2002.

[25] Henningfield J E, Fant R V, Radzius A, et al. Nicotine concentration, smoke pH and whole tobacco aqueous pH of some cigar brands and types popular in the United States[J]. Nicotine & Tobacco Research,1999, 1 (2):163-168.

[26] Lawler T S, Stanfill S B, Decastro B R, et al. Surveillance of Nicotine and pH in Cigarette and Cigar Filler[J]. Tobacco Regulatory Science, 2017, 3(1):101-116.

[27] 徐海涛，于宏晓，岳勇，等. 卷烟烟丝及烟气中主要生物碱成分的相关性和转移[J]. 安徽农业科学，2015,43(22):212-213,222.

XU Haitao, YU Hongxiao, YUE Yong, et al. Transfer and relationship of the major alkaloids in cut tobacco and cigarette smoke[J]. Journal of Anhui Agri. Sci. 2015, 43(22):212-213,222.

[28] Goel R, Trushin N, Reilly S M, et al. A survey of nicotine yields in small cigar smoke: influence of cigar design and smoking regimens[J]. Nicotine & Tobacco Research, 2017, 20(10):1250-1257.

[29] 王裔耿，秦云华，陆舍铭，等. 主流烟气总粒相物中游离烟碱测定方法综述[J]. 云南化工，2007, 34(4):59-62.

WANG Yigeng, QIN Yunhua, LU Sheming, et al. Review on the determination of free nicotine from total particulate matter of mainstream smoke [J]. Yunnan Chemical Technology, 2007, 34(4):59-62.

[30] 李国政，邱建华，周浩，等. 卷烟烟气 pH 值研究进展[J]. 食品与机械，2017, 33(5):216-219.

LI Guozheng, QIU Jianhua, ZHOU Hao, et al. Advantage of pH value in cigarette smoke[J]. Food & Machinery, 2017,33(5):216-219.

[31] Schmeltz I, Stedman R L, Chamberlain W J, et al. Composition studies on tobacco. XX—bases of cigarette smoke[J]. Journal of the Science of Food and Agriculture,1964, 15(11):774-781.

[32] Armitage A K, Turner D M. Absorption of nicotine in cigarette and cigar smoke through the oral mucosa[J]. Nature, 1970, 226(5252):1231-1232.

[33] 谢剑平，刘惠民，朱茂祥，等. 卷烟烟气危害性指数研究[J]. 烟草科技，2009,42(2):5-15.

XIE Jianping, LIU Huimin, ZHU Maoxiang, et al. Development of a novel hazard index of mainstream cigarette smoke and its application on risk evaluation of cigarette products[J]. Tobacco Science & Technology, 2009,42(2):5-15.

[34] Rickert W S, Robinson J C, Bray D F, et al. Characterization of tobacco products: a comparative study of the tar, nicotine, and carbon monoxide yields of cigars, manufactured cigarettes, and cigarettes made from fine-cut tobacco[J]. Preventive Medicine, 1985, 14(2):226-233.

[35] Sloan, C H, Morie G P. Determination of unprotonated ammonia in whole cigarette smoke[J]. Beiträge zur Tabakforschung, 1976, 8:362-365.

[36] Reilly S M, Goel R, Bitzer Z, et al. Little cigars, filtered cigars, and their carbonyl delivery relative to cigarettes[J]. Nicotine & Tobacco Research, 2018, 20(1):S99-S106.

[37] Turkish Tobacco Essential Oil. Truth tobacco industry documents [RDM]. (1978)[2016-1-8] . http://industrydocuments. library. ucsf. edu/tobacco/docs/llkn0096.

[38] 黄婷婷，王静，符云鹏. 烟草赖百当二萜代谢调控机制研究进展[J]. 中国烟草学

报，2019，25(01):105-110.

HUANG Tingting, WANG Jing, FU Yunpeng. Research progress on metabolic regulation mechanism of labdane diterpenes in tobacco [J]. Acta Tabacaria Sinica, 2019, 25(01):105-110.

[39] Bazemore R, Harrison C, Greenberg M. Identification of components responsible for the odor of cigar smoker's breath[J]. Journal of Agricultural and Food Chemistry, 2006, 54(2):497-501.

[40] 李青青，杨靖，李文伟，等. 卷烟主流烟气 pH 和粒相物 pH 的测定及与感官质量的关系[J]. 烟草科技，2015(10):62-66.

LI Qingqing, YANG Jing, LI Wenwei, et al. Determination and relationships with sensory quality of pH values of mainstream cigarette smoke and its particulate matters[J]. Tobacco Science & Technology, 2015(10):62-66.

[41] 顾永波，肖作兵，刘强，等. 卷烟主流烟气 pH 值的测定及其与感官评吸的相关性研究[J]. 食品工业，2011(2):97-99.

GU Yongbo, Xiao Zuobing, LIU Qiang, et al. Determination of pH in cigarette mainstream smoke and the correlation with sensory quality [J]. The Food Industry, 2011(2):97-99.

[42] Dethloff O, Mueller C, Cahours X, et al. Cigar burning under different smoking intensities and effects on emissions [J]. Regulatory Toxicology and Pharmacology, 2017, 91(12):190-196.

[43] Koszowski B, Rosenberry Z R, Yi D, et al. Smoking behavior and smoke constituents from cigarillos and little cigars[J]. Tobacco Regulatory Science, 2017, 3(1):S31-S40.

[44] Rosenberry Z R, Pickworth W B, Koszowski B. Large cigars: smoking topography and toxicant exposure[J]. Nicotine and Tobacco Research, 2018, 20(2):183-191.

[45] Melvin M S, Blake T L, Ballentine R M, et al. The challenges of machine smoking the diverse cigar product category[C]//Tobacco Science Research Conference. 2017.

[46] Ballentine R M, Avery K C, Melvin M S, et al. Evaluation of available test methods for the determination of carbonyls in mainstream cigar smoke[C]//CORESTA Meeting. 2017.

[47] Zhu J, Brooks C, Pittaway L. Analysis of aromatic amines in mainstream cigarette and cigar smoke by GC-MS [C]//Tobacco Science Research Conference. 2017.

[48] Gillman I G, Maines J H, Jablonski J, et al. Validation and routine use of a method for the determination of carbonyl compounds in cigar smoke[C]//CORESTA Meeting. 2017.

[49] Brooks C. Determination of select volatile organic hydrocarbons in cigar smoke [C]//Tobacco Science Research Conference. 2017.
[50] Cecil T L, Brewer T M, Young M, et al. Acrolein yields in mainstream smoke from commercial cigarette and little cigar tobacco products [J]. Nicotine & Tobacco Research, 2017, 19(7): 865-870.

第二章　雪茄烟气化学成分介绍

第一节　生　物　碱

1. 烟碱

英文名：Nicotine。

别名：尼古丁。

分子式：$C_{10}H_{14}N_2$。

分子量：162.23。

CAS 号：54-11-5。

难闻、味苦、无色透明的油状液态物质。熔点 −80 ℃，沸点 247 ℃，密度 1.01 g/cm^3，可溶于水、乙醇、氯仿、乙醚、油类。尼古丁可渗入皮肤，是一种存在于茄科植物（茄属）中的生物碱，也是烟草的重要成分。

尼古丁是 N 胆碱受体激动剂的代表，对 N_1 和 N_2 受体及中枢神经系统均有作用，无临床应用价值。

自由基态的尼古丁燃点低于沸点，空气中低蒸汽压时，其气体达 308 K（35 ℃；95 ℉）会燃烧。基于这个原因，尼古丁大部分是经由点燃烟品时产生，然而吸入的分量也足够产生预期的效果。尼古丁具旋光性，有两个光学异构体。25 ℃时黏度为 2.7 mPa·s，50 ℃时黏度为 1.6 mPa·s；25.5 ℃时表面张力为 37.5 dynes/cm，36.0 ℃时表面张力为 37.0 dynes/cm。

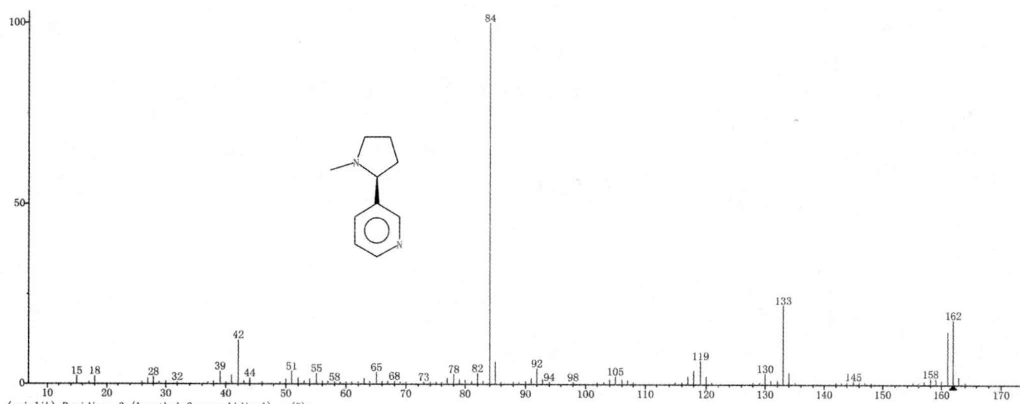

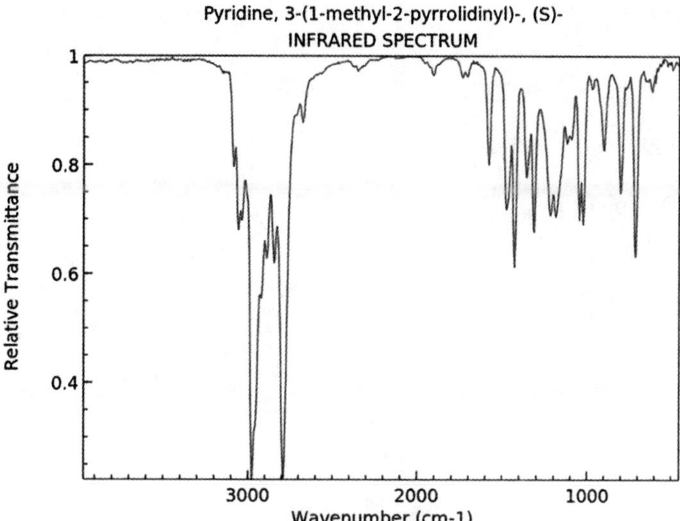

NIST Chemistry WebBook (https://webbook.nist.gov/chemistry)

尼古丁结构式

2. 新烟碱

英文名：(+/-)-Anabasine。
分子式：$C_{10}H_{14}N_2$。
分子量：162.23。
CAS 号：40774-73-0。

新烟碱结构式

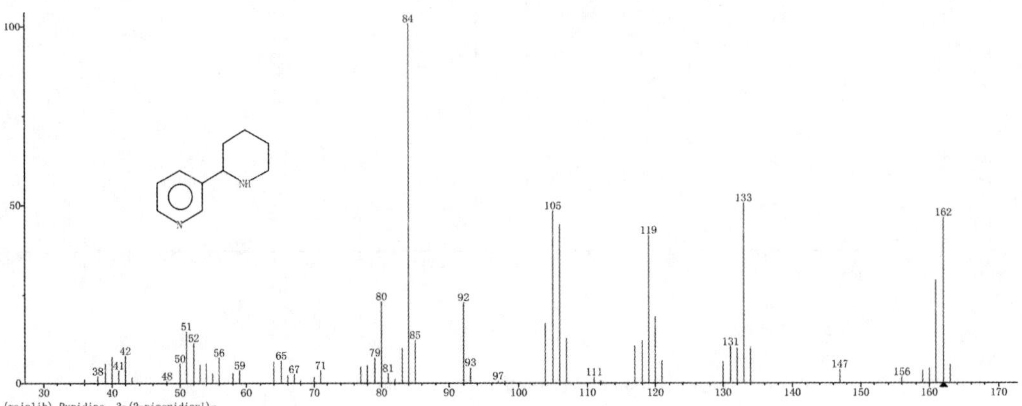

3.(S)-降烟碱

英文名:(S)-Nornicotine。
分子式:$C_9H_{12}N_2$。
分子量:148.20
CAS 号:494-97-3。

降烟碱结构式

4.麦斯明

英文名:Myosmine。
分子式:$C_9H_{10}N_2$。
分子量:146.19。
CAS 号:532-12-7。

密度 1.12 g/cm^3,沸点 244.7 ℃ at 760 mmHg,闪点 101.8 ℃。烟草生物碱,直接影响烟叶的香味品质、可用性及卷烟制品的生理强度、烟气特征。

麦斯明结构式

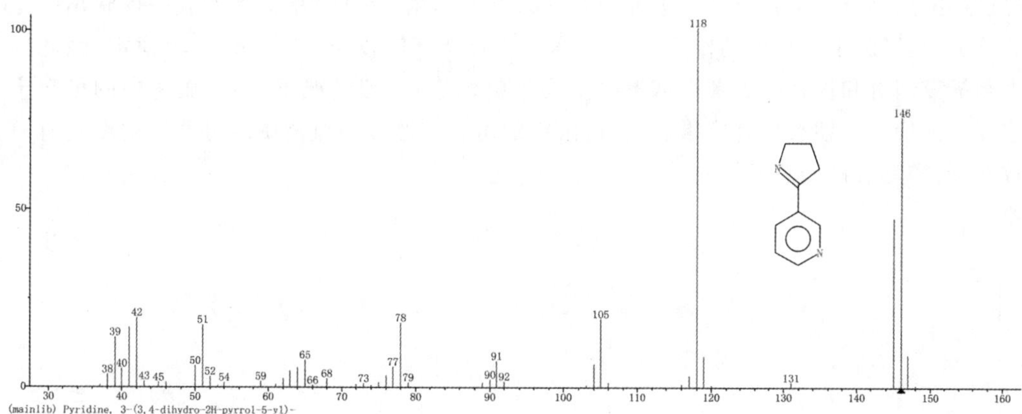

5. 假木贼碱

英文名：(-)-Anabasine。
分子式：$C_{10}H_{14}N_2$。
分子量：162.23。
CAS 号：494-52-0。

假木贼碱结构式

6. 可替宁

英文名：(-)-Cotinine。
别名：吡啶吡咯酮。
分子式：$C_{10}H_{12}N_2O$。
分子量：176.22。
CAS 号：486-56-6。

可替宁结构式

熔点 40～42 ℃，沸点 250 ℃，比旋光度$[\alpha]_D^{20}$ $-18°\sim-22°$($C=1$，C_2H_5OH)，密度 1.1102，折射率 1.7110，闪点 230 ℉以上。生物碱，尼古丁的主要代谢产物，烟气中碱性香味物质。可替宁是尼古丁在人体内进行初级代谢后的主要产物——烟草中的尼古丁在体内经细胞色素氧化酶 2A6(CYP2A6)代谢后的产物，主要存在于血液中，随着代谢过程从尿液排出。可替宁有促进神经系统兴奋的作用,并在某些鼠类实验中反映出一定的抗炎、减轻肺水肿程度的作用。由于可替宁的半衰期较长(3～4 d)且较稳定,因此成为测量吸烟者和被动吸烟者吸烟量的主要生物标志,一般情况下,多以血清中的可替宁浓度来评价。近期有研究成果显示,血浆中的可替宁浓度与血清中的可替宁浓度具有一致性,同样具有检测意义。

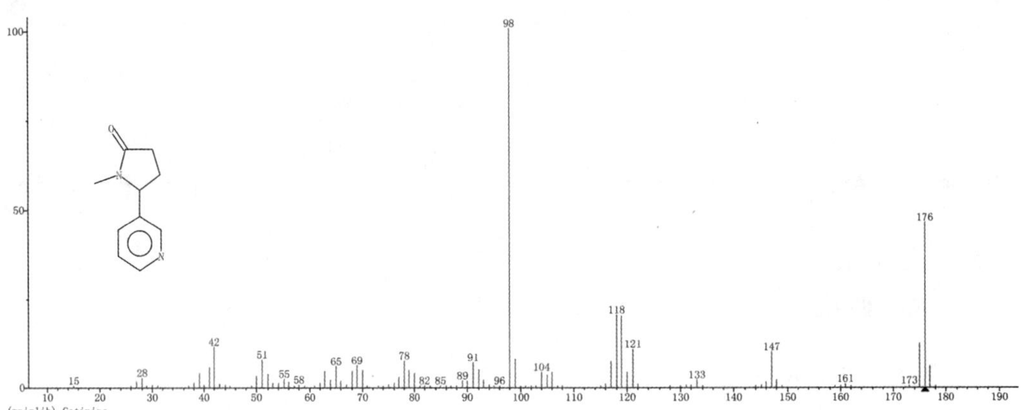

第二节 醇　　类

1. 苯甲醇

英文名:Benzyl alcohol。

别名:苄醇; 天然苯甲醇。

分子式:C_7H_8O。

分子量:108.14。

CAS 号:100-51-6。

苯甲醇是最简单的芳香醇之一,可看作是苯基取代的甲醇。苯甲醇为无色透明液体,稍有芳香气味。熔点－15 ℃,沸点 205 ℃,密度 1.045,折射率 1.539,稍溶于水,能与乙醇、乙醚、氯仿等混溶。苯甲醇在烟草精油中大量存在,具有花样柔和香气,不作为主体香气使用时,通常增加一些与卷烟香气相关的玫瑰花的底蕴。苯甲醇具有苦杏仁味,有极微弱的使人愉快的香气,在自然界中多数以酯的形式存在于香精油中,例如茉莉花油、风信子油和秘鲁香脂中都含有此成分。苯甲醇是极有用的定香剂,是茉莉、月下香、伊兰等香精调配时不可缺少的香料,用于配制香皂、日用化妆香精。但苯甲醇能缓慢地自然氧化,一部分生成苯甲醛和苄醚,使市售产品常带有杏仁香味,故不宜久贮。GB 2760 规定为暂时允许使用的食用香料。亦为定香剂、油脂溶剂。作为香料,主要用于配制浆果、果仁等型香精。用于制备花香油和药物等,也用作香料的溶剂和定香剂。

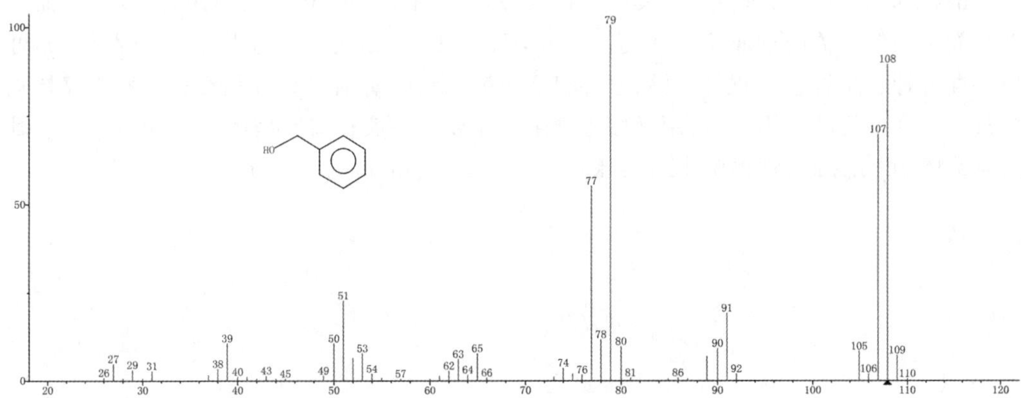

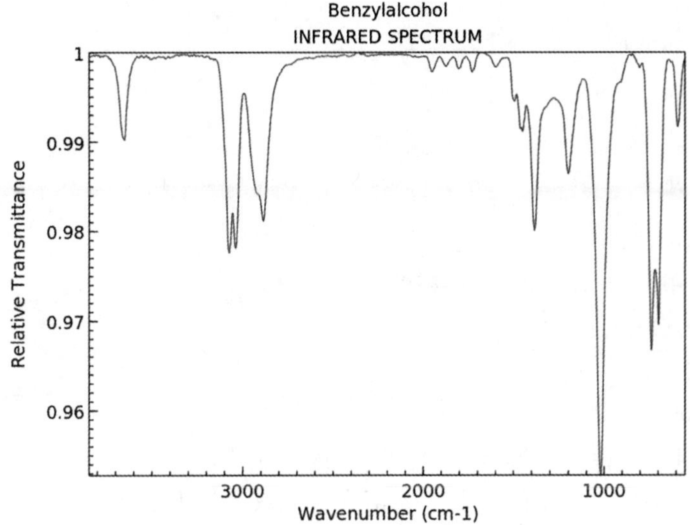

2. 苯乙醇

英文名：Phenethyl alcohol。

分子式：$C_8H_{10}O$。

分子量：122.16。

CAS 号：60-12-8。

无色黏稠液体，熔点－27 ℃，沸点 219 ℃，相对密度 1.0230，折射率 1.5310～1.5340。溶于水，可混溶于醇、醚，溶于甘油。在苹果、杏仁、香蕉、桃子、梨子、草莓、可可等天然植物及蜂蜜中发现。苯乙醇为蜜香，具有清甜的玫瑰样花香，主要用以配制蜂蜜、面包、桃子和浆果类等型香精。也可用于调配玫瑰香型花精油和各种花香型香精，如茉莉香型、丁香香型、橙花香型等，几乎可以调配所有的花精油，广泛用于调配皂用和化妆品香精。

苯乙醇在烟草精油中大量存在，具有花样玫瑰香气，不作为主体香气使用时，通常增加一些与卷烟香气相关的玫瑰花的底蕴。此外，GB 2760 规定为允许使用的食用香料，亦可以调配各种食用香精，如草莓、桃、李、甜瓜、焦糖、蜜香、奶油等型食用香精。苯乙醇是我国规定允许使用的食用香料，用量按正常生产需要。一般在口香糖中 21～80 mg/kg；烘烤食品中 16 mg/kg；糖果中 12 mg/kg；冷饮中 8.3 mg/kg。

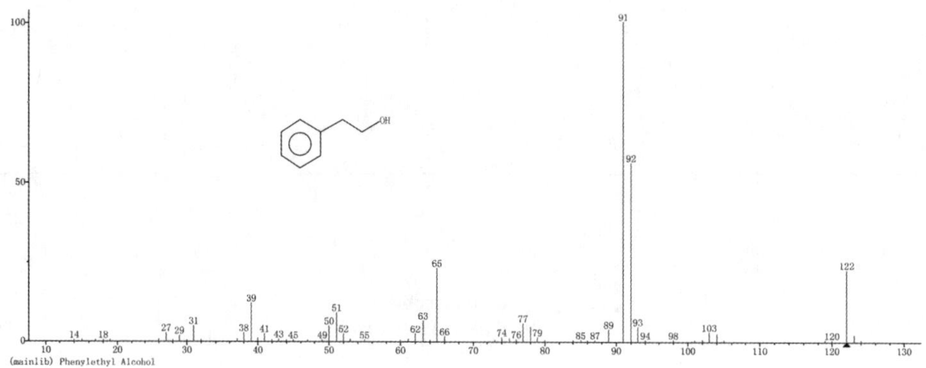

3. 2-糠醇

英文名：Furfuryl alcohol。

别名：α-呋喃甲醇；氧茂甲醇；乙醇糠酯。

分子式：$C_5H_6O_2$。

分子量：98.1。

CAS 号：98-00-0。

透明黄色液体。沸点 170 ℃，熔点－29 ℃，闪点 65 ℃。密度 1.135，折射率 1.486，溶于水，可混溶于乙醇、乙醚、苯、氯仿。暴露在日光或空气中会变成棕色或深红色。有苦味。糠醇带焦香。有油质焦煳气味，有谷香，似烤香气，微苦，呈微弱香气，有焦香味，具有咖啡和坚果类的香气，可增加浓度。在烟草中有甜奶香，构成清甜花果香韵，是卷烟舒适优雅头香的组成香气。天然品存在于小麦面包、咖啡、红茶、大豆、梨、米糠等中。GB 2761 规定为允许使用的食品用香料。主要用于配制焦香型香精。

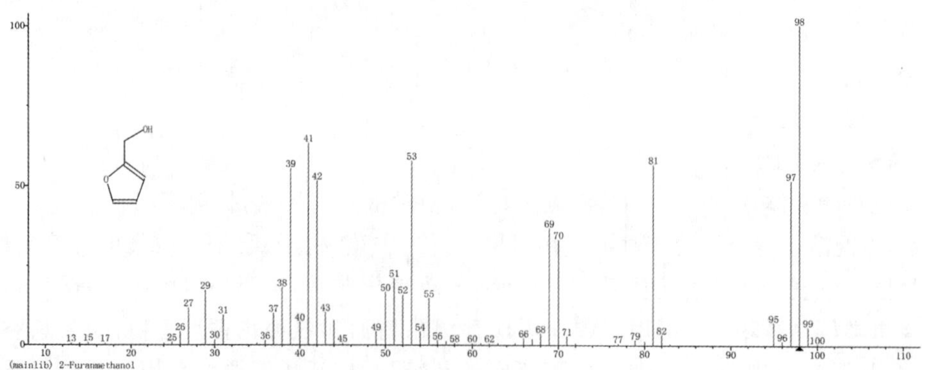

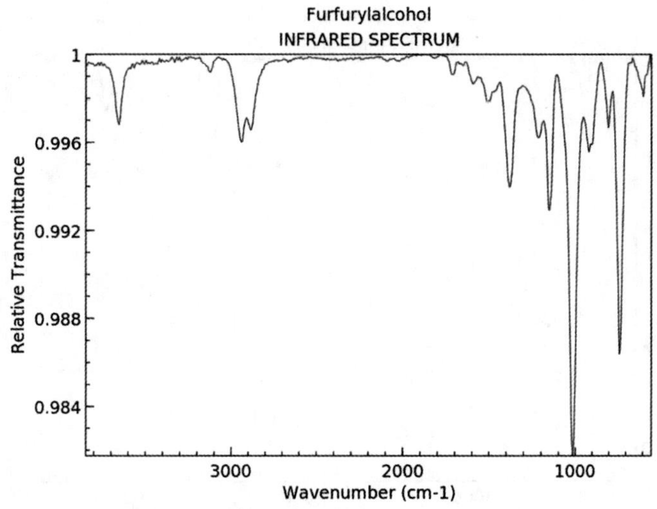

4.2-戊醇

英文名:2-Pentanol。

别名:仲戊醇。

分子式:$C_5H_{12}O$。

分子量:88.15。

CAS 号:6032-29-7。

一种无色液体,熔点－50 ℃,沸点 118～119 ℃,闪点 34 ℃,密度 0.812 ,折射率 1.406,溶于水,可混溶于乙醇、乙醚。呈葡萄酒和醚香,在葡萄酒中呈水果味、覆盆子味和坚果味。2-戊醇沸点低,挥发性强,是不稳定香气物质茶树花的主要香气成分,具有青气,具有茶树花的特征香型。国外研究表明,2-戊醇是香型可可的特征香气物质,是香型可可 SCA6 品种“发酵果香”的主要香气物质,可能是 Arriba 可可品种“果香”风味的主要香气物质成分,允许作为食品用香料的原料。

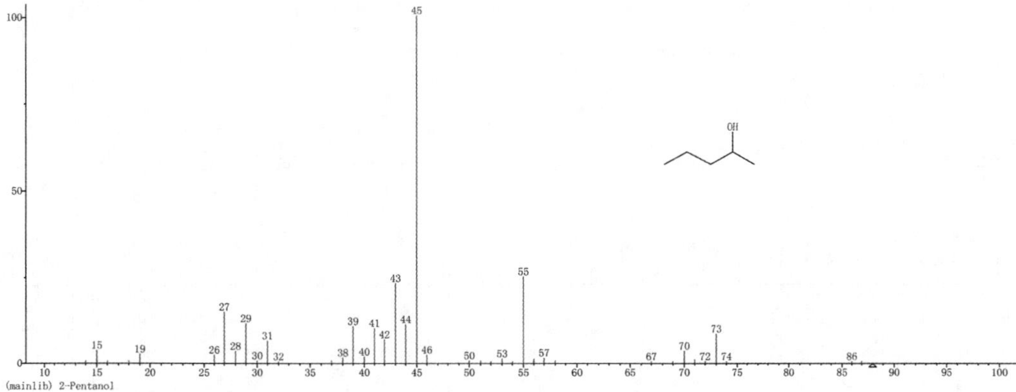

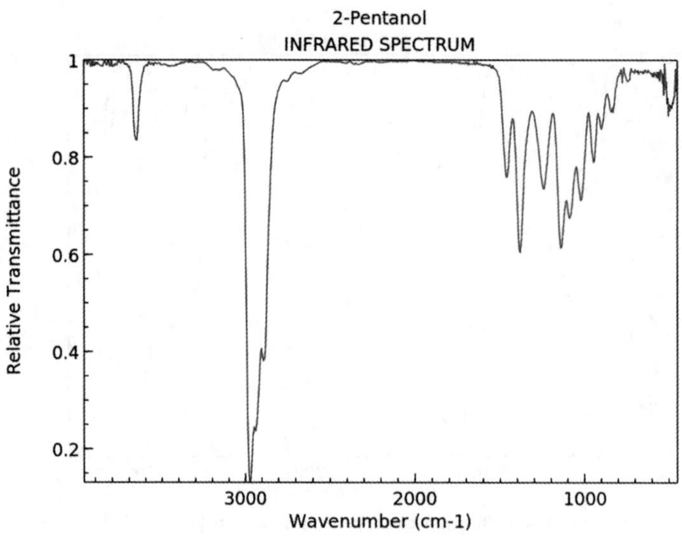

5. 丙三醇

英文名：Glycerol。

别名：1,2,3-丙三醇；甘油。

分子式：$C_3H_8O_3$。

分子量：92.09。

CAS号：56-81-5。

熔点18 ℃，沸点290 ℃，密度1.25，折射率1.474，能吸收硫化氢、氢氰酸、二氧化硫。能与水、乙醇混溶。无色、无臭、有暖甜味，外观呈澄明黏稠液态，存在于烤烟烟叶、白肋烟烟叶、香料烟烟叶、烟气中。天然存在于烟草、啤酒、葡萄酒、可可中。在食品工业中用作甜味剂、烟草的吸湿剂和溶剂。丙三醇（甘油）可改善白酒的甜度和自然感。

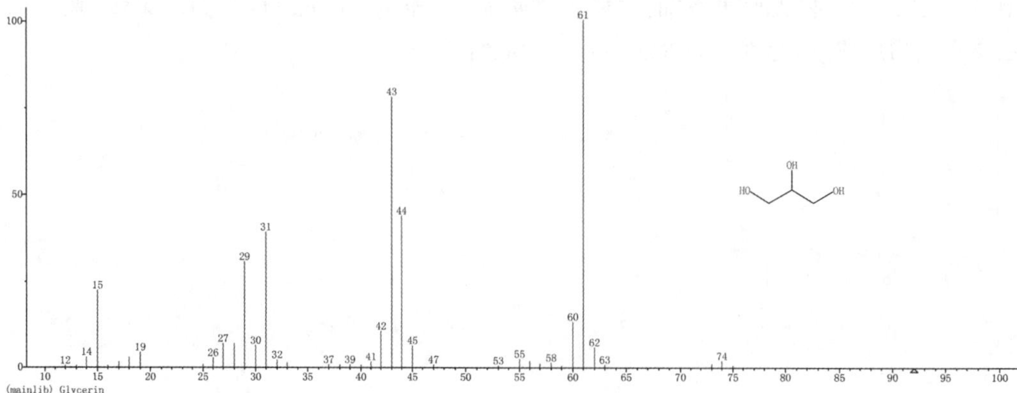

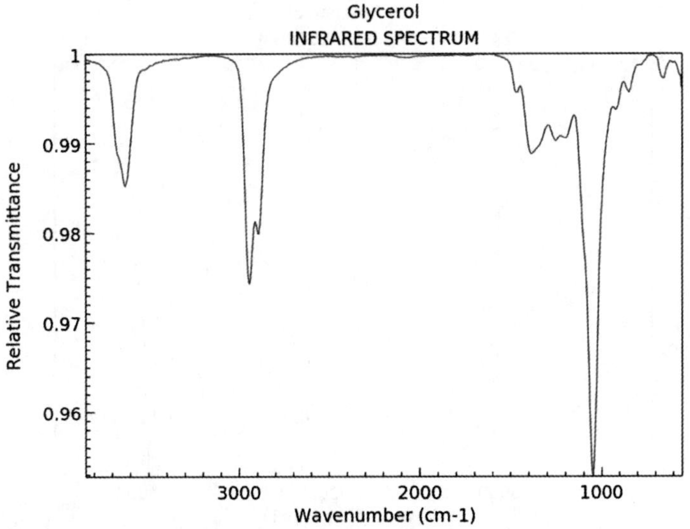

6. 2,3-丁二醇

英文名:2,3-Butanediol。

别名:丁二仲醇。

分子式:$C_4H_{10}O_2$。

分子量:90.12。

CAS 号:513-85-9。

黏稠状液体,低温下为晶体。熔点 25 ℃,沸点 183～184 ℃,密度 1.002,折射率 1.433,能与水混溶,溶于醇和醚。具有微弱吃味,使烟气醇和。2,3-丁二醇用硫酸作催化剂,在 140～150 ℃与乙酸反应 2 h,生成 2,3-丁二醇二乙酸酯,可加到奶油中。2,3-丁二醇可改善白酒的甜度和自然感。

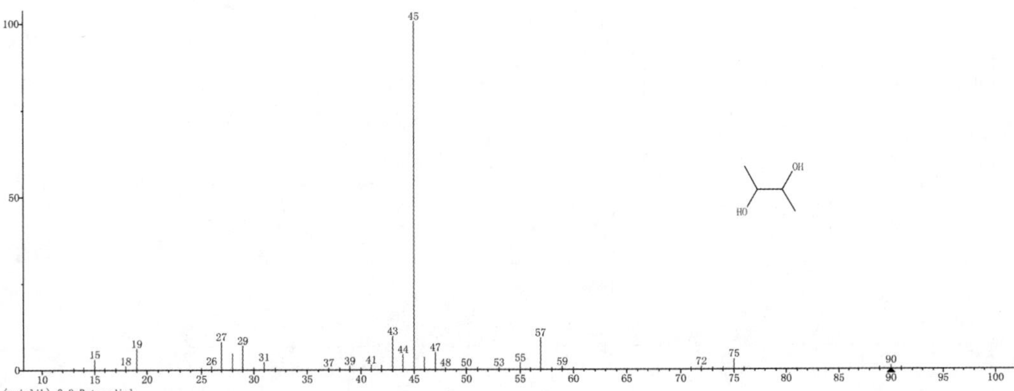

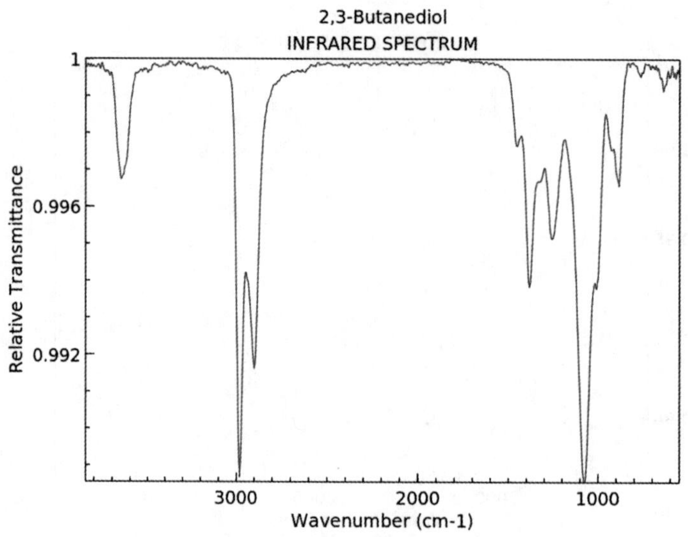

7. 乙二醇

英文名：Ethylene glycol。

别名：甘醇；EG；MEG。

分子式：$(CH_2OH)_2$。

分子量：62.07。

CAS 号：107-21-1。

无色无臭、有甜味液体，熔点−13 ℃，沸点 196～198 ℃，密度 1.113，折射率 1.431。乙二醇能与水、丙酮互溶，但在醚类中溶解度较小。由于分子量低，性质活泼，可起酯化、醚化、醇化、氧化、缩醛、脱水等反应。与烯醛类化合物可合成缩醛，在卷烟烟气中有特殊的风味作用，具有较柔和的香气特征，有降低刺激和改善烟气品质的作用。

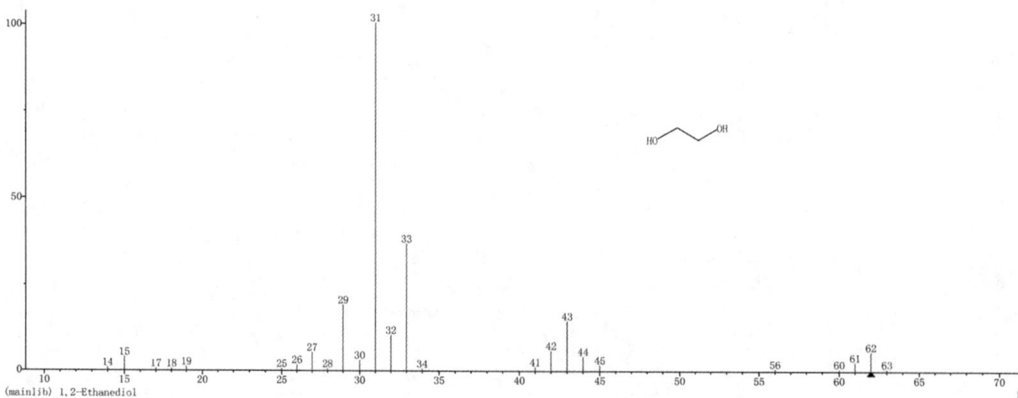

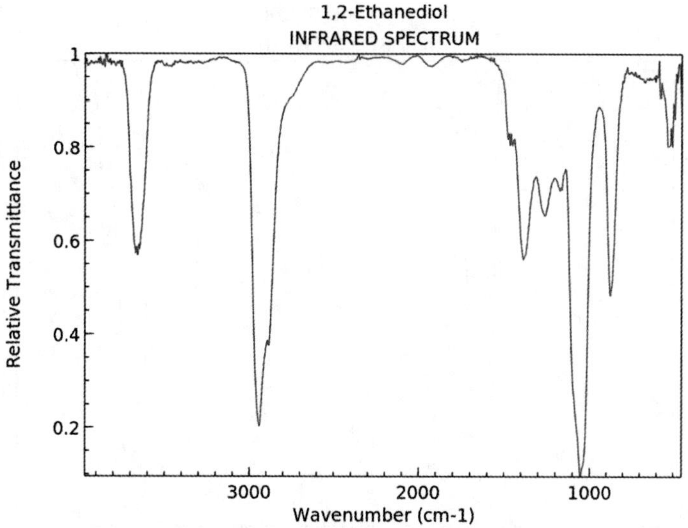

8. 1,2-丙二醇

英文名：1,2-Propanediol。

别名：甲基乙二醇。

分子式：$C_3H_8O_2$。

分子量：76.09。

CAS 号：57-55-6。

熔点 −60 ℃，沸点 187 ℃，密度 1.036，折射率 1.432，与水、乙醇及多种有机溶剂混溶。常态下为无色黏稠液体，近乎无味，细闻微甜。丙二醇可用作不饱和聚酯树脂的原料，在化妆品、牙膏和香皂中可与甘油或山梨醇配合用作润湿剂。在香水中使香气效果发挥更好。1,2-丙二醇存在于烟叶、烟气中，在食品工业中用作香料、食用色素的溶剂。1,2-丙二醇用作烟草增湿剂、防霉剂。

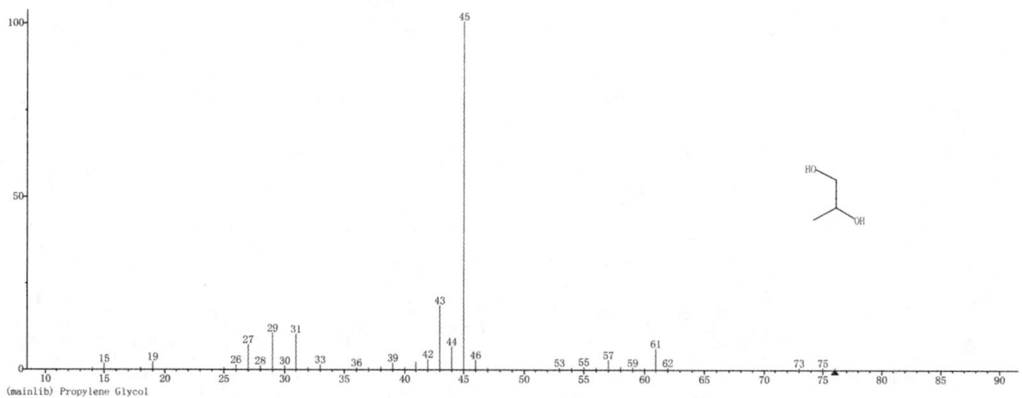

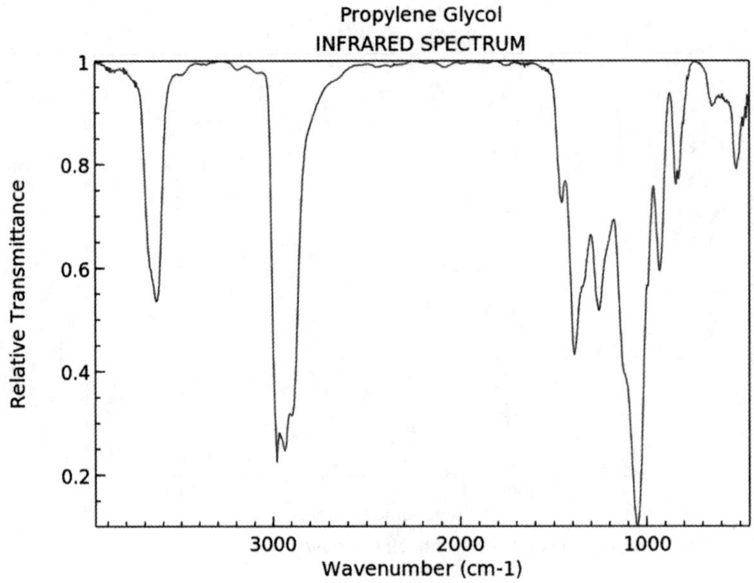

9. 高香草醇

英文名:Homovanillyl alcohol。

别名:4-羟基-3-甲氧基苯乙醇;高香兰醇;高香茅醇。

分子式:$C_9H_{12}O_3$。

分子量:168.19。

CAS 号:2380-78-1。

熔点 40～42 ℃,沸点(316.8±27.0) ℃,密度 1.182±0.06。

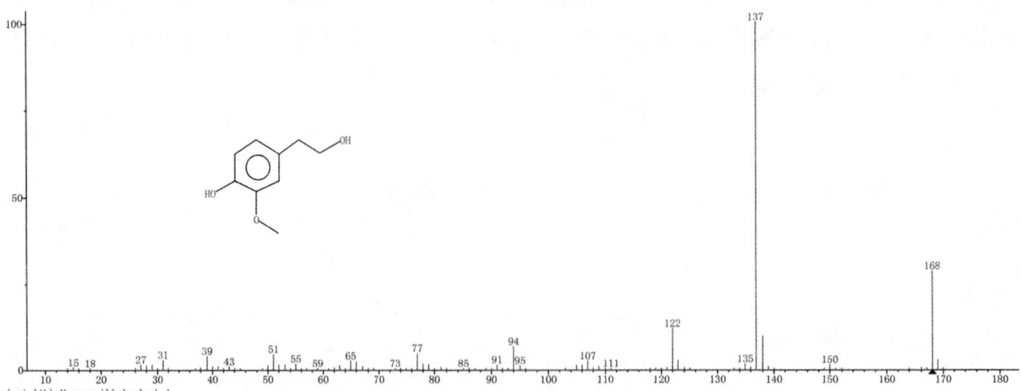

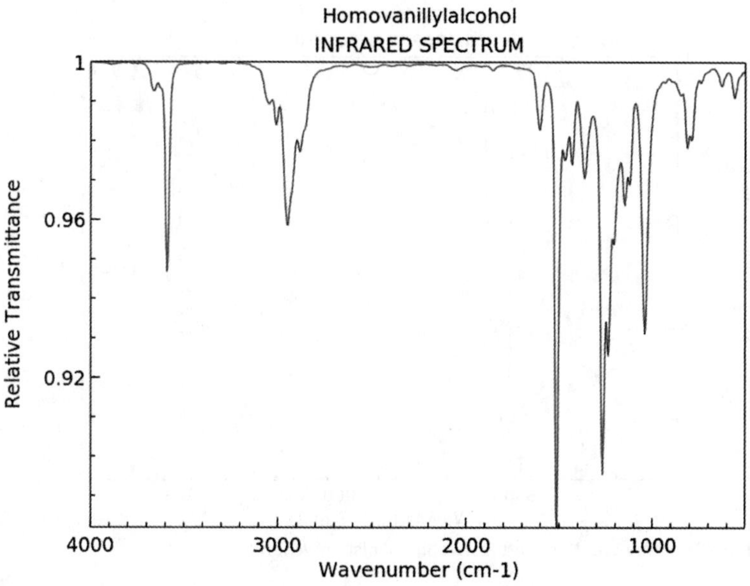

10. 2-环己烯-1-醇

英文名:2-Cyclohexen-1-ol。

分子式:$C_6H_{10}O$。

分子量:98.14。

CAS 号:822-67-3。

熔点 107～108 ℃,沸点 164～166 ℃,密度 1,折射率 1.487。存在于牛至等天然植物精油中,挥发性香味成分。

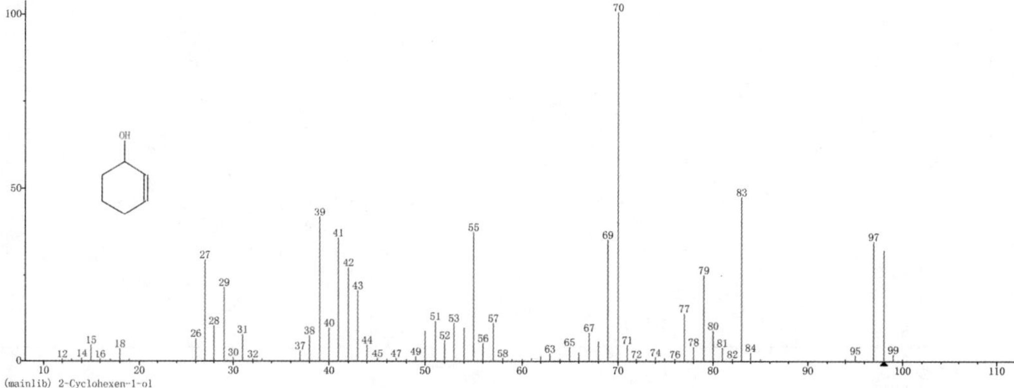

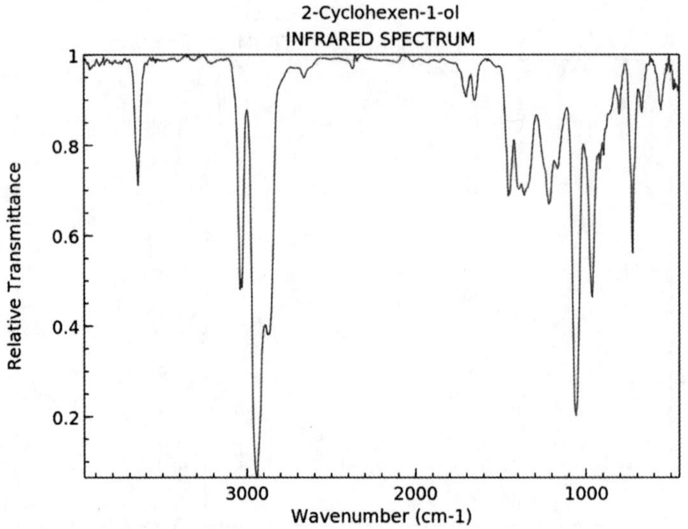

11. 3-丁烯-1,2-二醇

英文名:3-Butene-1,2-diol。

别名:丁烯二醇。

分子式:$C_4H_8O_2$。

分子量:88.11。

CAS 号:497-06-3。

密度 1.036 g/cm³,沸点 196.5 ℃ at 760 mmHg,闪点 89.3 ℃,折射率 1.462。丁烯二醇是赤藓糖醇的分解产物。

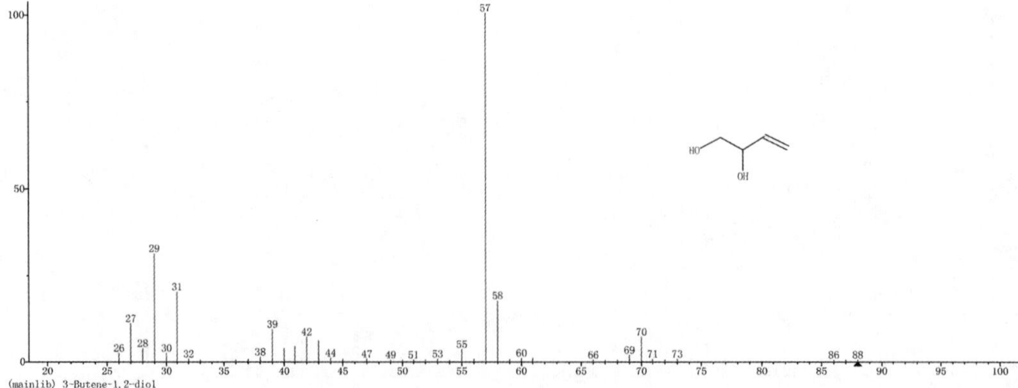

12. 对羟基苯乙醇

英文名:4-Hydroxyphenethyl alcohol。

别名:4-羟基苯乙醇;酪醇。

分子式:$C_8H_{10}O_2$。

分子量:138.16。

CAS 号:501-94-0。

常温下为白色结晶,熔点 89～92 ℃,沸点 195 ℃,密度 1.168,折射率 1.5590。能溶于醇和醚,微溶于水。广泛存在于植物、昆虫、微生物及其代谢产物中,具有广泛用途,是一种重要的医药、香料及化妆品原料,是酱香型白酒的重要风味成分。

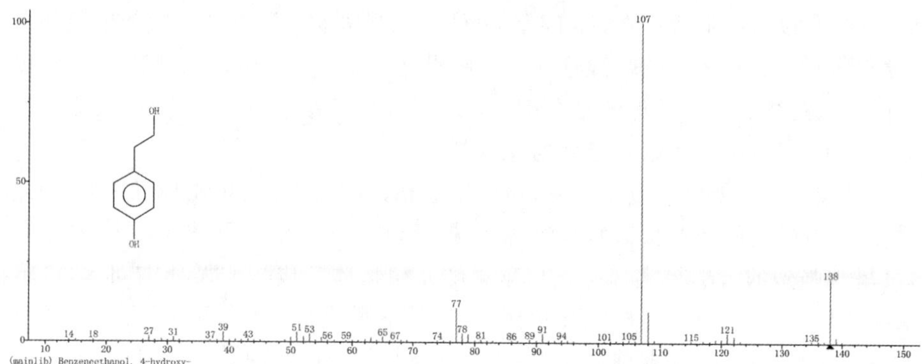

13. 5-甲基-2-呋喃甲醇

英文名:(5-Methyl-2-furyl)Methanol。

分子式:$C_6H_8O_2$。

分子量:112.13。

CAS 号:3857-25-8。

沸点 80 ℃,密度 1.0769,折射率 1.4835～1.4855。氨基酸和葡萄糖发生美拉德反应产物,具有焦糖香、焙烤香。

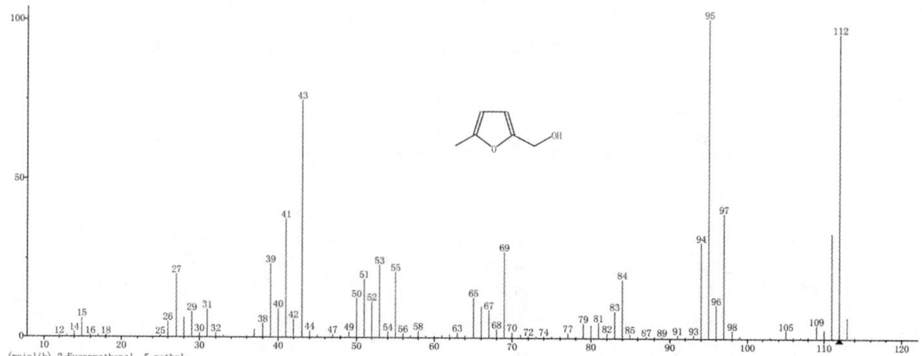

第三节 酸 类

1. 苹果酸

英文名：Hydroxy-butanedioic acid；Malic acid。

别名：羟基丁二酸；马来酸。

分子式：$C_4H_6O_5$。

分子量：134。

CAS 号：636-61-3(D 型)；97-67-6(L 型)；617-48-1(DL 型)。

大自然中，以三种形式存在，即 D-苹果酸、L-苹果酸和其混合物 DL-苹果酸。白色结晶体或结晶状粉末，有较强的吸湿性，易溶于水、乙醇，有特殊愉快的酸味。苹果酸主要用于食品和医药行业。最常见的是左旋体，L-苹果酸，存在于不成熟的山楂、苹果和葡萄果实的浆汁中，也可由延胡索酸经生物发酵制得。

L-苹果酸为天然果汁之重要成分，与柠檬酸相比酸度大(酸味比柠檬酸强 20%)，但味道柔和(具有较高的缓冲指数)，具特殊香味。当 50%的 L-苹果酸与 20%的柠檬酸共用时，可呈现强烈的天然果实风味。L-苹果酸是生物体三羧酸的循环中间体，口感接近天然果汁并具有天然香味，与柠檬酸相比，产生的热量更低，口味更好，因此广泛应用于酒类、饮料、果酱、口香糖等多种食品中，并有逐渐替代柠檬酸的势头，是目前世界食品工业中用量较大和发展前景较好的有机酸之一。

L-苹果酸口感接近天然苹果的酸味，与柠檬酸相比，具有酸度大、味道柔和、滞留时间长等特点，已广泛用于高档饮料、食品等行业，已成为继柠檬酸、乳酸之后用量排第三位的食品酸味剂。用 L-苹果酸配制的饮料更加酸甜可口，接近天然果汁的风味。苹果酸与柠檬酸配合使用，可以模拟天然果实的酸味特征，使口感更自然、协调、丰满。

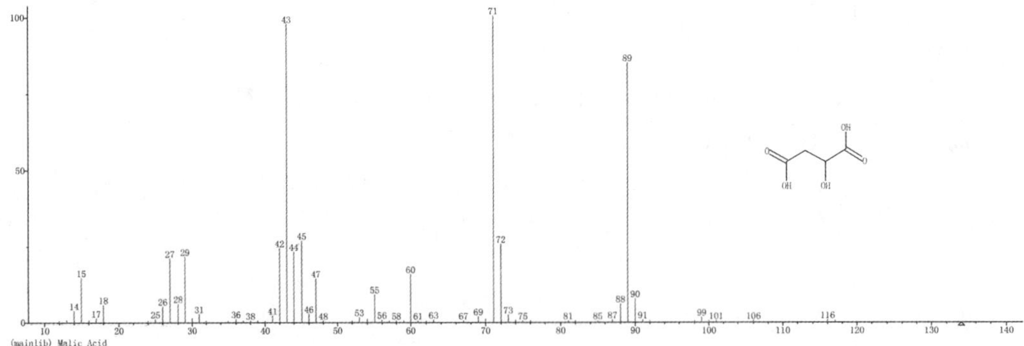

2. 甲酸

英文名：Formic acid。
别名：蚁酸。
分子式：HCOOH。
分子量：46.03。
CAS 号：64-18-6。

甲酸是最简单的羧酸。无色而有刺激性气味的液体。熔点 8.6 ℃，沸点 100.8 ℃，相对密度 1.220，折射率 1.3714。易燃。能与水、乙醇、乙醚和甘油任意混溶，和大多数的极性有机溶剂混溶，在烃中也有一定的溶解性。存在于蜂类、某些蚁类和毛虫的分泌物中。可用于调配苹果、番木瓜、波罗蜜、面包、干酪、乳酪、奶油等食用香精及威士忌酒、朗姆酒用香精。在最终加香食品中浓度为 1～18 mg/kg。烟气中挥发性有机酸。

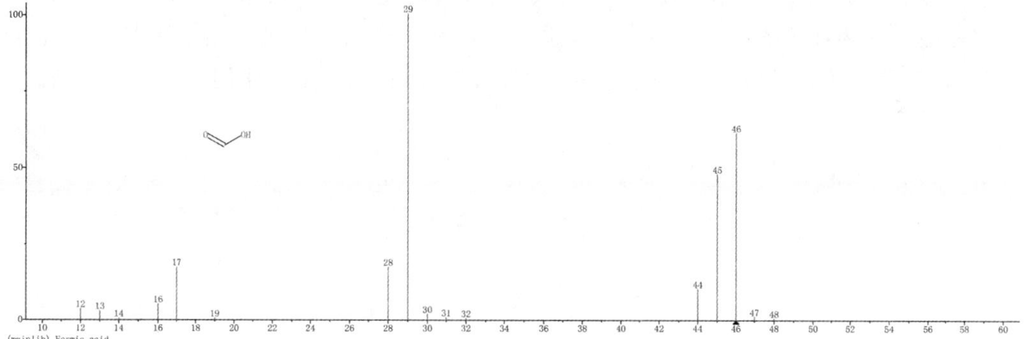

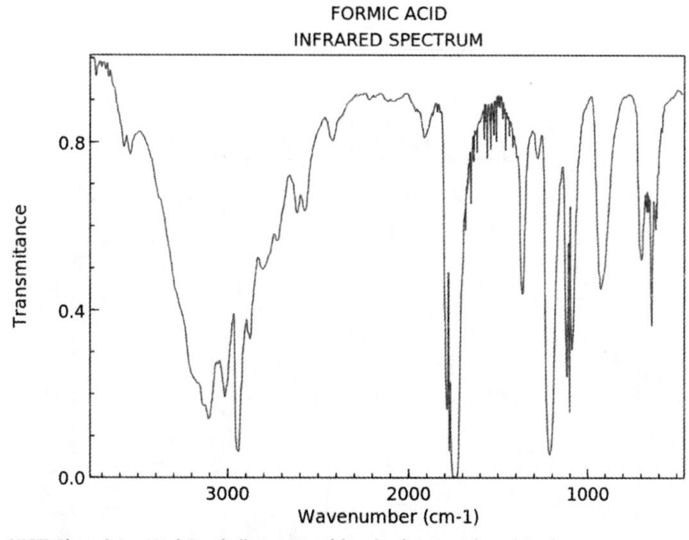

3. 乙酸

英文名：Acetic acid。

别名：醋酸；冰醋酸。

分子式：CH_3COOH。

分子量：60.05。

CAS 号：64-19-7。

乙酸是一种有机一元酸，为食醋主要成分。纯的无水乙酸（冰醋酸）是无色的吸湿性固体，熔点 16.6 ℃，沸点 117.9 ℃，密度 1.05 g/cm^3，能溶于水。凝固后的乙酸为无色晶体。乙酸在自然界分布很广，例如在水果或者植物油中，但是主要以酯的形式存在。乙酸可用作酸度调节剂、酸化剂、腌制剂、增味剂、香料等。它也是很好的抗微生物剂，这主要归因于其可使 pH 降低至低于微生物最适生长所需的 pH。乙酸是我国应用最早、使用最多的酸味剂，主要用于复合调味料、配制蜡、罐头、干酪、果冻等。用于调味料时，可将乙酸加水稀释至 4%～5%溶液后，添加到各种调味料中应用。乙酸也是大宗化工产品，是最重要的有机酸之一。烟气中挥发性有机酸，在烟气中的作用主要是辛辣刺激。

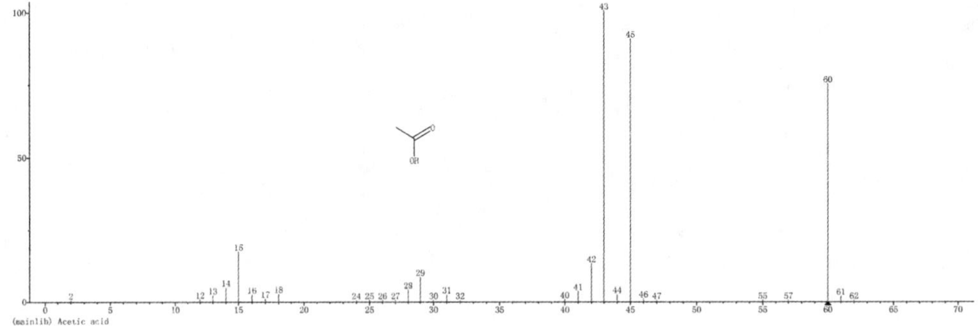

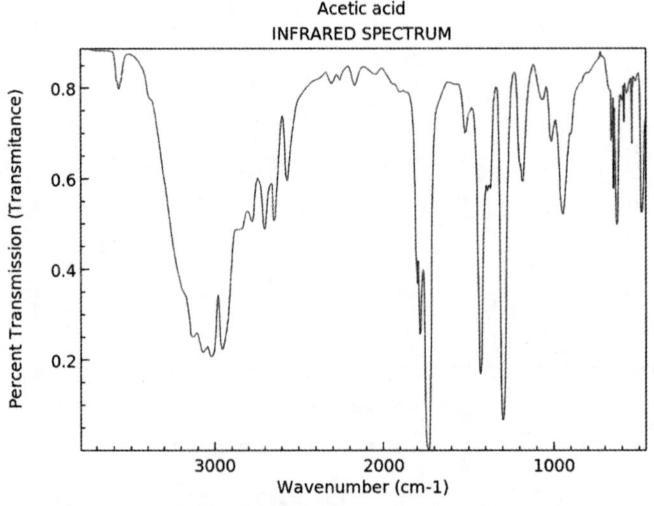

4. 丙烯酸

英文名：Acrylic acid。

别名：2-丙烯酸；聚合级丙烯酸；败脂酸；乙烯基甲酸。

分子式：$C_3H_4O_2$。

分子量：72.06。

CAS 号：79-10-7。

丙烯酸为无色液体，酸性较强。熔点 13.5 ℃，沸点 140.9 ℃，密度(20 ℃/4 ℃) 1.0611 g/cm^3。溶于水、乙醇和乙醚，还溶于苯、丙酮、氯仿等。有刺激性气味，具有焦糖气息，对烟气香吃味影响是增加焦糖，甜，黄油，增加丰满度。

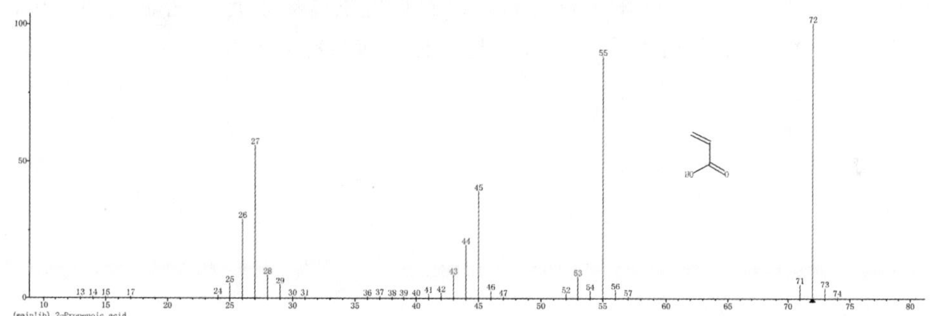

5. 丙酸

英文名：Propionic acid。

别名：初油酸。

分子式：CH_3CH_2COOH。

分子量：74。

CAS 号：79-09-4。

纯丙酸是无色、有腐蚀性的液体，有刺激性气味。熔点－21.5 ℃，沸点 141.1 ℃，密度 0.99 g/cm^3。与水混溶，可混溶于乙醇、乙醚、氯仿。丙酸可用于食品香料的配制。在香料行业，用丙酸可以制取香料丙酸异戊酯、芳樟酯、丙酸香叶酯、丙酸乙酯、丙酸苄酯等，进而用于食品、化妆品、肥皂的香料。烟气中挥发性有机酸。

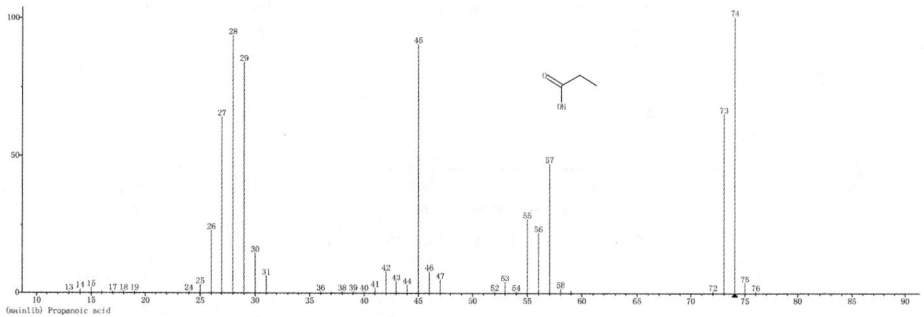

6. 戊酸

英文名：Valeric acid。

别名：正戊酸；缬草酸；正穿心排草酸。

分子式：$C_5H_{10}O_2$。

分子量：102.13。

CAS 号：109-52-4。

戊酸为无色液体，有令人不愉快的气味，熔点 −20～−18 ℃，沸点 185 ℃，密度 0.939，折射率 1.4085。溶于水，溶于乙醇、乙醚。主要用以配制奶油、干酪、奶油硬糖、草莓和朗姆酒等香精，作香料的原料。与较低级的醇酯化作为溶剂、香料和香水，广泛应用于香料、医药、润滑剂、增塑剂等行业。对烟气吃味影响是增加甜，水果味，乳酪，似黄油，香气方面增加平和的，乳酪香气。具有香料烟的特征香气。

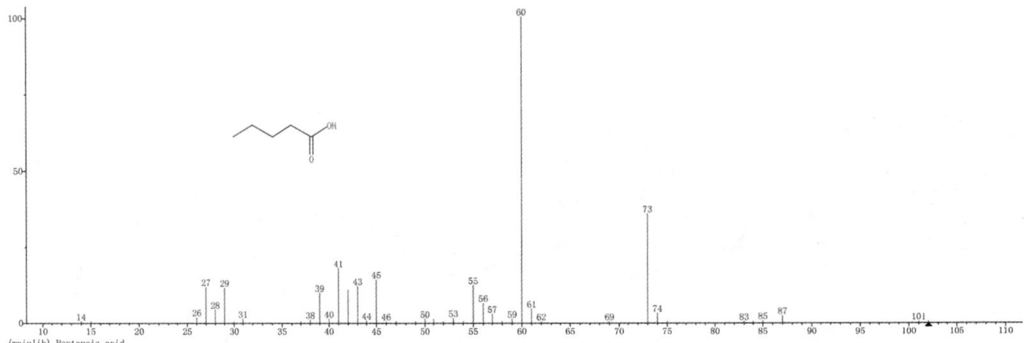

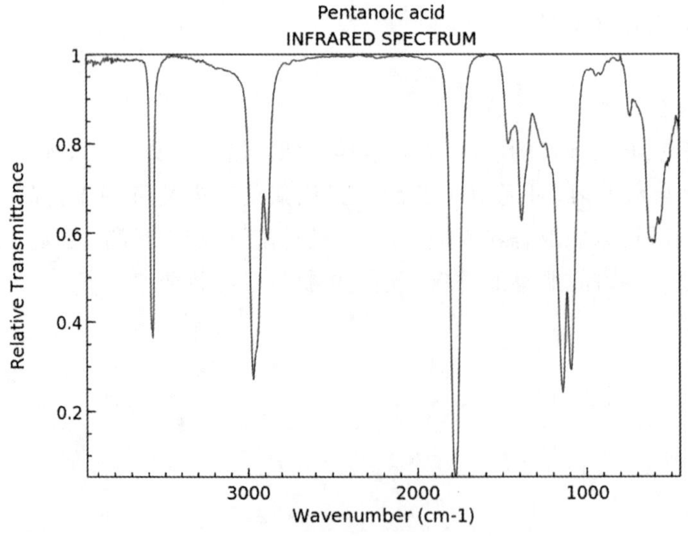

7. 2-甲基丁酸

英文名：2-Methylbutyric acid。

别名：α-甲基丁酸。

分子式：$C_5H_{10}O_2$。

分子量：102.13。

CAS 号：116-53-0。

无色至淡黄色液体，熔点 −70 ℃，沸点 176～177 ℃，密度 0.936 g/cm^3，折射率 1.4045～1.4065。微溶于水和甘油，溶于乙醇和丙二醇。呈刺鼻的辛辣的羊乳干酪气味，低浓度时呈愉快的水果香气，味辛辣。存在于苹果、番茄、酸果蔓的果实、覆盆子、草莓、可可、啤酒、朗姆酒中。天然品（D 型）以酯的形式存在于薰衣草油中，DL 型存在于咖啡和当归根等中。具有果香、奶酪、酸性的乳制品的香气。用于调配草莓、奶酪、杏子、波罗蜜、黄油等食用香精。在最终加香食品中浓度为 0.5～5 mg/kg。主要存在于烤烟烟叶、白肋烟烟叶、香料烟烟叶、烟气中。一般用于烧烤食品、饮料、糖果等。

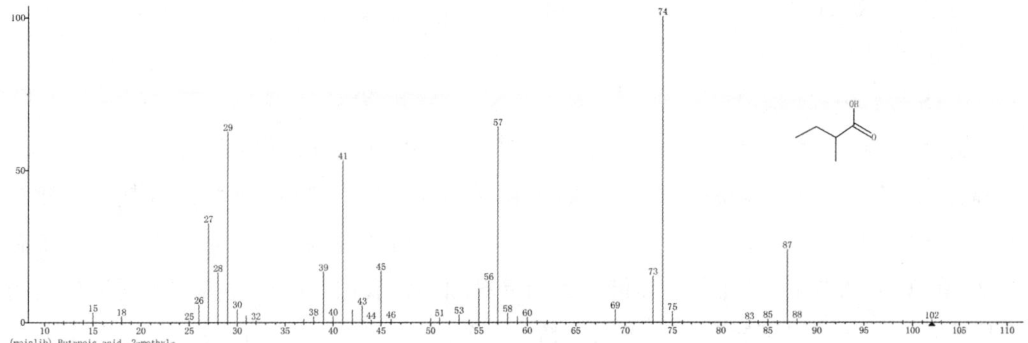

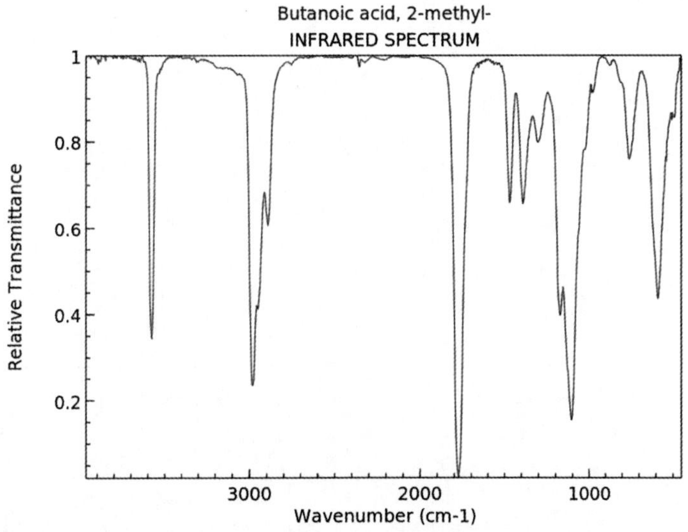

NIST Chemistry WebBook (https://webbook.nist.gov/chemistry)

8. 2-丁烯酸

英文名:Crotonic acid。

别名:反-2-丁烯酸;丁烯酸;巴豆油酸;巴豆酸。

分子式:$C_4H_6O_2$。

分子量:86.09。

CAS 号:3724-65-0。

丁烯酸为不饱和脂肪酸,熔点 70～72 ℃,沸点 180～181 ℃,密度 1.027,折射率 1.4210。

9. 3-甲基丁酸

英文名:Isovaleric acid。

别名:异戊酸。

分子式: $C_5H_{10}O_2$。

分子量:102.13。

CAS 号:503-74-2。

无色黏稠性液体。熔点－35 ℃,沸点 176 ℃,密度 0.926,折射率 1.403。溶于水、乙醇、乙醚、氯仿。具有刺激性酸败气味,稀释后具有干酪、奶制品、水果的香气。天然存在于白面包、干酪、酸乳酪、牛奶、蘑菇、香茅、白千层、留兰香、柠檬叶、烟草中。存在于缬草油、香草油、酒花油、月桂叶油和留兰香油等精油中。我国 GB 2760 规定为允许使用的食用香料。主要用以配制干酪和奶油香精,亦微量用于水果型香精。建议用量:在最终加香食品中浓度为 1.2～14 mg/kg。对烟气吃味影响是增加甜,酒味,水果,乳酪味,具有平和的,乳酪香气,具有香料烟特征香气。

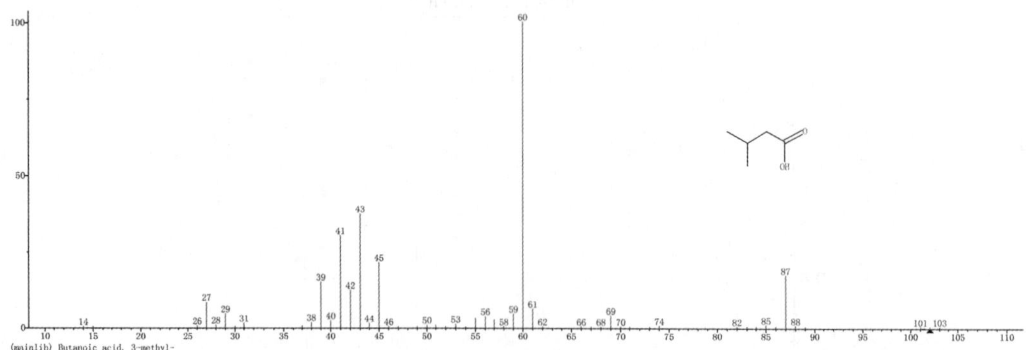

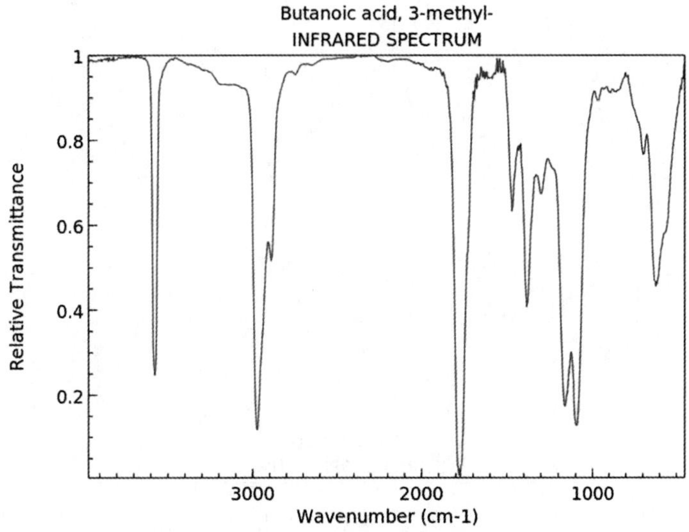

10. 2-甲基-2-丁烯酸

英文名：2-Methyl-2-butensaure。

别名：当归酸；白芷酸；(Z)-2-甲代丁烯酸。

分子式：$C_5H_8O_2$。

分子量：100.12。

CAS 号：565-63-9。

无色单斜、棒状、针状或片状结晶。能升华，能随水蒸气挥发。熔点 44 ℃，沸点 96 ℃(12 mmHg)，密度 1.010，折射率 1.4434。易溶于热水，溶于乙醇和乙醚，微溶于冷水。有香辣气味。存在于烟叶和烟气中。

11. 4-戊烯酸

英文名：4-Pentenoic acid。

别名：烯丙基乙酸。

分子式：$C_5H_8O_2$。

分子量：100.12。

CAS 号：591-80-0。

无色透明液体。熔点－22.5 ℃，沸点 83～84 ℃，密度 0.981，折射率 1.4281。易溶于乙醇和乙醚，微溶于水。具有干酪样的香气并带有果香，未稀释时，具有稍刺鼻的似酸梨的气味，在食品中的建议用量为：饮料中 1.0 mg/kg，冰激凌中 2.0 mg/kg，糖果中 5.0 mg/kg。作为食品奶酪的添加剂已被普遍采用，用来强化奶酪所特有的味道。存在于烟叶和烟气中。

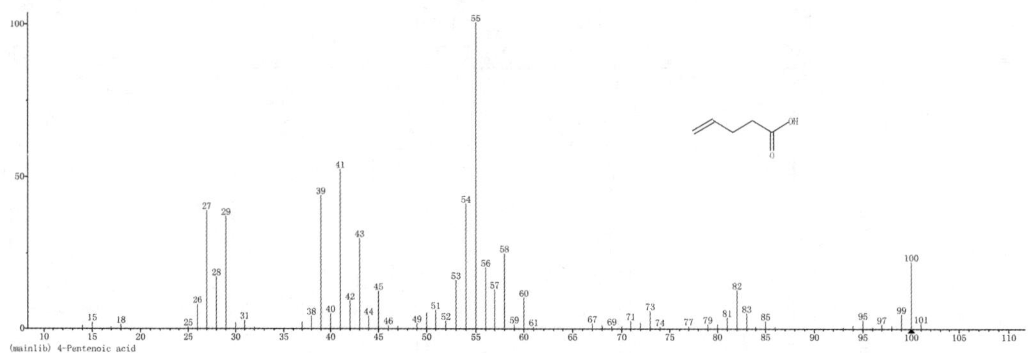

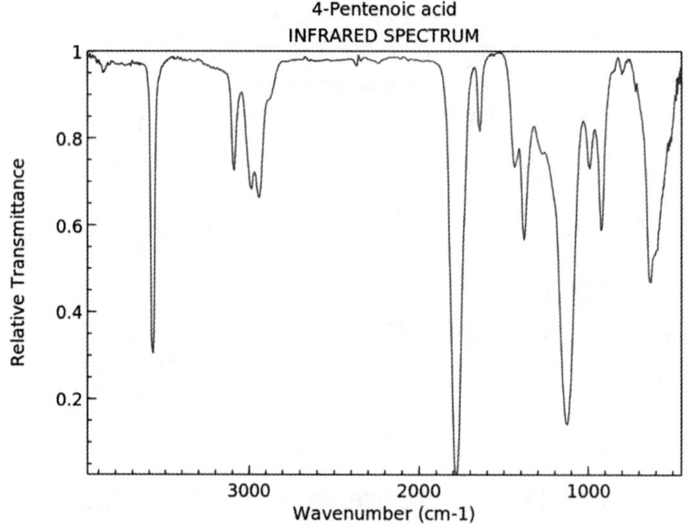

12. 3-甲基戊酸

英文名：3-Methylpentanoic acid。

别名：β-甲基戊酸；3-甲基缬草酸。

分子式：$C_6H_{12}O_2$。

分子量：116.16。

CAS 号：105-43-1。

为无色液体，熔点−41 ℃，沸点 196～198 ℃，密度 0.93，折射率 1.416，溶于乙醚、乙醇、水。呈酸的草药气味，略带青草香气、果香。存在于可可、烘烤土豆、朗姆酒、奶酪中。是应用非常广泛的一种高级香精，天然存在于葵叶油中(其右旋体也存在于干酪中)。它常用作高级香烟中的香精，食品行业中常用来加香调味。作为新鲜果香的头香剂，用于调配苹果、草莓香精，也可用于调配乳酪香精。在最终加香食品中浓度为 2～5 mg/kg。存在于烤烟烟叶、白肋烟烟叶、香料烟烟叶、主流烟气中。是香料烟的特征香气成分。

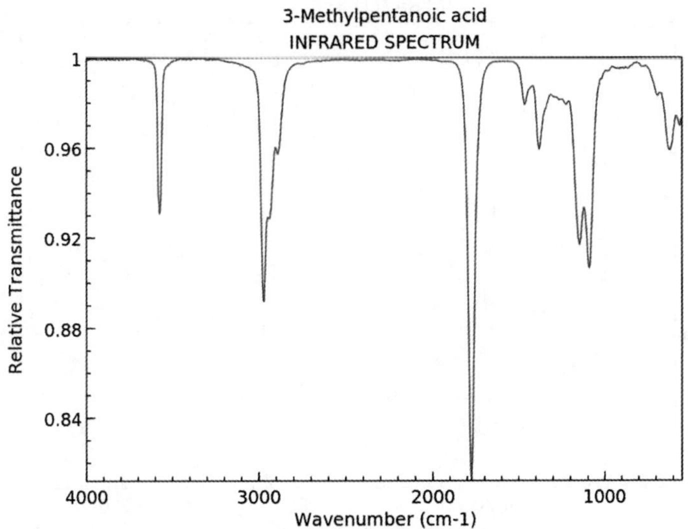

13. 4-甲基戊酸

英文名：4-Methylvaleric acid。

别名：异丁基乙酸。

分子式：$C_6H_{12}O_2$。

分子量：116.16。

CAS 号：646-07-1。

一种无色至淡黄色液体，熔点 −35 ℃，沸点 199～201 ℃，密度 0.923，折射率 1.414。稍微可溶于水，溶于乙醇和乙醚。呈酸的刺鼻味。具有干酪样的香气，香气尖刺，存在于干酪、羊脂肪、蓝干酪、草莓酱和苹果中，可用于芝士香精的调配。食用香料。主要应用于干酪香精中。

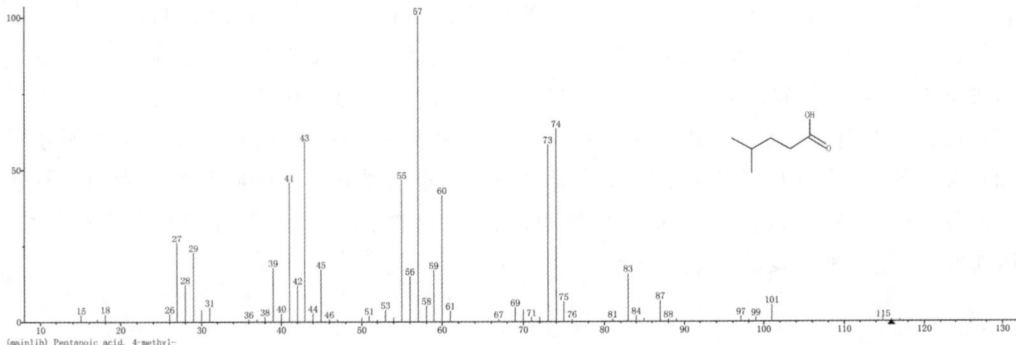

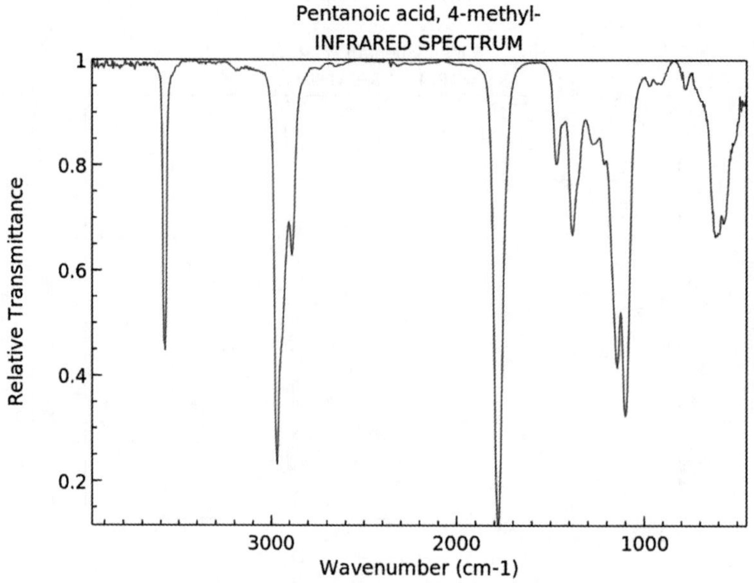

14. 乳酸

英文名:Lactic acid。

别名:α-羟基丙酸;2-羟基丙酸。

分子式:$C_3H_6O_3$。

分子量:90.08。

CAS 号:50-21-5。

乳酸的熔点 18 ℃,沸点 122 ℃,密度 1.209,折射率 1.4262 ,与乙醇(95%)、乙醚、水混溶,不溶于氯仿。带有乳脂香,商品稍有类似乳酪的香味,当浓度适当时,具有令人愉快的酸味。乳酸作为原料使用时,多用作黄油、乳酪、黄油硬糖、牛奶、干酪等乳制品香精的成分。配制好的乳酸已在商业上开发利用,用于食品调味、酱菜防腐、色拉调料等。乳酸可用于卷烟、食品等各方面。日本乳酸的用途分配大致是:酿造用约占 20%,食品用约占 50%,乳酸衍生物用约占 10%。我国的用途分配也大致相同。食品工业一般使用含量为 50%的乳酸,主要使用在乳酸饮料、清凉饮料、糕点、咸菜和酸味剂等方面。乳酸可使食品具有微酸性,而又不掩盖水果和蔬菜的天然风味和芳香,因此广泛用于水果和蔬菜等罐头食品中,用乳酸菌制成的酸牛奶饮料也很受欢迎。烟叶和烟气中的酸性香味成分,具有奶香味,能使烟气更柔顺醇和,能有效地降低卷烟烟气的 pH,提高凝聚性,改善吸味,是一种优良的卷烟添加剂。

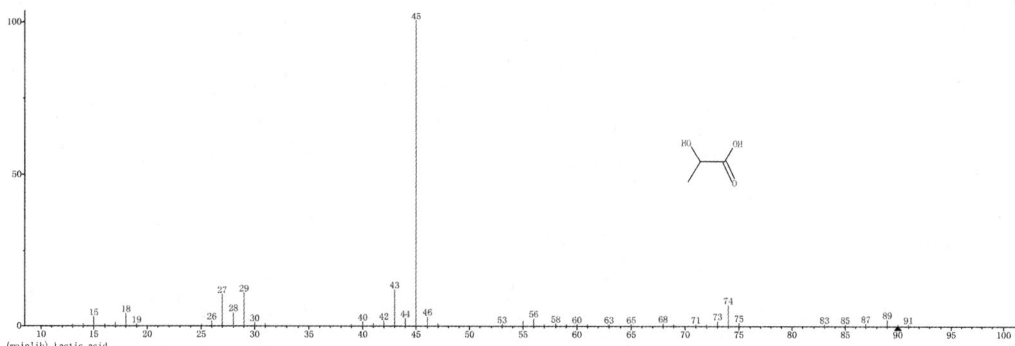

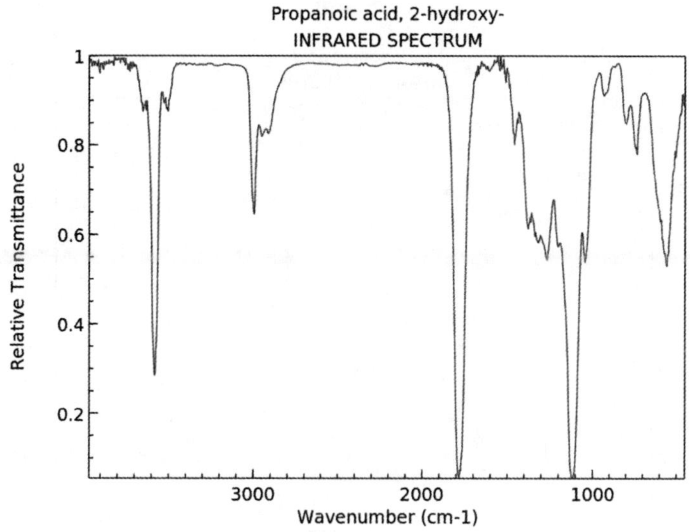

15. 己酸

英文名：Hexanoic acid。

别名：正己酸；天然己酸；羊油酸。

分子式：$C_6H_{12}O_2$。

分子量：116.16。

CAS 号：142-62-1。

无色或淡黄色油状液体。熔点－4 ℃，沸点 202～203 ℃，密度 0.927，折射率 1.4161，微溶于水，溶于乙醇。带有类似羊的气味，自然发现于动物脂肪及油中，是造成腐烂银杏肉质种子外皮难闻气味的化学品之一。己酸是我国规定允许使用的食用香料，主要用于干酪、奶油和水果香精中。用量按正常生产需要，一般在调味料中 450 mg/kg；糖果中 28 mg/kg；烘烤食品中 22 mg/kg；冷饮中 4.3 mg/kg。对烟气吃味影响是增加蜡味，甜，槭树汁味，使香气有蜡气。

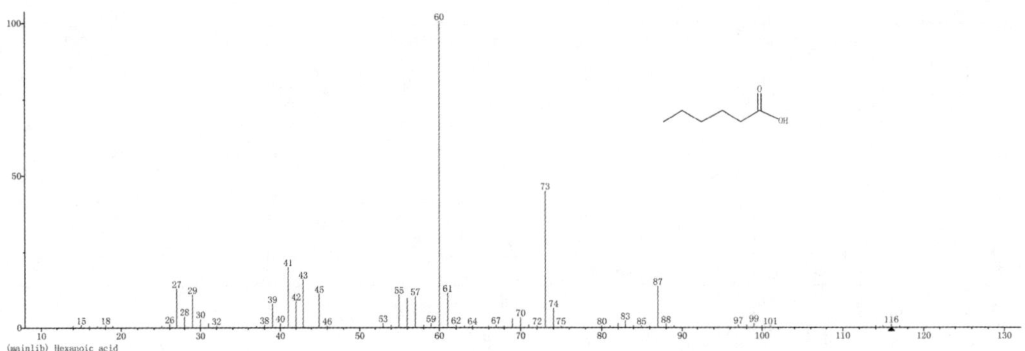

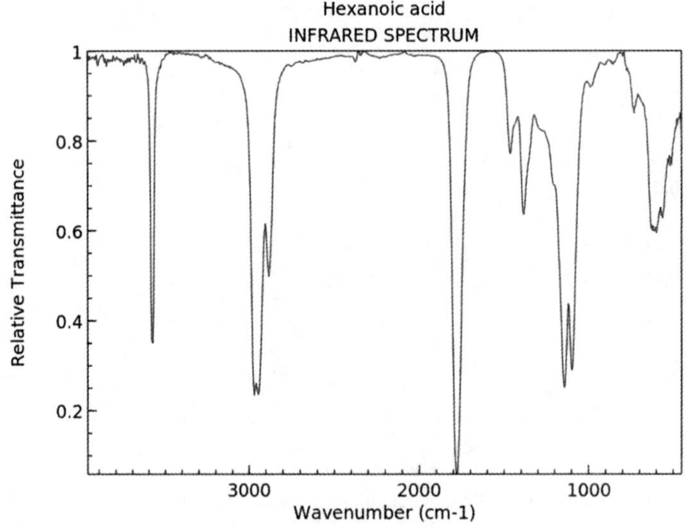

16. 羟基乙酸

英文名：Glycolic acid。

别名：甘醇酸；乙醇酸。

分子式：$C_2H_4O_3$。

分子量：76.05。

CAS 号：79-14-1。

羟基乙酸为无色晶体，略有吸湿性。熔点 78～79 ℃，沸点 112 ℃，密度 1.25，折射率 1.424，溶于水、甲醇、乙醇、丙酮、乙酸乙酯和醚，但几乎不溶于碳氧化合物溶剂。腐蚀性低，水溶性高，是几乎不挥发的有机合成物。具有类似焦糖的气味，烟叶和烟气中酸性香味物质。

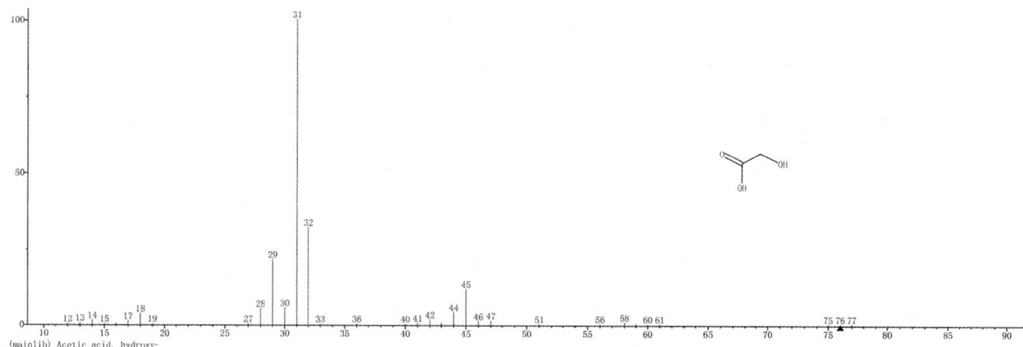

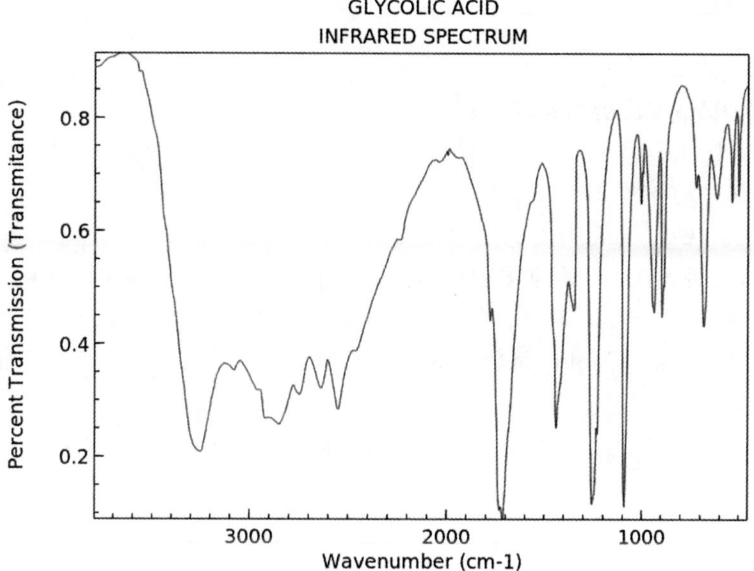

NIST Chemistry WebBook (https://webbook.nist.gov/chemistry)

17.2-羟基-丁酸

英文名：2-Hydroxybutyric acid。

别名：α-羟基正丁酸。

分子式：$C_4H_8O_3$。

分子量：104.1。

CAS 号：565-70-8。

2-羟基-丁酸沸点 238.3 ℃，相对密度 1.195，一般存在于白肋烟烟叶、烟气中。

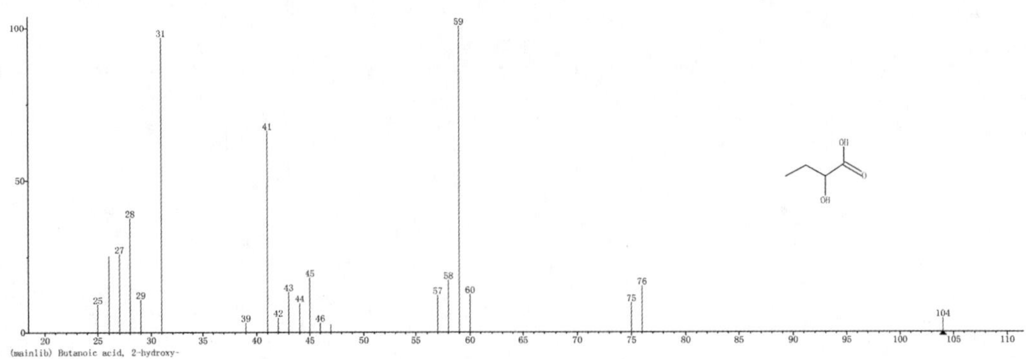

18. 乙酰丙酸

英文名：Levulinic acid。

别名：戊隔酮酸；左旋糖酸；果糖酸。

分子式：$C_5H_8O_3$。

分子量：116.12。

CAS 号：123-76-2。

乙酰丙酸，是水解生产的重要产品之一。白色片状结晶，易燃，有吸湿性。熔点 30～33 ℃，沸点 245～246 ℃，密度 1.134，折射率 1.439，易溶于水及部分有机溶剂，但不溶于汽油、煤油、松节油和四氯化碳等。具有焦糖香味，能增加烟气丰满度，是清香型特征酸性成分之一。

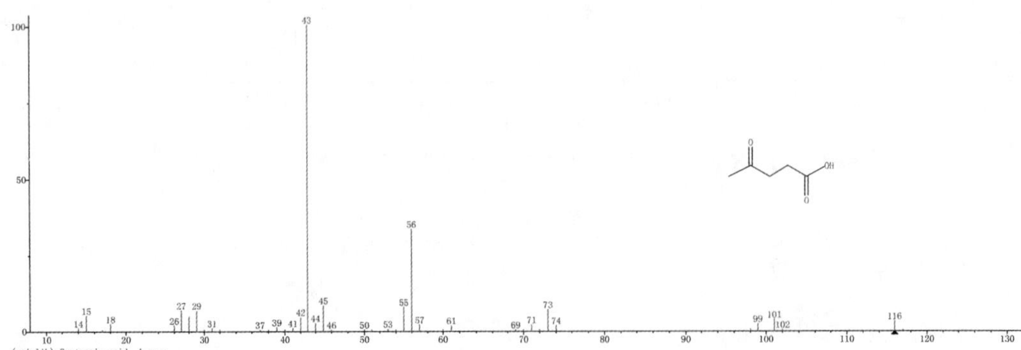

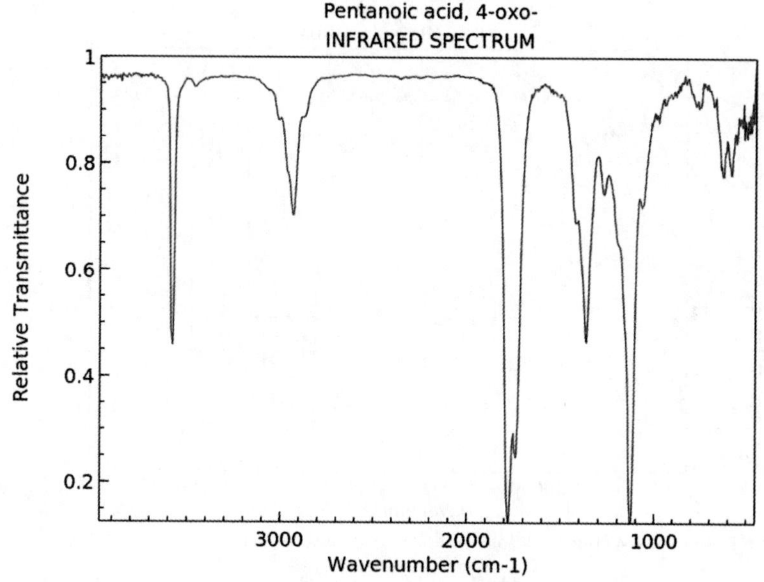

19. 2-呋喃甲酸

英文名:2-Furoic acid。

别名:糠酸;呋喃甲酸;2-呋喃羧酸;焦粘酸。

分子式:$C_5H_4O_3$。

分子量:112.0835。

CAS 号:88-14-2。

2-呋喃甲酸为白色单斜长菱形结晶,熔点 133 ℃,沸点 230～232 ℃,密度 1.324 ,折射率 1.531,微溶于冷水,溶于热水、乙醇和乙醚。具有淡的坚果香味。

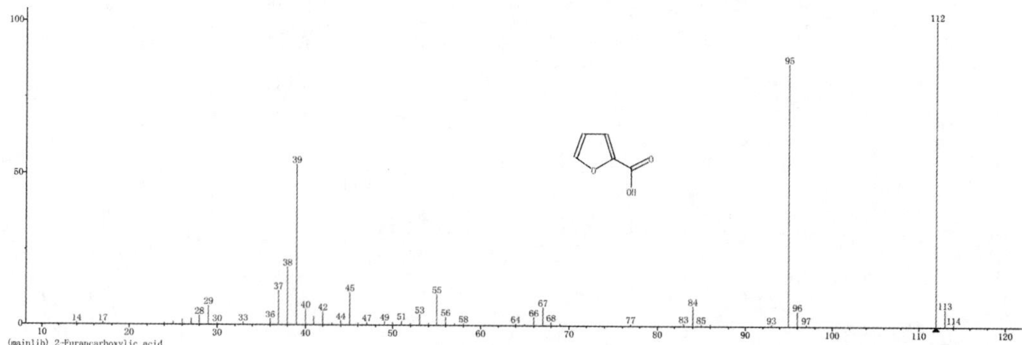

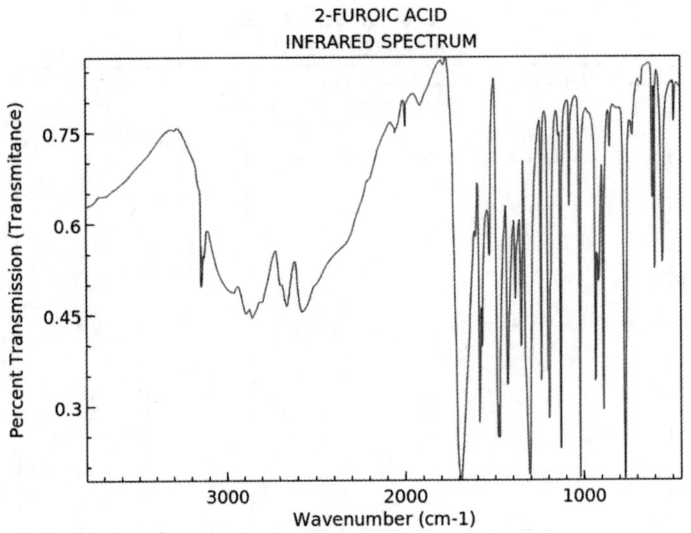

20. 3-羟基丙酸

英文名：3-Hydroxypropionic acid。

别名：3-羟丙酸；三羟丙酸。

分子式：$C_3H_6O_3$。

分子量：90.08。

CAS 号：503-66-2。

呈液态，具有黏性，无色无味，熔点 16.8 ℃，沸点 212 ℃，密度 1.08，折射率 1.4489，可溶于水、乙醇、乙醚。存在于烟叶和烟气中的有机酸。

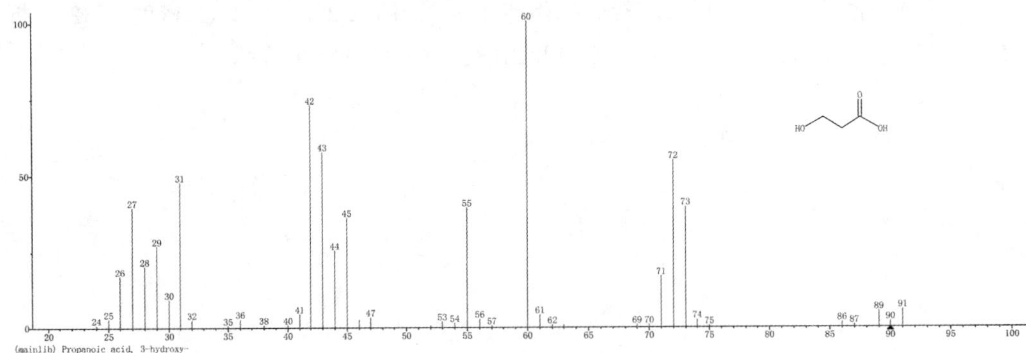

21. 苯甲酸

英文名：Benzoic acid。

别名：安息香酸；苯酸；苯蚁酸；苄酸。

分子式：$C_7H_6O_2$。

分子量：122.12。

CAS号：65-85-0。

最简单的芳香酸，为无色、无味片状晶体。熔点122.13 ℃，沸点249 ℃，相对密度1.2659(15 ℃/4 ℃)。在100 ℃时迅速升华，它的蒸气有很强的刺激性，吸入后易引起咳嗽。微溶于水，易溶于乙醇、乙醚、氯仿、苯、甲苯、二硫化碳、四氯化碳和松节油等有机溶剂。以游离酸、酯或其衍生物的形式广泛存在于自然界中，例如，在安息香胶内以游离酸和苄酯的形式存在。在一些植物的叶和茎皮中以游离酸的形式存在；在香精油中以甲酯或苄酯的形式存在。

苯甲酸是弱酸，比脂肪酸强。在食品工业用塑料桶装浓缩果蔬汁，最大使用量不得超过2.0 g/kg；在果酱(不包括罐头)、果汁(味)型饮料、酱油、食醋中最大使用量1.0 g/kg；在软糖、葡萄酒、果酒中最大使用量0.8 g/kg；在低盐酱菜、酱类、蜜饯中最大使用量0.5 g/kg；在碳酸饮料中最大使用量0.2 g/kg。可作为膏香用于薰香香精。还可用于巧克力、柠檬、橘子、浆果、坚果、蜜饯型等食用香精中。烟用香精中亦常用之。具有微弱的香脂气息，存在于橙花油、风信子油、丁香油、茴香油、安息香树脂中。烟气中重要的芳香酸，能圆和烟气，表现为弱的、淡的、醇和的香味。

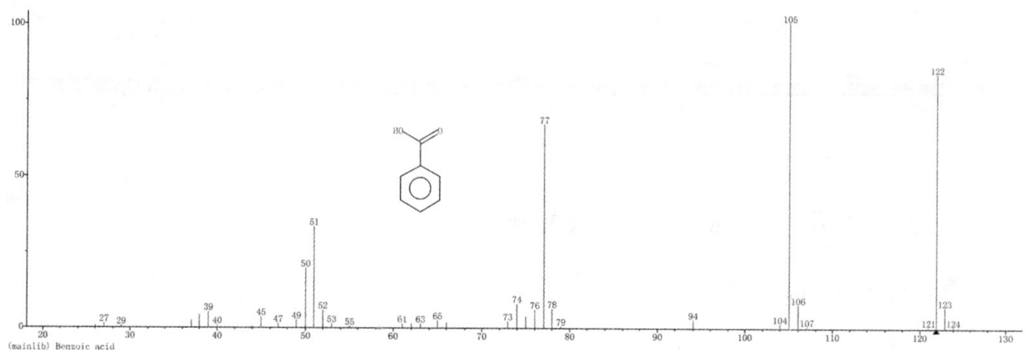

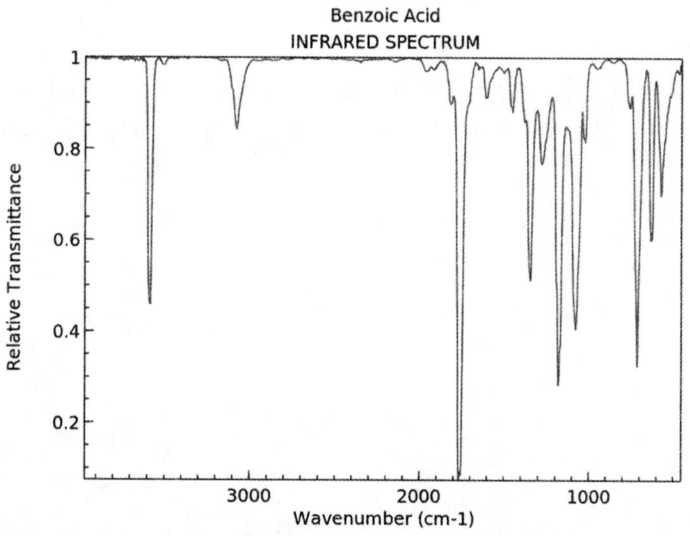

NIST Chemistry WebBook (https://webbook.nist.gov/chemistry)

22.3-甲基-2-呋喃甲酸

英文名:3-Methyl-2-furoic acid。

别名:3-甲基-2-富马酸;3-甲基-2-糠酸。

分子式:$C_6H_6O_3$。

分子量:126.11。

CAS 号:4412-96-8。

为白色粉末固体,熔点 134 ℃,沸点为 236.4 ℃,密度 1.248,有升华性。用作有机合成及香精原料。在常温常压下状态稳定,一般多存在于烟草烟气中。

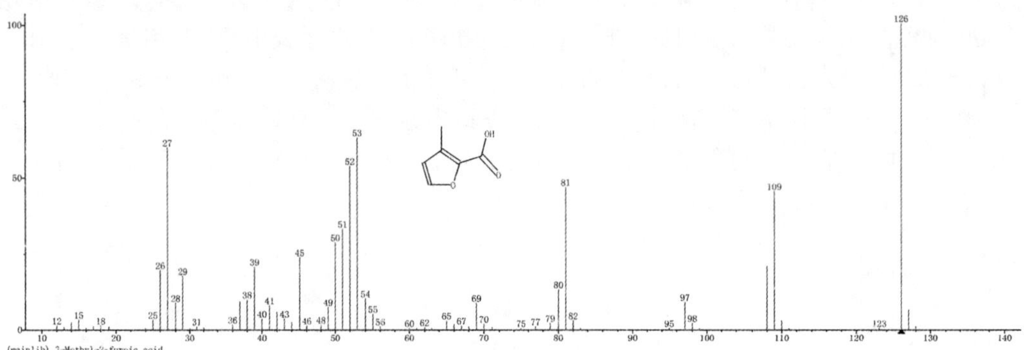

23.2,3-二羟基-丙酸(2,3-二羟基丙酸)

英文名:Glyceric acid。

别名:甘油酸。

分子式:$C_3H_6O_4$。

分子量:106.08。

CAS 号:600-19-1。

丝氨酸降解的中间产物。熔点<25 ℃,沸点 412 ℃,密度 1.558,折射率 1.515。呈酸味,普遍存在于自然界各种各样的植物中。在食品方面,甘油酸可以作为一种食品添加剂。

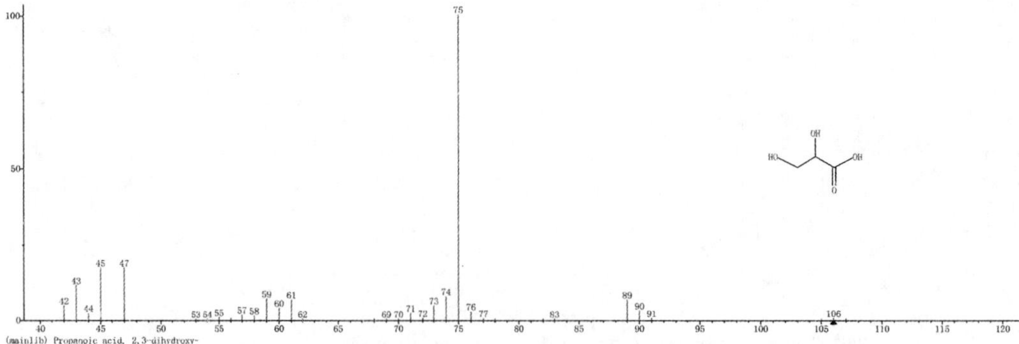

24. 十四酸

英文名：Myristic acid。

别名：肉豆蔻酸；豆蔻酸；十四烷酸。

分子式：$C_{14}H_{28}O_2$。

分子量：228.37。

CAS 号：544-63-8。

白色至带黄白色硬质固体，偶为有光泽的结晶状固体，或为白色至带黄白色的粉末，无气味。熔点 58 ℃，沸点 250 ℃，密度 0.8439，折射率 1.4305，不溶于水，溶于乙醇和乙醚。在自然界以甘油酯形式存在于豆蔻油（含量 70%～80%）、棕榈油（含量 1%～3%）、椰子油（含量 17%～20%）等植物油脂中，也存在于奶油、鸢尾凝脂中。具有微弱的蜡香、奶香。可用于增香剂。按我国 GB 2760 规定可用于配制各种食用香料，用于调配巧克力、可可、复合水果香型的香精。在最终加香食品中浓度为 0.1～10 mg/kg。存在于烟叶和主流烟气中，酸性香味成分。

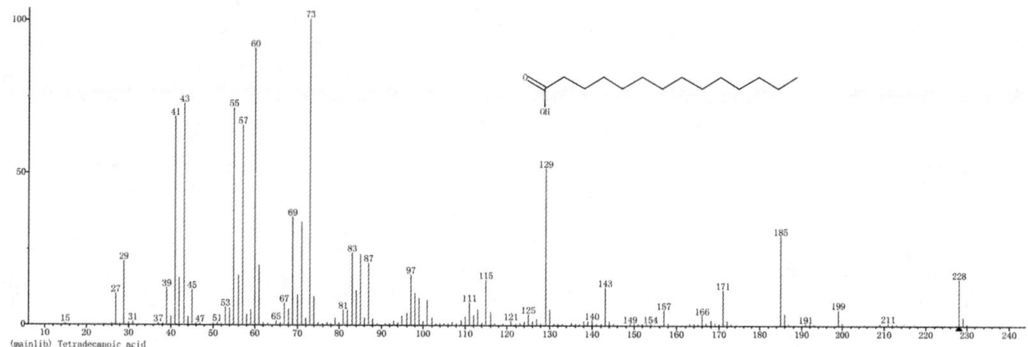

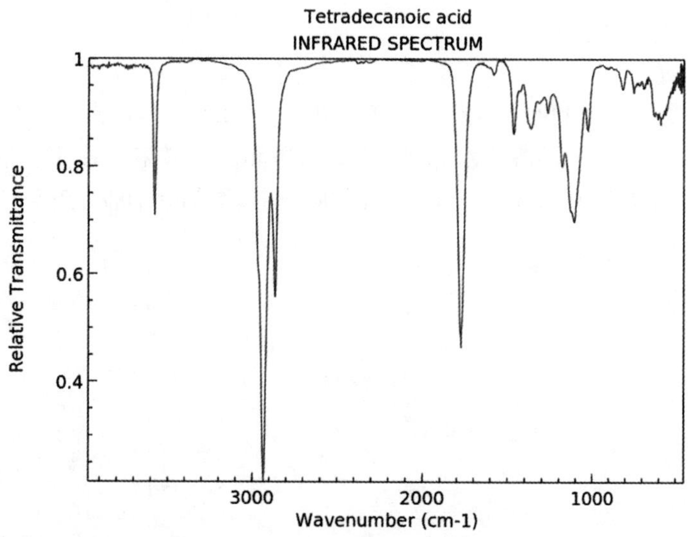

NIST Chemistry WebBook (https://webbook.nist.gov/chemistry)

25.奎宁酸

英文名:Quinic acid。

别名:金鸡纳酸;1,3,4,5-四羟基-1-环己甲酸。

分子式:$C_7H_{12}O_6$。

分子量:192.17。

CAS号:77-95-2。

黄色柱状结晶。熔点165～170 ℃,沸点248.13 ℃ ,密度1.64 g/cm^3(20 ℃)。溶于无水乙醇及碱液,难溶于冷乙醇、乙醚。高等植物特有的脂环有机酸,是一种芳香族氨基酸生物合成的前体物质,普遍存在于维管束植物,在植物体内常与莽草酸共存。有酸味,增加卷烟烟气的刺激感,存在于烟叶和主流烟气中,酸性香味成分。

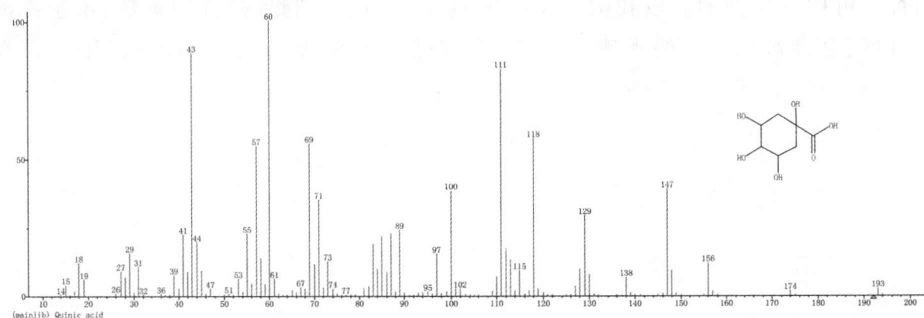

26.间羟基苯甲酸

英文名:3-Hydroxybenzoic acid。

别名:3-羟基苯甲酸;间羟基安息香酸;间苯酚甲酸。

分子式:$C_7H_6O_3$。

分子量:138.12。

CAS号:99-6-9。

间羟基苯甲酸是一种白色结晶粉末。熔点201.3～205 ℃,沸点346.1 ℃(常压),密度1.485 g/mL(25 ℃)。微溶于水和苯,溶于乙醇和醚。微溶于冷水。储存于阴凉、通风的库房。存在于烟叶和主流烟气中,酸性香味成分,增加烟的香吃味。

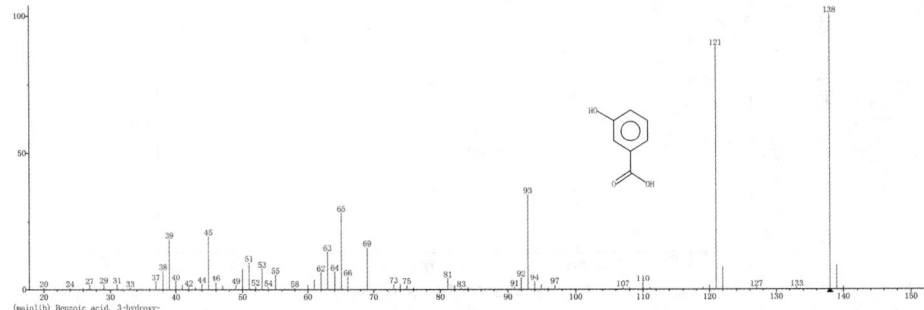

27. 十六酸

英文名：Palmitic acid。

别名：软脂酸；十六烷酸；鲸乙酸；棕榈酸；鲸蜡酸。

分子式：$C_{16}H_{32}O_2$。

分子量：256.42。

CAS 号：57-10-3。

白色带珠光的鳞片。熔点 63 ℃，沸点 351 ℃(常压)，相对密度 0.841480(25 ℃/4 ℃)，折射率 n_D^{60} 1.43345。不溶于水，微溶于石油醚，溶于乙醇。易溶于乙醚、氯仿和醋酸。棕榈酸是自然界分布最广的脂肪酸之一。它以甘油酯的形式广泛存在于各种油脂中，如柏脂、棕榈油、漆脂、棉籽油、大豆油、花生油、玉米胚芽油、鱼油、乳脂及牛、羊、猪脂肪等。它与高级饱和一元醇形成的酯(即天然蜡)广泛存在于许多种动植物体中。用作香料，是我国 GB 2760 规定允许使用的食用香料。存在于烟叶和主流烟气中，酸性香味成分，清香型特征酸性成分之一。

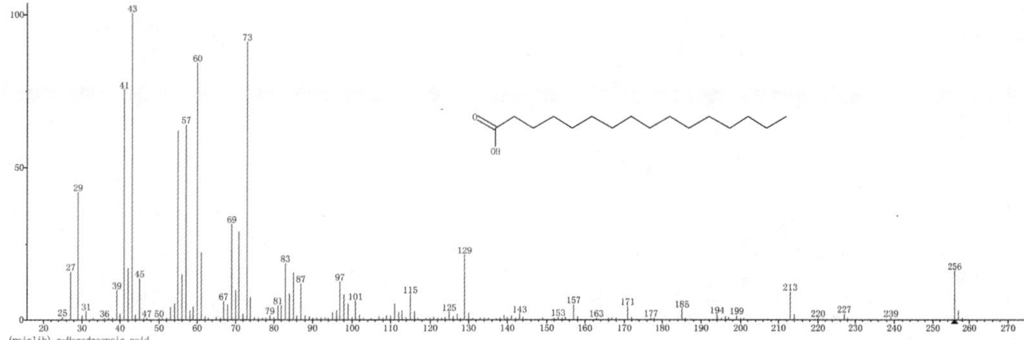

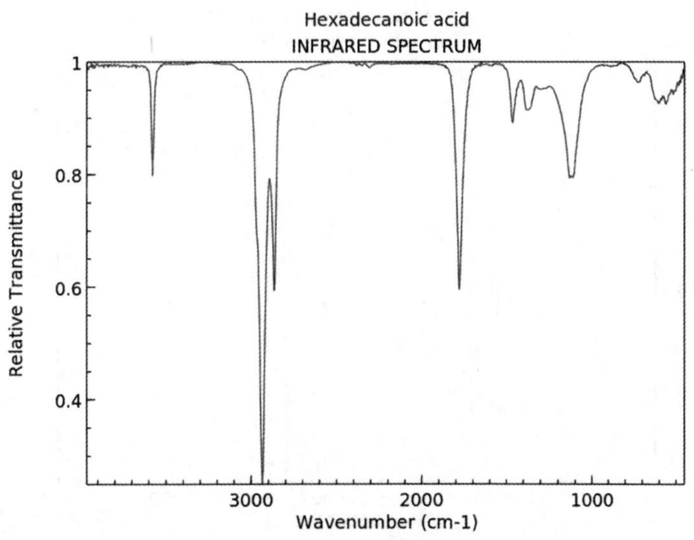

28. 亚油酸

英文名：Linoleic acid。

别名：十八碳二烯酸；亚麻油酸。

分子式：$C_{18}H_{32}O_2$。

分子量：280.45。

CAS号：60-33-3。

亚油酸室温下为无色至淡黄色油状液体，在空气中易氧化。熔点 −12 ℃，沸点 230 ℃(2.13 kPa)，密度 0.9022 g/cm^3(18 ℃)。不溶于水，溶于多数有机溶剂。亚油酸为不饱和脂肪酸的一种，为以甘油酯形态构成的亚麻仁油、棉籽油之类的干性油、半干性油的主要成分。若干种植物油中含量较高，占红花籽油的总脂肪酸的 76%～83%，占核桃油、棉籽油、向日葵种子油、芝麻油的总脂肪酸的 40%～60%，占花生油、橄榄油的总脂肪酸的 25%左右，动物脂肪中亚油酸的含量一般较低，如牛油为 1.8%，猪油为 6%。烟草中主要的游离高级脂肪酸，卷烟感官特性常表现为不良影响。

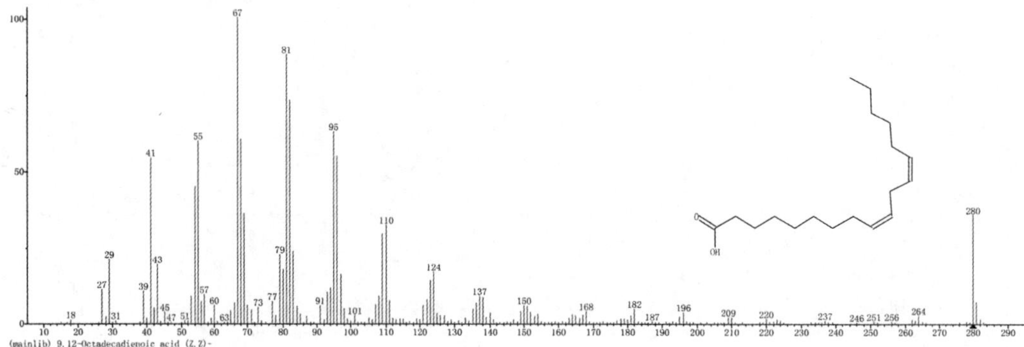

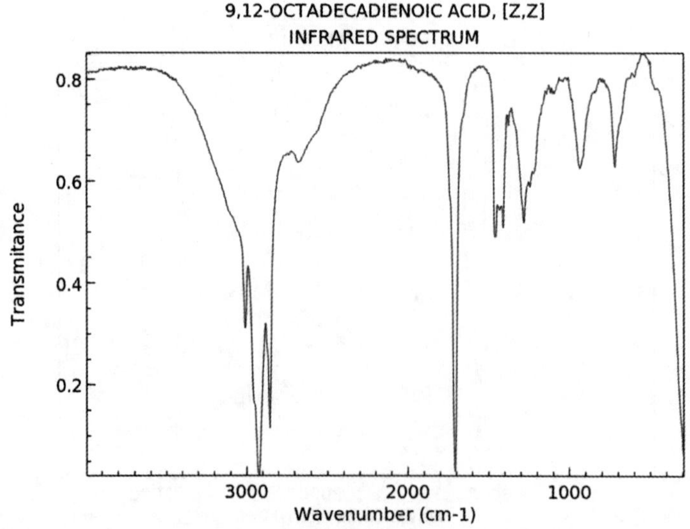

29. 油酸

英文名：Oleic acid。

别名：(Z)-9-十八(碳)烯酸。

分子式：$C_{18}H_{34}O_2$。

分子量：282.46。

CAS 号：112-80-1。

纯油酸为无色油状液体。工业品为黄色到红色油状液体，有猪油气味。熔点 13.4 ℃，沸点 350～360 ℃，相对密度 0.8935(20 ℃/4 ℃)，折射率 1.4585～1.4605。易溶于乙醇、乙醚、氯仿等有机溶剂中，不溶于水。油酸主要来源于自然界，主要以甘油酯的形式大量存在于动植物油脂中。将油酸含量高的油脂经过皂化、酸化分离，即可得到油酸。有动物油或植物油气味，烟草中主要的游离高级脂肪酸，能增加脂肪香味，但也有人认为其卷烟感官特性表现为不良影响。

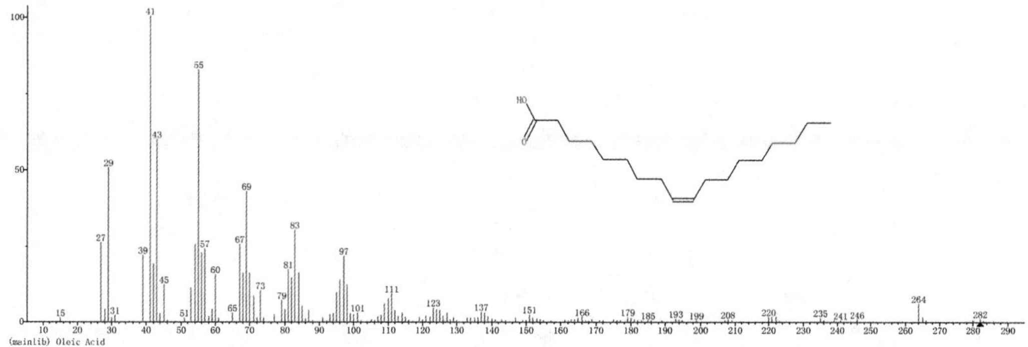

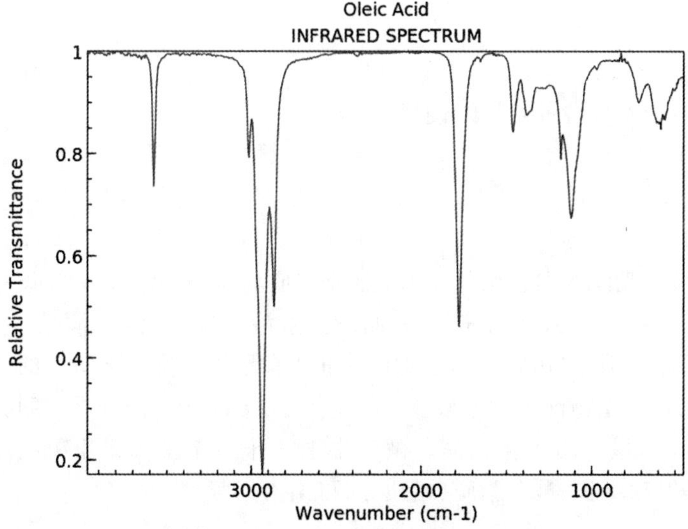

NIST Chemistry WebBook (https://webbook.nist.gov/chemistry)

30. 亚麻酸

英文名：Linolenic acid。
别名：顺-9，顺-12，顺-15-十八碳三烯酸。
分子式：$C_{18}H_{30}O_2$。
分子量：278.43。
CAS号：463-40-1。

无色至浅黄色无味的油状液体，熔点−11 ℃，在2.27 kPa压力下沸点230～232 ℃，相对密度为0.914，折射率为1.480。溶于乙醇、乙醚、石油醚、正丁烷，不溶于水。以甘油酯形式存在于许多干性油中，尤以亚麻籽油、苏子油等含量较高。具有γ-亚麻酸的特殊气味，一般在黑加仑籽油、月见草油、玻璃苣油等中含量较高。可作为保健食品的有效成分或作为食品添加剂，还可应用于饲料及化妆品等。烟草中主要的游离高级脂肪酸，卷烟感官特性常表现为不良影响。

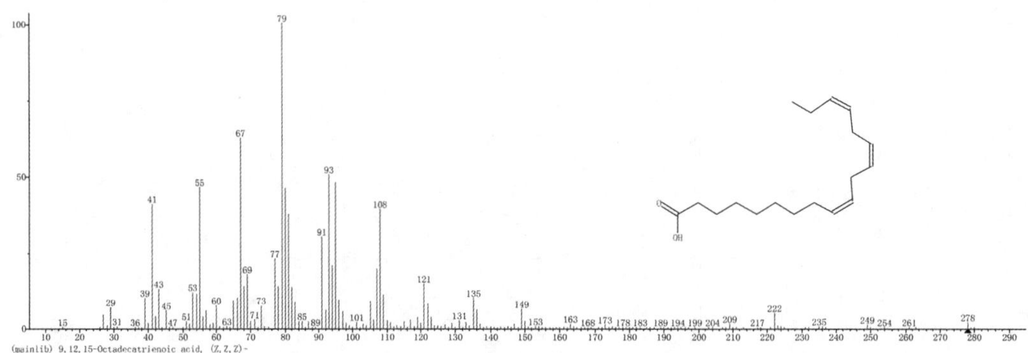

31. 十八酸

英文名：Stearic acid。
别名：硬脂酸；十八烷酸；脂蜡酸；硬蜡酸。
分子式：$C_{18}H_{36}O_2$。
分子量：284.48。
CAS号：57-11-4。

纯十八酸为带有光泽的白色柔软小片，能分散成粉末，熔点67～69 ℃，沸点183～184 ℃（常压），折射率1.455，相对密度0.9408。微溶于冷水，溶于酒精、丙酮，易溶于苯、氯仿、乙醚、四氯化碳、二硫化碳、醋酸戊酯和甲苯等。在动物脂肪中的含量较高，如牛油中含量可达24%，植物油中含量较少，茶油为0.8%，棕榈油为6%，但可可脂中的含量则高达34%。十八酸可用于化妆品。微带牛油气味。存在于烟叶和主流烟气中，酸性香味成分，高级饱和脂肪酸，有脂肪、蜡质味，可柔滑烟气。

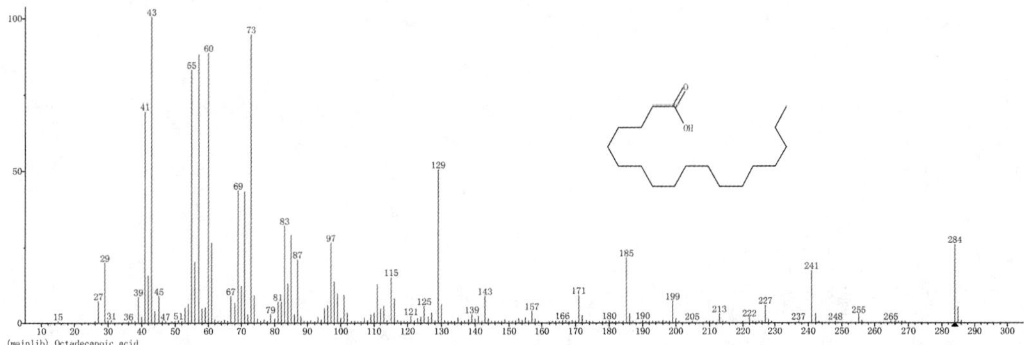

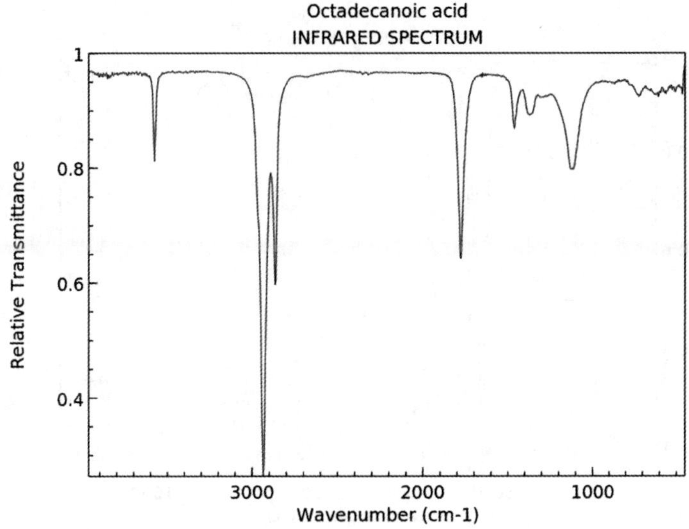

32. 二十酸

英文名：Arachidic acid。

别名：花生酸；二十烷酸；正二十酸。

分子式：$C_{20}H_{40}O_2$。

分子量：312.53。

CAS号：506-30-9。

二十酸为有光泽的白色片状晶体。熔点 77 ℃，沸点 203～205 ℃，相对密度 0.8240（4 ℃），折射率 1.4250，溶于苯、氯仿和热的无水乙醇。二十酸是具有 20 个碳的直链饱和脂肪酸。一般存在于某些油脂中，含量约 1%或更低，花生油含有 2.4%的二十酸。它的名字源于拉丁文的花生。存在于烟叶和主流烟气中，酸性香味成分，高级饱和脂肪酸，有脂肪、蜡质味，可柔滑烟气，能增加坚果香味等。

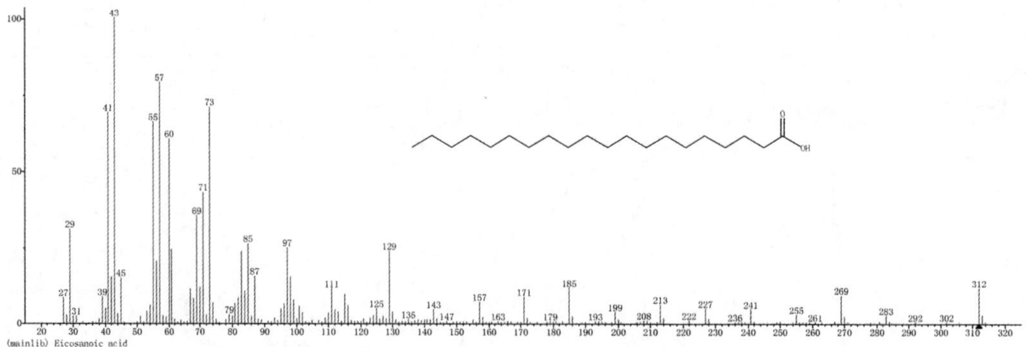

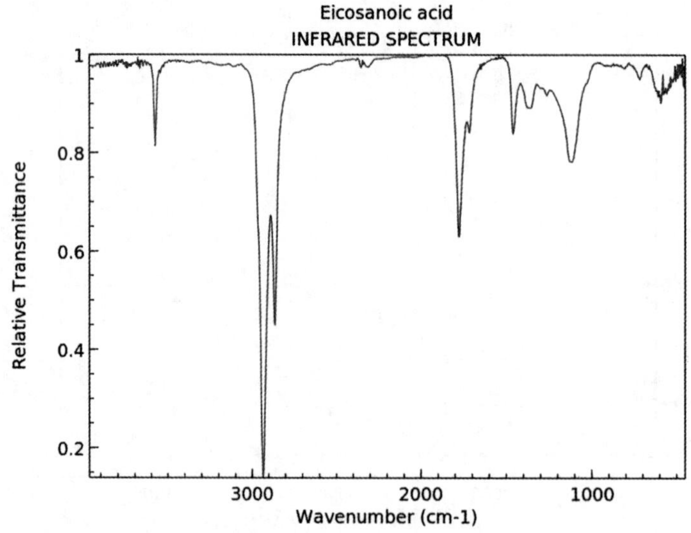

33. 2,3-二甲基-马来酸酐

英文名：2,3-Dimethylmaleic anhydride。

别名：2,3-二甲基马来酸；二甲基马来酸酐。

分子式：$C_6H_6O_3$。

分子量：126.11。

CAS 号：766-39-2。

2,3-二甲基-马来酸酐为白色至米色晶体或结晶粉末，熔点 91～96 ℃，沸点 223 ℃，密度 1.107 g/cm^3(100 ℃)，折射率 1.5627。溶于水、醇、醚和氯仿。一般存在于烤烟烟叶、白肋烟烟叶中。

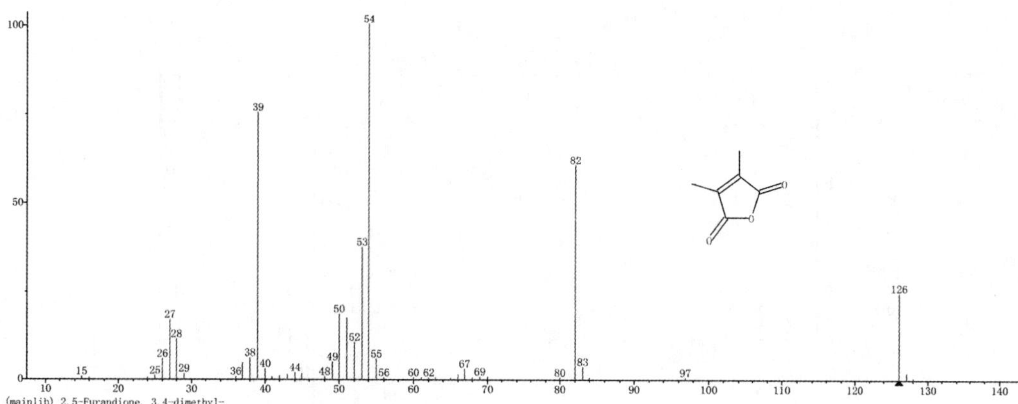

第四节　酚　　类

1. 苯酚

英文名：Phenol。

别名：石炭酸；酚；羟基苯。

分子式：C_6H_5OH。

分子量：94.11。

CAS 号：108-95-2。

苯酚是无色针状晶体，熔点 43 ℃，沸点 181.9 ℃，密度 1.071，折射率 1.5418，微溶于水，可混溶于乙醇、醚、氯仿、甘油，有特殊臭味，极稀的溶液有甜味。增加卷烟烟气的甜香和药物气息，对吃味的影响是增加甜味和药物烧灼感。

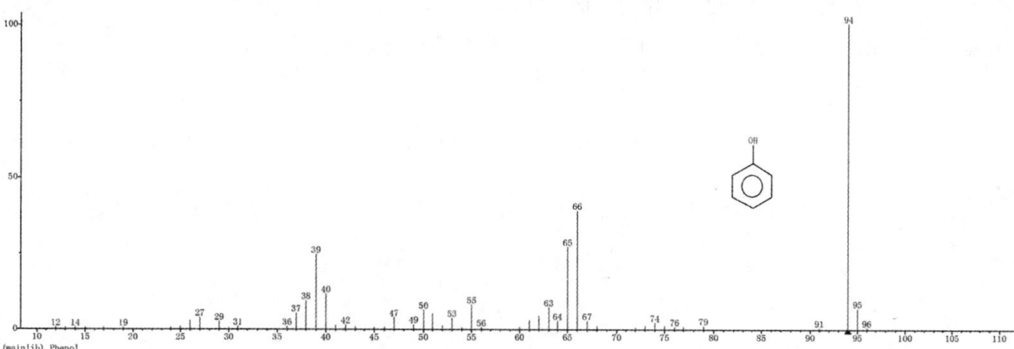

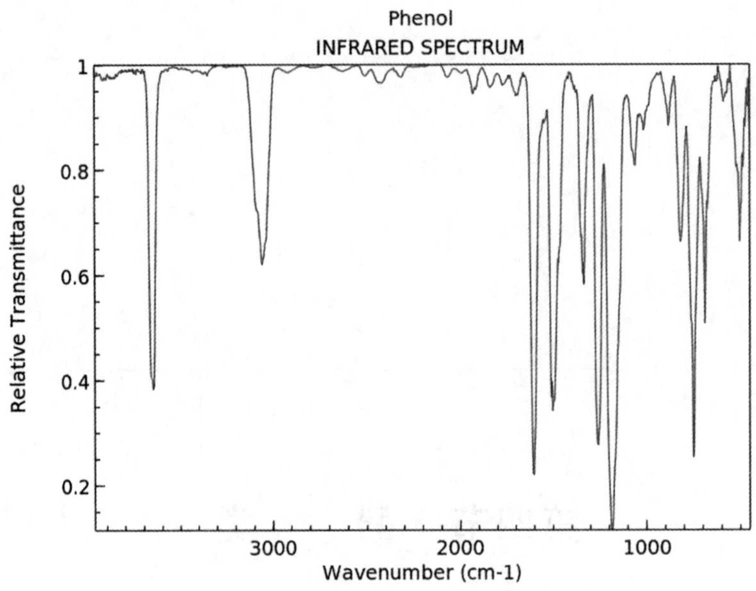

2. 邻甲基苯酚

英文名：o-Cresol。

别名：邻甲酚；2-甲酚；2-甲基苯酚；甲酚皂；邻甲苯酚；邻克勒梭尔；邻蒸木油酸。

分子式：C_7H_8O。

分子量：108.14。

CAS 号：95-48-7。

邻甲基苯酚是一种无色结晶，熔点 29.8～31 ℃，沸点 191～192 ℃，密度 1.05，折射率 1.5399，溶于约 40 倍的水，溶于苛性碱液及几乎全部常用有机溶剂，有芳香气味，可作为香料等重要的精细化工中间体。烟气中邻甲酚可以增加烟熏香韵。

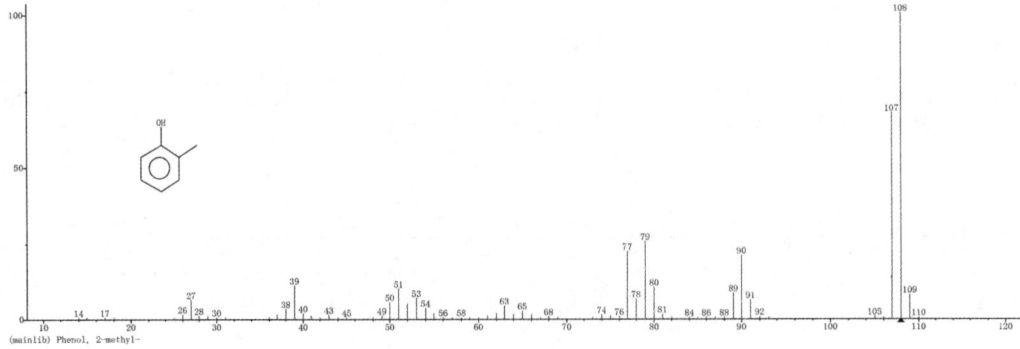

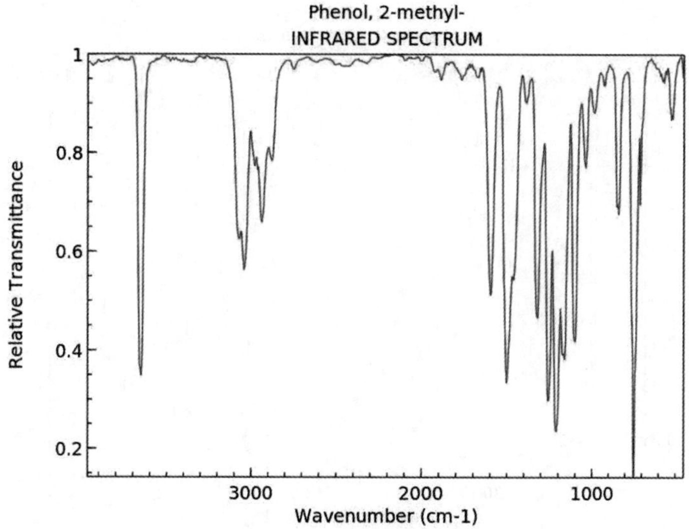

3. 间甲基苯酚

英文名：m-Cresol。

别名：羟甲苯；3-甲酚；间甲苯酚；间蒸木油酸；间克勒梭尔；石碳酸；3-甲基苯酚；间羟基甲苯。

分子式：C_7H_8O。

分子量：108.14。

CAS 号：108-39-4。

间甲基苯酚，无色或淡黄色液体，熔点 11.5 ℃，沸点 202.2 ℃，密度 1.0336 g/cm^3，折射率 1.5282，稍溶于水，溶于热水、苛性碱液和乙醇、乙醚、丙酮、苯、四氯化碳等，有苯酚气味，可作为香料的中间体。存在于卷烟主流烟气中。

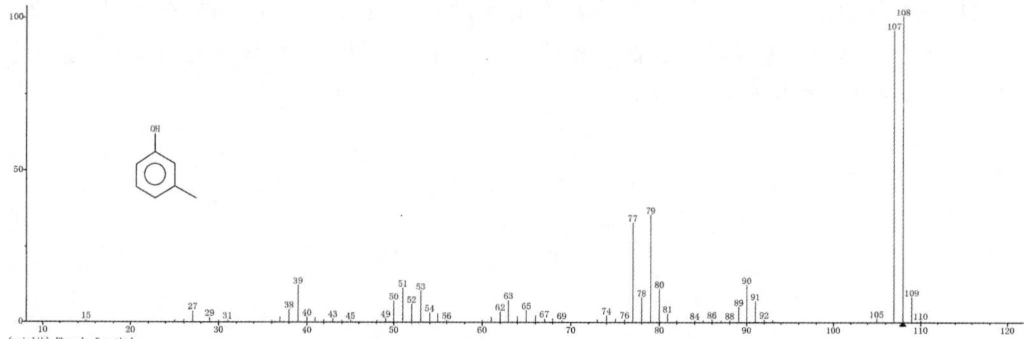

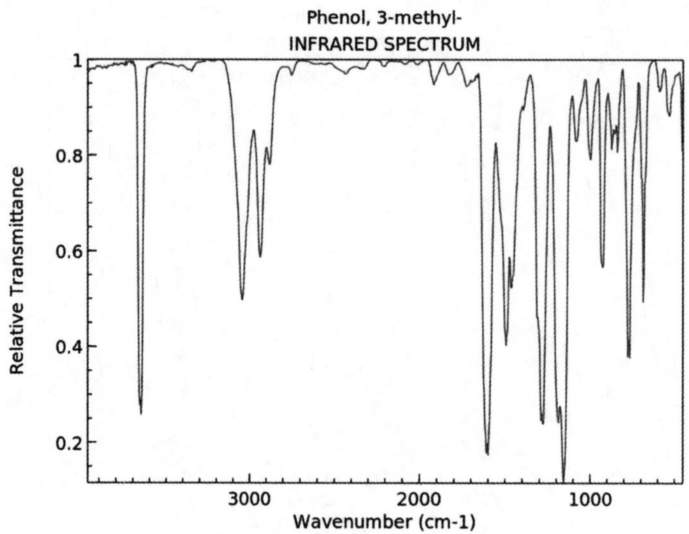

4.邻苯二酚

英文名:Catechol。

别名:儿茶酚。

分子式:$C_6H_6O_2$。

分子量:110.11。

CAS号:120-80-9。

邻苯二酚为无色结晶;熔点105 ℃,沸点245 ℃,密度1.1493;溶于水、醇、醚、氯仿、吡啶、碱水溶液,不溶于冷苯中。邻苯二酚是医药工业重要的中间体,用于制备黄连素、异丙肾上腺素等药品。也广泛用于香料的生产,可作为原料合成香兰素、洋茉莉醛。香兰素具有香荚兰豆香气及浓郁的奶香,起增香和定香作用,广泛用于化妆品、烟草、糕点、糖果以及烘烤食品等行业。洋茉莉醛具有清甜的豆香兼茴香香气,并带有微弱的辛香,有些类似于香水草气息和清淡微甜的樱桃香气。儿茶酚是烟气中含量最高的酚,也存在于烟叶中,对烟草香味有利。

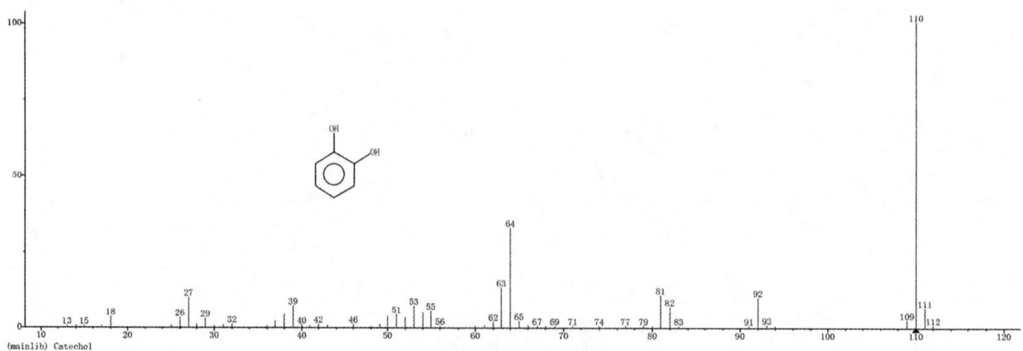

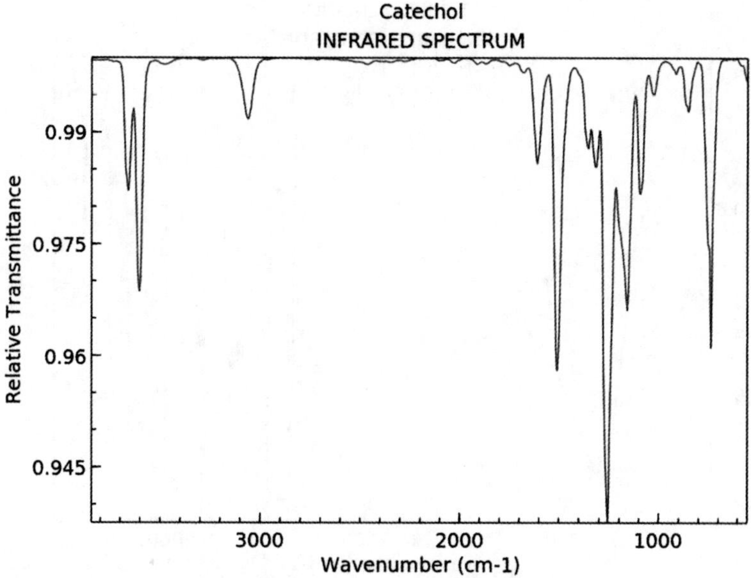

5. 间苯二酚

英文名：Resorcinol。

别名：1,3-苯二酚；间二苯酚。

分子式：$C_6H_6O_2$。

分子量：110.11。

CAS 号：108-46-3。

间苯二酚为无色或类白色的针状结晶或粉末，熔点 110.7 ℃，沸点 276.5 ℃，密度 1.28，味甜，在日光或空气中即缓慢变成粉红色。存在于烟气中。

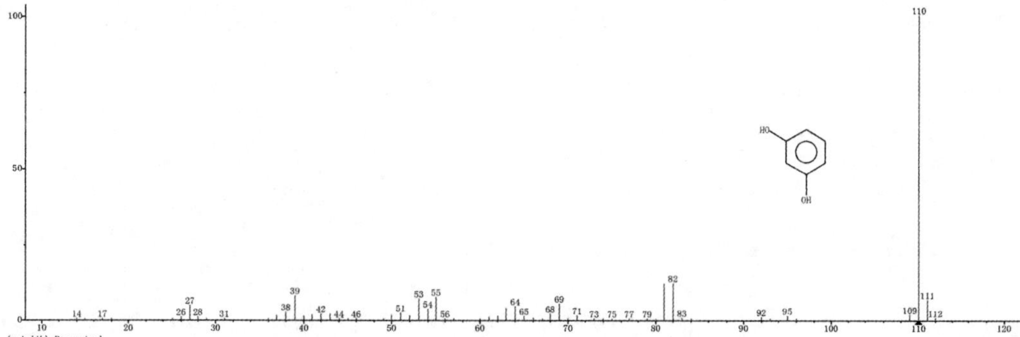

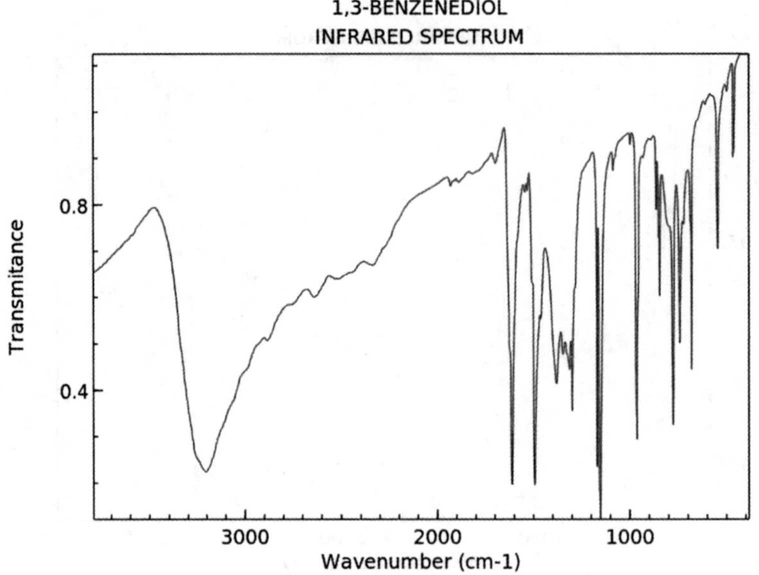

6.1,2,3-苯三酚

英文名:Pyrogallol。

别名:焦性没食子酸;焦倍酸;焦倍酚;焦棓酚;邻苯三酚。

分子式:$C_6H_6O_3$。

分子量:126.11。

CAS号:87-66-1。

1,2,3-苯三酚为白色晶体,熔点132.5 ℃,沸点309 ℃,密度1.463。溶于水、乙醇和乙醚,微溶于苯和氯仿。无臭,有光泽,暴露在日光下颜色变深。

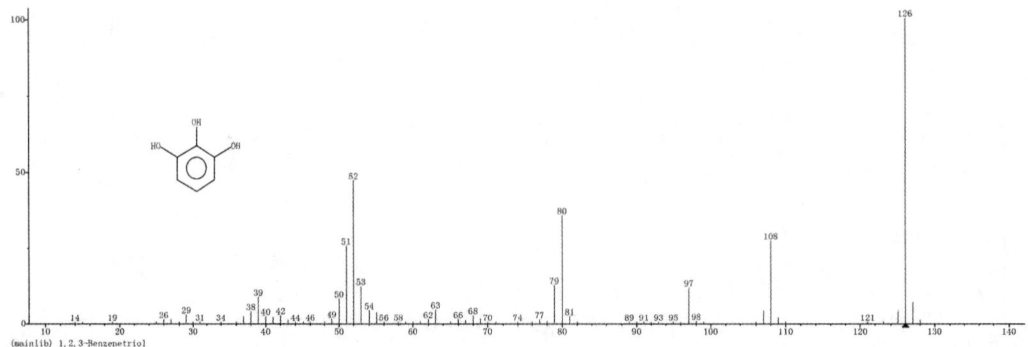

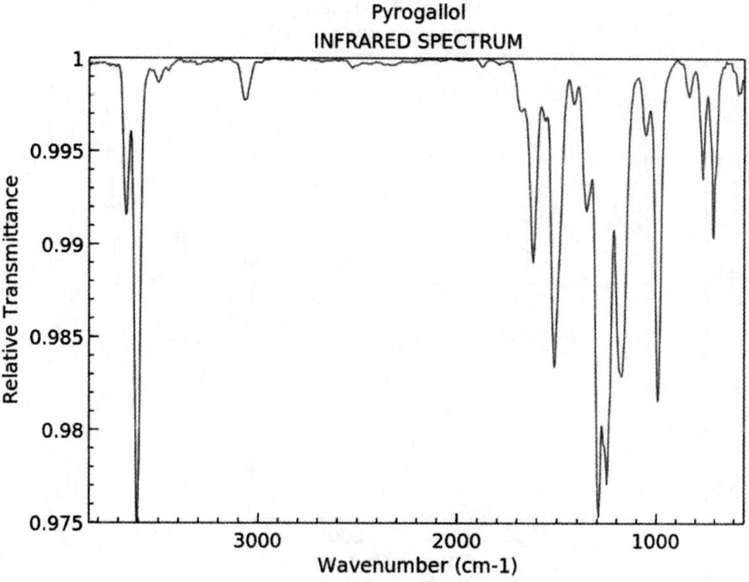

7.2,4-二甲基苯酚

英文名：2,4-Dimethylphenol。

分子式：$C_8H_{10}O$。

分子量：122.16。

CAS 号：105-67-9。

2,4-二甲基苯酚为白色针状结晶，熔点 22～23 ℃，沸点 211～212 ℃，密度 1.01，能溶于氢氧化钠水溶液，能与乙醇、氯仿、乙醚、苯等相混溶，但却难溶于水。烟气中可以增加烟熏香韵。

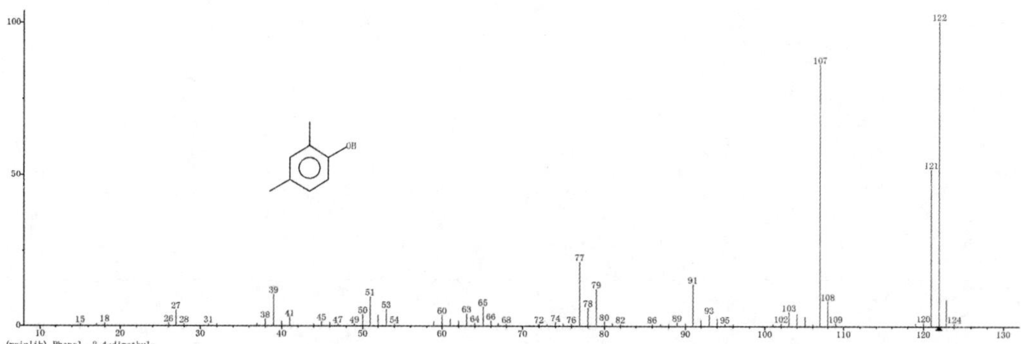

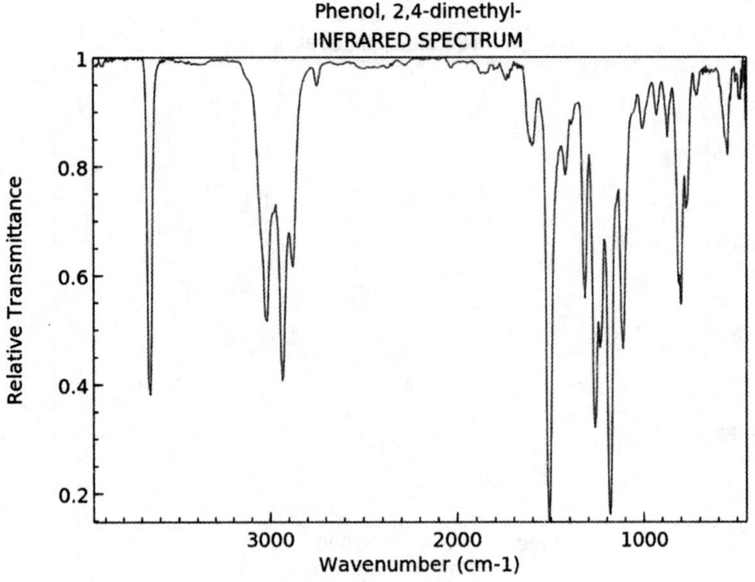

8. 2,6-二甲基-1,4-苯二酚

英文名：2,6-Dimethylhydroquinone。

别名：2,6-二甲基氢醌；2,6-二甲基对苯二酚。

分子式：$C_8H_{10}O_2$。

分子量：138.16。

CAS 号：654-42-2。

2,6-二甲基-1,4-苯二酚，熔点 154 ℃，沸点 193.57 ℃，密度 1.0340，折射率 1.4698。

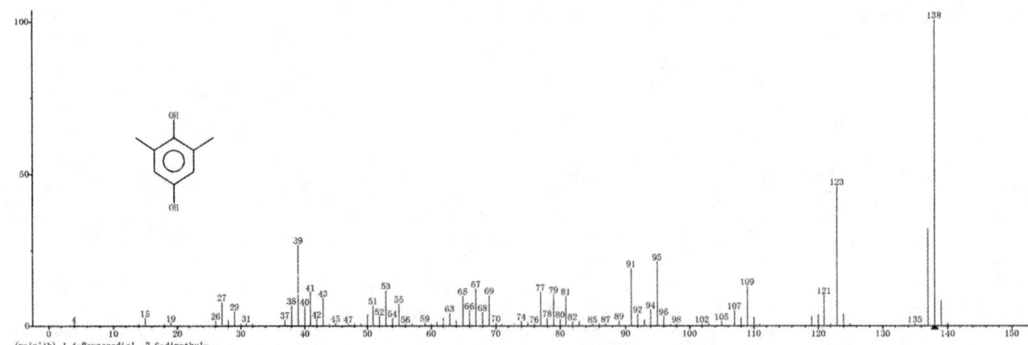

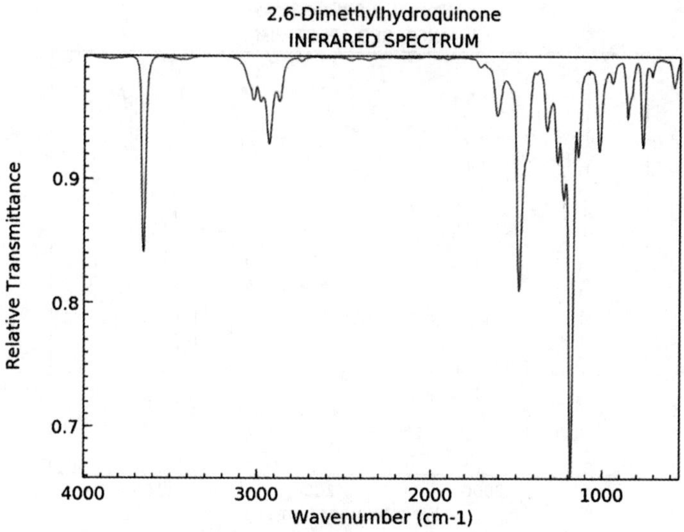

9. 2,6-二甲氧基苯酚

英文名：2,6-Dimethoxyphenol。

别名：邻苯三酚-1,3-二甲醚。

分子式：$C_8H_{10}O_3$。

分子量：154.16。

CAS 号：91-10-1。

2,6-二甲氧基苯酚为白色或无色晶体，熔点 56～57 ℃，沸点 261 ℃，密度 1.1690，折射率 1.4745，微溶于水，溶于乙醇等有机溶剂。具有甜香、木香、药香、烟熏香。中国 GB 2760 批准为允许使用的食品香料，建议在最终加香食品中浓度为 0.3～3 mg/kg。烟气中可以增加烟熏香。

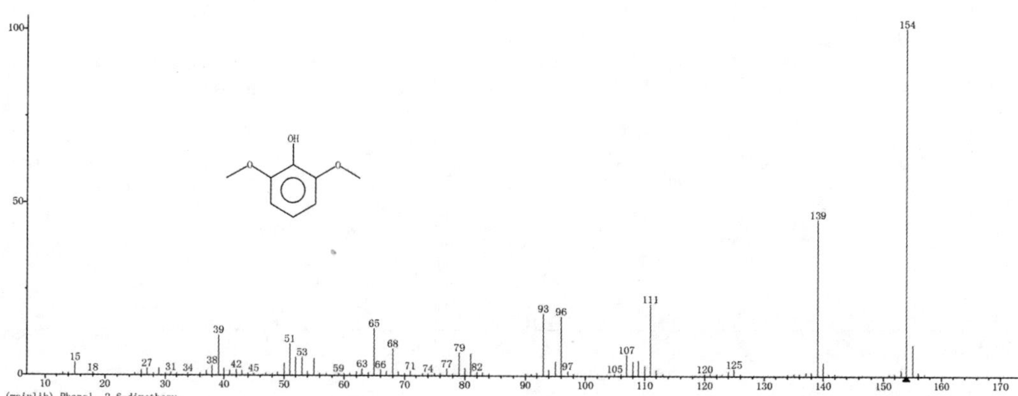

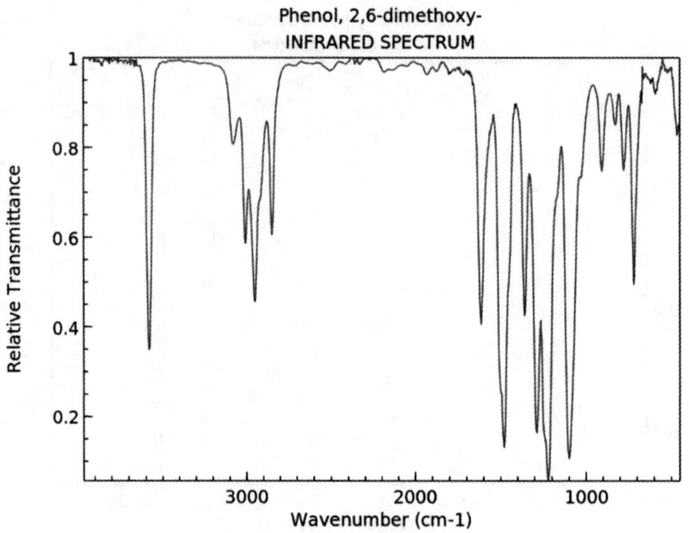

10. 2,6-二甲基苯酚

英文名：2,6-Dimethylphenol。

别名：1,3-二甲基-2-羟基苯；1-羟基-2,6-二甲基苯；茬酚。

分子式：$C_8H_{10}O$。

分子量：122.16。

CAS 号：576-26-1。

2,6-二甲基苯酚，熔点 49 ℃，沸点 203 ℃，密度 1.15，折射率 1.537，易溶于醇、醚、氯仿、苯和碱溶液，微溶于水，可用于食品添加剂中。具有烟熏香、药味，增加烟气甜味，增浓香气。

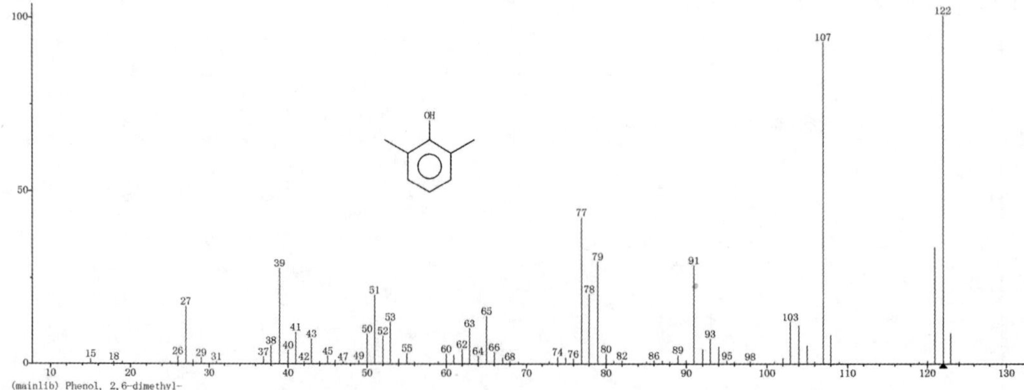

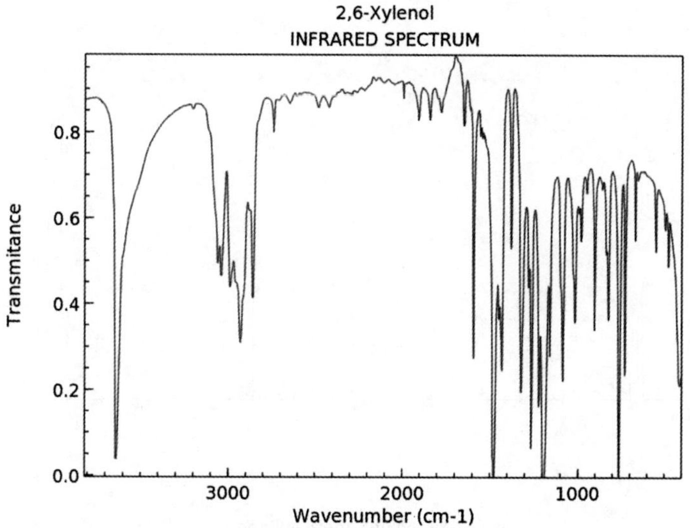

11. 2-甲基-6-丙基苯酚

英文名：2-Methyl-6-propylphenol
分子式：$C_{10}H_{14}O$。
分子量：150。
CAS 号：3520-52-3。

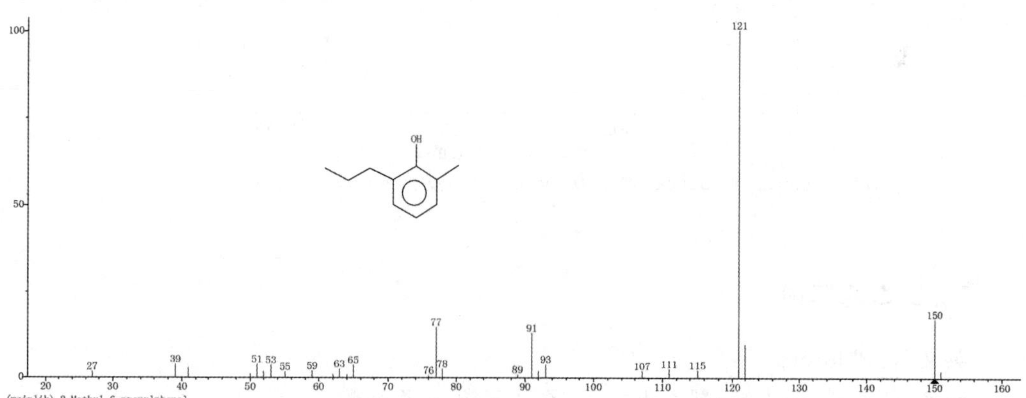

12. 2-甲氧基-5-甲基苯酚

英文名：2-Methoxy-5-Methylphenol。
分子式：$C_8H_{10}O_2$。
分子量：138.16。

CAS 号:1195-09-1。

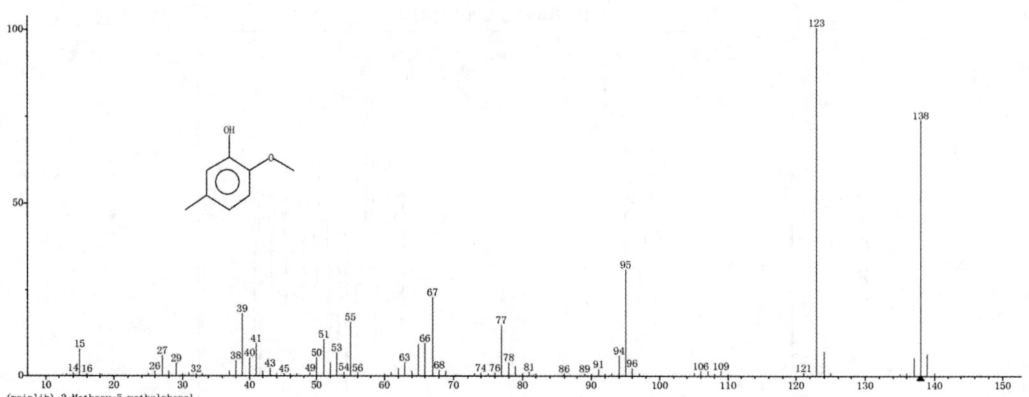

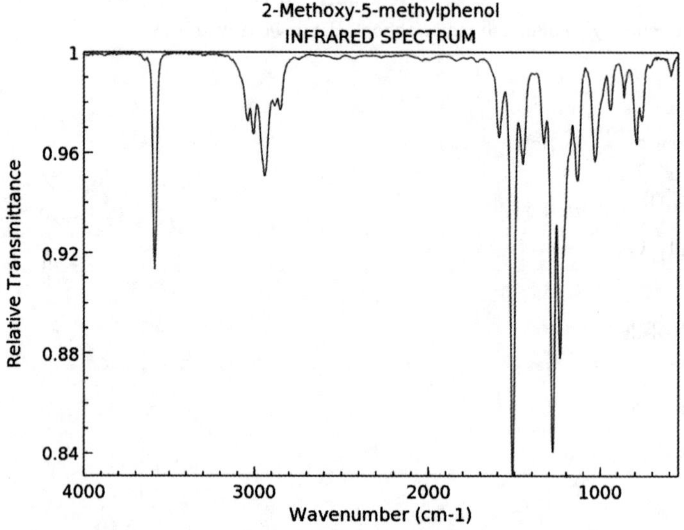

13. 2-乙基苯酚

英文名:Phlorol。

别名:邻乙酚;根皮酚;鄰乙苯酚;邻乙基苯酚;2-乙基酚。

分子式:$C_8H_{10}O$。

分子量:122.16。

CAS 号:90-00-6。

2-乙基苯酚,密度 1.037 g/mL,熔点 −18 ℃;沸点 195~197 ℃,折射率 1.536。有苯酚气味。

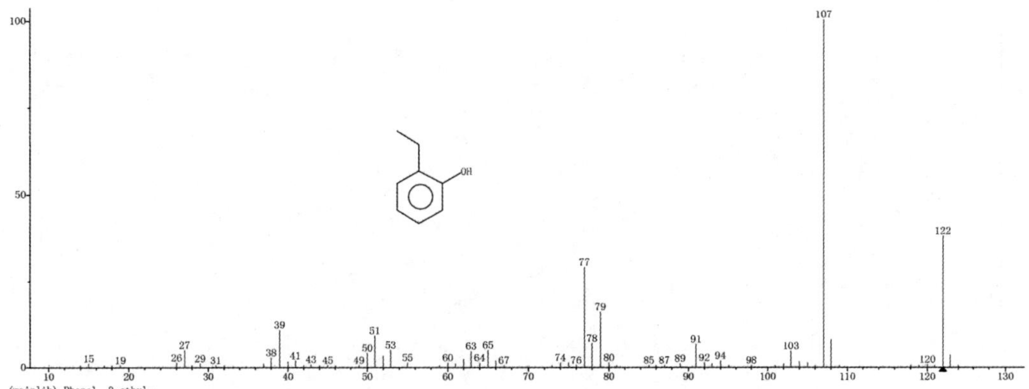

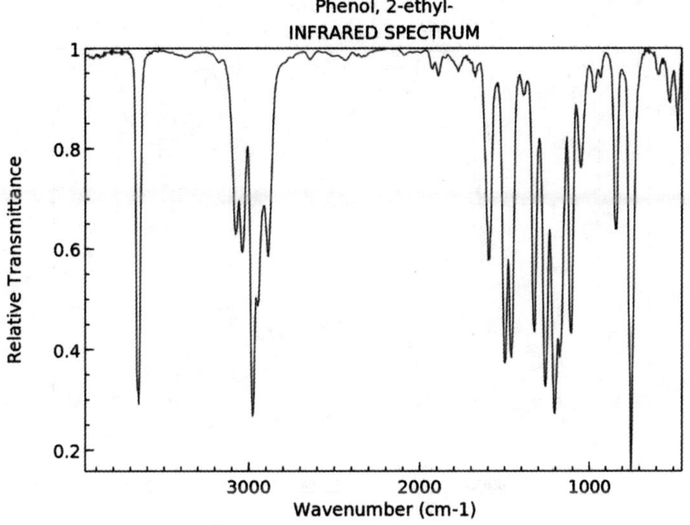

NIST Chemistry WebBook (https://webbook.nist.gov/chemistry)

14. 4-乙基苯酚

英文名：4-Ethylphenol。

别名：对乙基苯酚。

分子式：$C_8H_{10}O$。

分子量：122.16。

CAS 号：123-07-9。

4-乙基苯酚是一种对位取代的酚类化合物。沸点 218～219 ℃，熔点 40～42 ℃，折射率 1.533，密度 1.011。是红葡萄酒中重要的香气化合物之一。红葡萄酒中与 4-EP 有关的香味有马皮、皮革、药用、烟熏、谷仓、动物、马鞍等。具有烟熏香、酚香，清香型卷烟烟气的特征香味成分。

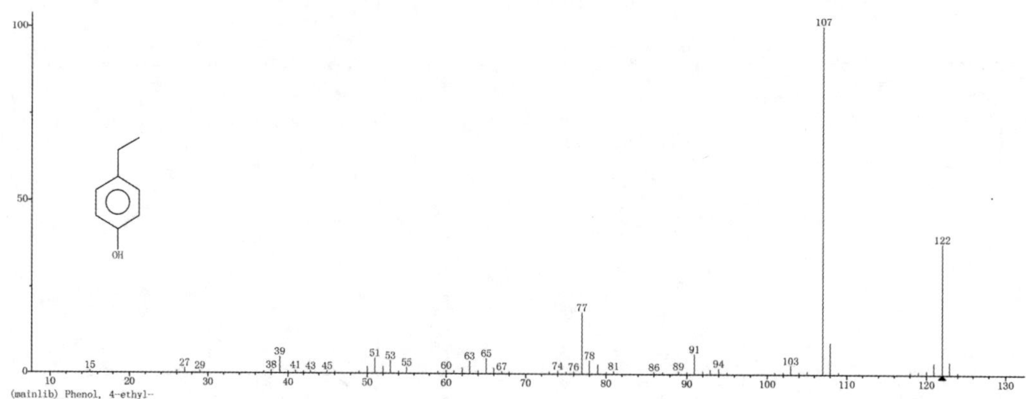

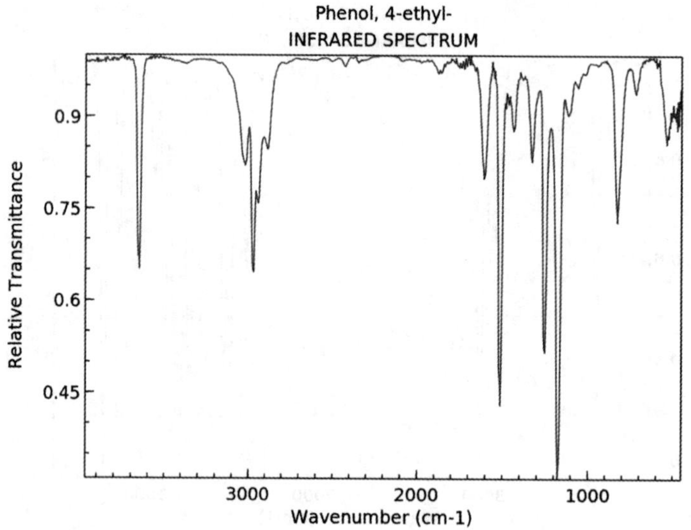

15. 3,4-二甲基苯酚

英文名：3,4-Dimethylphenol。

别名：乙拌磷-D10；3,4-二甲酚；3,4-二甲基酚；不对称邻二甲苯酚；4-羟基邻二甲苯；3,4-二甲苯酚；邻-4-二甲基苯酚；3,4-二甲酚标准溶液；1-羟基-3,4-二甲苯。

分子式：$C_8H_{10}O$。

分子量：122.16。

CAS号：95-65-8。

3,4-二甲基苯酚，白色针晶，熔点64.5～66.5 ℃，沸点211～225 ℃，密度1.138，折射率1.5442，微溶于水，溶于乙醇、乙醚。可以作为食品添加剂，使用限量：焙烤制品，4.0 mg/kg；肉制品、汤料、肉羹、果仁制品、速溶咖啡和茶、家用调味香料，2.0 mg/kg。

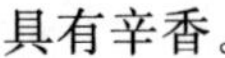

具有辛香。

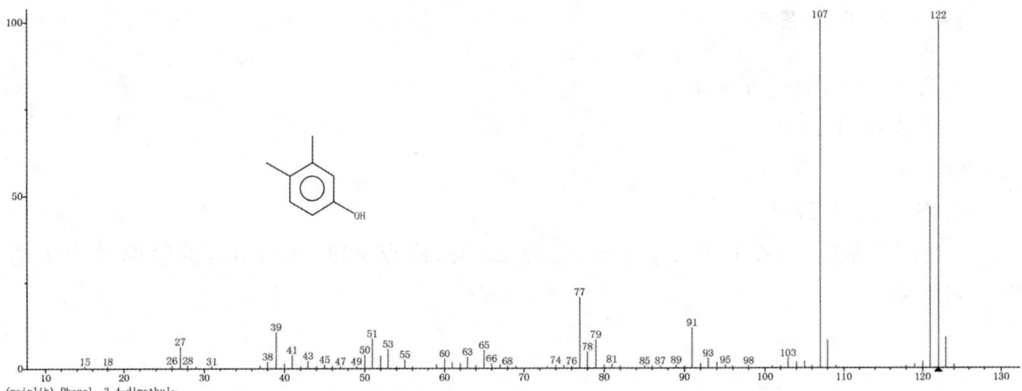

16.3,5-二甲基苯酚

英文名：3,5-xylenol。

分子式：$C_8H_{10}O$。

分子量：122.16。

CAS 号：108-68-9。

3,5-二甲基苯酚为白色晶体，熔点 64 ℃，沸点 219.5 ℃，密度 1.0362，有刺激性，主要存在于香料烟烟叶、主流烟气中，可用于香料生产等。

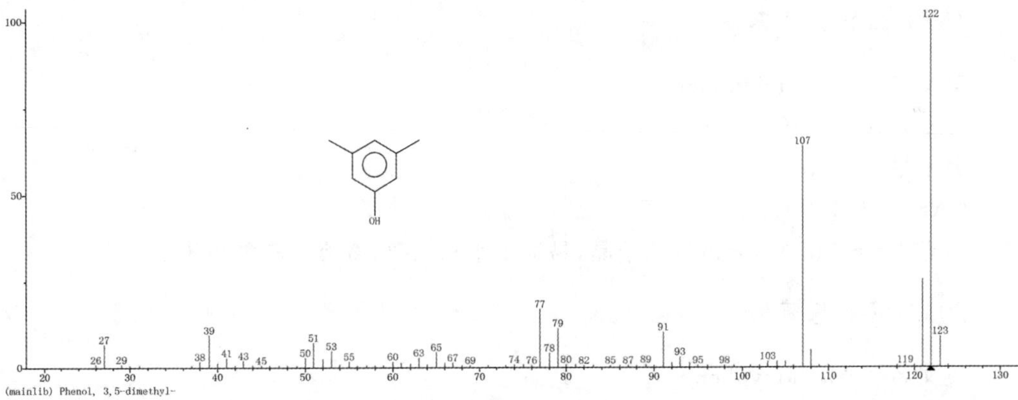

17.4-乙酰氧基苯酚

英文名：1,4-Benzenediol。

分子式：$C_8H_8O_3$。

分子量：152.15。

CAS 号：3233-32-7。

4-乙酰氧基苯酚，密度 1.212 g/cm^3，沸点 269.3 ℃，折射率 1.541。

18. 3-正丙基苯酚

英文名：3-n-Propylphenol。
分子式：$C_9H_{12}O$。
分子量：136.19。
CAS 号：621-27-2。

3-正丙基苯酚，密度 0.992 g/cm^3，熔点 26 ℃，沸点 229～231 ℃，折射率 1.529，存在于烟气中。

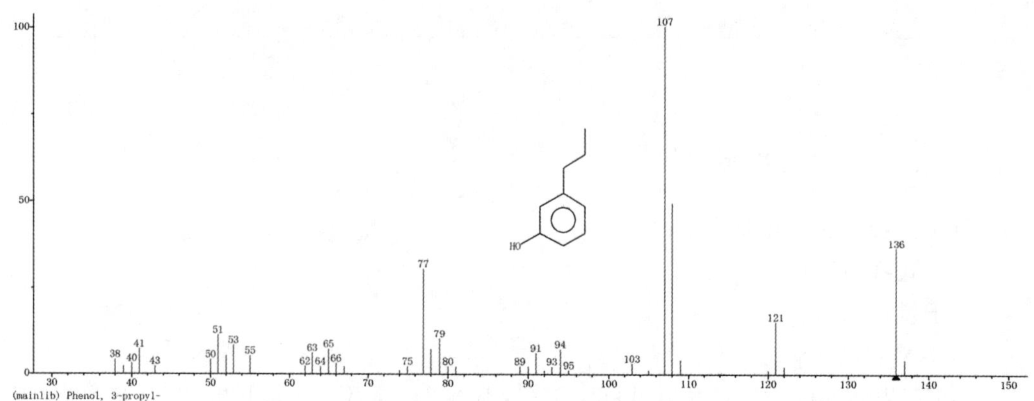

19. 3-乙酰氨基苯酚

英文名：3-Acetamidophenol。
分子式：$C_8H_9NO_2$。
分子量：151.16。
CAS 号：621-42-1。
熔点 145～148 ℃，无色针状结晶，易溶于水和乙醇，微溶于乙醚和苯。

20. 2-甲氧基苯酚

英文名：2-Methoxyphenol。
别名：邻甲氧基苯酚；邻羟基苯甲醚；愈创木酚。
分子式：$C_7H_8O_2$。
分子量：124.14。
CAS 号：90-05-1。

愈创木酚是一种白色或微黄色结晶或无色至淡黄色透明油状液体，熔点 27～29 ℃，密度 1.129 g/cm^3，沸点 205 ℃，摩尔折射率 34.81，具有焦甜的木质芳香，有苯酚的气味，同时具有烟熏、辛香、药香、肉香香气，可以作为食用香料，主要用于配制咖啡、香草、熏烟和烟草等型香精。使用限量：软饮料 0.95 mg/kg；冷饮 0.52 mg/kg；糖果 0.96 mg/kg；焙烤食品

0.75 mg/kg。也可以作为香原料,用以制造香兰素和人造麝香等气味。存在于烤烟烟叶、白肋烟烟叶、香料烟烟叶、烟气中,天然存在于芸香油、芹菜子油、烟叶油、橙叶蒸馏液和海狸香中。

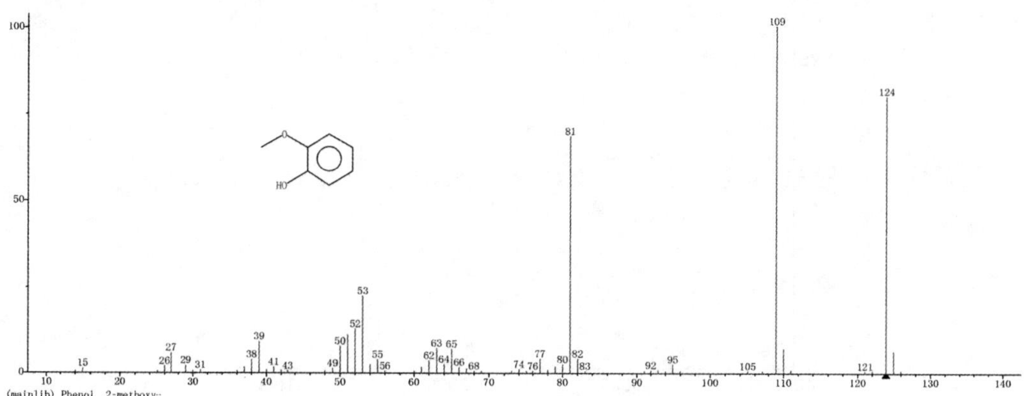

21. 4-乙烯基愈创木酚

英文名:4-Vinylguaiacol。

别名:2-甲氧基-4-乙烯基苯酚。

分子式:$C_9H_{10}O_2$。

分子量:150.18。

CAS 号:7786-61-0。

4-乙烯基愈创木酚,常温常压下为无色或淡黄色油状液体,密度 1.11 g/cm^3,熔点 26～29 ℃,沸点 100 ℃,折射率 1.444～1.451。呈发酵香气,有焙烤香、坚果味、果香以及辛香,略带甜味、酚的气息,常用于食用香精,用于坚果、焙烤以及果香香精。

天然 4-乙烯基愈创木酚主要存在于玉米酒精发酵的挥发物中,具有类似丁香类芳香气味,也存在于绿茶、乌龙茶、腌制茶中,是决定酒类、酱油、茶叶、咖啡、干酪等食品品质的主要香味成分,也是日化、医药、香精合成等行业较为常用的高档香料之一。在烟气中增加甜味,浓味,温和的烟熏气。

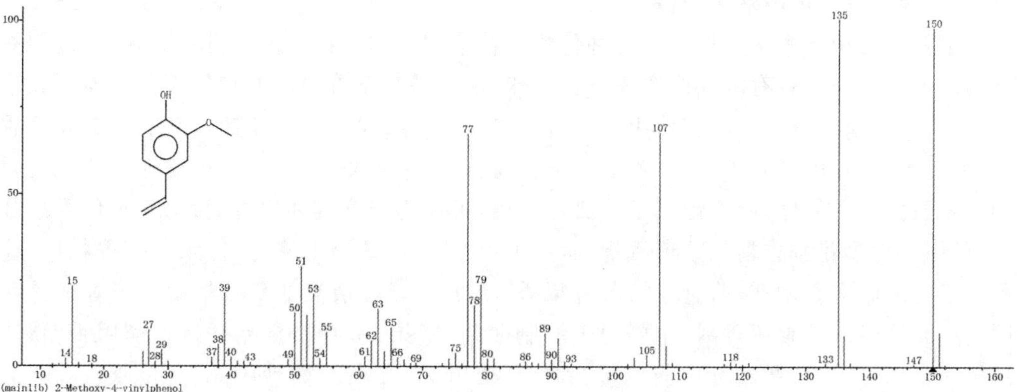

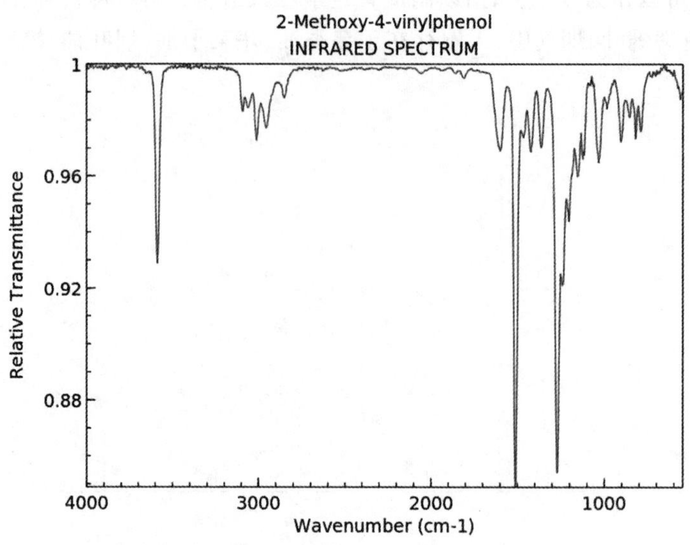

22. 丁香酚

英文名：Eugenol。

别名：2-甲氧基-4-(2-丙烯基)苯酚。

分子式：$C_{10}H_{12}O_2$。

分子量：164.20。

CAS 号：97-53-0。

丁香酚，是无色或苍黄色液体，相对密度 1.063～1.068，沸点 255 ℃，熔点 −9.2～−9.1 ℃，折射率 1.540～1.542，几乎不溶于水，与乙醇、氯仿、乙醚及油可混溶。有强烈的丁香香气和温和的辛香香气，次品者带焦味。

天然的丁香酚主要用富含丁香油的桃金娘科植物丁香的干燥花蕾经蒸馏所得的挥发油，经过萃取(用一定含量的氢氧化钠溶液溶解分离其中的酚与非酚油，再经石油醚萃取，酸化，中和)精馏等步骤而得。合成法制备丁香酚，用愈创木酚为原料，采用烯丙基氯、烯丙醇等直接烯丙基化而得。

丁香酚可用于香水香精以及各种化妆品香精和皂用香精配方中，还可以用于食用香精的调配。丁香酚具有浓郁的麝香石竹气味，是康乃馨系香精的调和基础，在化妆品、皂用、食用等香精的调和中均有使用。丁香酚是其他一些香料的中间体，衍生物有异丁香酚、甲基丁香酚、甲基异丁香酚、乙酰丁子香酚、乙酰丁香酚、苄基异丁香酚等。丁香酚是调配香石竹花香的体香，广泛用于香薇等香型，可作为修饰剂和定香剂，用于有色香皂加香，可用于许多花香香精如玫瑰香精等，也可用于辛香、木香和东方型、薰香型香精中，还可用于食用的辛香型、薄荷、坚果、各种果香、枣子香等香精及烟草香精中。丁香酚是我国规定允许使用的食用香料，主要用于配制薄荷、坚果、辛香型食品香精和烟用香精，用量按正常生产需要，在肉类中使用量为 40～2000 mg/kg；胶姆糖中 500 mg/kg；调味品中 9.6～100 mg/kg；烘烤食品中 33 mg/kg；糖果中 32 mg/kg；冷饮中 3.1 mg/kg；软饮料中 1.4 mg/kg；布丁类中 0.6 mg/kg。增加烟气辛香。

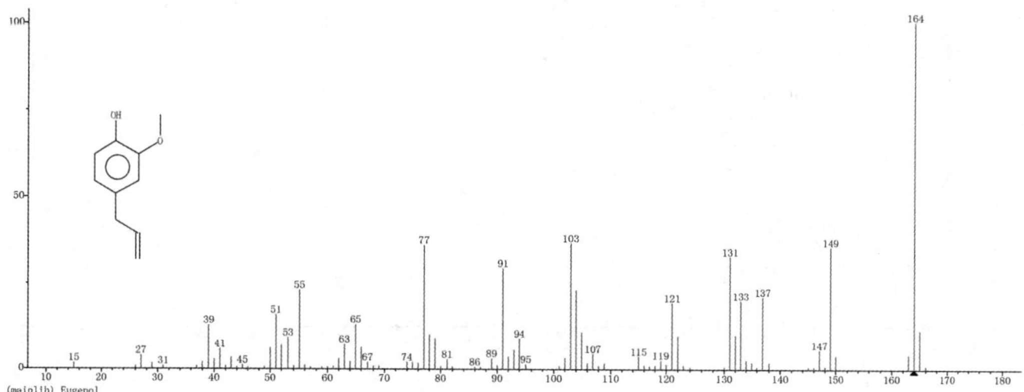

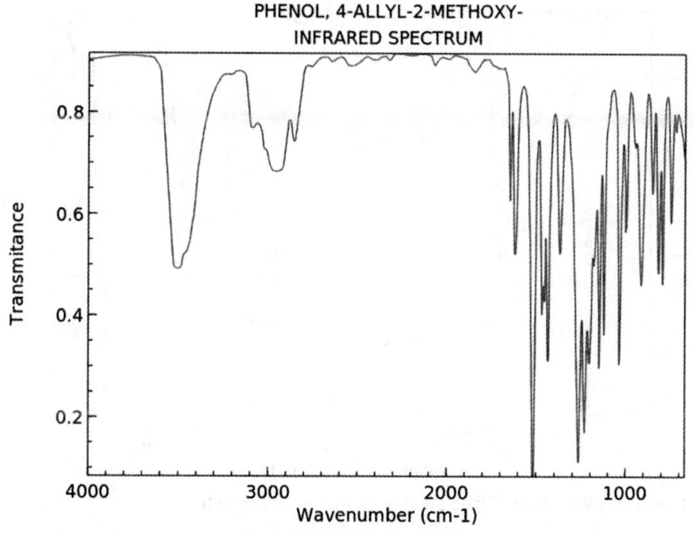

23. 邻苯基苯酚

英文名：o-Phenylphenol。

别名：2-羟基联苯；2-苯基苯酚。

分子式：$C_{12}H_{10}O$。

分子量：170.21。

CAS 号：90-43-7。

邻苯基苯酚为白色或浅黄色或淡红色粉末、薄片或块状物，熔点 55.5～57.5 ℃，沸点 283～286 ℃，密度 1.213。微溶于水，易溶于甲醇、丙酮、苯、二甲苯、三氯乙烯、二氯苯等有机溶剂，具有微弱的酚味。

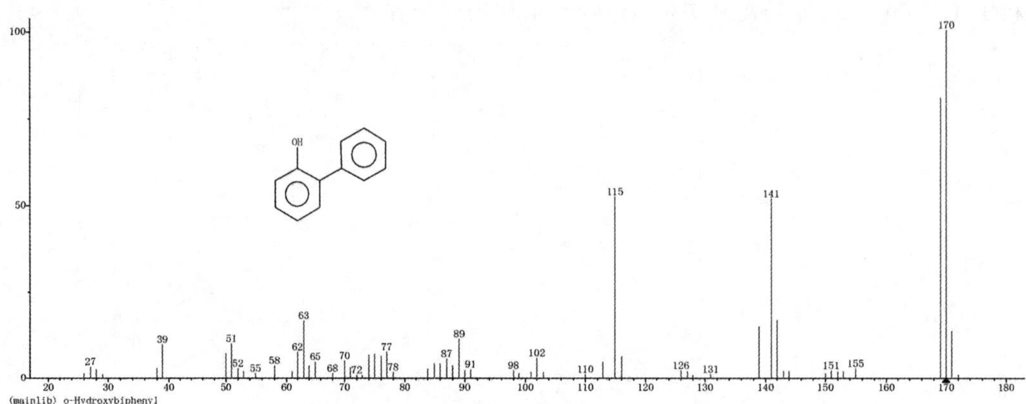

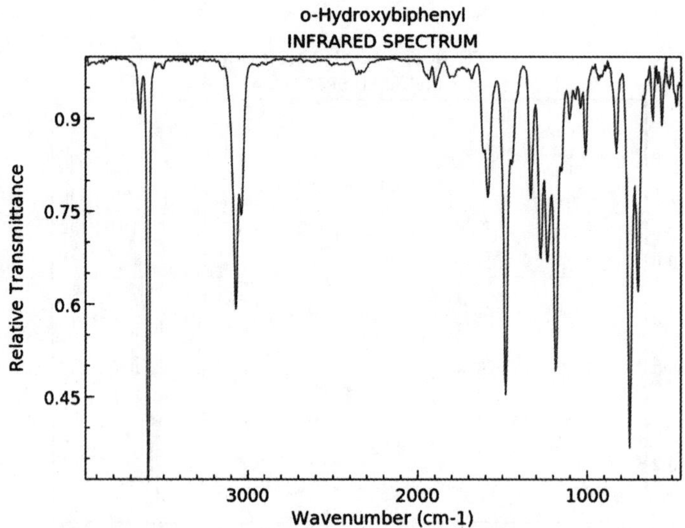

NIST Chemistry WebBook (https://webbook.nist.gov/chemistry)

24. 苔黑素(5-甲基间苯二酚)

英文名：Orcinol。

别名：甲基树脂酚；3，5-二羟基甲苯；俄耳辛。

分子式：$C_7H_8O_2$。

分子量：124.14。

CAS 号：504-15-4。

苔黑素，白色菱形结晶，熔点 58 ℃，沸点 289～290 ℃，相对密度 1.290(20 ℃/4 ℃)。易溶于水、醇和醚，略溶于苯，微溶于氯仿和二硫化碳。在空气中易氧化变成红色。有甜但令人不愉快的味道，树苔香特征物质。

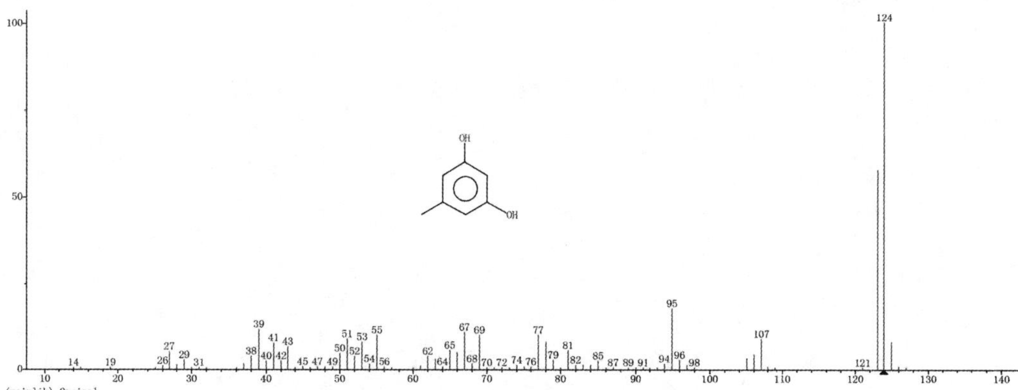

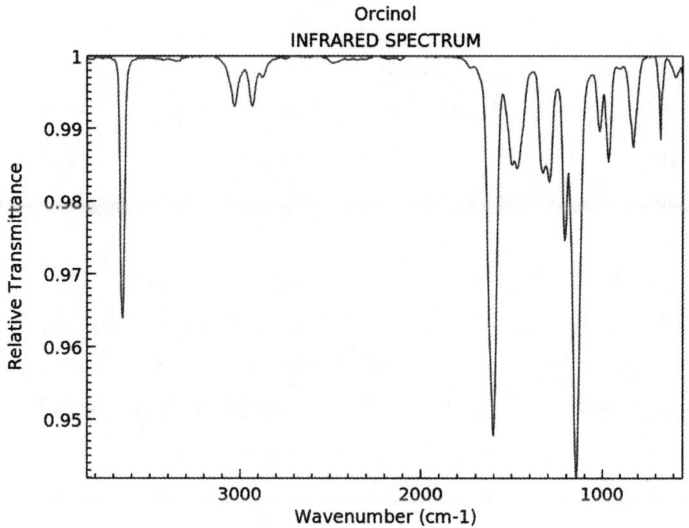

25. 莨菪亭

英文名：Scopoletin。

别名：异莨菪亭；7-羟基-6-甲氧基香豆素；7-羟基-6-甲氧基-1，2-苯并吡喃酮；东莨菪内酯。

分子式：$C_{10}H_8O_4$。

分子量：192.17。

CAS 号：92-61-5。

莨菪亭，针状或棱形结晶，熔点 204 ℃，沸点 413.5 ℃，密度 1.034，折射率 1.377，能溶于热醇或热的冰乙酸，略溶于氯仿，微溶于水或冷醇，几乎不溶于苯。存在于烤烟烟叶、白肋烟烟叶、烟气中，也可以从青蒿中自行提取分离得到，属于香豆素类化合物。

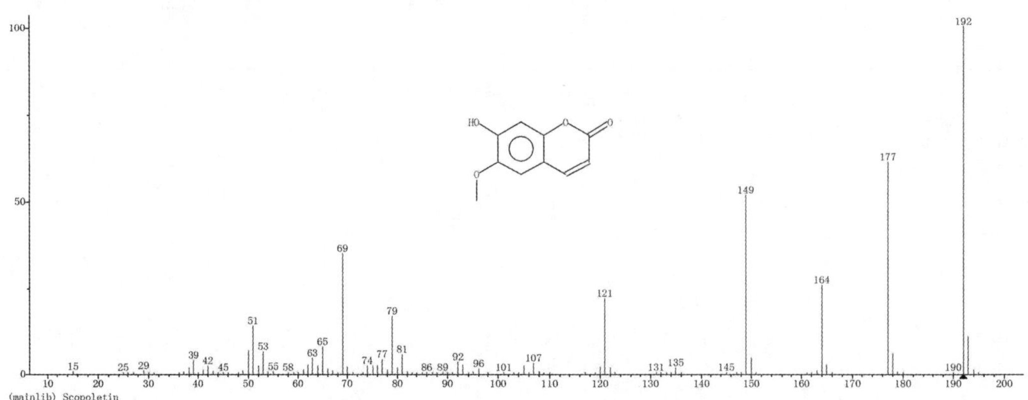

26. 麦芽酚

英文名：3-Hydroxy-2-methyl-4-pyrone。

别名：甲基麦芽酚；2-甲基-3-羟基-4-吡喃酮；3-羟基-2-甲基-4-吡喃酮。

分子式：$C_6H_6O_3$。

分子量：126.11。

CAS 号：118-71-8。

麦芽酚，白色晶状粉末，熔点 160～164 ℃，沸点 205 ℃，密度 1.046 g/cm^3，水溶性 1.2 g/100 mL，微溶于乙醚和苯，不溶于石油醚。具有焦奶油硬糖的特殊香气，稀溶液具有草莓样芳香味道。麦芽酚是一种广谱的香味增效剂，具有增香、固香、增甜的作用，可配制食用香精、化妆品香精等，广泛用于食品、饮料、酿酒、化妆品、制药等行业。参考用量：软饮料 4.1 mg/kg；冰激凌、冰制食品 8.7 mg/kg；糖果 3 mg/kg；焙烤食品 30 mg/kg；胶冻及布丁 7.5 mg/kg；胶姆糖 90 mg/kg；果冻 90 mg/kg。麦芽酚不仅使香味有了改善和增浓，还能延长食品储存期而不发霉。它对食品的香味改善和增强具有显著的效果，对甜食起着增甜作用。

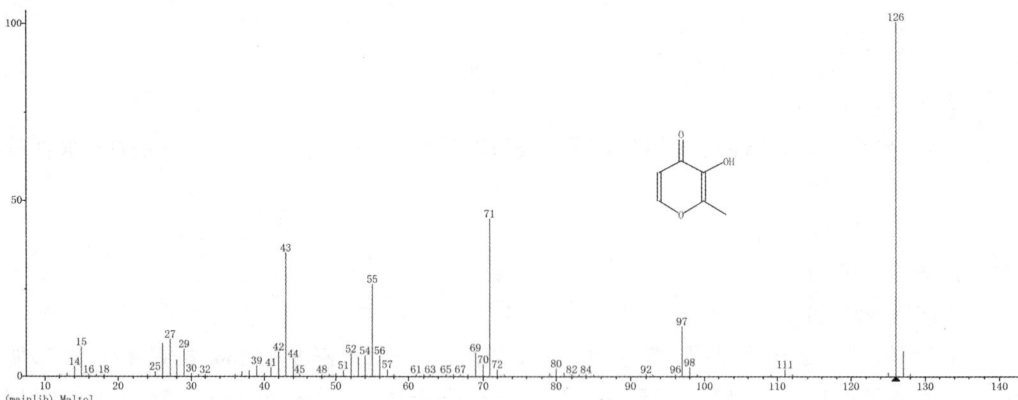

27. 乙基麦芽酚

英文名：Ethyl Maltol。

别名：2-乙基-3-羟基-4-吡喃酮。

分子式：$C_7H_8O_3$。

分子量：140.14。

CAS 号：4940-11-8。

乙基麦芽酚，白色晶体粉末，熔点 89 ℃，沸点 196.62 ℃，密度 1.1624，折射率 1.4850，易溶于热水、乙醇、氯仿与甘油，有焦糖香味和水果味。乙基麦芽酚是一种广谱高效增香剂，因其增香效力比麦芽酚大 4～6 倍，1 份乙基麦芽酚可代替 24 份香豆素使用。并且也可用作增甜剂、香气合成剂、香味改良剂与定香剂，具有抑酸、抑苦、去腥、除刺激之功效，这些与麦芽酚具有相同的特点。

乙基麦芽酚分 A1 型（醇香型）、A2 型（淡焦香型）和 A3 型（增强焦香型）三类：

A1 型：

其水果香味突出。添加进各种不同的水果、凉果制品、天然果汁，各种饮料、冷饮品、酒类、乳制品、面包糕点、酱油、中成药、化妆品及各种烟用香料，能明显提高果鲜味，抑制苦、酸、涩等味，获得最适宜的水果香甜鲜味，同时，获得极佳的口感。尤其是用其配制各种烟用香精香料，添加到香烟中，使烟味更加醇香芬芳，吸后减少口腔、咽喉的干燥涩苦味，口、喉觉得圆滑舒适。

A2 型：

有极浓醇的焦糖香味，对各种食品原有的香甜鲜味有极强的增效作用。适用于肉制品、烧腊品、罐头、调味品、糖果、饼干、面包、巧克力、可可制品、麦片、槟榔、凉果蜜饯制品及各种饲料等。尤其添加进各种肉类制品，能和肉中的氨基酸起作用，明显提高肉香鲜味。因而，当今各类食品行业应用越来越广泛。

A3 型：

具有纯度高、品质高、洁白度高、香气独特等优势，特征风味更突出，焦香味醇厚浓郁，受热溶解后余韵悠长，留香持久。在保持肉制品原有的特征香味的同时能最大限度地提高产品的香浓度，并有抑酸、抑苦、去腥、防腐等功效。适用于突出肉质感的高档火腿、盐水火腿、高档肉肠等肉制品中。

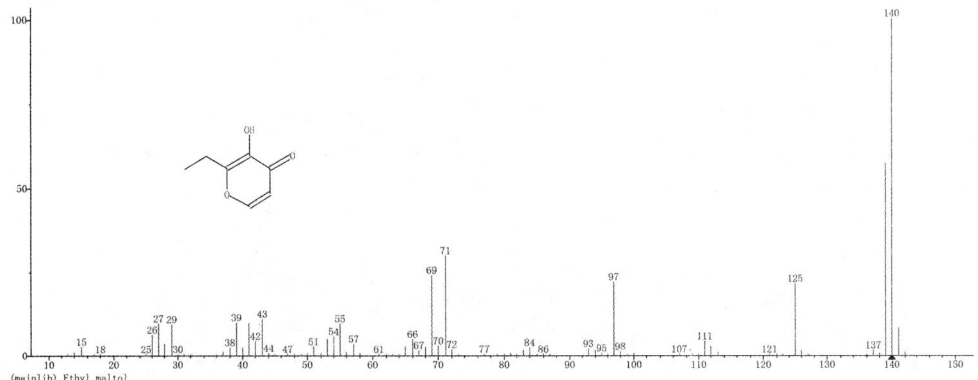

28. 三叉蕨酚

英文名：Aspidinol；Aspidinol B；1-(2，6-Dihydroxy-4-methoxy-3-methylphenyl)-1-butanone。

别名：绵马酚。

分子式：$C_{12}H_{16}O_4$。

分子量：224.25。

CAS 号：519-40-4。

三叉蕨酚又称绵马酚。针状或棱柱状结晶(苯中)。熔点 156～161 ℃。易溶于乙醇、乙醚、氯仿及丙酮，微溶于水和苯，溶于氢氧化钠溶液中，不溶于碳酸钠溶液中。天然存在于鳞毛蕨科植物绵马(*Dryopteris filixmas* Schott)的根、茎及粗茎鳞毛蕨(*D. crassirhizoma* Nakai)的根、茎等中。可用化学合成法制得。具有抗生素、抗微生物、驱虫作用，临床用作驱肠虫剂。

第五节 醛　　类

1. 丁香醛

英文名：Syringaldehyde。

别名：3,5-二甲氧基-4-羟基苯甲醛。

分子式：$C_9H_{10}O_4$。

分子量：182.17。

CAS 号：134-96-3。

熔点 110～113 ℃，沸点 192～193 ℃，密度 1.013，折射率 1.450，白色粉末，可溶于甲醇、乙醇、DMSO 等有机溶剂。丁香醛来源于肉桂成熟果实，天然丁香醛具有紫丁香的香气，丁香醛异构体是丁香鲜花的特征挥发性香气成分之一，天然丁香醛是重要的天然香料。

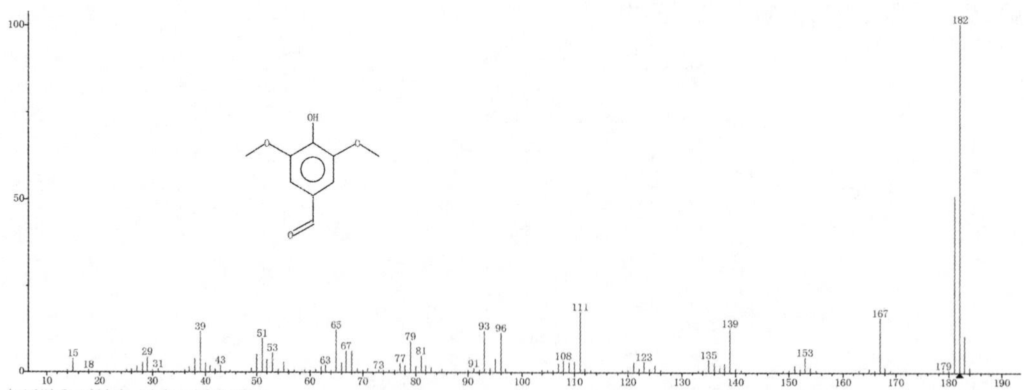

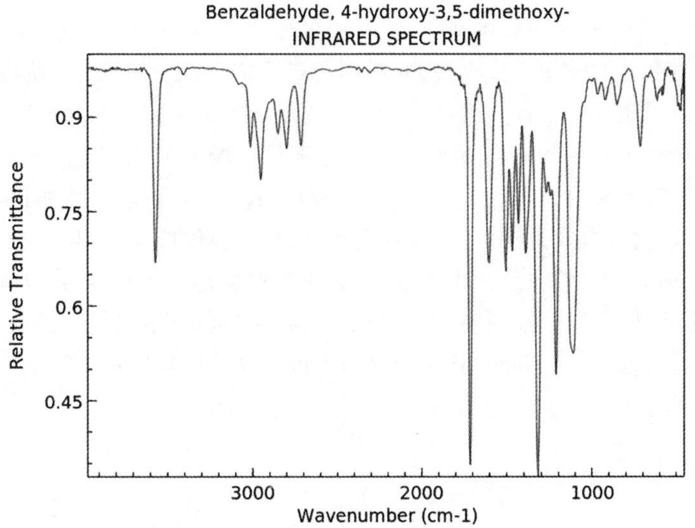

2. 香兰素

英文名：Vanillin。

别名：香草醛；香草粉；香草精。

分子式：$C_8H_8O_3$。

分子量：152.15。

CAS 号：121-33-5。

香兰素，熔点 81～83 ℃，沸点 170 ℃，密度 1.06，折射率 1.4850，是从香荚兰豆中提取的一种有机化合物，为白色至微黄色结晶或结晶状粉末，有针状和四方两种结晶方式，微甜，溶于热水、甘油和酒精，在冷水及植物油中不易溶解。香气稳定，在较高温度下不易挥发。在空气中易氧化，遇碱性物质易变色。香兰素为一种重要的广谱型高档香料，是截至 2019 年全球产量最大的香料之一，具有香荚兰豆香气及浓郁的奶香，起增香和定香作用。在烟草行业，香兰素常用于改善和丰富卷烟的香气质和吸味，或者通过外加香方式赋予卷烟额外的特征香味。香兰素是目前全球使用最多的食品赋香剂之一，有“食品香料之王”的美誉，是全球产量最大的合成香料品种之一，工业化生产香兰素已有 100 多年的历史。香兰素在最终加香食品中的建议用量为 0.2～20 000 mg/kg，在食品行业中主要作为一种增味剂，应用于蛋糕、冰激凌、软饮料、巧克力、焙烤食品、糖果和酒类中，在糕点、饼干中的添加量为 0.01%～0.04%，糖果中为 0.02%～0.08%，焙烤食品最高使用量为 220 mg/kg，巧克力最高使用量为 970 mg/kg，也可作为一种食品防腐添加剂应用于各类食品和调味料中；在化妆品行业，可作为调香剂调配于香水和面霜中；在日用化学品行业，可以用于修饰香气。

香兰素天然存在于香荚兰豆等植物中。可从热带香草兰花的豆荚中提取香兰素，热带香草兰花主要生长在马达加斯加、印度尼西亚和中国等国，由于香草兰花荚植物对土壤及气候因素的要求非常高，而且天然加工的发酵处理工艺复杂，所以香兰素的天然来源非常有限。从天然植物中提取的香兰素产品在全球产量中的占比不到1%。而且香荚兰豆等天然香草植物的种植、采收、提取和制备过程需要大量的劳工，使得其成本是化学合成产品的100多倍，天然香兰素产品价格也是合成产品的50～200倍。

香兰素是全球最早合成的香料品种之一。为满足市场的需求，19世纪出现了以邻甲氧基苯酚等作为原料合成的、与天然结构完全相同的香兰素。随着科技的进步，香兰素的生产方式不断完善，化学合成方法有近10种之多，原料来源供应充足，生产技术稳定，市场价格也较低，是市场上主要的香兰素生产方法，其市场份额超过90%。合成香兰素的生产过程稳定，原料充足，反应机理较明确，主要杂质检测可控制；但不足是产品香型较为单一，缺乏天然香兰素的复合香气。同时，其生产过程中也容易引发环境污染问题。

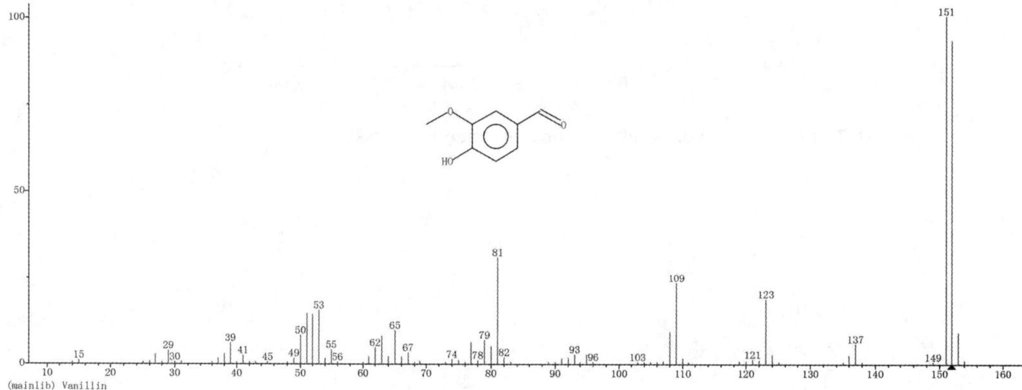

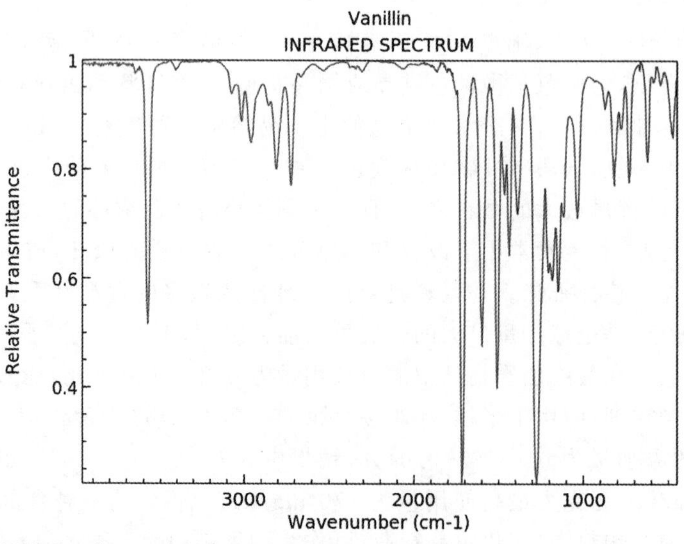

3. 2-甲基丁醛

英文名：2-Methylbutyraldehyde。

别名：甲基乙基乙醛。

分子式：$C_5H_{10}O$。

分子量：86.13。

CAS 号：96-17-3。

无色液体。相对密度 0.8092，沸点 92～93 ℃，折射率 1.3869(20 ℃)。不溶于水，溶于乙醇和乙醚。用作调香剂。天然存在于黑茶藨子花、球茎甘蓝、瑞士乳酪、苹果、黑加仑、朗姆酒、烤花生、小豆蔻、葡萄、番木瓜、土豆、切达干酪中。香气特征描述：强烈的窒息性气味，辣、霉气，稀释后有独特的可可和咖啡的香气，微带甜的、水果味的、坚果、糠醛类似异戊醛、麦芽、发酵香韵，巧克力样的风味。GB 2760 规定为允许使用的食品用香料。用于调配日用及食用香精，用于朗姆酒、巧克力、咖啡、香蕉、面包、番茄等香精。可以从发酵得到的杂醇油中分离出来的仲丁基甲醇进行氧化作用而制备。使用限量为：软饮料 1.5～2.0 mg/kg；冷饮 2.0～8.0 mg/kg；糖果 6.6 mg/kg；焙烤食品 5.7 mg/kg。

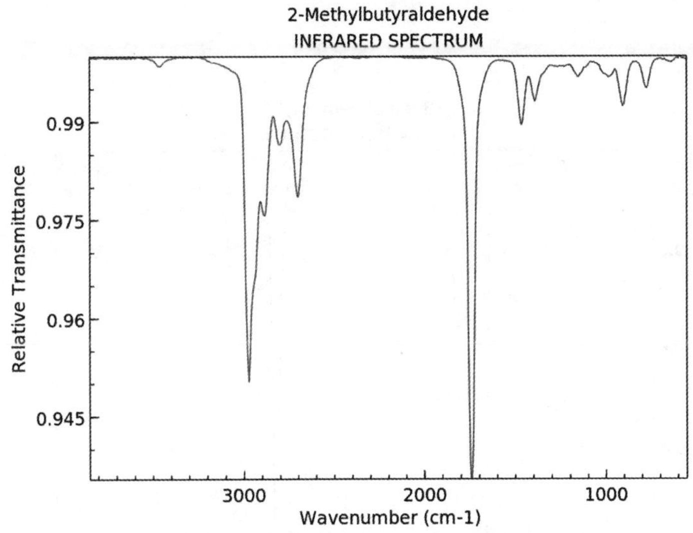

4. 3-甲基丁醛

英文名：Isovaleraldehyde。

别名：异戊醛。

分子式：$C_5H_{10}O$。

分子量：86.13。

CAS 号：590-86-3。

无色液体，熔点－60 ℃，沸点 90 ℃，密度 0.803，折射率 1.388，有苹果、未熟香蕉味。微溶于水,溶于醇、醚。是制造异戊酸的原料,合成香料的中间体,食品工业及制药工业中的原料。尤其是作为维生素 E 的合成原料,用量极大。天然存在于柑橘、柠檬等精油中。高度稀释时有似苹果香气,浓度低于 10 ppm 时呈桃子香味。用作食品原料、香精、试剂等。我国 GB 2760 规定为允许使用的食用香料,主要用于配制各种水果型香精。主要用于食品香精,在日用香精中很少使用,适量用于烟草香精。在烟气中能提调烟香,修饰可可、焦糖、坚果和辛香风味。

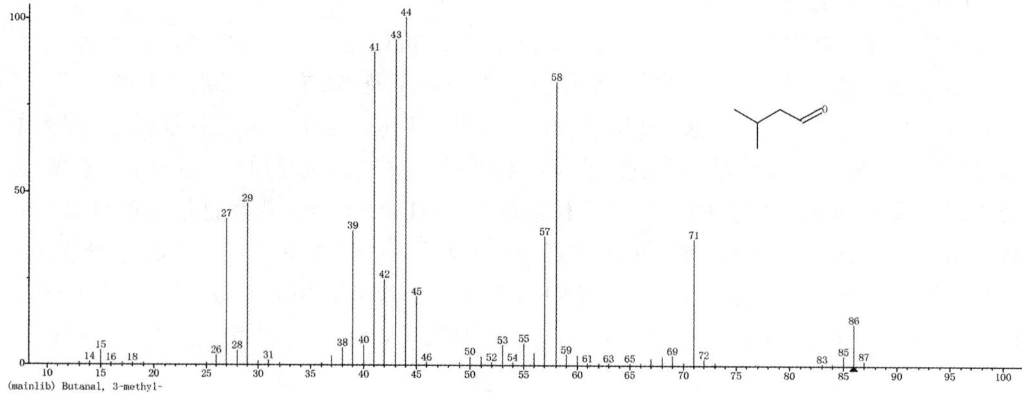

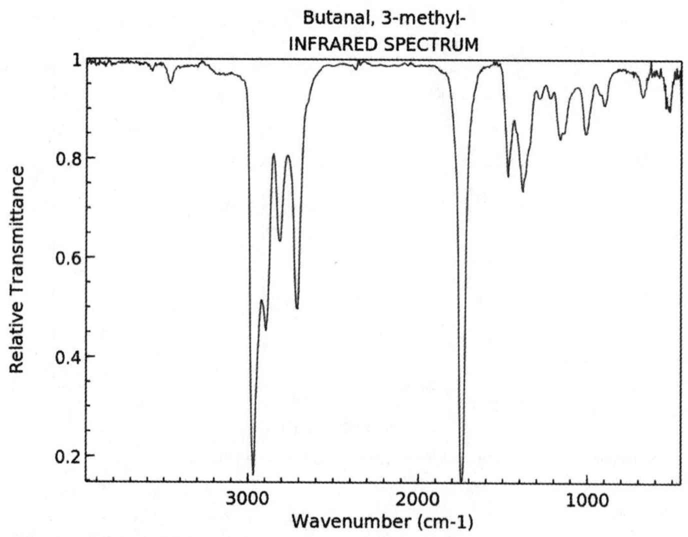

5. 3-甲基-2-丁烯醛

英文名:3-Methyl-2-butenal。

别名:3-甲基巴豆醛;异戊烯醛。

分子式:C_5H_8O。

分子量：84.12。

CAS 号：107-86-8。

淡黄色至微红的液体，密度 0.88，熔点－20 ℃，沸点 132～133 ℃，折射率 1.461～1.463，是一种用于调配日用品及食品的香精的有机物。

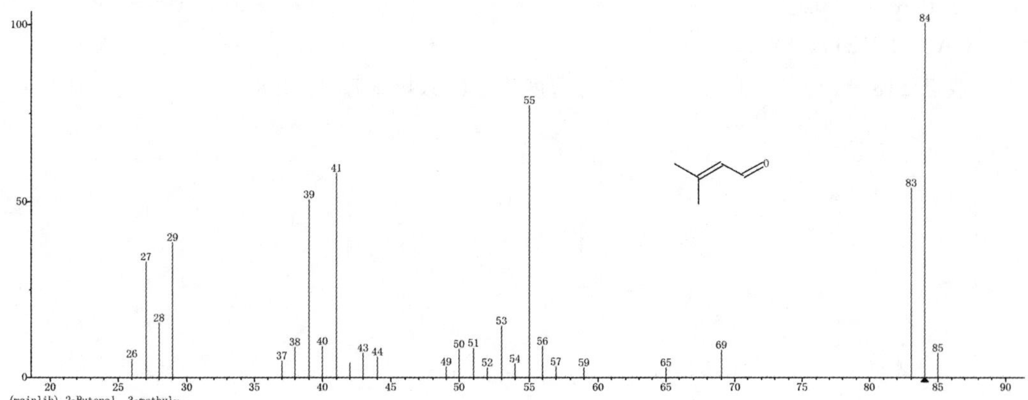

6. 异丁烯醛

英文名：Methacrolein。

别名：甲基丙烯醛；2-甲基丙烯醛。

分子式：C_4H_6O。

分子量：70.09。

CAS 号：78-85-3。

浅黄色液体，有强烈刺激性臭味，熔点－81 ℃，沸点 69 ℃，密度 0.85，折射率 1.416，微溶于水，易溶于乙醇、乙醚。

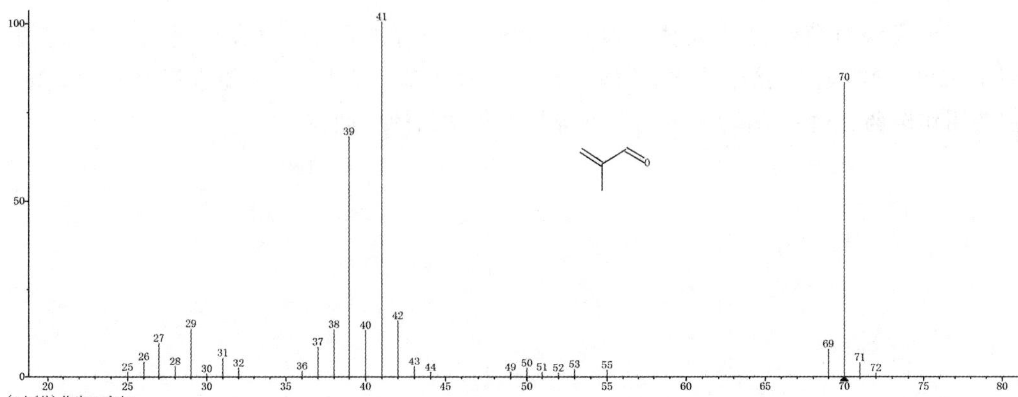

7.3-甲基-4-羟基苯甲醛

英文名：4-Hydroxy-3-methylbenzaldehyde。

分子式：$C_8H_8O_2$。

分子量：136.15。

CAS号：15174-69-3。

熔点118～120 ℃，沸点250.6 ℃，密度1.1150，折射率1.5090。

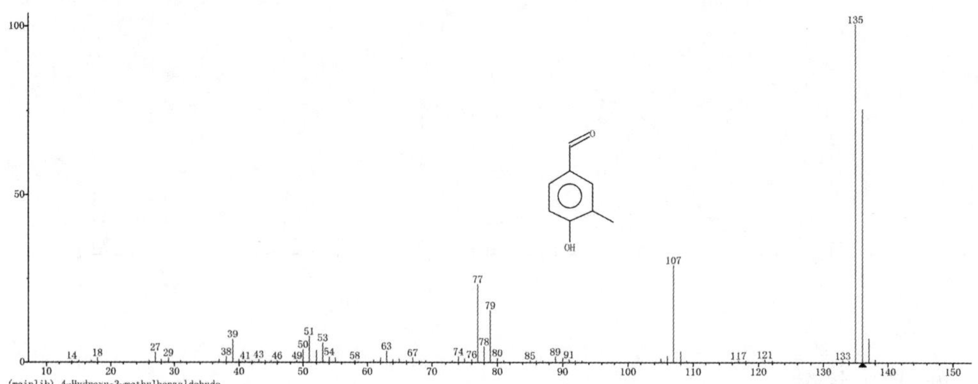

8.3-羟基苯甲醛

英文名：3-Hydroxybenzaldehyde。

别名：间羟基苯甲醛。

分子式：$C_7H_6O_2$。

分子量：122.12。

CAS号：100-83-4。

无色或淡黄色结晶状固体。熔点100～103 ℃，沸点191 ℃，密度1.1179，折射率1.5286，微溶于水，溶于热水、乙醇、丙酮、乙醚和苯。能升华，不能进行水蒸气蒸馏。主要用作医药、染料、杀菌剂、照相乳剂等精细化学品的中间体。

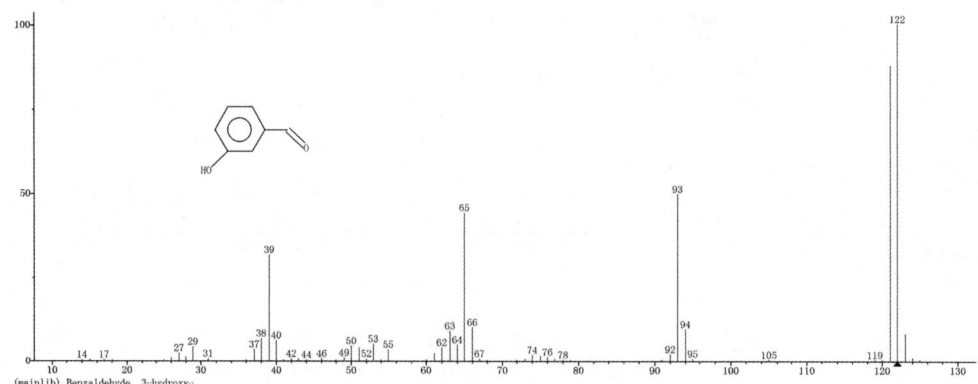

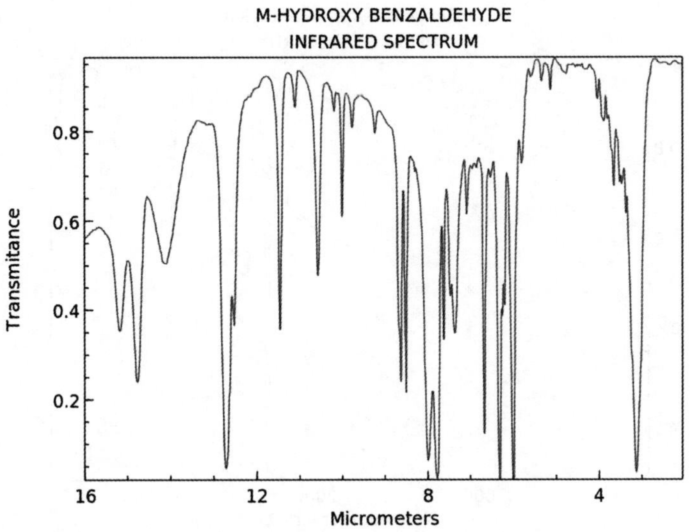

9. 4-甲基苯甲醛

英文名：p-Tolualdehyde。

别名：对甲基苯甲醛。

分子式：C_8H_8O。

分子量：120.15。

CAS 号：104-87-0。

4-甲基苯甲醛，是一种无色或淡黄色透明液体化学品。熔点－6 ℃，沸点 204～205 ℃，密度 1.019，折射率 1.545，微溶于水，溶于乙醇和乙醚。用于合成香料、三苯甲烷染料。

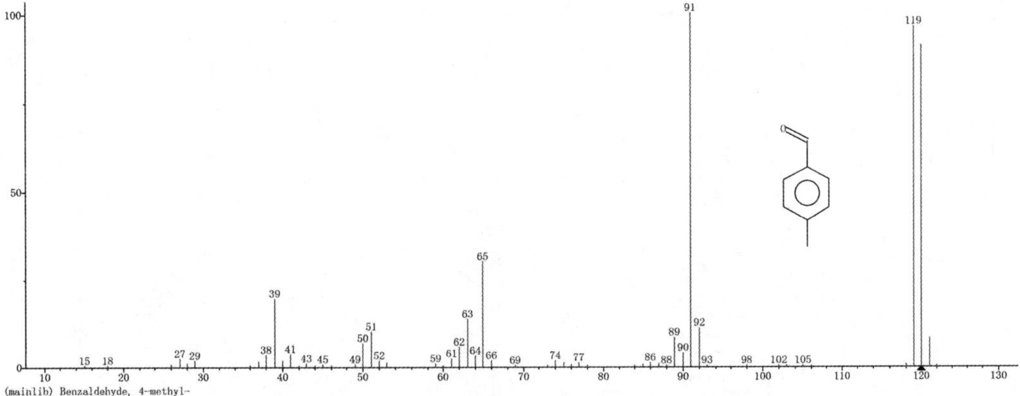

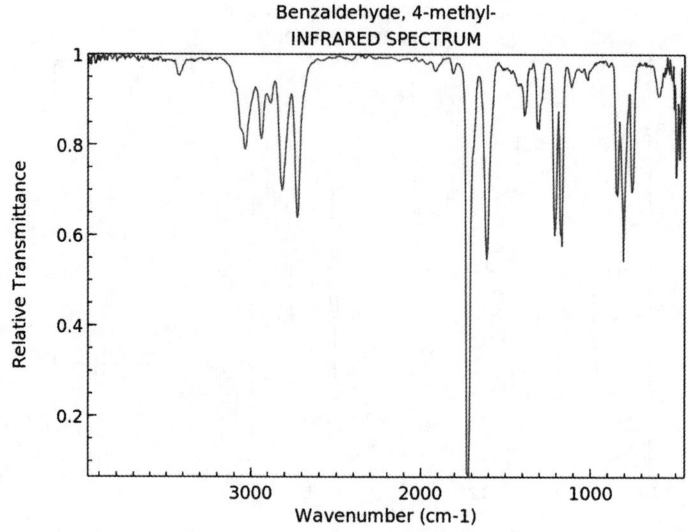

10. 4-羟基苯甲醛

英文名:p-Hydroxybenzaldehyde。

别名:对羟基苯甲醛。

分子式:$C_7H_6O_2$。

分子量:122.12。

CAS 号:123-08-0。

类白色结晶性粉末,有芳香味。熔点 112~116 ℃,沸点 191 ℃,密度 1.129,折射率 1.5105,易溶于乙醇、乙醚,溶于热水,微溶于苯和冷水,在常压下升华而不分解。微有芳香气味。

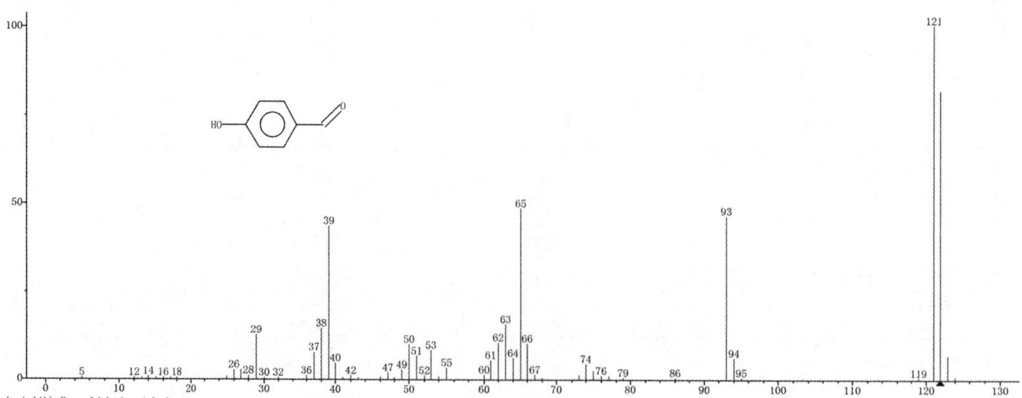

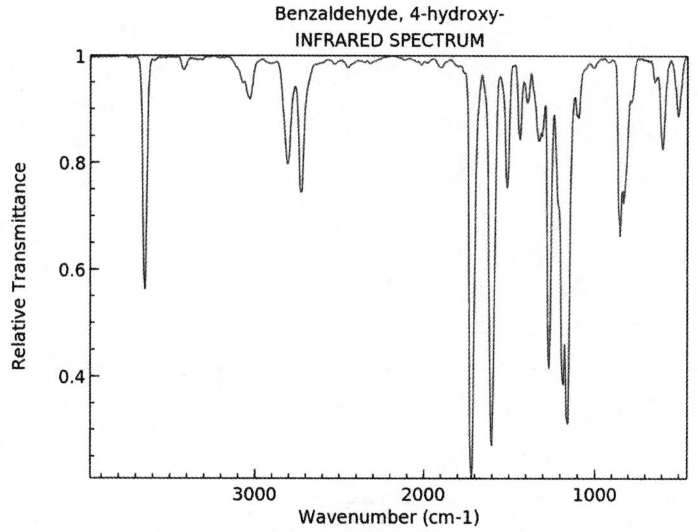

11.苯甲醛

英文名:Benzaldehyde。

别名:安息香醛;苯醛;人造苦杏仁油。

分子式:C_7H_6O。

分子量:106.12。

CAS号:100-52-7。

无色液体,相对蒸气密度(空气=1)3.66,饱和蒸气压 0.13 kPa(26 ℃),折射率1.5455,引燃温度 192 ℃。微溶于水,可混溶于乙醇、乙醚、苯、氯仿。具有特殊的苦杏仁芳香味。在风信子、香茅、肉桂、鸢尾、岩蔷薇中有发现。具有苦杏仁、樱桃及坚果香。苯甲醛为最简单的,同时也是工业上最常为使用的芳香醛。苯甲醛为苦扁桃油提取物中的主要成分,也可从杏、樱桃、月桂树叶、桃核中提取得到。该化合物也在果仁和坚果中以和糖苷结合的形式(扁桃苷)存在。重要的化工原料,用于制备月桂醛、月桂酸、苯乙醛和苯甲酸苄酯等。也用作香料,可作为特殊的头香香料,微量用于花香配方,如紫丁香、白兰、茉莉、紫罗兰、金合欢、葵花、甜豆花、梅花、橙花等中。香皂中亦可用之。还可作为食用香料用于杏仁、浆果、奶油、樱桃、椰子、杏子、桃子、大胡桃、大李子、香荚兰豆、辛香等香精中。酒用香精,如朗姆酒、白兰地等型中也用之。GB 2760 规定为暂时允许使用的食用香料。主要用于配制杏仁、樱桃、桃子、果仁等型香精,用量可达40%。作为糖水樱桃罐头的赋香剂,加入量每千克糖水 3 mL。苯甲醛为允许使用的食品用合成香料,可用于制备樱桃、可可、香荚兰、杏仁香精。在烟气中增加樱桃香、杏仁香。

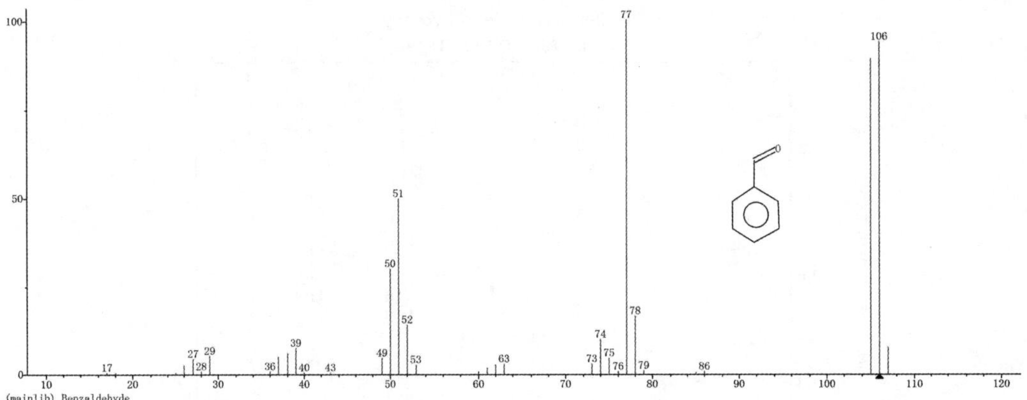

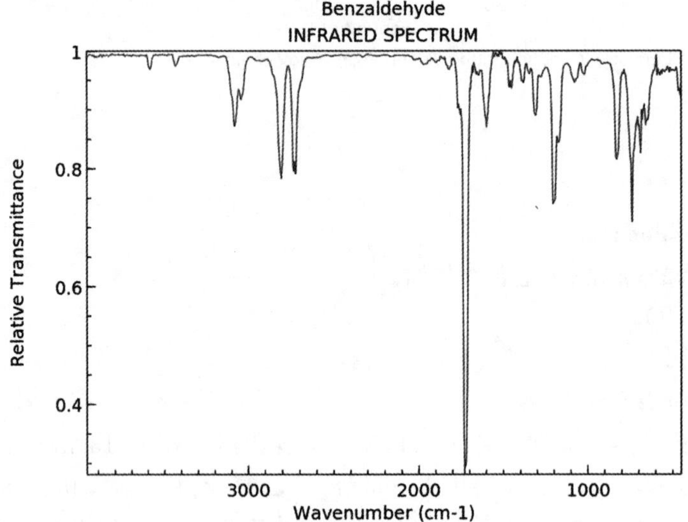

12. 2-糠醛

英文名：2-Furaldehyde。

别名：α-呋喃甲醛；呋喃甲醛；2-呋喃甲醛。

分子式：$C_5H_4O_2$；C_4H_3OCHO。

分子量：96.08。

CAS 号：98-1-1。

外观是无色透明油状液体，有特殊香味。熔点 −36.5 ℃，沸点 161.8 ℃，密度 1.16，与水部分互溶，也溶于酒精、乙醚、醋酸等溶剂。糠醛具有较为强烈的谷物香气和咖啡香气，而且香味阈值很小，在卷烟烟气中具有甜味、面包香和黄油香。它最初从米糠与稀酸共热制得，所以叫作糠醛。糠醛是由戊聚糖在酸的作用下水解生成戊糖，再由戊糖脱水环化而成。生产的主要原料为玉米芯等农副产品。

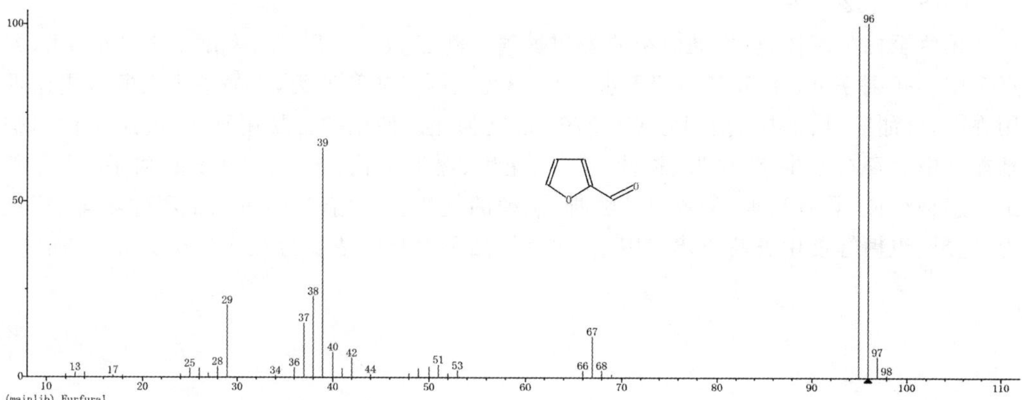

13. 3-糠醛

英文名:3-Furaldehyde。
别名:3-呋喃甲醛。
分子式:$C_5H_4O_2$。
分子量:96.08。
CAS 号:498-60-2。
极淡的黄色—黄红色液体。

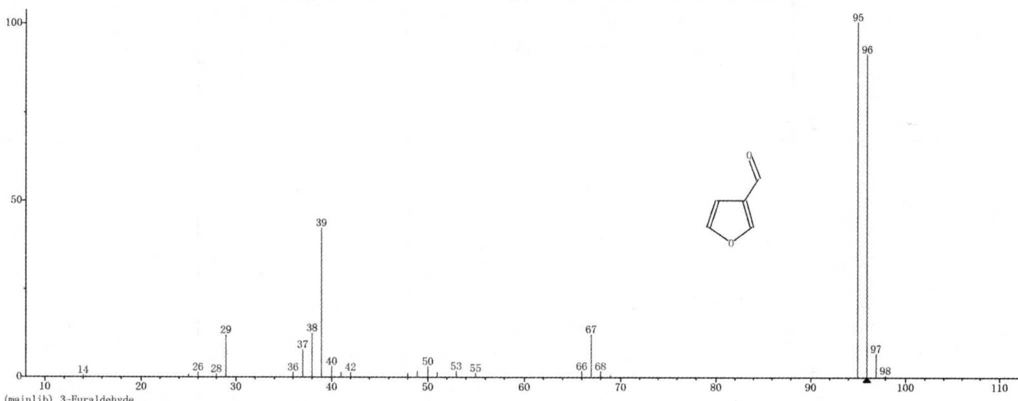

14. 5-甲基-2-糠醛

英文名:5-Methyl furfural。
别名:5-甲基糠醛;5-甲基呋喃醛。
分子式:$C_6H_6O_2$。

分子量：110.11。

CAS 号：620-02-0。

无色至棕色液体，呈焦糖似浓的香甜香气。沸点 187～189 ℃，密度 1.107 g/mL，闪点 72 ℃，折射率 n_D^{20} 1.5263。溶于水（约 3.3%）、丙二醇和油类，极易溶于乙醇。用作烟用香精，有甜味，增加烟气浓度。GB 2760 规定为允许使用的食品用香料，可用于食用香精配方中。存在于牛肉、牛肝、橙汁、杏仁、花生、爆玉米花、面包、可可、茶、啤酒、葡萄酒中。感官特征：具有甜香、辛香以及咖啡、焦糖的气味。应用建议：可用于调配咖啡、巧克力、坚果、焦糖等食用香精。建议用量：在最终加香食品中浓度为 0.03～0.13 mg/kg。

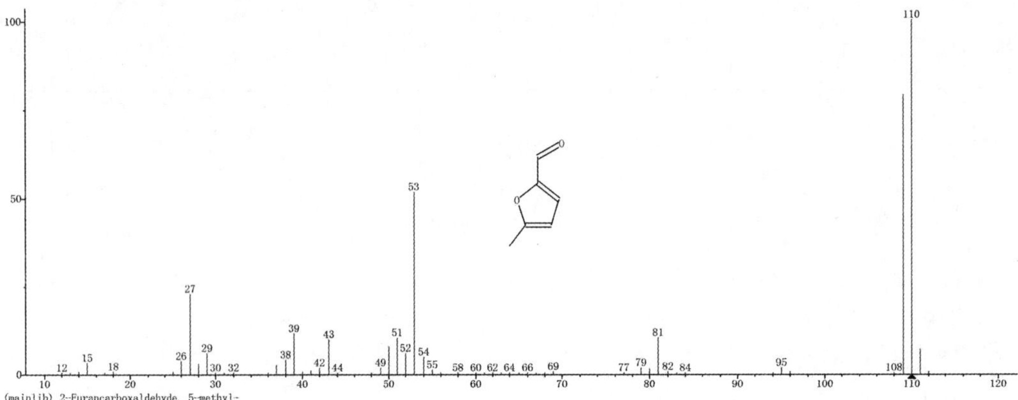

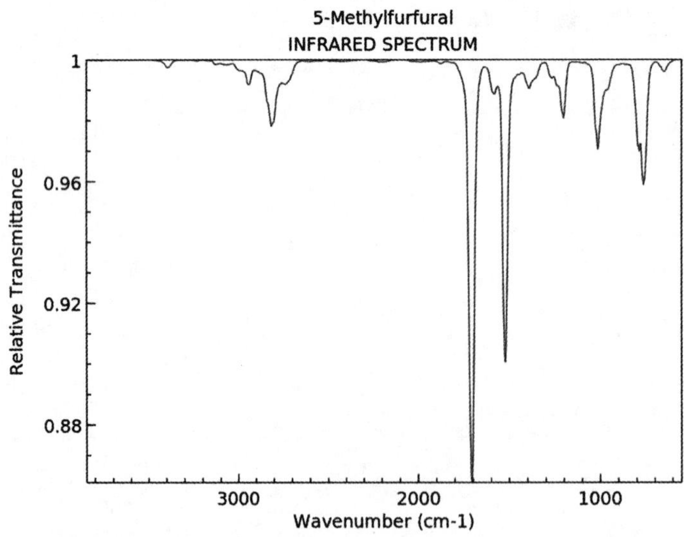

15. 5-羟甲基糠醛

英文名：5-Hydroxymethylfurfural。

别名：5-羟基甲基呋喃甲醛。

分子式：$C_6H_6O_3$。

分子量：126.11。

CAS 号：67-47-0。

淡黄色蜡状，熔点 28～34 ℃，沸点 114～116 ℃，密度 1.243，折射率 1.562，易溶于甲醇、乙醇。由葡萄糖或果糖脱水生成，分子中含有一个呋喃环、一个醛基和一个羟甲基，其化学性质比较活泼。来源于山茱萸。具有甘菊花味，是一种含有呋喃环的小分子化合物。为中药材及中药复方中常见的成分之一，也广泛存在于葡萄干、乳制品、蜂蜜、蛋糕等食品中。

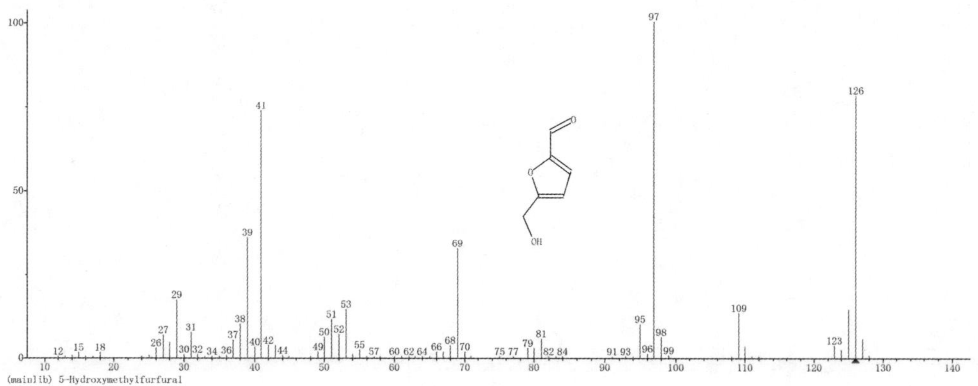

16. 2,5-呋喃-二甲醛

英文名：Furan-2,5-dicarbaldehyde。

别名：2,5-二甲酰基呋喃。

分子式：$C_6H_4O_3$。

分子量：124.09。

CAS 号：823-82-5。

熔点 110 ℃，沸点(276.8±25.0) ℃，密度 1.298，可用于食品添加剂，5-羟甲基糠醛选择性氧化的中间产物之一，是一种重要的呋喃类平台化合物。

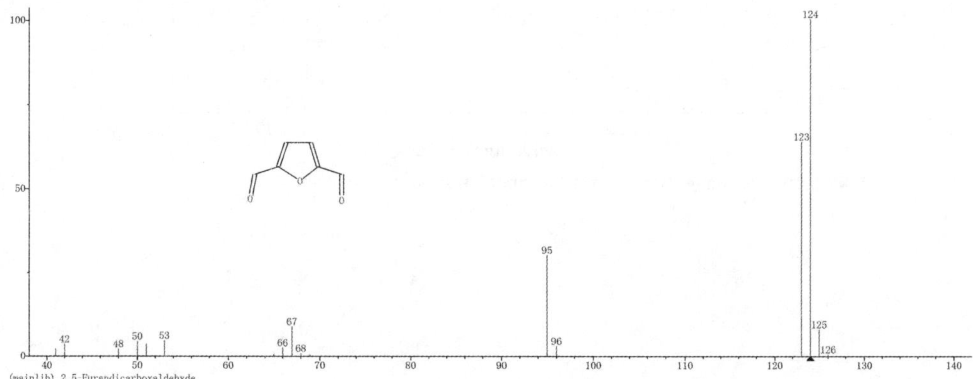

17. 5-乙酰氧基甲基呋喃醛

分子式：$C_8H_8O_4$。

分子量：168.15。

CAS号：10551-58-3。

灰白色结晶固体。密度1.23，熔点53～55 ℃(lit.)，沸点122 ℃/(2 mmHg)，闪点226 ℉，折射率1.515，蒸气压0.00798 mmHg at 25 ℃。

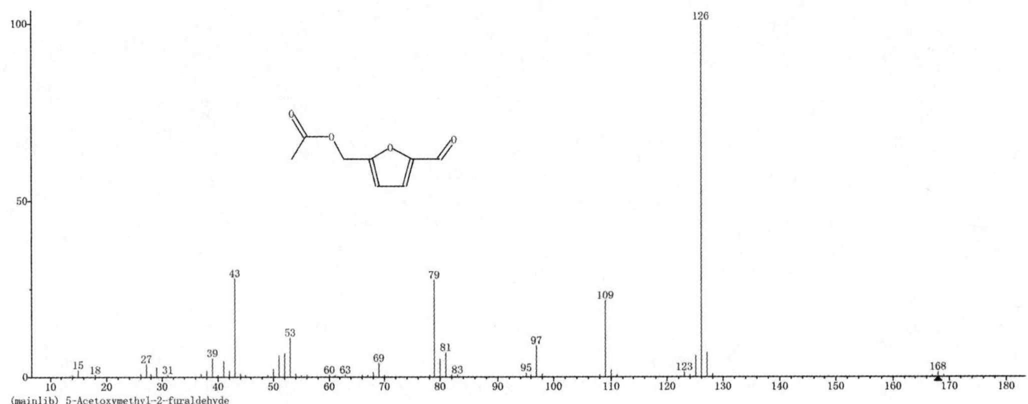

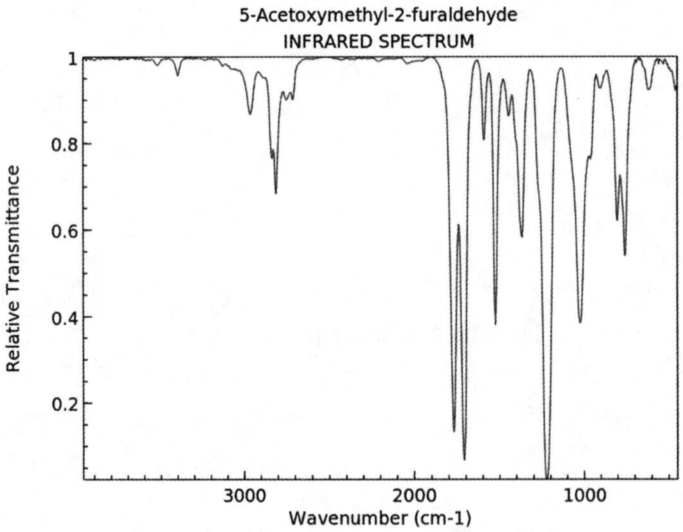

第六节　酮　　类

1.苯乙酮

英文名：Acetophenone。

别名：乙酰苯；甲基苯基酮；1-苯乙酮。

分子式：C_8H_8O。

分子量：120.15。

CAS号：98-86-2。

苯乙酮，常温为无色或浅黄色透明液体，低温为片状晶体，熔点19～20 ℃，沸点202 ℃，密度1.03 g/mL at 25 ℃，折射率n_D^{20}1.534，闪点180 ℉，82.2 ℃。有类似山楂的香味。纯品为白色板状结晶体，呈强烈金合欢似甜香气。市售商品多为浅黄色油状液体。微溶于水，易溶于醇、醚、氯仿、脂肪油和甘油，溶于硫酸时呈橙色。

天然存在于岩蔷薇浸膏、海狸香浸膏、鸢尾油、绿茶油，以及阔叶柏油和苦杨油中。以游离状态存在于一些植物的香精油中。存在于烤烟烟叶、白肋烟烟叶、香料烟烟叶、烟气中。天然存在于牛奶、乳酪、可可、覆盆子、豌豆、斯里兰卡桂油中。感官特征：具有类似苯甲醛的杏仁气息，稀释后具有甜的坚果、水果味道。用于调配樱桃、葡萄、坚果、番茄、草莓、杏等食用香精，也可用于烟用香精中。中国GB 2760规定为允许使用的食品香料。

用于制造香料等，可与大茴香醛及香豆素共同用于山楂花、葵花、新刈草、薰衣草、香薇、紫丁香、含羞草、金合欢等型香精中。由于价廉，常少量(<1%)用于香皂、洗涤剂和工业用品的加香。还可微量用于食用香精，如杏仁、樱桃、胡桃、香荚兰豆、黑香豆香型中。烟草加香亦可用之。作香料使用时，是山楂、含羞草、紫丁香等香精的调和原料，并广泛用于皂用香精和烟草香精中。

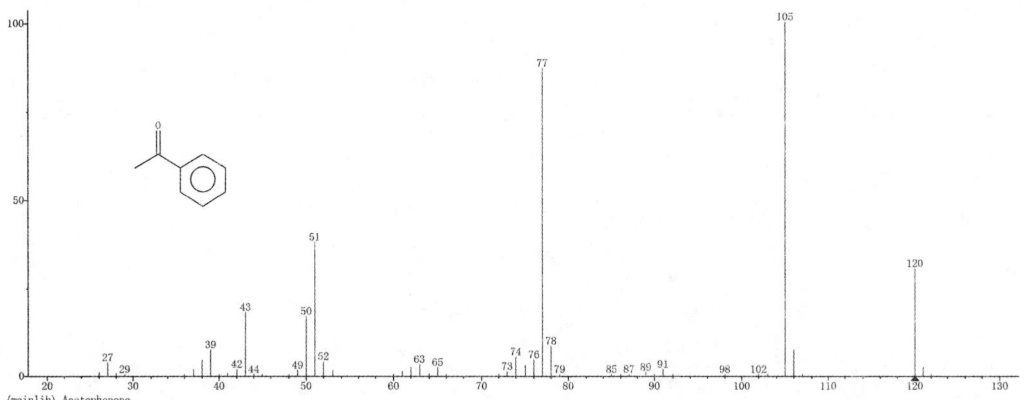

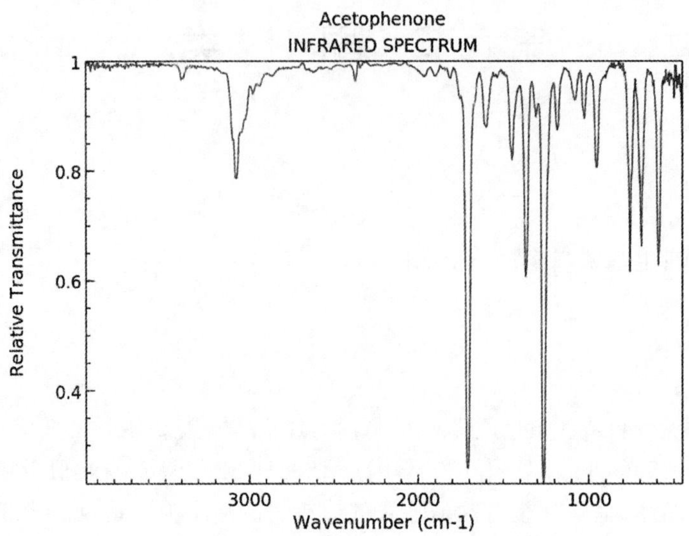

2. 3′-甲基苯乙酮

英文名：3′-Methylacetophenone。

别名：间甲基苯乙酮。

分子式：$C_9H_{10}O$。

分子量：134.18。

CAS 号：585-74-0。

3′-甲基苯乙酮，无色液体，溶于乙醇、乙醚、丙酮。密度 0.986 g/mL at 25 ℃，熔点−9 ℃，沸点 219 ℃，折射率 n_D^{20} 1.529，闪点 185 ℉，85 ℃。存在于烟气中，有甜香、果香，似香豆素的香气。

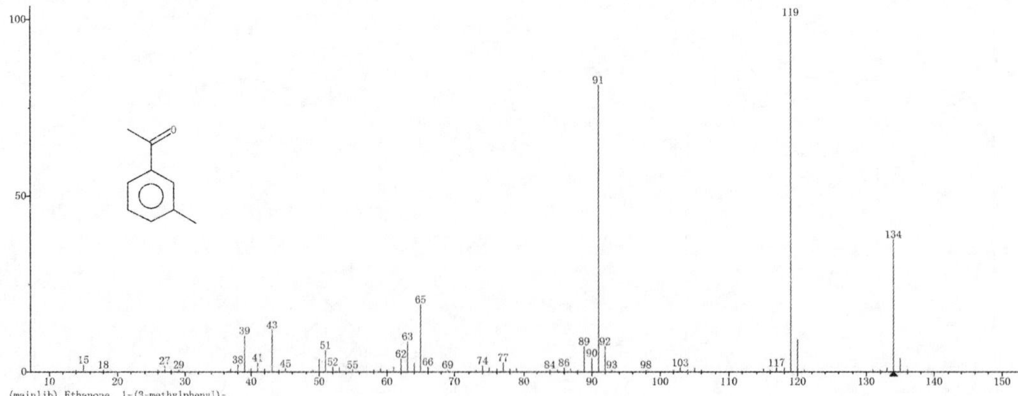

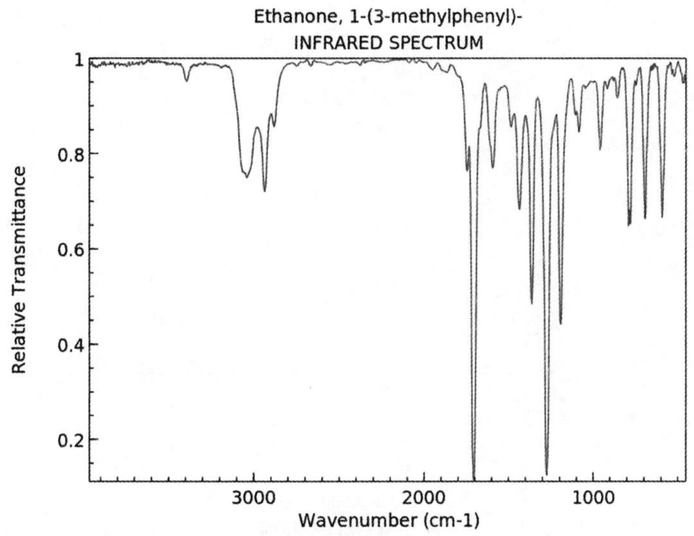

3. 2,3-丁二酮

英文名:2,3-Butanedione。

别名:双乙酰;丁二酮;2,3-丁烷二酮。

分子式:$CH_3CO—COCH_3$。

分子量:86.09。

CAS号:431-03-8。

2,3-丁二酮为浅黄绿色油状液体。有苯醌的气味,极稀的水溶液有特殊的白脱油香。蒸气有似氯气味。有强烈的奶油香味、发酵香味、乳脂香味、甜香味等。大量稀释后(1 mg/kg时)呈奶油香气。混溶于乙醇、乙醚、大多数非挥发性油和丙二醇,溶于甘油和水,不溶于矿物油。密度0.981,熔点−4～−2 ℃,沸点88 ℃,折射率1.391～1.399,闪点7 ℃。

天然品存在于多种植物的香精油中,如鸢尾油、当归油、月桂油、香旱芹子油、欧白芷根油、尼汪香叶油、爪哇香茅油、赖百当油、芬兰松和薰衣草的精油中,以及树莓、草莓、奶油、葡萄酒等中。因易挥发,故只存在于精油的初馏分及蒸馏的水中。是黄油和其他一些天然产物香味的主要成分。主要用于配制奶油、干酪发酵风味和咖啡等型香精。是生产吡嗪类香料的主要原料。GB 2760规定为暂时允许使用的食用香料,是奶油香精的主要香料,也可用于牛奶、乳酪及其他一些香味中,如浆果、焦糖、巧克力、咖啡、樱桃、香荚兰豆、蜂蜜、可可、果香、酒香、烟香、朗姆、坚果、杏仁、生姜,等等。用于配制各种奶香型食用香精,是奶油、人造奶油、干酪和糖果的增香剂,还可微量用于化妆用鲜果香或新型香精中。存在于烤烟烟叶、香料烟烟叶、烟气中,主要致香成分。

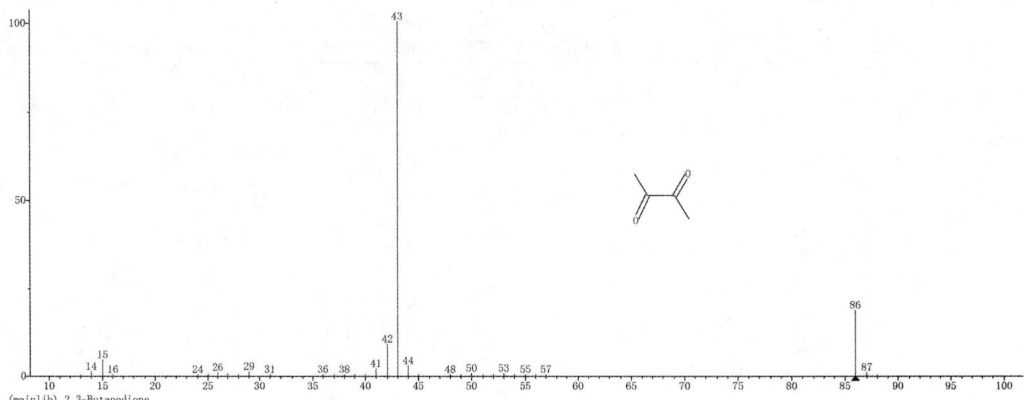

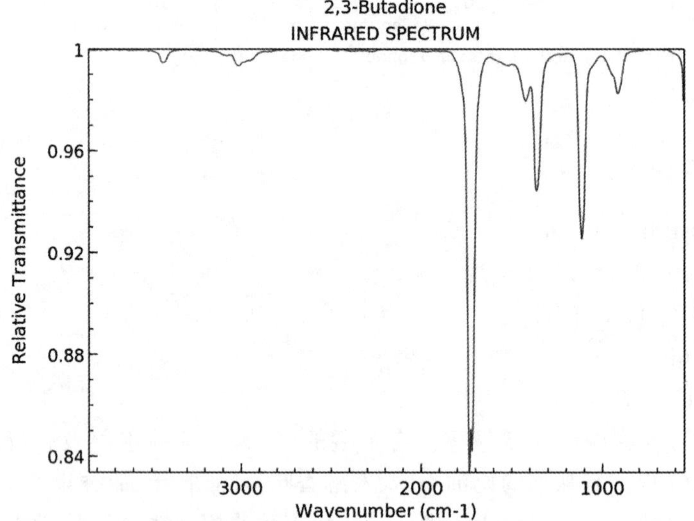

4. 2,3-戊二酮

英文名：2,3-Pentanedione。

别名：乙酰丙酰。

分子式：$C_5H_8O_2$。

分子量：100.12。

CAS 号：600-14-6。

2,3-戊二酮，黄色或带黄绿色清澈液体。具有甜白脱、奶油、焦糖香气，并带有坚果底香。有醌的微甜气味，稀释有奶油气味。其微溶于水，溶于乙醇、乙醚、丙酮等有机溶剂。熔点−52 ℃，沸点 108 ℃，相对密度 0.9565 ，折射率 1.4014 ，闪点 18 ℃。广泛存在于多种食品中，家禽、家畜奶乳，焙烤类坚果、炸土豆、面包，浆果、番茄，饮料的可可、茶叶，酒精饮料中的啤酒、各种洋酒都有此成分存在，其天然存在于咖啡、啤酒、朗姆酒、威士忌、红葡萄酒、白葡萄酒中，存在于芬兰松的精油中。该化合物为丁二酮的类似系列产品，乳脂奶香为其主要特有风格，溶于水中，又有微甜的味道。在食用香精和日化香精中得到广泛的应用。可用作食品香精的香料，我国 GB 2760 规定为允许使用的食用香料，主要用来配制巧克力和奶油型香精。用作皂用香精、洗涤剂香精、香水香精、膏霜类香精等。也用作明胶硬化剂、相片的黏结剂等。存在于主流烟气中，致香成分，用于烟草及烟草制品可以丰富香气内涵，避免香气单调。

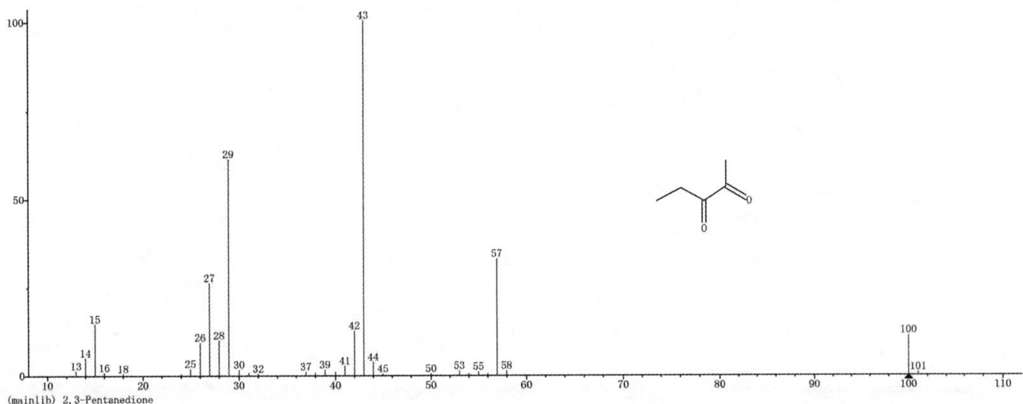

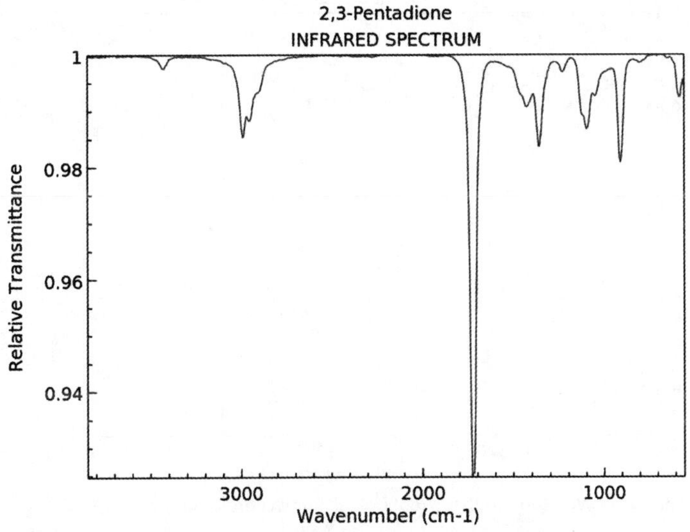

5. 2,5-己二酮

英文名：Acetonylacetone。

别名：丙酮基丙酮；双丙酮；己二酮；2,5-己烷二酮。

分子式：$C_6H_{10}O_2$。

分子量：114.14。

CAS 号：110-13-4。

2,5-己二酮，无色易燃液体，熔点 −5.5 ℃，沸点 194 ℃（100.5 kPa），相对密度 0.9737(20 ℃/4 ℃)，折射率：1.4421，闪点 174 ℉，79 ℃。微有臭味，在空气中逐渐变为黄色。能与水、乙醇、乙醚混溶，不与烃类溶剂混溶。存在于烤烟烟叶、烟气中。

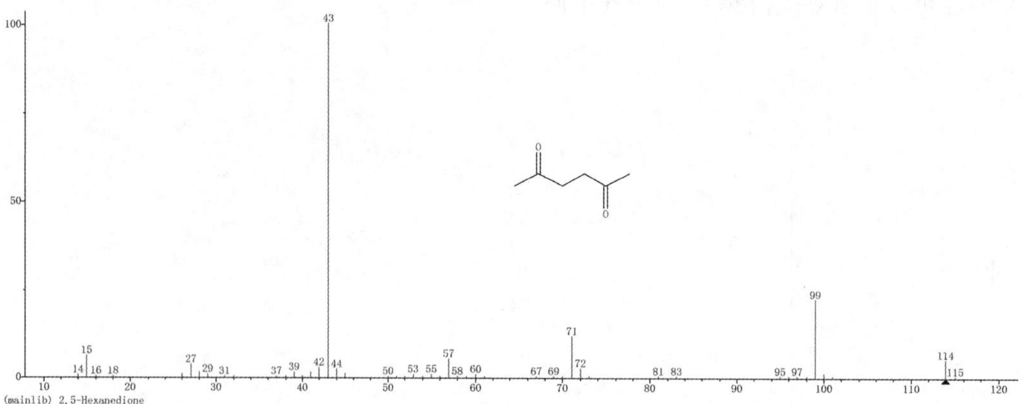

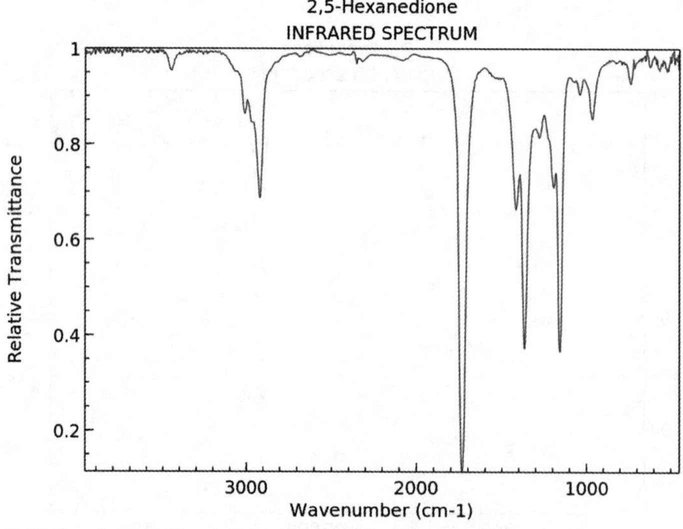

6. 1,2-环己二酮

英文名：1,2-Cyclohexanedione。

别名：1,2-环己烷二酮。

分子式：$C_6H_8O_2$。

分子量：112.13。

CAS 号：765-87-7。

1,2-环己二酮，无色油状物，溶于乙醇、乙醚，不溶于水。密度 1.118 g/cm³，熔点 34～38 ℃，沸点 194 ℃，折射率 1.518～1.52，闪点 183.2 ℉，84 ℃。用于香料的合成和很多杂环化合物的制备。

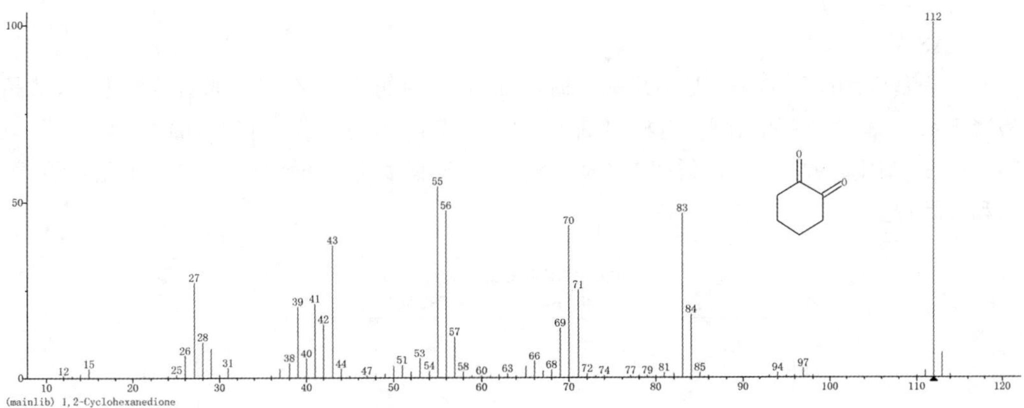

7. 1-羟基-2-丙酮

英文名：Hydroxy-2-propanone。

别名：羟基丙酮；乙酰甲醇；丙酮醇；羟丙酮。

分子式：$C_3H_6O_2$。

分子量：74.08。

CAS 号：116-09-6。

1-羟基-2-丙酮，无色有刺激性液体，有香味。溶于水、乙醇、乙醚。密度 1.082 g/mL at 25 ℃，熔点－17 ℃，沸点 145～146 ℃，折射率 n_D^{20} 1.425，闪点 132.8 ℉，56 ℃。存在于啤酒、烟草和蜂蜜中。存在于烤烟烟叶、白肋烟烟叶、香料烟烟叶、主流烟气中。用于制取药物、香料、染料等。

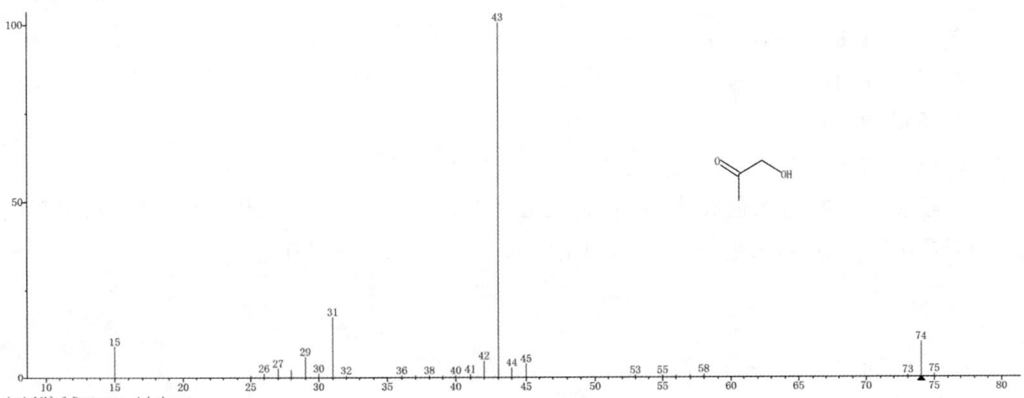

8. 二羟基丙酮

英文名:1,3-Dihydroxyacetone。
别名:1,3-二羟基丙酮。
分子式:$C_3H_6O_3$。
分子量:90.08。
CAS号:96-26-4。

二羟基丙酮简称DHA,是多羟基酮糖,是最简单的酮糖,带有甜味的白色粉末状,结晶易溶于水、乙醇、乙醚和丙酮等有机溶剂。密度1.1385,熔点75~80 ℃,沸点213.7 ℃ at 760 mmHg,闪点97.3 ℃,折射率1.4540。是一种具有多功能的添加剂,可用于化妆品、医药和食品行业。

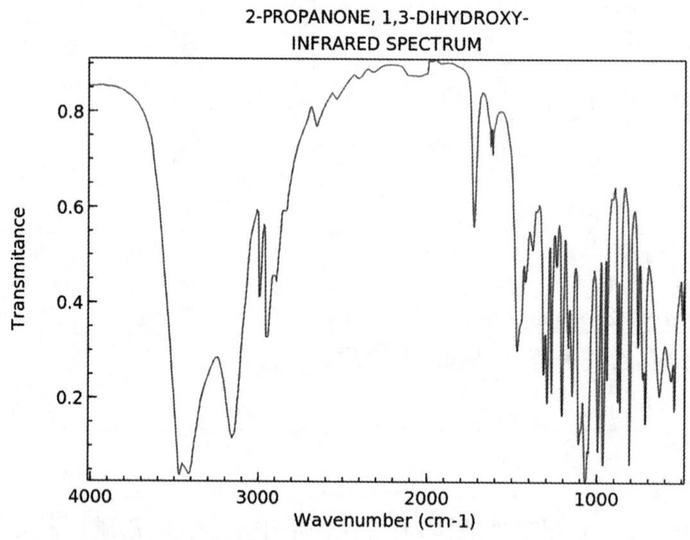

9. 1-羟基-2-丁酮

英文名:1-Hydroxy-2-butanone。
分子式:$C_4H_8O_2$。
分子量:88.11。
CAS号:5077-67-8。

1-羟基-2-丁酮为无色液体,溶于水、乙醚、乙醇。熔点15 ℃,沸点160 ℃,相对密度1.0272(20 ℃/4 ℃),折射率1.4189,闪点60 ℃。存在于烟气中。

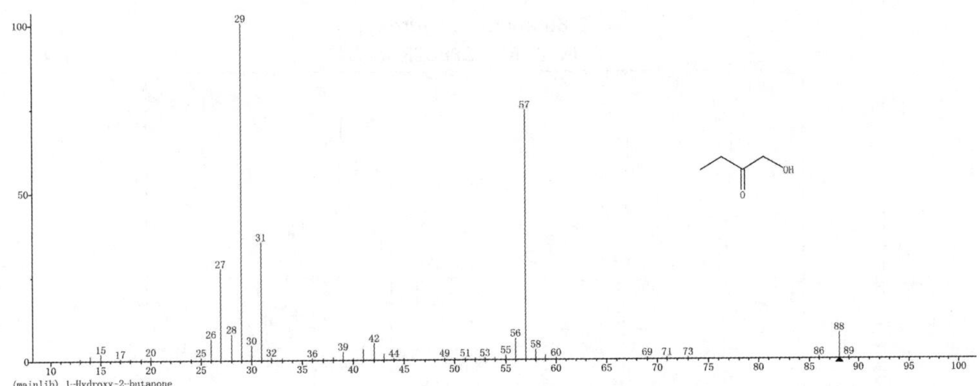

10. 3-羟基丁酮

英文名：3-Hydroxy-2-butanone。

别名：乙偶姻；3-羟基-2-丁酮；甲基乙酰甲醇。

分子式：$C_4H_8O_2$。

分子量：88.11。

CAS 号：513-86-0。

3-羟基丁酮的单体为无色或淡黄色液体，二聚体为白色结晶性粉末，有令人愉快的奶油香味。混溶于水，溶于乙醇、丙二醇，微溶于乙醚，几乎不溶于植物油，不溶于脂肪油碳氢化合物。密度 1.013 g/mL at 25 ℃，熔点 15 ℃，沸点 148 ℃，折射率 n_D^{20} 1.417，闪点 116.6 ℉，47 ℃。

3-羟基丁酮具有强烈的奶油、脂肪香气，高度稀释后有令人愉快的奶香气。自然存在于玉米、葡萄、苹果、香蕉、草莓、奶油、可可、干酪、肉类等许多食品中，是一种应用广泛、令人喜爱的食用香料，是国际上应用广泛的常用香料品种。GB 2760 规定为允许使用的食用香料。主要用于配制奶油、乳品、酸奶和草莓等型香精。也可用于奶制品中。对黄油及奶油发酵制备奶酪过程中香味的产生起关键作用。其天然存在于啤酒、葡萄酒中，是酒类调香中一个极其重要的品种，与啤酒、葡萄酒的风味有关。存在于烤烟烟叶、白肋烟烟叶、香料烟烟叶、烟气中。

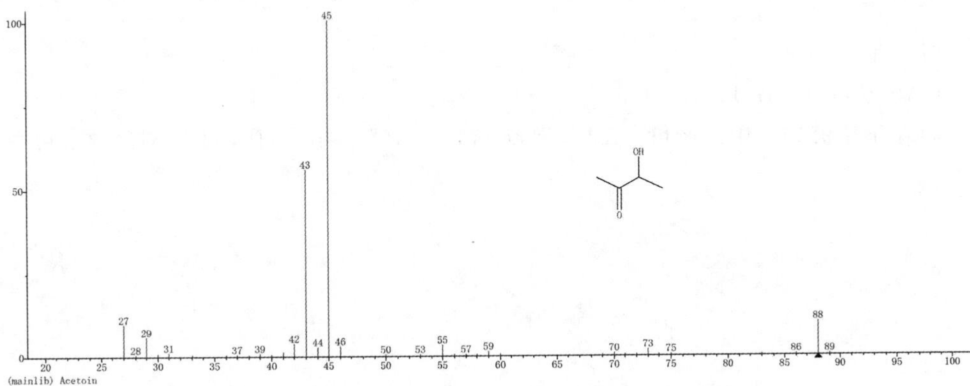

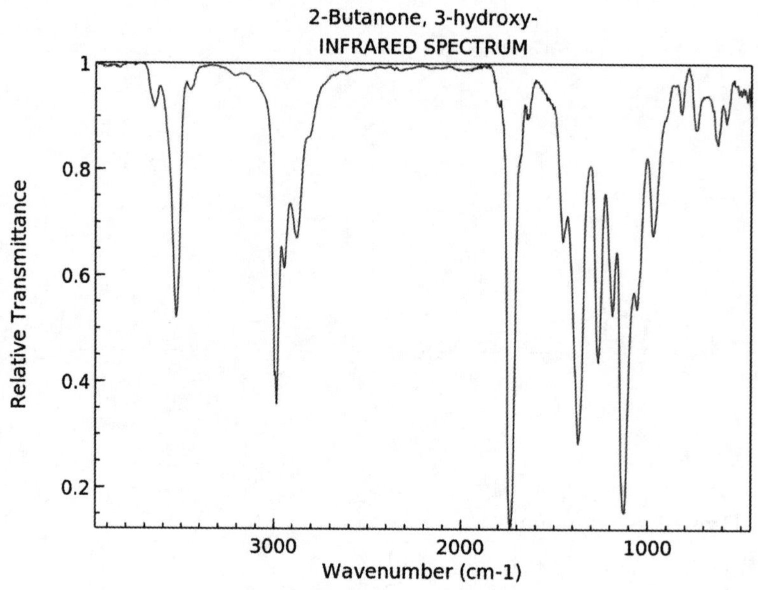

11. 1-乙酰氧基-2-丙酮

英文名:Acetoxyacetone。

别名:过氧化乙酰丙酮;丙酮基乙酸。

分子式:$C_5H_8O_3$。

分子量:116.12。

CAS 号:592-20-1。

透明淡黄色至琥珀色液体,易溶于水、乙醇、乙醚。熔点 74.0~75.5 ℃,沸点 174~176 ℃,密度 1.075 g/mL at 20 ℃,折射率 n_D^{20} 1.415,闪点 71 ℃。存在于烟叶、烟气中。

12. 1-乙酰氧基-2-丁酮

英文名:2-Oxobutyl acetate。

分子式:$C_6H_{10}O_3$。

分子量:130.14。

CAS 号:1575-57-1。

存在于主流烟气中。密度 1.015,沸点 171 ℃ at 760 mmHg,闪点 61.2 ℃,折射率 1.408。

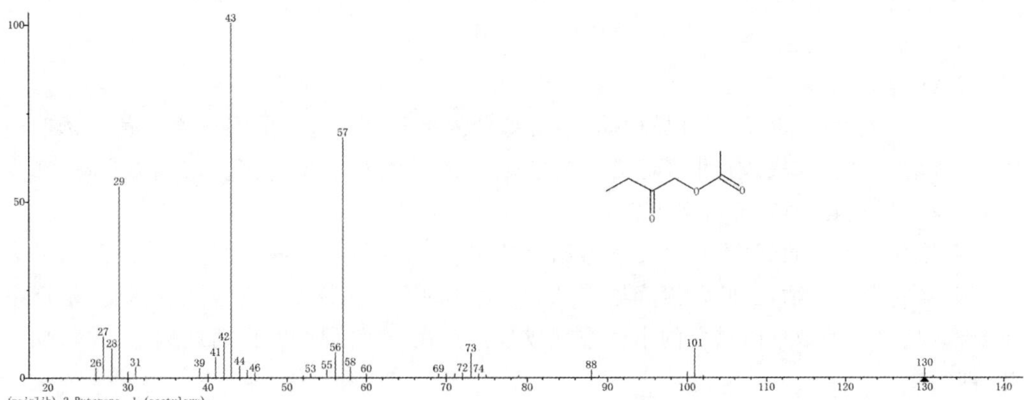

13. 乙基环戊烯醇酮

英文名：3-Ethyl-2-hydroxy-2-cyclopenten-1-one，简称 ECP。
别名：3-乙基-2-羟基-2-环戊烯-1-酮。
分子式：$C_7H_{10}O_2$。
分子量：126.15。
CAS 号：21835-01-8。

乙基环戊烯醇酮，白色结晶性粉末，呈槭树、焦糖、烟熏和咖啡似香气。混溶于乙醇、甘油、苄醇和水。密度 1.067 g/mL at 25 ℃，熔点 43 ℃，沸点 73～75 ℃ at 533 Pa，折射率 n_D^{20} 1.476，闪点 107 ℃。天然存在于咖啡中。GB 2760 规定为允许使用的食品用香料。用于烘烤食品、布丁、冰冻乳制品。存在于烟叶、烟气中。

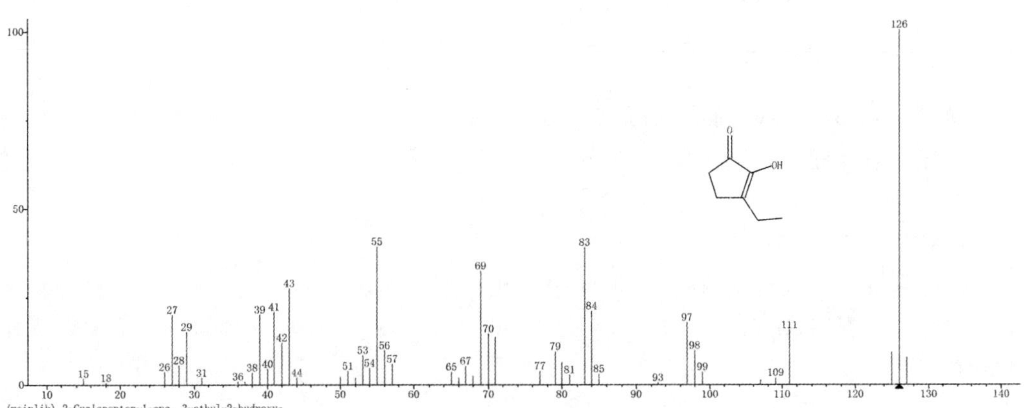

14. 巨豆三烯酮 a，巨豆三烯酮 b，巨豆三烯酮 c，巨豆三烯酮 d

英文名：4-(But-2-en-1-ylidene)-3,5,5-trimethylcyclohex-2-enone。
别名：烟酮；烟叶酮；烤烟酮；大柱三烯酮。

分子式：$C_{13}H_{18}O$。

分子量：190.28。

CAS 号：13215-88-8。

巨豆三烯酮，有四种同分异构体，通常得到的是同分异构体的混合物。黄色透明液体，具有烟草甘甜香气，有甜润而又持久的烟草样香气和干果香气。密度 0.968，沸点 289 ℃，闪点 124.8 ℃，折射率 1.539。

天然存在于白肋烟、土耳其烟和希腊烟叶中，由 4 个同分异构体组成的混合物，是类胡萝卜素的降解产物，由叶黄素降解形成，对烟叶的香味有着极为重要的贡献。是烟草重要挥发成分，是烟草内重要的中性香气成分。存在于烤烟烟叶、白肋烟烟叶、香料烟烟叶、烟气中。

巨豆三烯酮是烟香香气的重要组成部分，起主要的致香作用，具有烟草香和辛香底蕴，能显著增强烟香，改善吸味，调和烟气，减少刺激感，是卷烟调香不可或缺的香原料。烤烟中巨豆三烯酮含量与中性香气成分含量呈极显著正相关关系，能增加烟感、改善烟香和吃味、掩盖杂气，令烟香更柔和丰满。

只要添加极少量（通常是十万分之几），就能大大提高卷烟香味品质，使卷烟产生一种类似可可和 Burley 烟的宜人香味。更有意义的是，它是卷烟中自身存在的一类香料，其香气与烟草协调一致，在卷烟的增香提调、去除杂气等方面有明显的作用，不会对人体产生有害的副作用。因此，人们将其用于卷烟工业生产中。现已广泛应用在卷烟、电子烟等烟用领域，因其少量添加即可极大幅度优化烟气、提升档次，一般常用于高档烟用产品中。并且因其独特的芳香香气而用途越来越丰富。

巨豆三烯酮的合成研究已有十多年时间，现国内已有工业化生产。可用于日化香精和烟草香精的配方中。4 个同分异构体，对香气的影响不尽相同，4 种香味化合物对卷烟香气的贡献大小顺序为：巨豆三烯酮 d＞巨豆三烯酮 b＞巨豆三烯酮 a＞巨豆三烯酮 c。

15. 3-羟基-β-二氢大马酮

英文名：3-hydroxymegastigma-5，8-dien-7-one。

分子式：$C_{13}H_{20}O_2$。

分子量：208.297。

CAS 号：35734-61-3。

3-羟基-β-二氢大马酮，存在于烟叶中。在线裂解实验表明，3-羟基-β-二氢大马酮在 300 ℃基本不裂解，在 600 ℃、750 ℃、900 ℃能裂解出 β-大马酮、异佛尔酮等重要烟草香味物质。

16. a-二氢大马酮

英文名：(+/-)-alpha-Damascone。

分子式：$C_{13}H_{20}O$。

分子量：192.2973。

CAS 号：57549-92-5。

a-二氢大马酮的外观为液体，为顺式和反式异构体混合物。有强烈持久的玫瑰似的花香香气，以及苹果样的果香香韵。天然存在于红茶精油中。存在于烟叶中。

17. β-二氢大马酮

英文名：(E)-β-Damascone。

别名：β-大马酮；二氢大马酮。

分子式：$C_{13}H_{20}O$。

分子量：192.2973。

CAS 号：23726-91-2。

β-二氢大马酮，为顺式和反式异构体的混合物。无色至浅黄色液体，不溶于水，溶于乙醇等有机溶剂。有强烈的玫瑰香气、果香、青香和烟叶香韵。是玫瑰油的微量成分，在红茶中存在。存在于烤烟烟叶、白肋烟烟叶、香料烟烟叶、主流烟气中。主要用于高档日化香精配方中，用于调制玫瑰系列香精，也用作食品增香剂。由于它的阈值极低，在配方中需少量使用，已作为卷烟香气增效剂使用，赋予成熟烟草特征香气。合成：以 β-环柠檬醛的合成路线较普遍使用；也可以 β-紫罗兰醇为原料制备。

18. 法尼基丙酮

英文名：(5E,9E)-6,10,14-Trimethylpentadeca-5,9,13-trien-2-one。

别名：金合欢基丙酮；(5E,9E)-6,10,14-三甲基十五碳-5,9,13-三烯-2-酮。

分子式：$C_{18}H_{30}O$。

分子量：262.43。

CAS 号：1117-52-8。

法尼基丙酮，无色或浅黄色透明液体，具有清甜香、玫瑰香。沸点 147～148 ℃，密度 0.88 g/mL at 20 ℃，折射率 n_D^{20} 1.481，闪点 140.4 ℃。广泛应用于香料、医药等领域。用于香精调配中，可产生清香效应，可作为花香香精的定香剂，在调香中有较高的实用价值。

存在于烤烟烟叶、白肋烟烟叶、香料烟烟叶、烟气中。增加甜，青烤烟味。

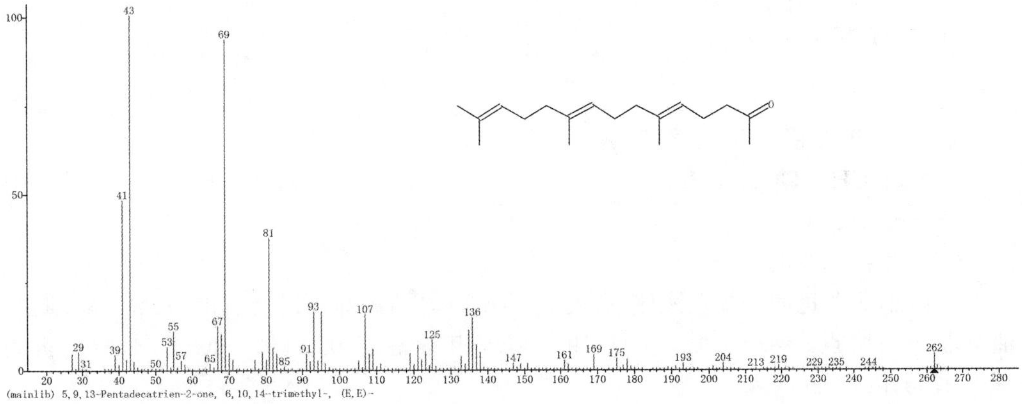

19. 侧柏酮

英文名：alpha-Thujone。

别名：(-)-α-侧柏酮；崖柏酮；守酮。

分子式：$C_{10}H_{16}O$。

分子量：152.23。

CAS 号：546-80-5。

侧柏酮，无色或近乎无色液体，带有一种像薄荷醇的气味。密度 0.914 g/mL at 20 ℃，熔点 181 ℃，沸点 200.5 ℃，折射率 n_D^{20} 1.450，闪点 147.2 ℉，64 ℃。是一种酮以及一种单萜，天然存在两个非对映体形式，分 α 和 β 两种。α-侧柏酮主要来自快乐鼠尾草和艾草，在高等级的杜松浆果中少量存在。α-侧柏酮气味清新甜美。香薰 α-侧柏酮可以让人在烦乱的思绪中找到平衡点。

β-侧柏酮的化学结构有一点点不同，顶端的碳键的方向不同。β-侧柏酮主要来自楠木蒿，在高等级的迷迭香、杜松浆果和快乐鼠尾草中也少量存在。β-侧柏酮气味是苦味，有沙土的味道。香薰 β-侧柏酮可以扩展人的内心，让人心胸宽广。β-侧柏酮的特性与 α-侧柏酮类似，但是都弱于 α-侧柏酮。

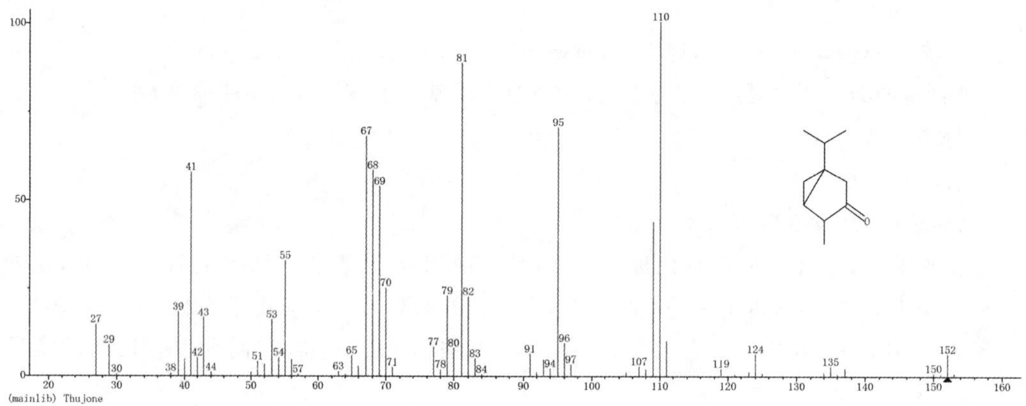

20. 2-丁酮

英文名：2-Butanone。

别名：甲基乙基酮；甲乙酮；丁酮。

分子式：$CH_3COCH_2CH_3$。

分子量：72.11。

CAS 号：78-93-3。

2-丁酮，无色透明易挥发液体，有类似丙酮气味、清漆味。能与乙醇、乙醚、苯、氯仿、油类混溶。熔点 −85.9 ℃，沸点 79.6 ℃，相对密度 0.8054（20 ℃/4 ℃），折射率 1.3788，闪点 −6 ℃。

GB 2760 规定为允许使用的食用香料。主要用于配制干酪、咖啡和香蕉型香精。烟草中香味成分,增加甜味。

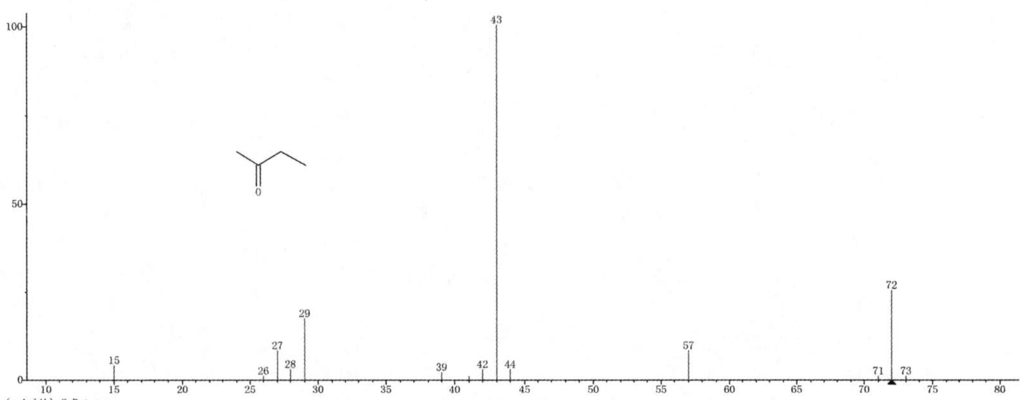

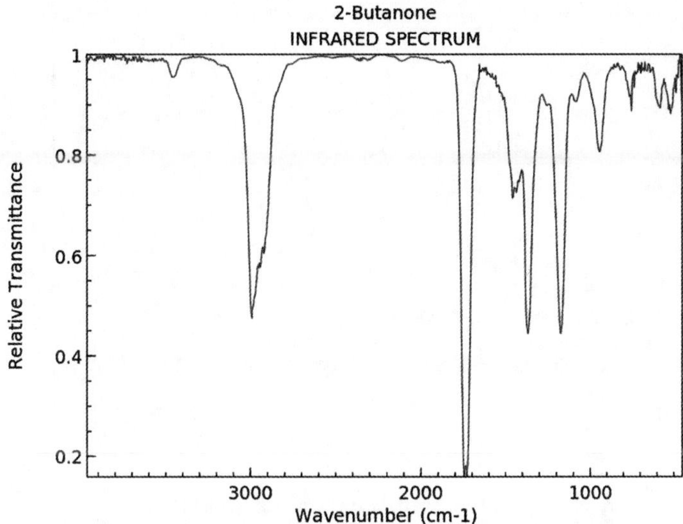

21. 3-戊酮

英文名:3-Pentanone。

别名:1,3-二甲基丙酮;二乙基酮;二乙酮。

分子式:$C_5H_{10}O$;$CH_3CH_2COCH_2CH_3$。

分子量:86.13。

CAS 号:96-22-0。

3-戊酮,无色液体,有丙酮气味。微溶于水,混溶于乙醇、乙醚,溶于丙酮。熔点−42 ℃,沸点 101.7 ℃,相对密度 0.8136,折射率 1.3927,闪点 44.6 ℉,7 ℃。

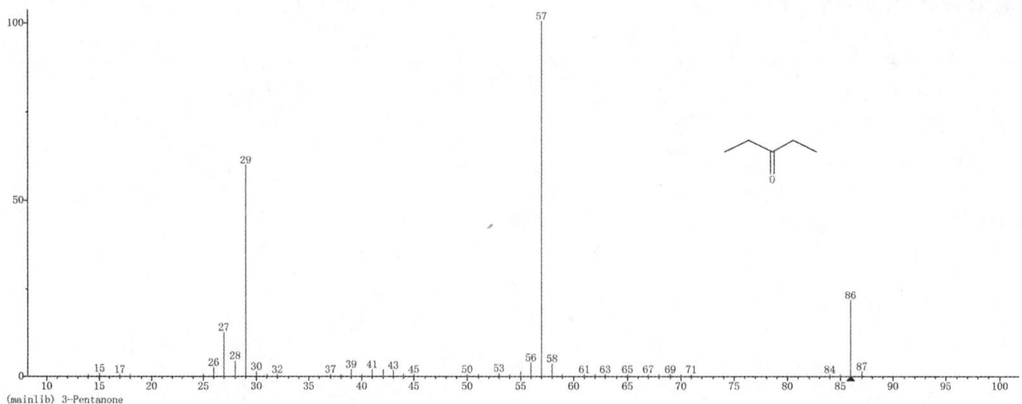

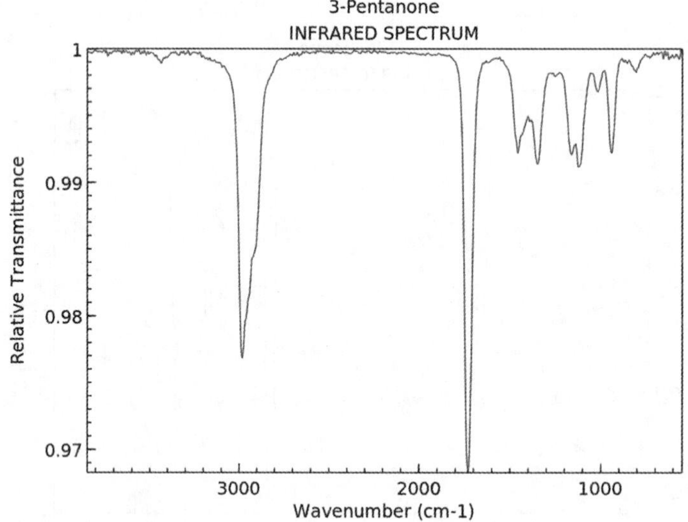

22. 2-戊酮

英文名：2-Pentanone。

别名：甲基丙基酮；乙基丙酮。

分子式：$C_5H_{10}O$。

分子量：86.13。

CAS 号：107-87-9。

2-戊酮，具酒和丙酮气味的无色液体。微溶于水，与乙醇和乙醚相混溶。熔点－78 ℃，沸点 102 ℃，相对密度 0.8089，折射率 1.3895，闪点 44.6 ℉，7 ℃。GB 2760 规定为允许使用的香料。有茉莉香、天竺葵味，主要用以配制香蕉、菠萝、什锦水果等型香精。烟气中香味成分，增加甜，果香，酮味。

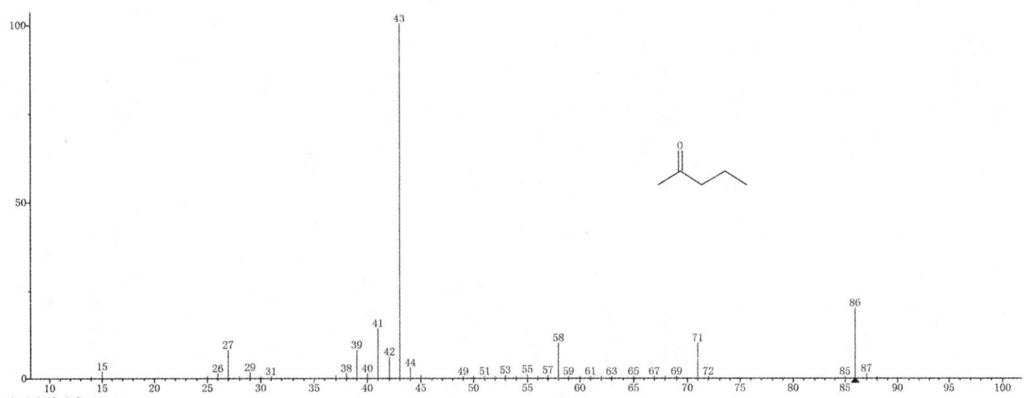

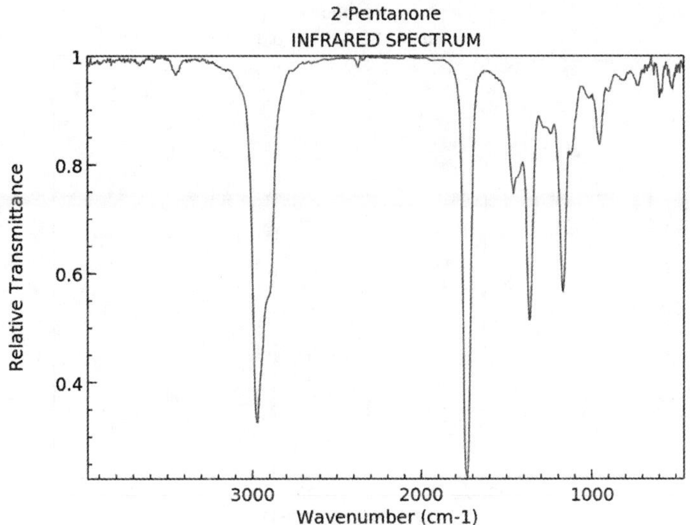

NIST Chemistry WebBook (https://webbook.nist.gov/chemistry)

23. 2-己酮

英文名：2-Hexanone。

别名：甲基丁基甲酮；甲丁酮。

分子式：$C_6H_{12}O$。

分子量：100. 16。

CAS 号：591-78-6。

2-己酮，无色至淡黄色液体，有酮味、干酪味。微溶于水，能与乙醇、乙醚、苯、庚烷、四氯化碳等混溶。熔点－56. 9 ℃，沸点 127 ℃，相对密度 0. 8113(20 ℃/4 ℃)，闪点 35 ℃。存在于烤烟烟叶、烟气中。

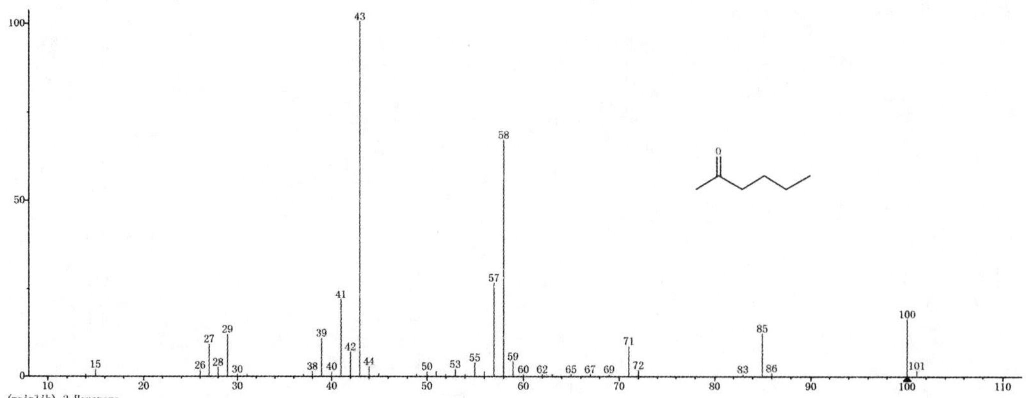

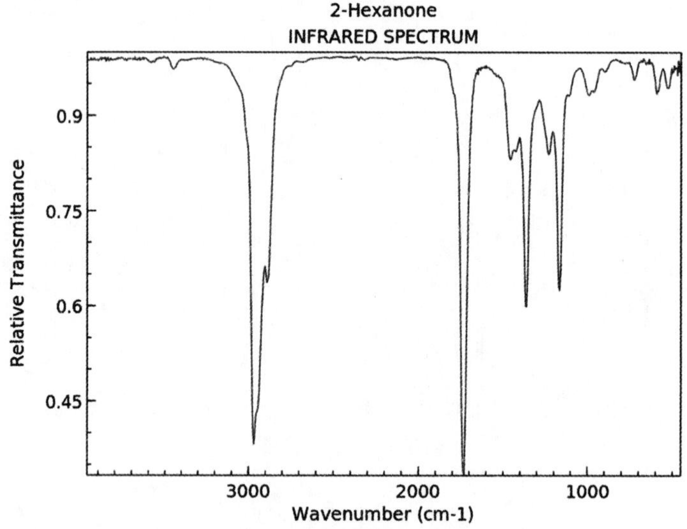

24. 3-己酮

英文名：3-Hexanone。

别名：乙基丙基甲酮。

分子式：$C_6H_{12}O$。

分子量：100.16。

CAS 号：589-38-8。

3-己酮，无色液体，呈醚香、葡萄和葡萄酒香气。微溶于水，溶于丙酮，可混溶于乙醇、乙醚。密度 0.815 g/mL at 25 ℃，熔点 −55 ℃，沸点 123 ℃，折射率 n_D^{20} 1.400，闪点 73.4 ℉，23 ℃。3-己酮天然品存在于冷榨的白柠檬皮油、黑加仑果、桃子、菠萝、奶油、面包、乳品、煮熟牛肉、可可、咖啡等中。用作食品用香料，主要用于配制葡萄酒等果酒香精及肉类香精。

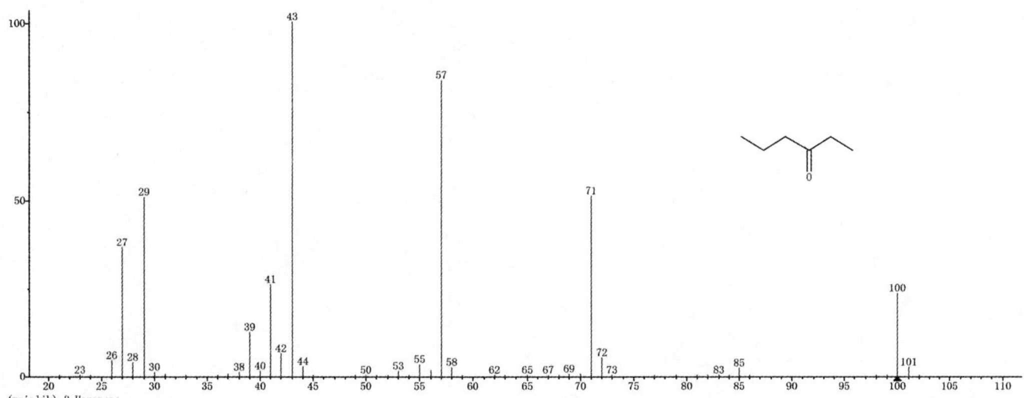

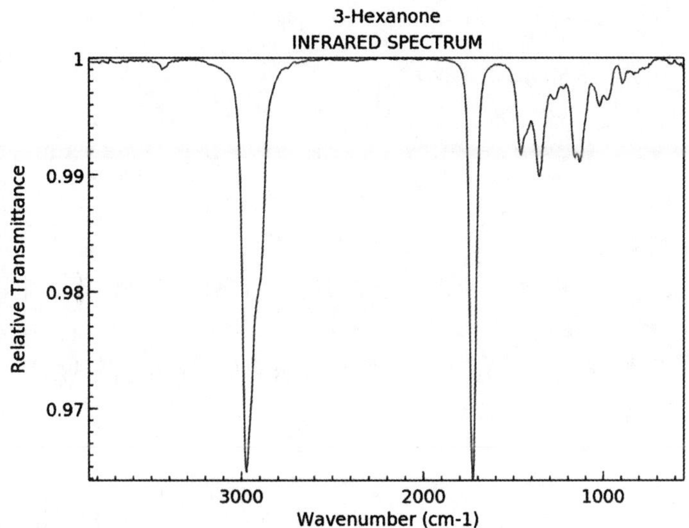

NIST Chemistry WebBook (https://webbook.nist.gov/chemistry)

25. 3-戊烯-2-酮

英文名：3-Penten-2-one。

别名：甲基戊基乙炔；甲基丙烯基酮。

分子式：C_5H_8O。

分子量：84.12。

CAS 号：625-33-2。

3-戊烯-2-酮，无色可燃液体，带有一种辛辣气味。溶于水、乙醚、丙酮。密度 0.862 g/mL at 25 ℃，沸点 121～124 ℃，折射率 n_D^{20} 1.437，闪点 69.8 ℉，21 ℃。存在于蔓越橘、欧洲越橘、炒花生、马铃薯片中。由丙酮和乙醛在碱性条件下缩合、脱水，或丙烯在三氯化铝存在下和乙酰氯反应制得。用作合成试剂和卷烟香料。存在于烤烟烟叶、主流烟气中。

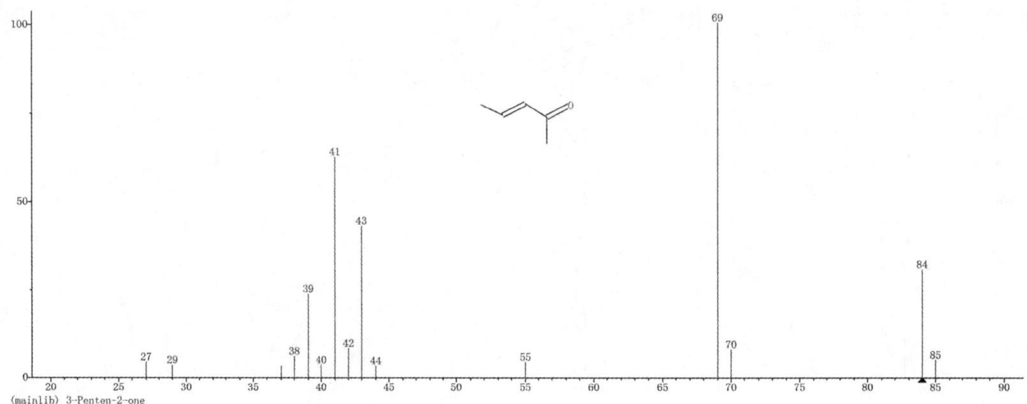

26.6-甲基-3,5-庚二烯-2-酮

英文名:6-Methyl-3,5-heptadien-2-one。

别名:6-甲基-3,5-戊二烯-2-酮。

分子式:$C_8H_{12}O$。

分子量:124.18。

CAS 号:1604-28-0。

6-甲基-3,5-庚二烯-2-酮,无色至淡黄色油状液体,具有甜、辣、黄油味,带有椰子样底香和肉桂香味。密度 0.89 g/cm^3,沸点 193.45 ℃,闪点 68.58 ℃,折射率 1.5340。天然存在于西红柿、干草、绿茶中。存在于烤烟烟叶、白肋烟烟叶、香料烟烟叶、主流烟气中。用于烘烤食品、肉制品、快餐食品。

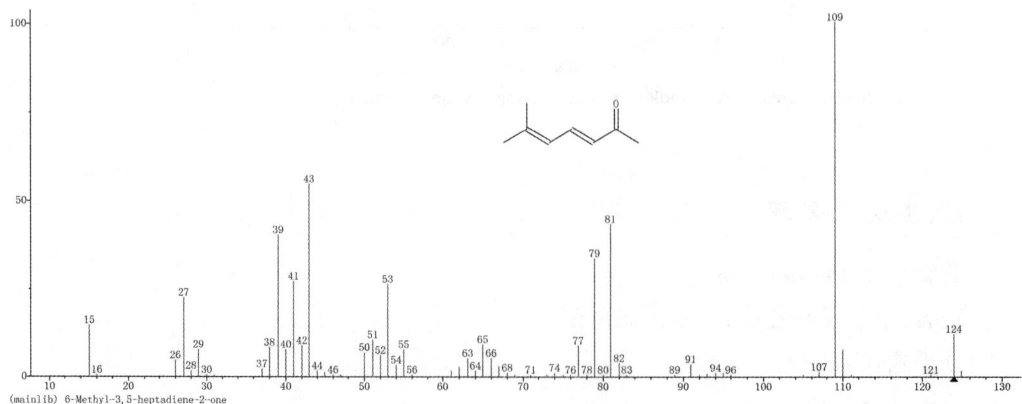

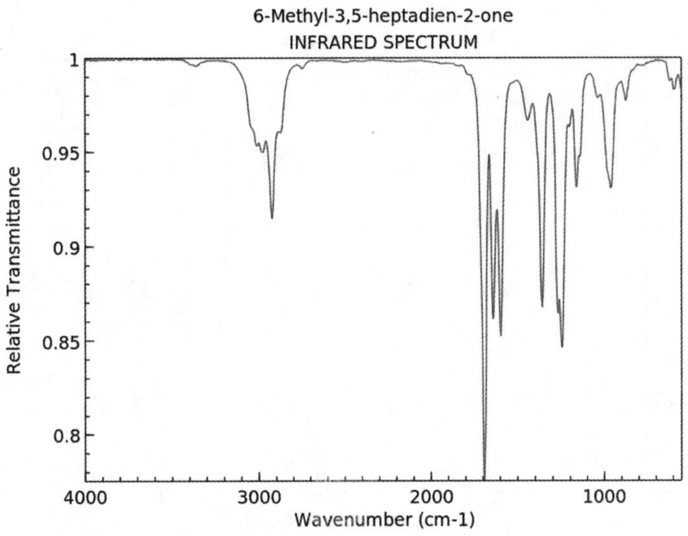

27. 甲基乙烯基酮

英文名：Methyl vinyl ketone。

别名：甲基乙烯基甲酮；丁烯酮；3-丁烯-2-酮。

分子式：C_4H_6O。

分子量：70.09。

CAS 号：78-94-4。

甲基乙烯基酮，无色或黄色液体，有强烈辛辣味。相对密度 0.8636，沸点 81 ℃，熔点－7 ℃，折射率 1.4086(20 ℃)，闪点－7 ℃。具强刺激性。溶于水、乙醇、甲醇、乙醚、丙酮和冰醋酸，微溶于烃类化合物。

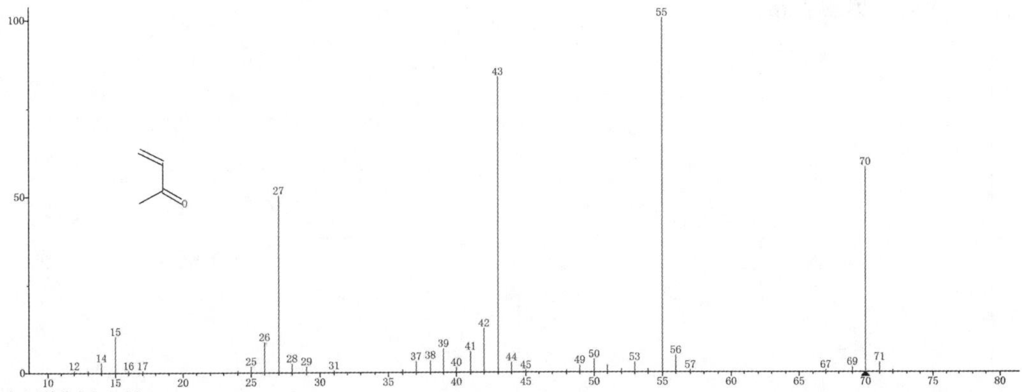

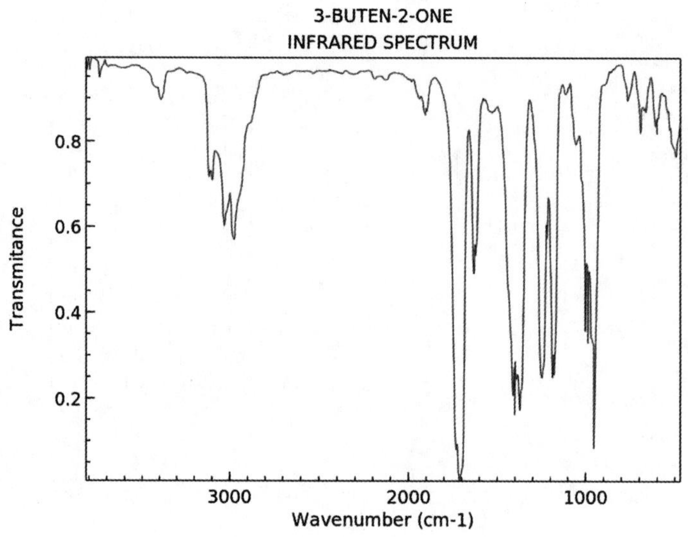

28. 甲基异丁基酮

英文名：4-Methyl-2-pentanone。

别名：甲基异丁酮；4-甲基-2-戊酮；异己酮。

分子式：$C_6H_{12}O$。

分子量：100.16。

CAS 号：108-10-1。

甲基异丁基酮，水样透明液体，有令人愉快的酮样香味，有类似樟脑的气味。性质稳定。微溶于水，能与乙醇、乙醚、丙酮、苯等相混溶。熔点 −84 ℃，沸点 117～118 ℃，密度 0.801 g/mL at 25 ℃，折射率 n_D^{20} 1.395，闪点 56 ℉。用作香料。主要用以配制朗姆酒、干酪和水果型香精。

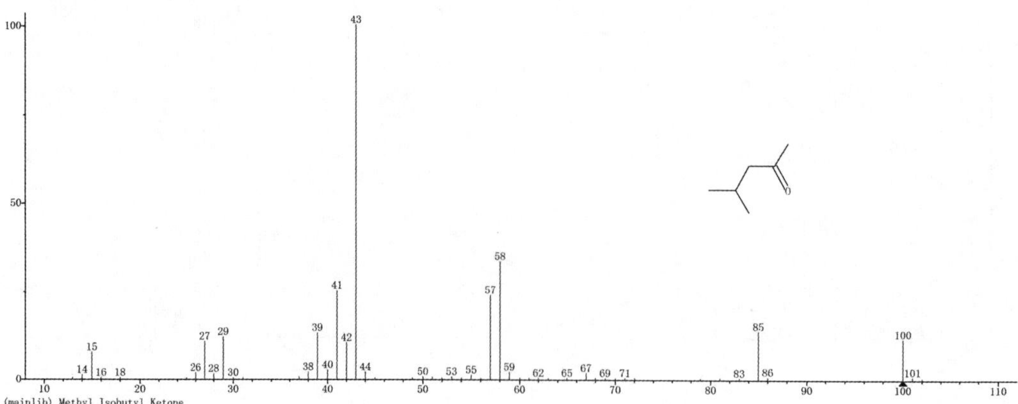

29.3-甲基-3-丁烯-2-酮

英文名:3-Methyl-3-buten-2-one。

别名:甲基异丙烯基甲酮;2-甲基-1-丁烯-3-酮。

分子式:C_5H_8O。

分子量:84.12。

CAS号:814-78-8。

3-甲基-3-丁烯-2-酮,透明无色液体,微溶于水,可混溶于乙醇、乙醚、苯、丙酮等多数有机溶剂。易燃,高毒。密度0.86 g/cm^3,熔点−54 ℃,沸点98 ℃,闪点9 ℃,折射率1.425。用作溶剂,也用作一些聚合物的单体。存在于烤烟烟叶中。

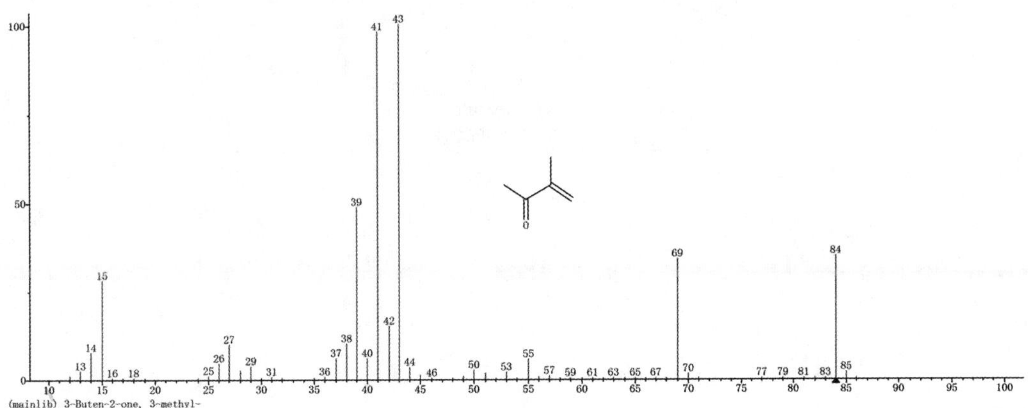

30.环己酮

英文名:Cyclohexanone。

别名:安酮;己酮。

分子式:$(CH_2)_5CO$。

分子量:98.14。

CAS号:108-94-1。

环己酮,无色透明液体,熔点−47 ℃,沸点155.6 ℃,相对密度0.947,折射率1.450,闪点54 ℃。微溶于水,可混溶于醇、醚、苯、丙酮等多数有机溶剂。带有泥土气息。含有痕迹量的酚时,则带有薄荷味。不纯物为浅黄色,具有强烈的刺鼻臭味。烟草中致香成分。

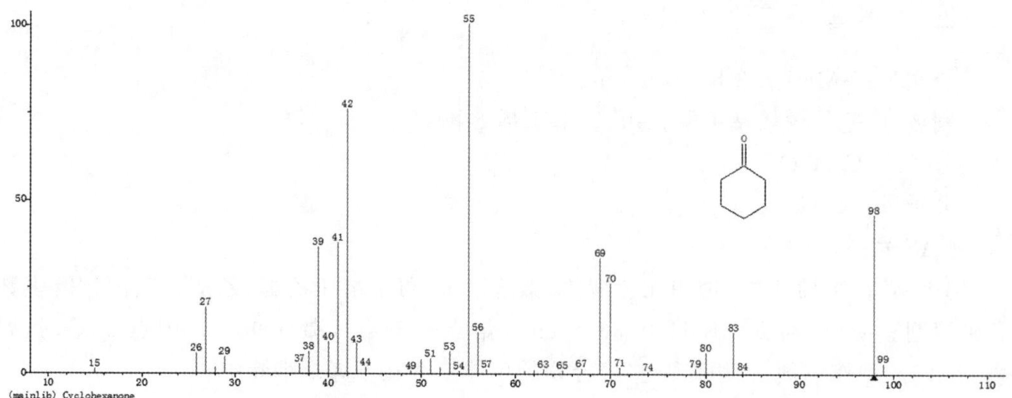

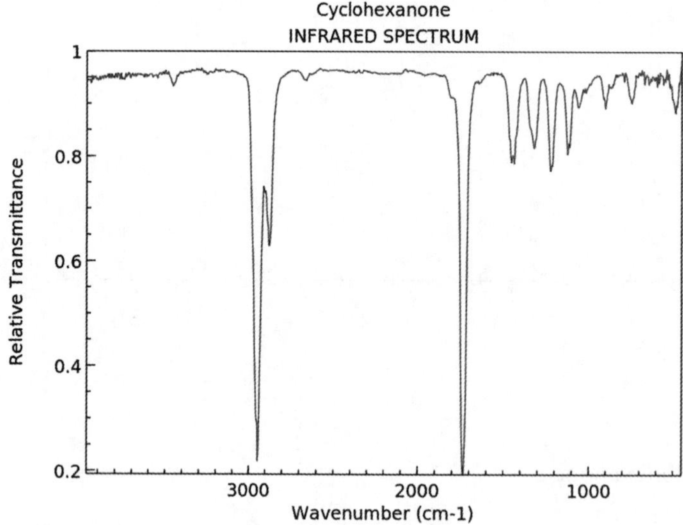

31. 2-甲基环戊酮

英文名：2-Methylcyclopentanone。

分子式：$C_6H_{10}O$。

分子量：98.14。

CAS 号：1120-72-5。

2-甲基环戊酮，无色透明或浅黄色液体。密度 0.917 g/mL at 25 ℃，相对密度 0.919(20 ℃/4 ℃)，熔点 −75.0 ℃，沸点 139.5 ℃(常压)，折射率 n_D^{20} 1.4351，闪点 26 ℃。溶于水，易溶于乙醚、丙酮。存在于烟叶、烟气中的中性致香成分。

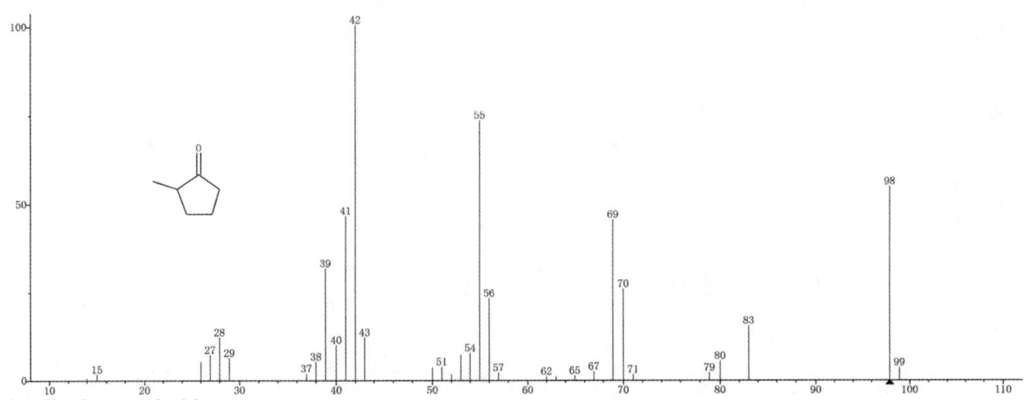

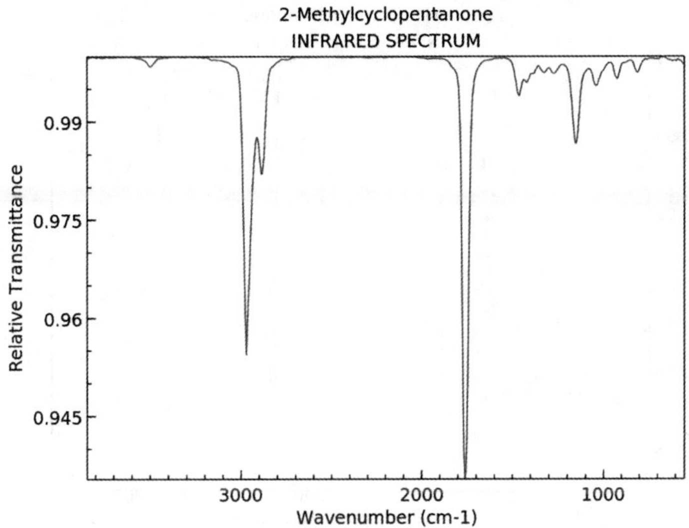

32. 3-甲基环戊酮

英文名：3-Methylcyclopentanone。

别名：DL-3-甲基环戊酮。

分子式：$C_6H_{10}O$。

分子量：98.14。

CAS 号：1757-42-2。

3-甲基环戊酮，无色或淡黄色液体。溶解于水、乙醇、酯和丙酮。熔点－58 ℃，沸点 145 ℃，密度 0.913 g/mL at 25 ℃，折射率 n_D^{20} 1.434，闪点 98 ℉。存在于烟叶、烟气中的中性致香成分。

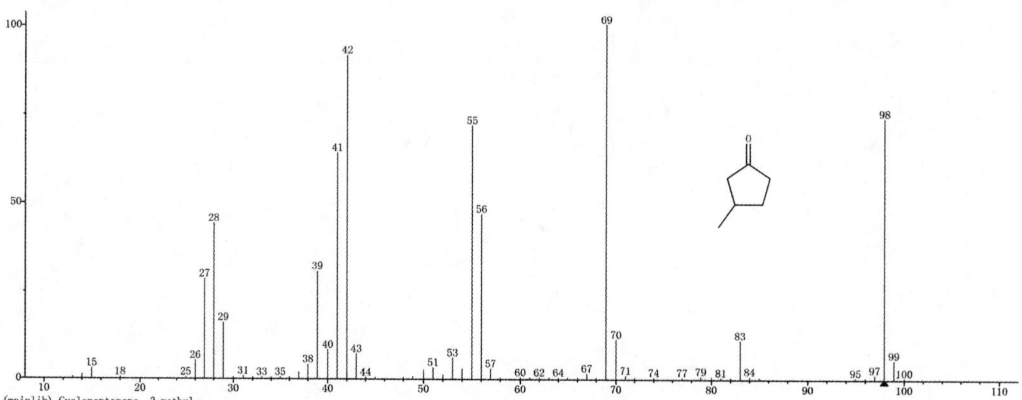

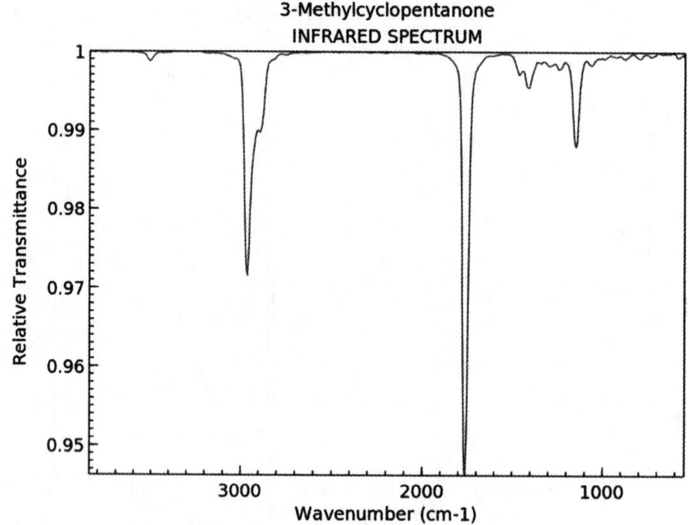

33. 2-乙基-环戊酮

英文名：2-Ethylcyclopentanone。

分子式：$C_7H_{12}O$。

分子量：112.17。

CAS 号：4971-18-0。

2-乙基-环戊酮，沸点 159～160 ℃，熔点 −72.5 ℃，相对密度 d_4^{20} 0.9065，折射率 n_D^{20} 1.4438。存在于主流烟气中的中性香味成分。

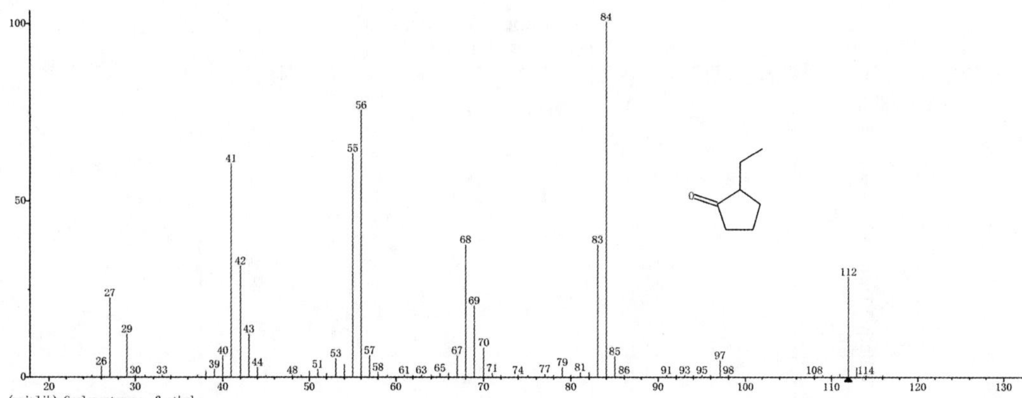

(mainlib) Cyclopentanone, 2-ethyl-

34. 2-环戊烯-1-酮

英文名:2-Cyclopentenone。

别名:2-环戊烯酮。

分子式:C_5H_6O。

分子量:82.1。

CAS号:930-30-3。

2-环戊烯-1-酮,无色或淡黄色液体。几乎不溶于水,易溶于乙醇、乙醚。对湿度敏感,对光线敏感。密度 0.98 g/mL at 25 ℃,沸点 64～65 ℃(19 mmHg),折射率 n_D^{20} 1.481,闪点 107.6 ℉,42 ℃。存在于烟气中,中性香味成分。

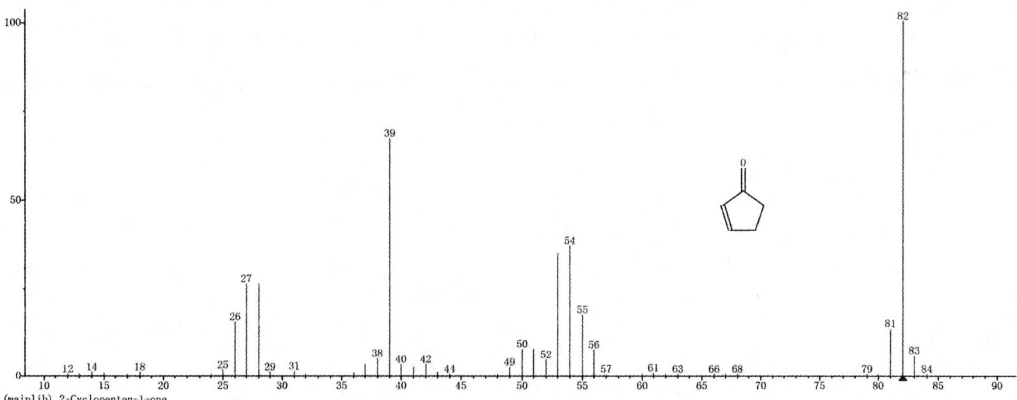

(mainlib) 2-Cyclopenten-1-one

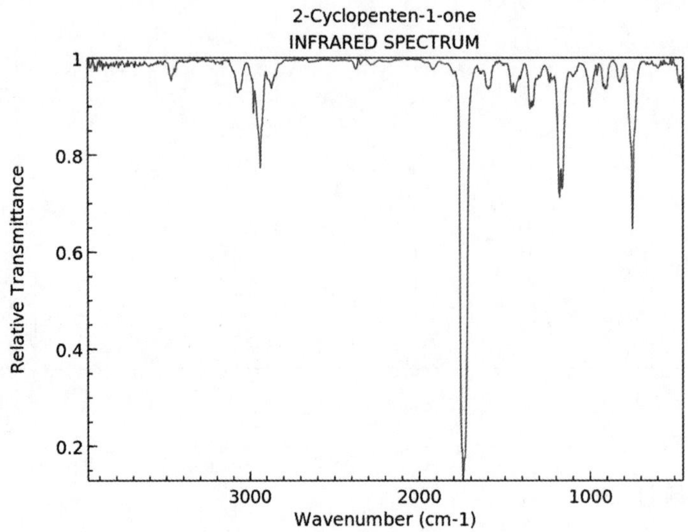

35. 2,4-二甲基-3-戊酮

英文名：2,4-Dimethyl-3-pentanone。

别名：二异丙基甲酮；二异丙基酮。

分子式：$C_7H_{14}O$。

分子量：114.19。

CAS 号：565-80-0。

2,4-二甲基-3-戊酮，无色易燃液体。沸点 124.4 ℃(101.3 kPa)，熔点－69.0 ℃，相对密度 0.8108(20 ℃/4 ℃)；折射率 1.400(20 ℃)，闪点 15 ℃。与乙醇、乙醚混溶，微溶于水，溶于苯。存在于烟气中，中性香味物质。

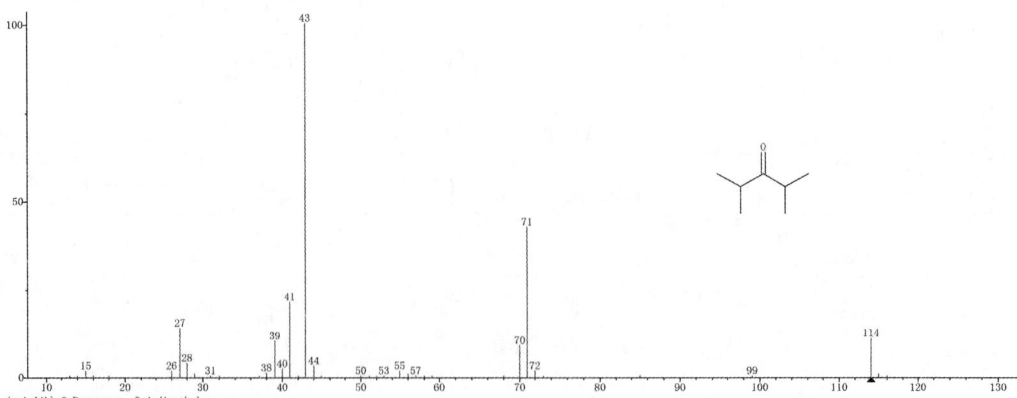

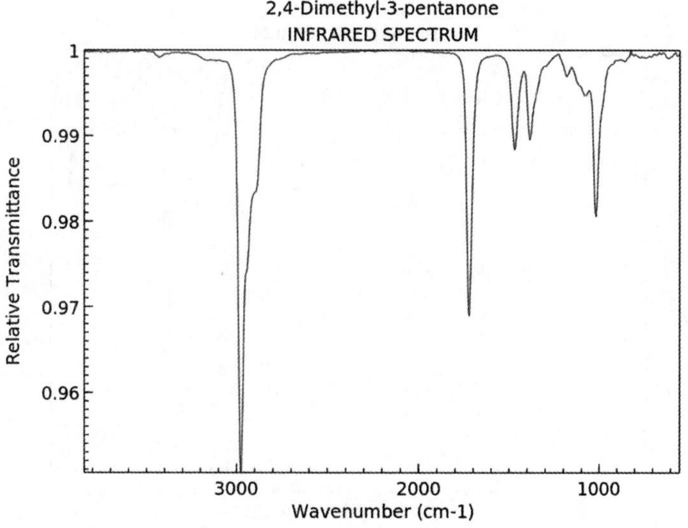

36. 环戊酮

英文名:Cyclopentanone。

别名:环戊烷酮。

分子式:C_5H_8O。

分子量:84.12。

CAS 号:120-92-3。

环戊酮,无色透明油状液体。密度 0.9487 g/cm^3(20 ℃),熔点 −51.3 ℃,沸点 130.6 ℃,折射率 1.4366,闪点 30 ℃。有醚样而又稍似薄荷的气味。不溶于水,溶于乙醇、乙醚和丙酮。卷烟主流烟气中性香味成分。

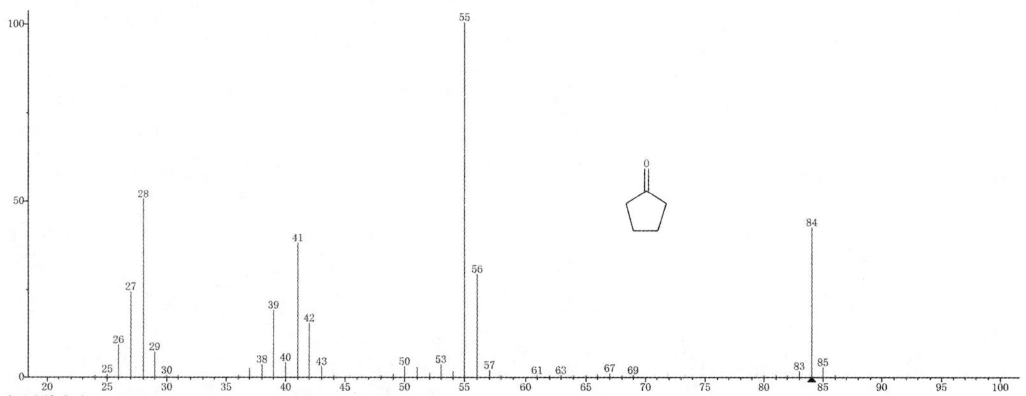

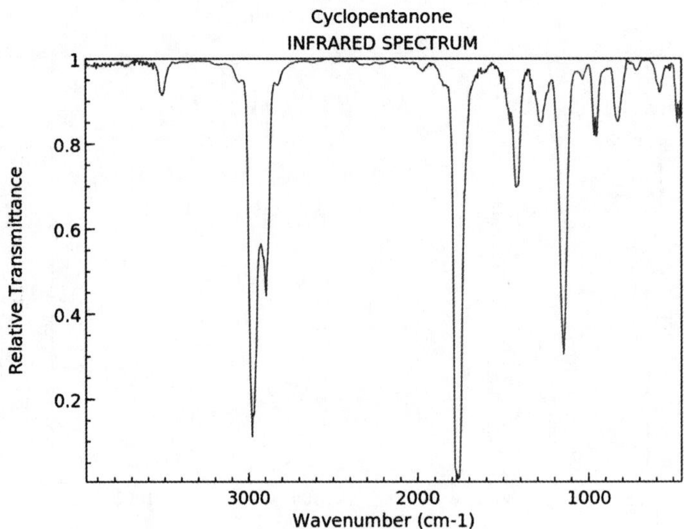

37. 2-甲基-2-环戊烯-1-酮

英文名：2-Methyl-2-cyclopenten-1-one。

别名：甲基环戊烯酮。

分子式：C_6H_8O。

分子量：96.13。

CAS 号：1120-73-6。

2-甲基-2-环戊烯-1-酮，黄色透明液体。密度 0.979 g/mL at 25 ℃，沸点 158～161 ℃，折射率 n_D^{20} 1.479，闪点 120.2 ℉，49 ℃。用作香味和甜味增效剂。存在于香料烟烟叶、烟气中，中性香味成分。

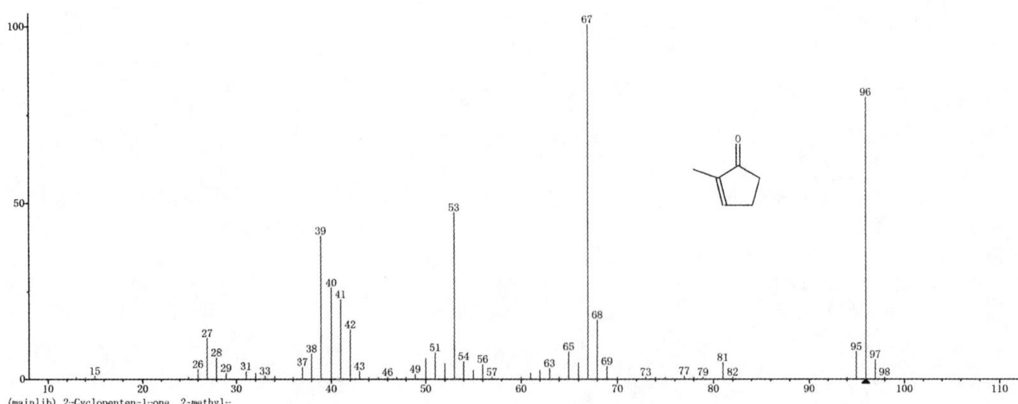

38. 2,3-二甲基-2-环戊烯-1-酮

英文名：2,3-Dimethyl-2-cyclopenten-1-one。

别名：2,3-二甲基-2-环戊烯酮。

分子式：$C_7H_{10}O$。

分子量：110.15。

CAS 号：1121-05-7。

透明淡黄色至黄色—褐色液体，沸点 80 ℃(10 mmHg)，密度 0.968 g/mL at 25 ℃，折射率 n_D^{20}1.49，闪点 162 ℉。存在于烤烟烟叶、白肋烟烟叶、主流烟气中，中性香味成分。

39. 3,4-二甲基-2-环戊烯-1-酮

英文名：3,4-Dimethylcyclopent-2-en-1-one。

别名：3,4-二甲基-2-环戊烯酮；3,4-二甲基-2-环戊酮。

分子式：$C_7H_{10}O$。

分子量：110.15。

CAS 号：30434-64-1。

3,4-二甲基-2-环戊烯-1-酮，沸点 167.5 ℃ at 760 mmHg，密度(0.945±0.06) g/cm^3，折射率 1.465，闪点 58.9 ℃。

40. 3-甲基-2-环戊烯-1-酮

英文名：3-Methyl-2-cyclopenten-1-one。

别名：3-甲基-2-环戊烯酮。

分子式：C_6H_8O。

分子量：96.13。

CAS 号：2758-18-1。

3-甲基-2-环戊烯-1-酮，透明淡黄色至黄色—褐色液体。不溶于水。密度 0.971 g/mL at 25 ℃，熔点 3～5 ℃，沸点 74 ℃(15 mmHg)，闪点 150 ℉，折射率 n_D^{20}1.488。主要用作香料和医药中间体。存在于烤烟烟叶、烟气中。在烟气中能产生甜的、焦糖—枫械的气息，是卷烟烤甜香味主要标志性成分。

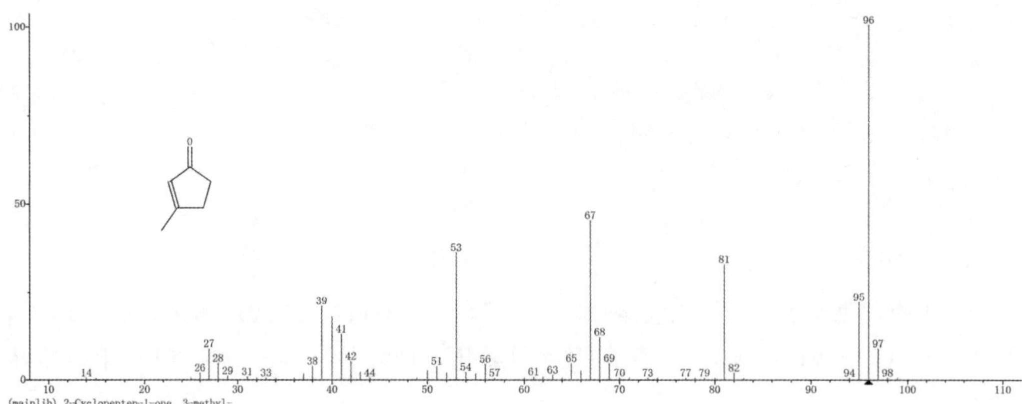

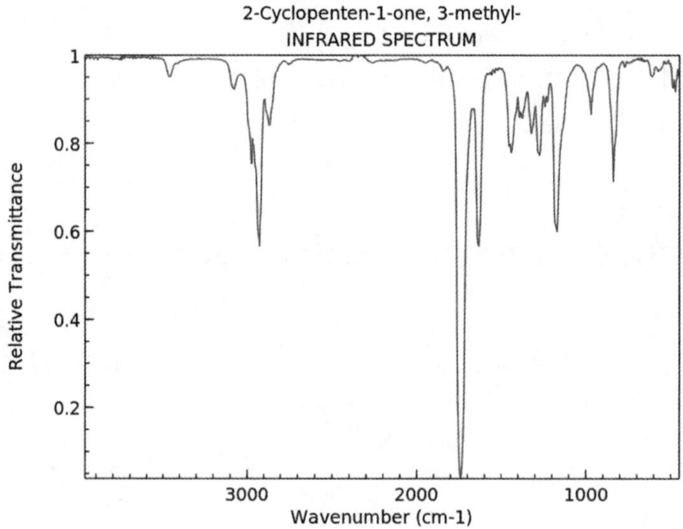

41. 4,4-二甲基-2-环己烯-1-酮

英文名:4,4-Dimethyl-2-cyclohexen-1-one。

别名:4,4-二甲基-2-环己基-1-酮;4,4-二甲基-2-环己烯酮。

分子式:$C_8H_{12}O$。

分子量:124.18。

CAS号:1073-13-8。

4,4-二甲基-2-环己烯-1-酮,密度(0.9±0.1) g/cm^3,沸点173.5 ℃ at 760 mmHg,闪点64.4 ℃,折射率1.458。存在于主流烟气中,中性香味成分。

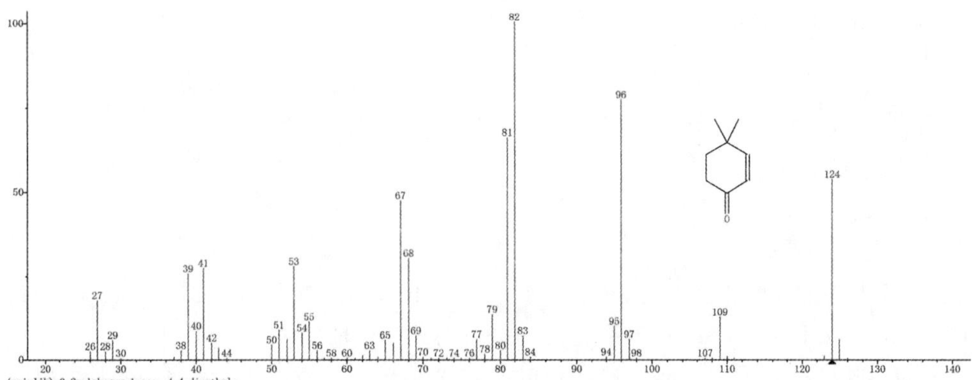

42. 4-(3-羟基-1-丁烯基)-3,5,5-三甲基-2-环己烯-1-酮

英文名:4-(3-Hydroxy-butylidene)-3,5,5-trimethyl-2-cyclohexen-1-one。

别名:4-(3-羟基亚丁基)-3,5,5-三甲基-2-环己烯-1-酮。

分子式:$C_{13}H_{20}O_2$。

分子量:208.297。

CAS 号:60026-24-6。

4-(3-羟基-1-丁烯基)-3,5,5-三甲基-2-环己烯-1-酮,存在于烤烟烟叶、白肋烟烟叶、烟气中,中性香味成分。

43. 4-环戊烯-1,3-二酮

英文名:4-Cyclopentene-1,3-dione。

分子式:$C_5H_4O_2$。

分子量:96.08。

CAS 号:930-60-9。

4-环戊烯-1,3-二酮,熔点 34～36 ℃,沸点 60 ℃(1 mmHg),密度 1.2800,折射率 1.4945,闪点 183 ℉。有腐蚀性。存在于烟叶中,中性香味成分,是影响烤烟香型的关键致香物质之一。

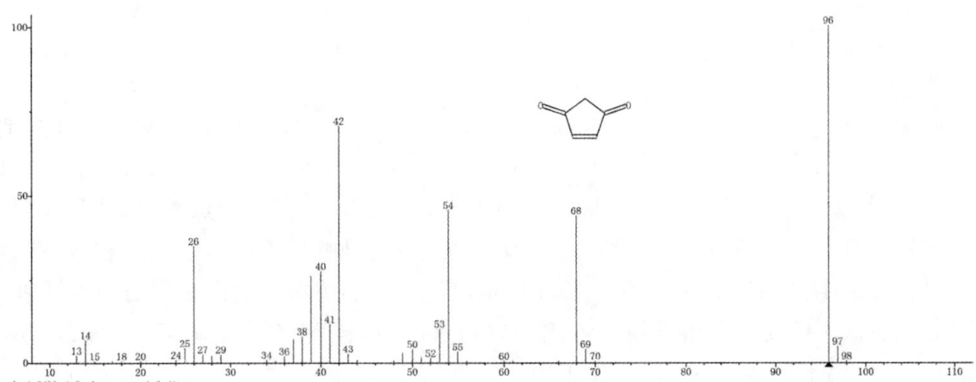

44. 2(5H)呋喃酮

英文名：2(5H)-Furanone。

别名：2-呋喃酮；γ-巴豆酸内酯。

分子式：$C_4H_4O_2$。

分子量：84.07。

CAS 号：497-23-4。

2(5H)呋喃酮，淡黄色液体，易溶于水。熔点 4～5 ℃，沸点 86～87 ℃(12 mmHg)，密度 1.185 g/mL at 25 ℃，折射率 n_D^{20} 1.469，闪点 214 ℉。

2(5H)呋喃酮是许多重要天然产物的基本结构单元。含有 2(5H)呋喃酮结构的化合物广泛存在于天然产物中，此类化合物有广泛的生物活性，广泛用于医学、食品、农业等方面。存在于烤烟烟叶、白肋烟烟叶、香料烟烟叶、烟气中。重要的烟草香味物质，提供卷烟香气的甜烤香、焦木/糖香气。

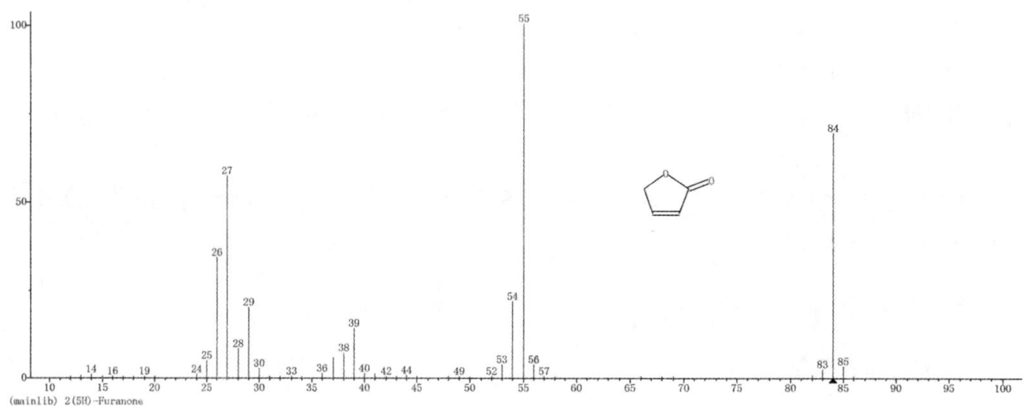

45. 呋喃酮

英文名：4-Hydroxy-2,5-dimethyl-3(2H)furanone。

别名：4-羟基-2,5-二甲基-3(2H)-呋喃酮；菠萝酮；草莓酮。

分子式：$C_6H_8O_3$。

分子量：128.13。

CAS 号：3658-77-3。

呋喃酮，白色至浅黄色结晶体或粉末状固体。微溶于水，易溶于乙醇等有机溶剂。熔点 73～77 ℃，沸点 188 ℃，密度 1.049 g/cm³ (25 ℃)，折射率 n_D^{20} 1.439，闪点 230 ℉以上。呈甜、烤香、面包、烹调香及水果和焦糖香气，特征香气为果香、焦香、焦糖和菠萝香气。天然品存在于草莓、燕麦、干酪、煮牛肉、啤酒、可可、咖啡、茶叶、杧果、荔枝、麦芽、鹅莓、葡萄、加热牛肉、菠萝等中。GB 2760 规定可用于食品香料。美国食用香料制造者协会(FEMA)认可的安全食用香料。可用于烘烤食品、面包、麦芽、红糖、草莓、蜜饯、焦糖等香精，广泛用于食品、饮料、日用化工中。

呋喃酮稀释后具有覆盆子香味，其香味特征似麦芽酚，但焦气重于麦芽酚，香气阈值极低，微量添加就具有明显的增香修饰效果，而且香味持久，是甜味香料的重要原料和优良的增香剂。呋喃酮易被空气氧化，商品以丙二醇稀释贮存，其香味在弱酸介质中尤为浓厚。广泛用于菠萝、草莓、荔枝、树莓、焦糖、太妃糖、覆盆子、蜜饯、牛肉及咖啡等食用香精的调配，具有显著增香、柔和及清新作用；用于烟草香精中具有明显除辣味、掩盖杂气、改善味道及增强烟香作用。

呋喃酮微量存在于食品、烟草、饮料中，香味阈值为 0.04 ppb，具有明显的增香修饰效果，因而广泛用作食品、烟草、饮料的增香剂。五元杂环的呋喃酮类化合物包括 3(2H) 呋喃酮、2(5H) 呋喃酮，前者是天然香气物质的重要成分，后者在药物和生物活性物质中具有重要地位，也是有机合成中合成五元内酯化合物的重要中间体。

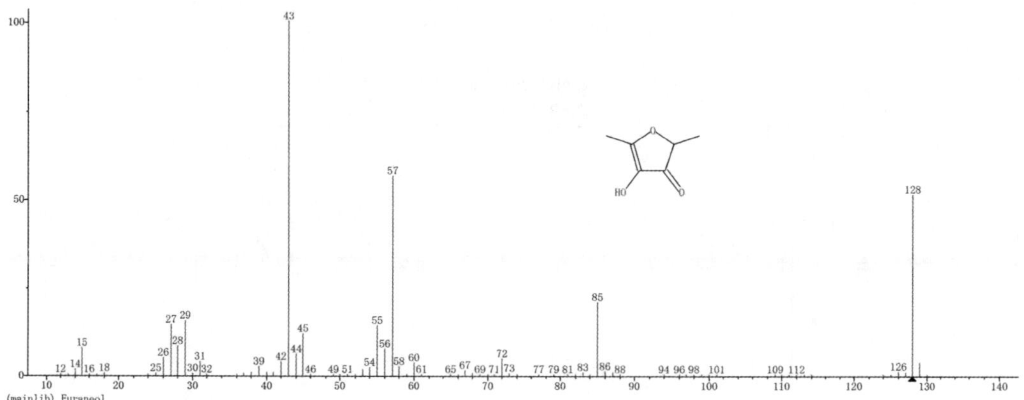

46. 5-甲基-3H-呋喃-2-酮

英文名：alpha-Angelica lactone。

别名：α-当归内酯；4-羟基-3-戊烯酸内酯。

分子式：$C_5H_6O_2$。

分子量：98.1。

CAS 号：591-12-8。

5-甲基-3H-呋喃-2-酮，透明亮黄至淡黄色液体。呈甜的草药香气，有烟草回味。熔点 13～17 ℃，沸点 55～56 ℃(12 mmHg)，密度 1.092 g/mL at 25 ℃，折射率 n_D^{20} 1.448，闪点 155 ℉。溶于乙醇，微溶于水。

天然品存在于酸果蔓、葡萄干、加热过的黑莓、面包、水解大豆蛋白和甘草等中。常用在紫罗兰、素心兰、葵花、兰花等日用化妆品及香皂香精中。用作香料。美国不允许用于食品中。

存在于烟草、烟气中，能与烟香、焦糖香、巧克力香等香气和合，发出协调一致的香气，对产生烟草制品的香气有一定的辅助作用，是一种良好的卷烟添加剂。

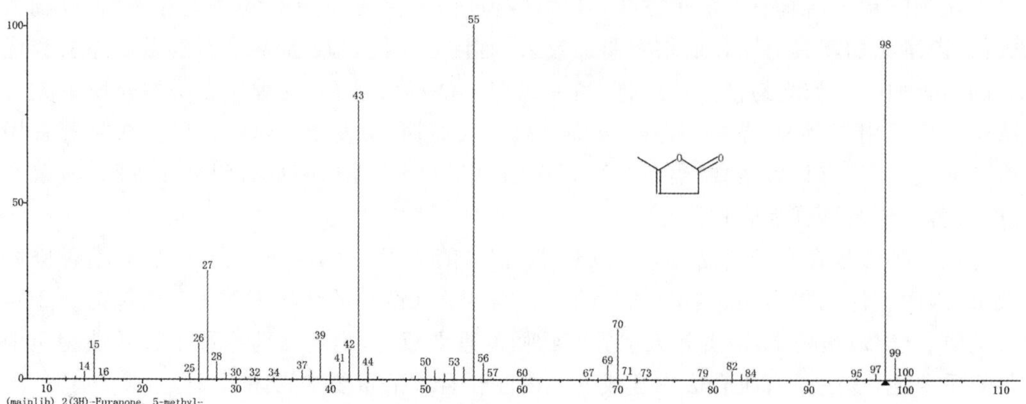

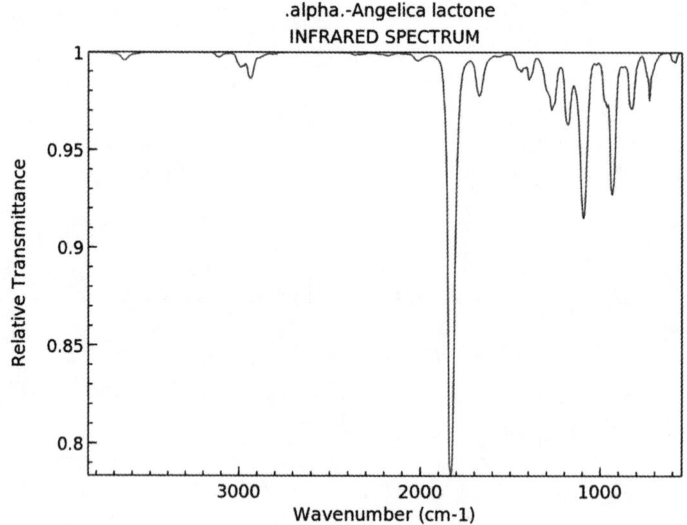

47. 5-羟甲基-2(5H)呋喃酮

英文名：(S)-(-)-5-Hydroxymethyl-2(5H)-furanone。

别名：(S)-(-)-5-羟甲基-2(5H)-呋喃酮。

分子式：$C_5H_6O_3$。

分子量：114.1。

CAS 号：78508-96-0。

5-羟甲基-2(5H)呋喃酮，白色固体。溶于水。密度 1.2583，熔点 41～43 ℃，沸点 173.58 ℃，闪点 235.4 ℉，113 ℃，折射率 1.4630。

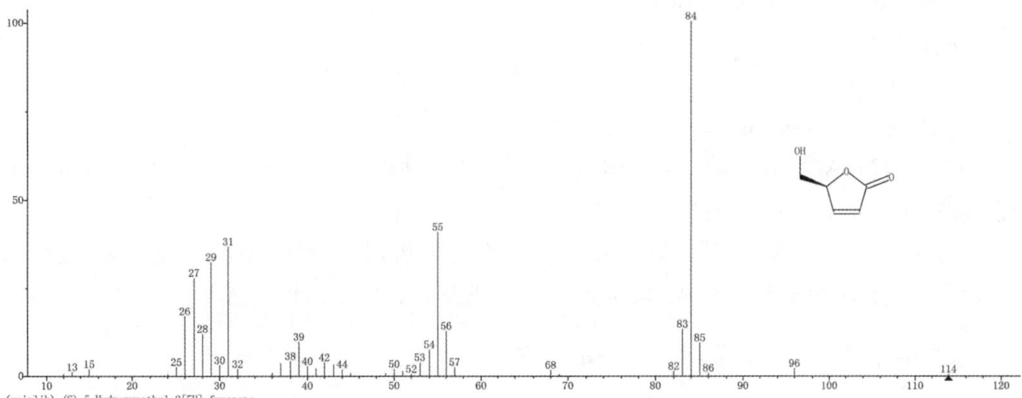

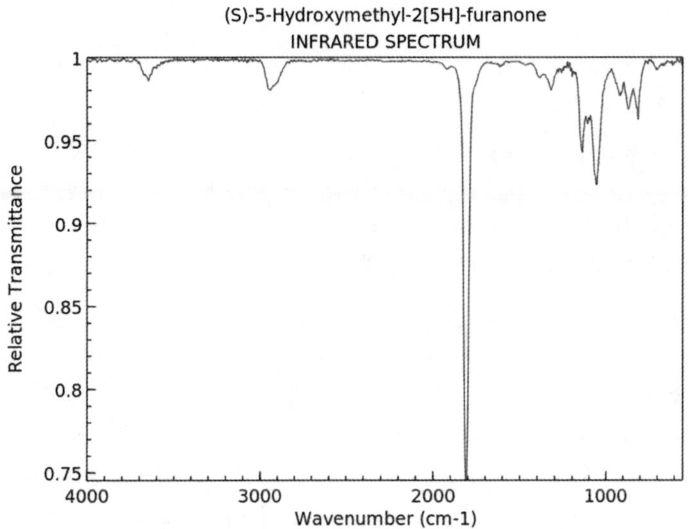

48. 5-乙酰基-四氢呋喃-2-酮

英文名：5-Acetyldihydrofuran-2(3H)-one。

分子式：$C_6H_8O_3$。

分子量：128.13。

CAS号：29393-32-6。

5-乙酰基-四氢呋喃-2-酮，密度1.191，沸点286.3 ℃ at 760 mmHg，闪点128.2 ℃，折射率1.458。

49. (S)-5-羟甲基二氢呋喃-2-酮

英文名：(S)-5-Hydroxymethyldihydrofuran-2-one。

别名：(S)-(+)-R-羟甲基-R-丁内酯。

分子式：$C_5H_8O_3$。

分子量：116.12。

CAS 号：32780-06-6。

(S)-5-羟甲基二氢呋喃-2-酮，熔点 72～74 ℃，沸点 110～115 ℃(0.2 mmHg)，密度 1.237 g/mL at 25 ℃，折射率 n_D^{20}1.471，闪点 230 ℉以上。

(S)-5-羟甲基二氢呋喃-2-酮是 R-丁内酯类衍生物，是重要的手性合成单元，该类结构单元可广泛应用于有机合成，特别是药物合成及具有生物活性的天然产物的合成。

50. 6-甲基-5,6-二氢-2H-吡喃-2-酮

英文名：6-Methyl-5,6-dihydro-2H-pyran-2-one。

分子式：$C_6H_8O_2$。

分子量：112.13。

CAS 号：108-54-3。

沸点 110 ℃，密度(1.045±0.06) g/cm^3。

51. 2-甲基四氢呋喃-3-酮

英文名：2-Methyltetrahydrofuran-3-one。

别名：面包酮；2-甲基二氢-3(2H)-呋喃酮。

分子式：$C_5H_8O_2$。

分子量：100.12。

CAS 号：3188-00-9。

2-甲基四氢呋喃-3-酮，无色至黄色液体，溶于乙醇等有机溶剂。密度 1.034 g/mL at 25 ℃，沸点 139 ℃，折射率 n_D^{20}1.429，闪点 102.2 ℉，39 ℃。用作香料的原料及用于有机合成。据报道存在于咖啡的芳香组分中，也存在于炒榛子、坚果的挥发性香味组分中。存在于烟叶中。

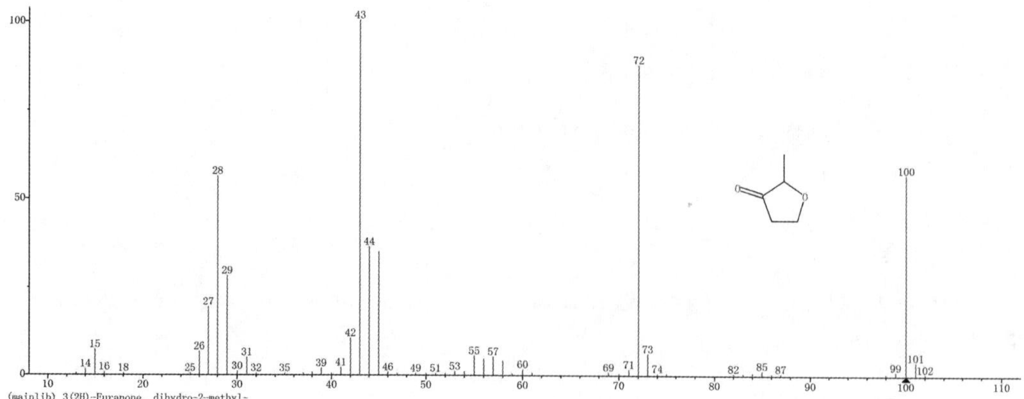

52. 3,5-二羟基-2-甲基-4H-吡喃-4-酮

英文名:4H-Pyran-4-one,3,5-dihydroxy-2-methyl-。

分子式:$C_6H_6O_4$。

分子量:142.11。

CAS 号:1073-96-7。

3,5-二羟基-2-甲基-4H-吡喃-4-酮,熔点 158 ℃,沸点(346.2±42.0) ℃,密度(1.605±0.06) g/cm^3,闪点 154.5 ℃。

53. 2-羟基-3,4-二甲基-2-环戊烯-1-酮

英文名:3,4-Dimethyl-1,2-cyclopentanedione。

别名:3,4-二甲基-1,2-环戊二酮。

分子式:$C_7H_{10}O_2$。

分子量:126.15。

CAS 号:13494-06-9。

2-羟基-3,4-二甲基-2-环戊烯-1-酮,淡黄至黄色粉末。沸点 66 ℃(133 Pa),熔点 68～72 ℃,密度 1.0579,折射率 1.4690。有浓烈的焦糖香气,带有咖啡的味道,呈很强的葫芦巴和甘草似香味。天然品存在于煮过的猪肉和咖啡等中。GB 2760 规定为允许使用的食品用香料。主要用于配制甘草等香辛料香精。

用于烘烤食品、冰冻乳制品、坚果类食品。推荐应用:用于调配面包、槭树、红糖、咖啡、焦糖等食品香精和烟草香精。存在于烟气中。

54. 2-羟基-3-甲基-2-环戊烯-1-酮

英文名:2-Hydroxy-3-methyl-2-cyclopentenone。

别名:甲基环戊烯醇酮;2-羟基-3-甲基-2-环戊烯酮。

分子式:$C_6H_8O_2$。

分子量:112.13。

CAS 号:80-71-7。

2-羟基-3-甲基-2-环戊烯-1-酮,白色至淡黄色结晶粉末。具有枫槭糖浆味、焦甜、烘烤栗子气味。溶于乙醇、丙酮和丙二醇,微溶于大多数非挥发性油,1 g 溶于 72 mL 水,易溶于沸水。闪点 100.7 ℃,熔点 104～108 ℃,密度 1.225 g/cm^3,沸点 245.2 ℃ at 760 mmHg,折射率 1.4532。

具有槭树和独活草似香气,在稀释溶液里呈槭糖—甘草风味。天然品存在于葫芦巴中。GB 2760 规定为允许使用的食用香料。主要用以配制枫槭、熏烟、奶油硬糖和杏子等型香精。

甲基环戊烯醇酮是一种良好的增香剂和低热甜味剂,也可作为修饰剂和缓和剂。具

有咖啡和焦糖香味，为天然咖啡香味中的有效成分。广泛用于食用香精、烟草、焙烤食品、冰激凌、饮料、调味品、糕点、化妆品及果珍中，可大量用于烟用香精，还可用于配制咖啡、巧克力、坚果等多种香精。作为食用香料可直接应用在面包、糕点等食品中。甲基环戊烯醇酮为枫槭浸膏特征成分，具有类似咖啡和焦糖样的气息。广泛用于食品和烟草工业，也用作制备二氢茉莉酮的中间体。

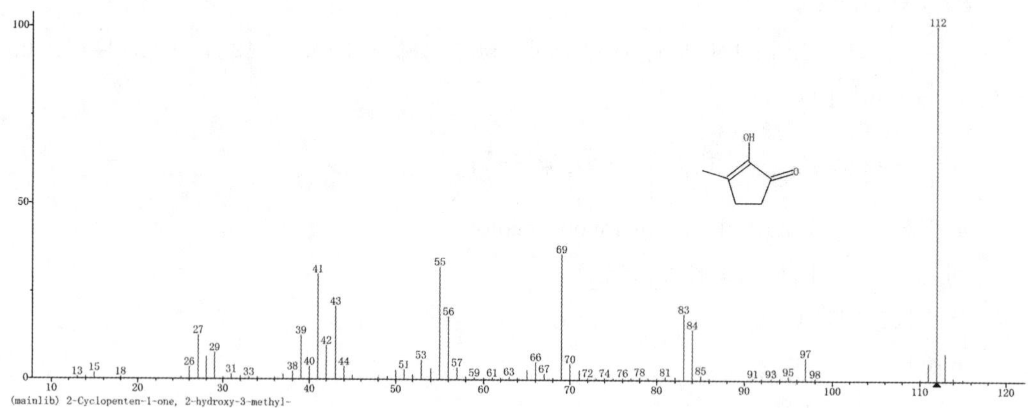

第七节　酯　　类

1. 1,2-二乙酸甘油酯

英文名：Diacetin。

别名：二醋酸甘油酯；甘油二乙酸酯。

分子式：$C_7H_{12}O_5$。

分子量：176.17。

CAS 号：25395-31-7。

无色透明吸水性近似油状液体，平均沸点 259 ℃，折射率 1.44。混溶于水、苯和乙醇。主要由 1,2-二乙酸甘油酯和 1,3-二乙酸甘油酯组成，含有少量的单乙酸甘油酯和三乙酸甘油酯。具有轻微脂肪气味，略有苦味。

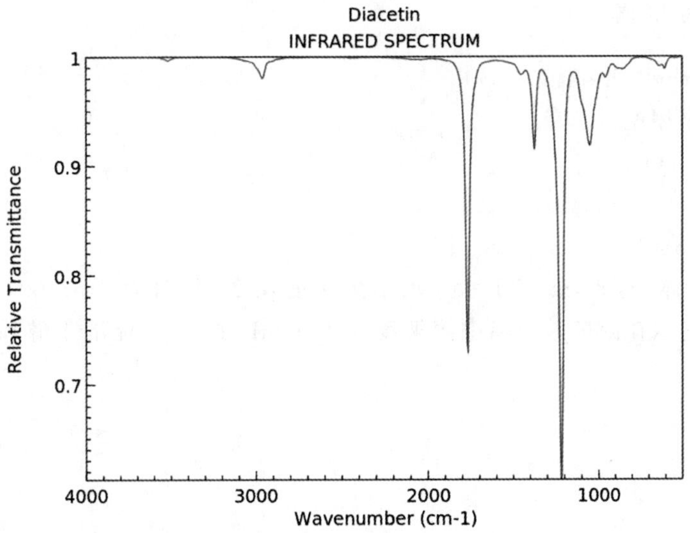

2. 1,2-乙二醇单乙酸酯

英文名:Ethylene glycol monoacetate。

别名:乙二醇单醋酸酯。

分子式:$C_4H_8O_3$。

分子量:104.1。

CAS 号:542-59-6。

沸点 182 ℃,密度 1.11 g/cm^3,折射率 n_D^{20}1.42(lit.),闪点 102 ℃。具有酯的一般化学性质,有香味,在苛性碱和无机酸存在下容易水解成醇和乙酸。存在于烟气中,使烟气醇和。用作化妆品香料溶剂。

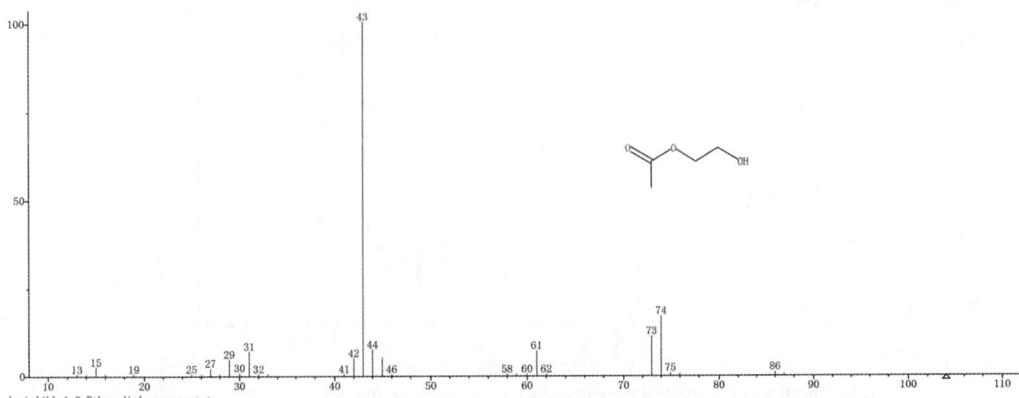

3. 2-丙烯酸甲酯

英文名：Methyl acrylate。

别名：丙烯酸甲酯。

分子式：$C_4H_6O_2$。

分子量：86.09。

CAS 号：96-33-3。

无色透明液体，易燃，微溶于水。水中溶解度在 20 ℃时为 6 g/100 mL；40 ℃时为 5 g/100 mL。水在丙烯酸甲酯中溶解度为 1.8 mL/100 g。能溶于醇和醚。有辛辣气味。

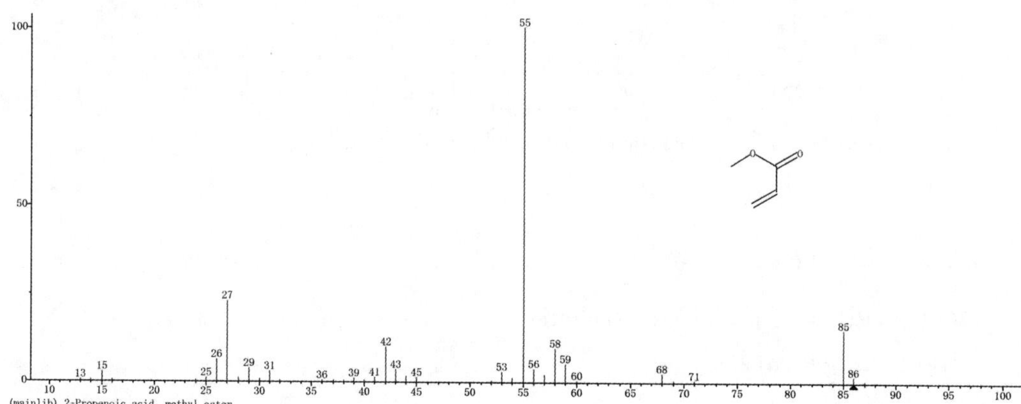

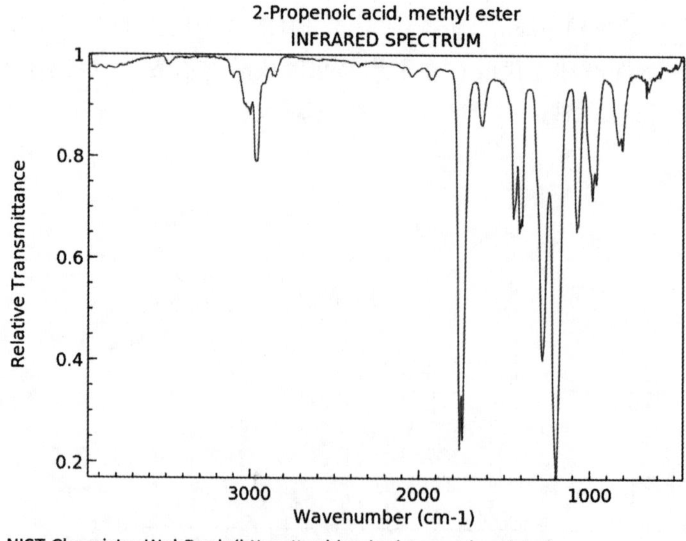

4. 3-呋喃甲酸甲酯

英文名：Methyl furan-3-carboxylate。

别名：3-糠酸甲酯。

分子式：$C_6H_6O_3$。

分子量：126.11。

CAS 号：13129-23-2。

沸点 64 ℃(4 mmHg)，折射率 1.4670～1.4700。

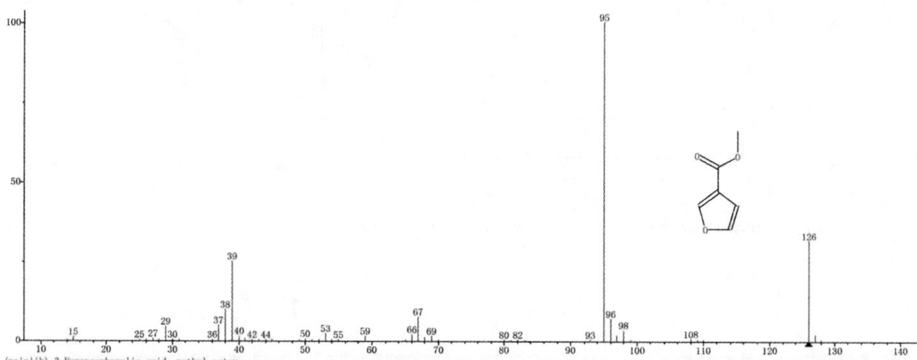

5. 3-羟基苯甲酸甲酯

英文名：Methyl 3-hydroxybenzoate。

别名：间羟基苯甲酸甲酯。

分子式：$C_8H_8O_3$。

分子量：152.15。

CAS 号：19438-10-9。

白色至灰白色结晶粉末，密度 1.209 g/cm^3，熔点 70～72 ℃(lit.)，沸点 280～281 ℃(709 mmHg)(lit.)，闪点 280～281 ℃/708 mm，折射率 1.547。

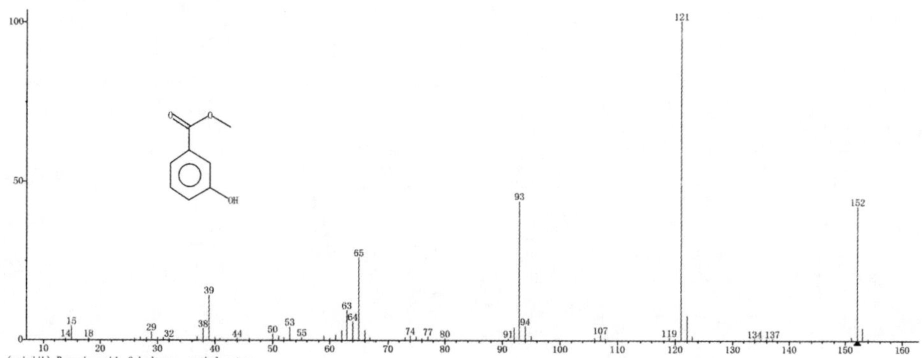

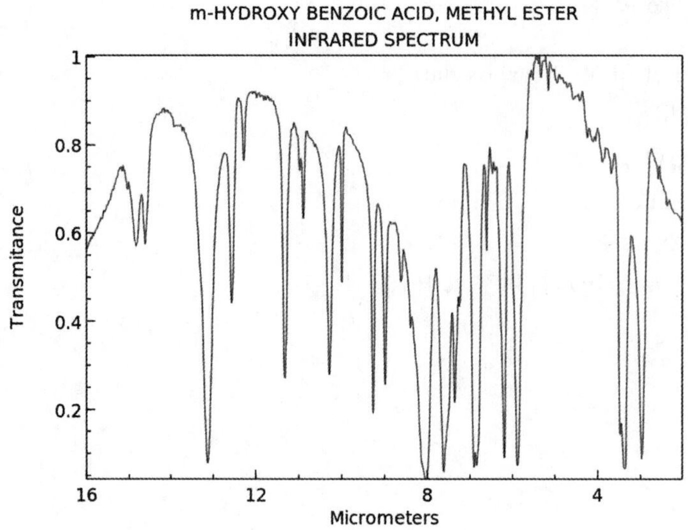

6. 丙酸甲酯

英文名：Methyl propionate。

分子式：$C_4H_8O_2$。

分子量：88.11。

CAS 号：554-12-1。

无色液体。有果香味，有甜味。熔点－87.5 ℃，沸点 79.9 ℃，折射率 1.3775，闪点－2 ℃。微溶于水，混溶于醇、醚、烃等有机溶剂。天然品存在于蜂蜜和柑橘中。还存在于苹果、香蕉、番石榴、甜瓜、菠萝、草莓等水果中。有菠萝样的水果香气和朗姆酒样的香味，像黑醋栗样的甜的风味。我国 GB 2760 规定为允许使用的食用香料，用于调配朗姆酒用香精和果香型食用香精，调蜂蜜、醋栗香型香精，在最终加香食品中浓度为 20～130 mg/kg。

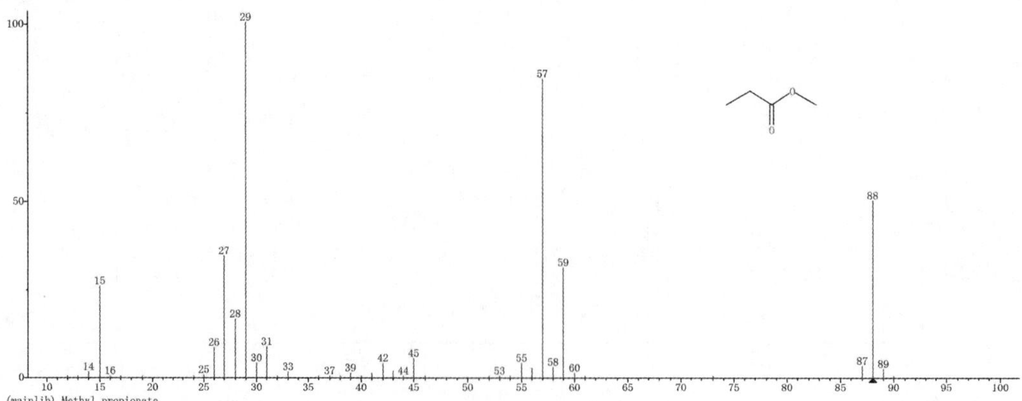

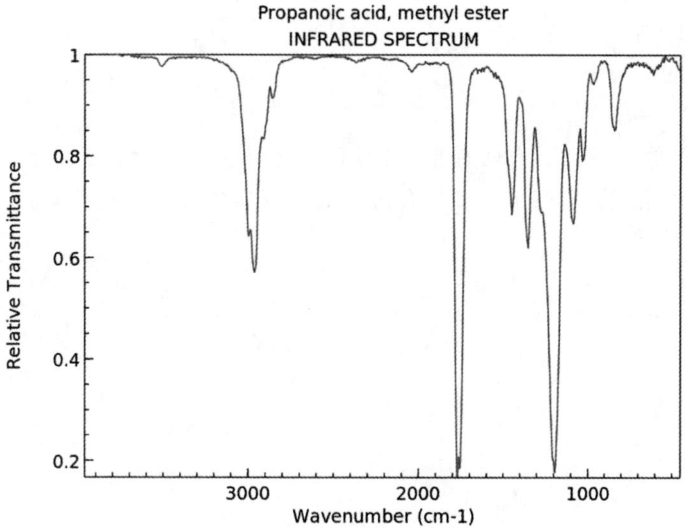

7. 丙酮酸甲酯

英文名：Methyl pyruvate。

别名：乙酰甲酸甲酯。

分子式：$C_4H_6O_3$。

分子量：102.09。

CAS号：600-22-6。

无色至淡黄色，用作医药的原料和农药中间体。

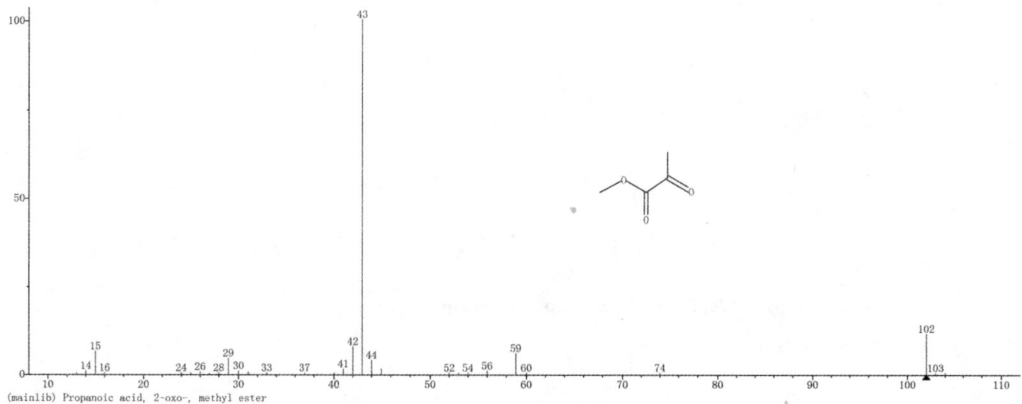

8. 乙酸乙烯酯

英文名：Vinyl acetate。

别名:乙酸乙烯;醋酸乙烯;乙烯基乙酸酯;醋酸乙烯酯。

分子式:$C_4H_6O_2$。

分子量:86.09。

CAS 号:108-05-4。

无色液体,密度 0.9312。有两种报道的熔点:−100 ℃;−93 ℃。沸点 72～73 ℃。折射率 1.3958。微溶于水,溶于大多数有机溶剂。有强烈气味。具有酸和水果香味。

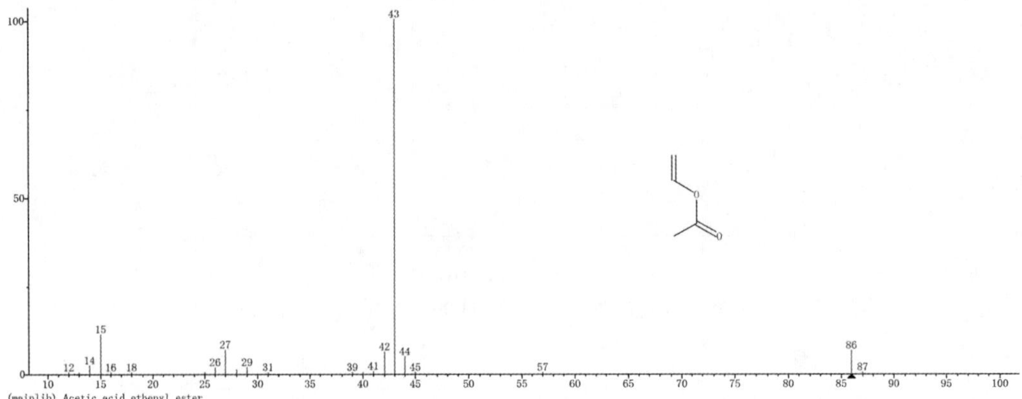

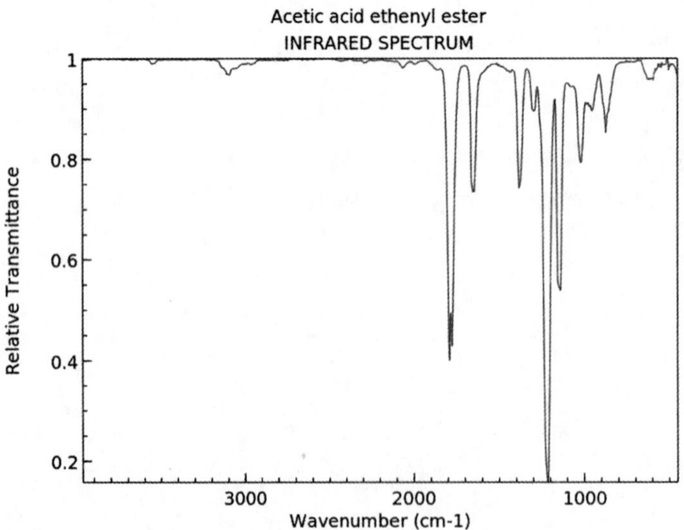

9. 十六酸甲酯

英文名:Methyl hexadecanoate。

别名:棕榈酸甲酯。

分子式:$C_{17}H_{34}O_2$。

分子量：270.45。

CAS 号：112-39-0。

无色液体或结晶。易溶于醇、丙酮、氯仿和苯，能溶于醚，不溶于水。用作乳化剂、润湿剂、稳定剂。在烟草中用于烟草香味补偿剂。

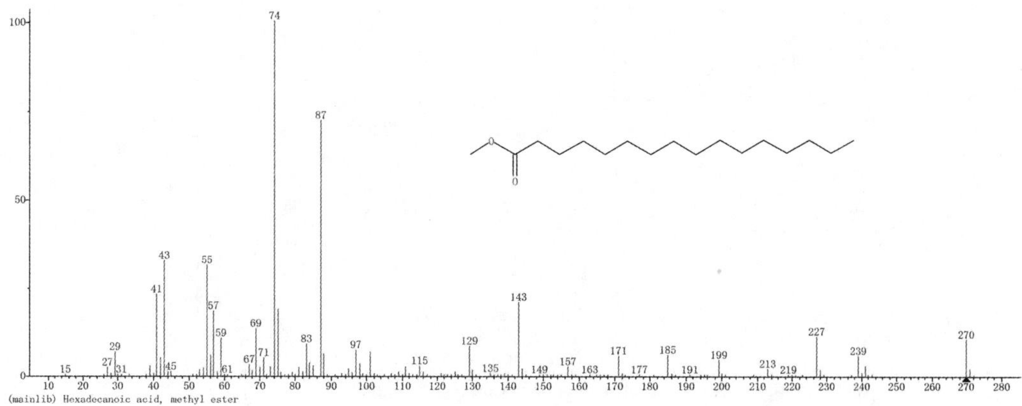

10. 十六酸乙酯

英文名：Palmitic acid ethyl ester。

别名：棕榈酸乙酯。

分子式：$C_{18}H_{36}O_2$。

分子量：284.48。

CAS 号：628-97-7。

一种无色针状结晶。呈微弱蜡香、果香和奶油香气。沸点 303 ℃，或 192～193 ℃(1333 Pa)，熔点 24～26 ℃。溶于乙醇和油类，不溶于水。天然品存在于杏、酸樱桃、葡萄柚汁、黑加仑、菠萝、红葡萄酒、苹果、白兰地、黑面包、羊肉、大米等中。GB 2760 规定为允许使用的食用香料。用于配制奶油、牛脂、牛奶、猪肉及鱼类、香辛料用香精。也可用于配制朗姆酒香精，用于坚果类食品。存在于烟草中。

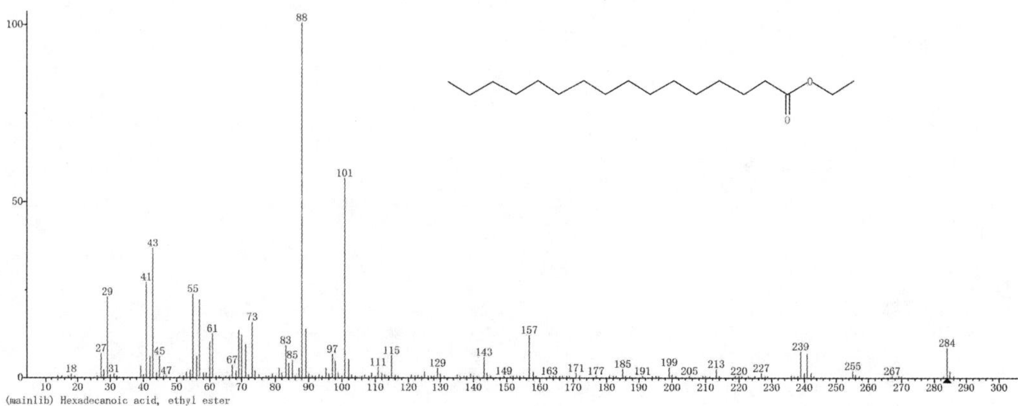

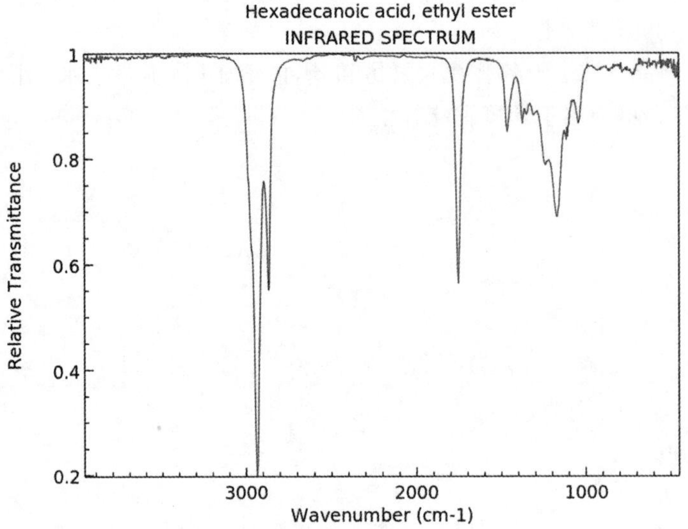

11. 亚麻酸甲酯

英文名：Methyl-linolenate。

分子式：$C_{19}H_{32}O_{2}$。

分子量：292.46。

CAS 号：301-00-8。

浅黄色液体，微弱气味，可溶于甲醇、乙醇、DMSO 等有机溶剂，来源于杜仲籽油等。可用于调配茉莉净油。存在于烟草中。

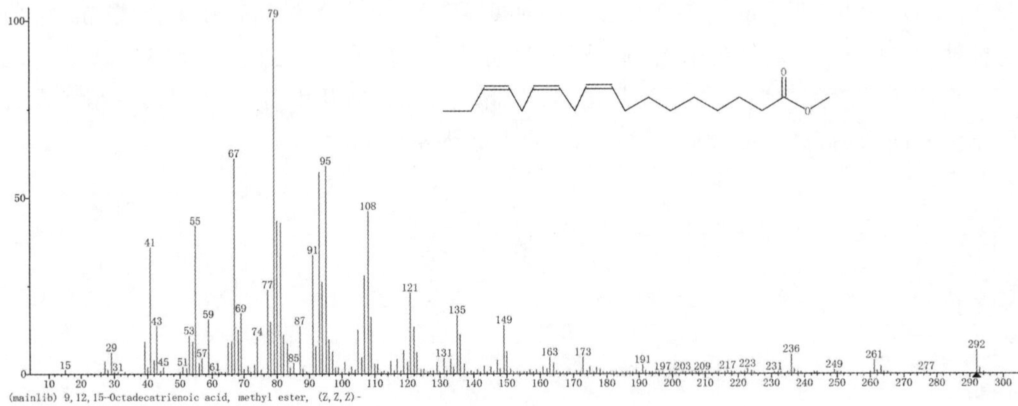

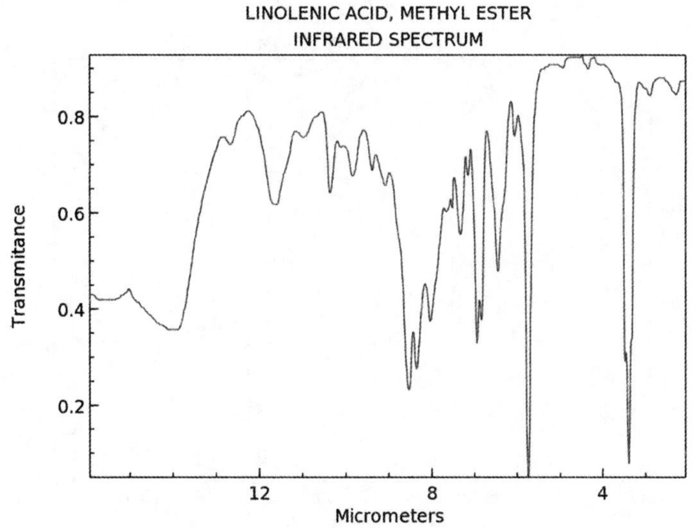

12. 亚油酸甲酯

英文名：Methyl linoleate。

别名：甲基亚油酸酯。

分子式：$C_{19}H_{34}O_2$。

分子量：294.47。

CAS 号：112-63-0。

透明淡至暗黄色液体，微弱气味，密度 0.884 g/cm^3，沸点 373.3 ℃ at 760 mmHg，闪点 97 ℃，蒸气压 9.04E−6 mmHg at 25 ℃。不溶于水，溶于乙醇、乙醚等一般有机溶剂，可与二甲基甲酰胺、脂肪溶剂和油类混溶。存在于烟草等植物中。

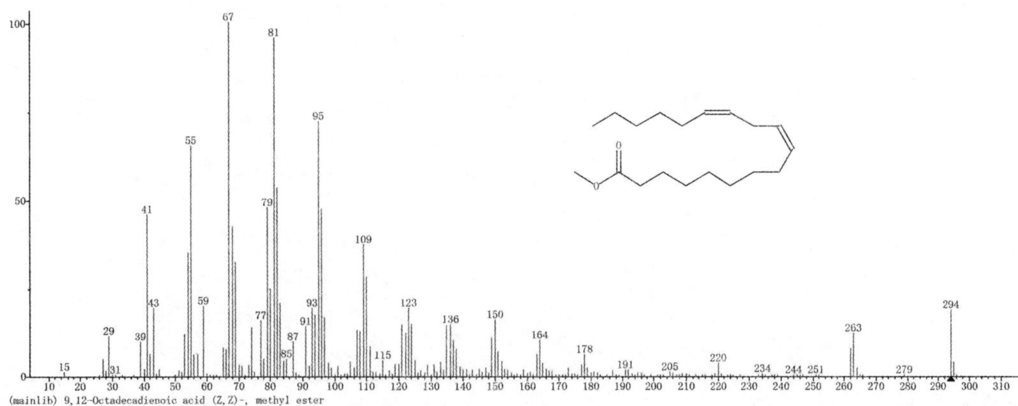

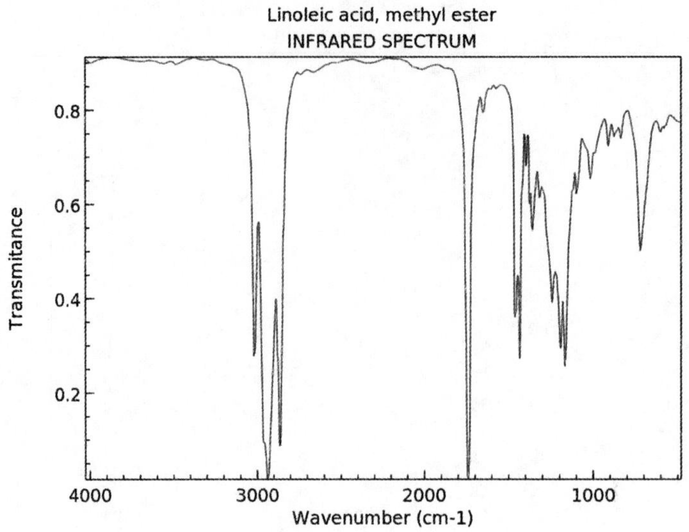

13. 硬脂酸甲酯

英文名：Methyl stearate。

别名：十八烷酸甲酯。

分子式：$C_{19}H_{38}O_2$。

分子量：298.5。

CAS 号：112-61-8。

一种长链脂肪酸形成的单烷基酯，室温下是一种白色固体。熔点 37～41 ℃，密度 0.84 g/cm^3。不溶于水，可溶于甲醇、乙醇、DMSO 等有机溶剂。硬脂酸甲酯存在于烟叶中。

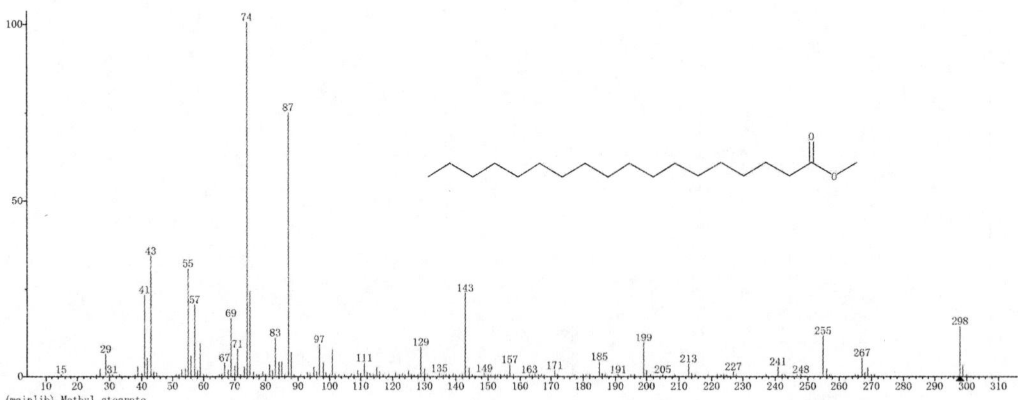

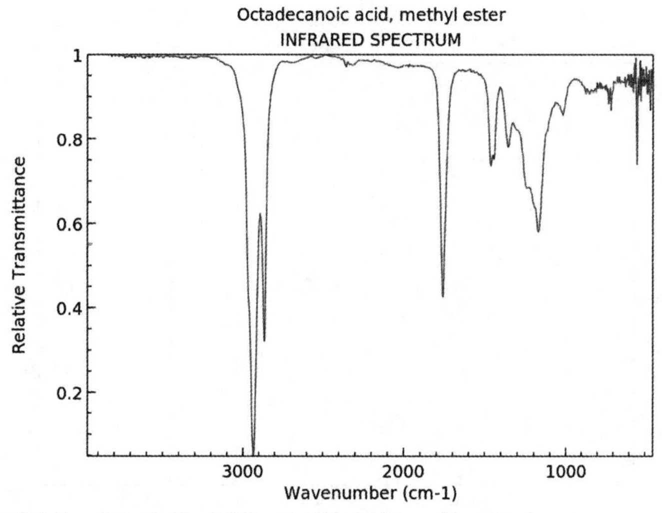

14. 三醋酸甘油酯

英文名：Triacetin。

别名：三乙酸甘油酯；三醋精；1,2,3-丙三醇三乙酸酯。

分子式：$C_9H_{14}O_6$。

分子量：218.2。

CAS 号：102-76-1。

无色油状液体，沸点 258 ℃(130.5 ℃/933 Pa)，相对密度 d_{25}^{25} 1.152～1.158，折射率 n_D^{20} 1.429～1.433。微溶于水，溶于乙醇和乙醚等有机溶剂。25 ℃时在水中的溶解度为 5.9 g/100 mL。具有清新、微酸的奶油气息，有微弱的水果气味及柔和的甜的味道，低浓度时带有苦味和脂肪香味。按我国 GB 2760 规定，可用于香料。可用于调配奶油香精，是极好的稀释剂。在最终加香食品中浓度为 60～2000 mg/kg，在口香糖中可达到 4100 mg/kg。亦可用于日化香精配方中，主要作为定香剂使用。

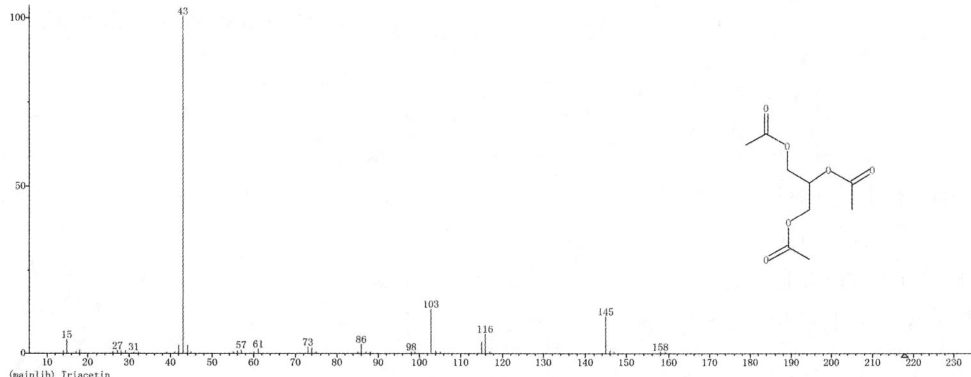

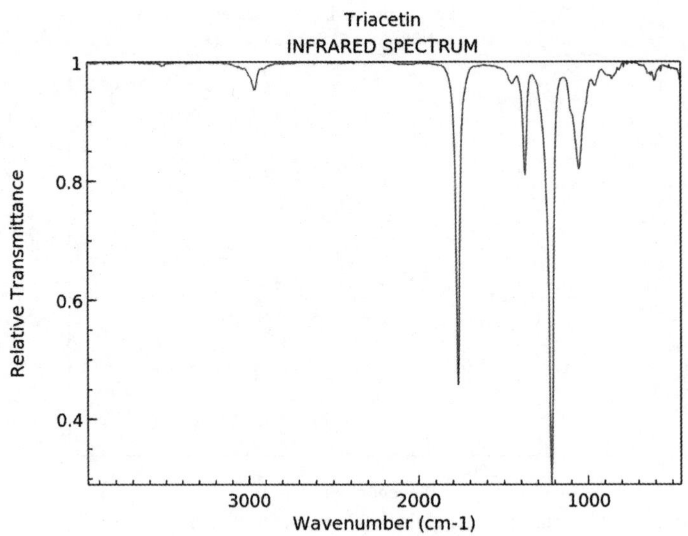

15. 单十六酸甘油酯

英文名：Monopalmitin。

别名：单棕榈酸甘油；单棕榈酸甘油酯；甘油脂肪酸酯。

分子式：$C_{19}H_{38}O_4$。

分子量：330.50。

CAS 号：542-44-9。

白至淡黄色的粉末、块或半流体，密度 0.969 g/cm^3，沸点 451.3 ℃ at 760 mmHg，熔点 65～68 ℃，闪点 146.7 ℃，折射率 1.468。黏稠体，几乎无味，微弱脂肪味，不溶于水，但与热水强烈振荡混合时可分散在水中呈乳化状，溶于乙醇和热脂肪油。是最早和最广泛使用的乳化剂，单甘酯为 W/O 型乳化剂，因自身乳化能力强，单独或与蔗糖脂肪酸酯一起使用时可作 O/W 乳化剂。在含油脂和蛋白质的饮料，例如豆乳、花生乳等饮料中，蒸馏单甘酯可提高溶解度和稳定性，具有乳化和乳化稳定的作用。在冰激凌中，蒸馏单甘酯与 100%蔗糖酯混合，用量 0.1%～0.3%时，可改善冰激凌的口感和品质。

16. L-来苏糖酸-1，4-内酯

英文名：L-Lyxono-1，4-lactone。

别名：L-苏糖酸-1，4-内酯。

分子式：$C_5H_8O_5$。

分子量：148.11。

CAS 号：104196-15-8。

17.2-脱氧-戊糖酸内酯

英文名:L-threo-Pentonic acid, 2-deoxy-, . gamma. -lactone。
别名:2-脱氧-L-苏式-戊糖酸 gamma-内酯。
分子式:$C_5H_8O_4$。
分子量:132.11。
CAS 号:78185-09-8。

18.γ-丁内酯

英文名:1,4-Butyrolactone。
别名:1,4-丁内酯;4-羟基丁酸内酯。
分子式:$C_4H_6O_2$。
分子量:86.09。
CAS 号:96-48-0。

一种无色油状液体,相对密度 1.2186(15 ℃/0 ℃),折射率 1.4348(25 ℃),熔点−44 ℃,沸点 204 ℃,闪点 104 ℃。能与水混溶,溶于甲醇、乙醇、丙酮、乙醚和苯。有独特芳香气味,有淡淡的香味。γ-丁内酯具有轻微的、甜香的奶油味,其 γ-甲基衍生物具有特殊的烤烟香味,因此两者在食用香精、烟草香精等领域具有较广泛的应用。用于配制香精的各香料成分不得超过 GB 2760 规定的最大允许使用量和最大允许残留量。天然品存在于薰衣草等精油中,是某些精油和食品的微量成分。作为食品添加剂可用于改进酒类、醋、茶、水果汁的澄清度和香味。

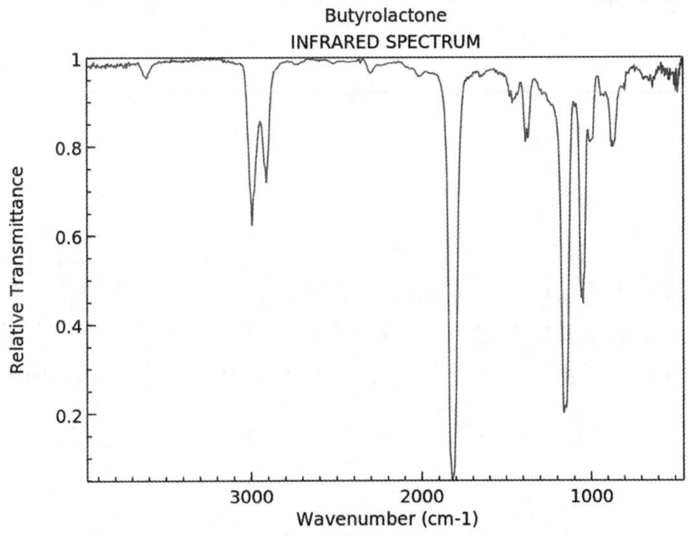

19. 2-羟基丁内酯

英文名：α-Hydroxy-γ-butyrolactone。

别名：α-羟基-γ-丁内酯。

分子式：$C_4H_6O_3$。

分子量：102.09。

CAS号：19444-84-9。

无色透明至黄色黏性液体，相对密度1.125(20 ℃/4 ℃)，熔点44.5 ℃，沸点133 ℃(1333 Pa)，折射率n_D^{20}1.479，闪点230 ℉以上。

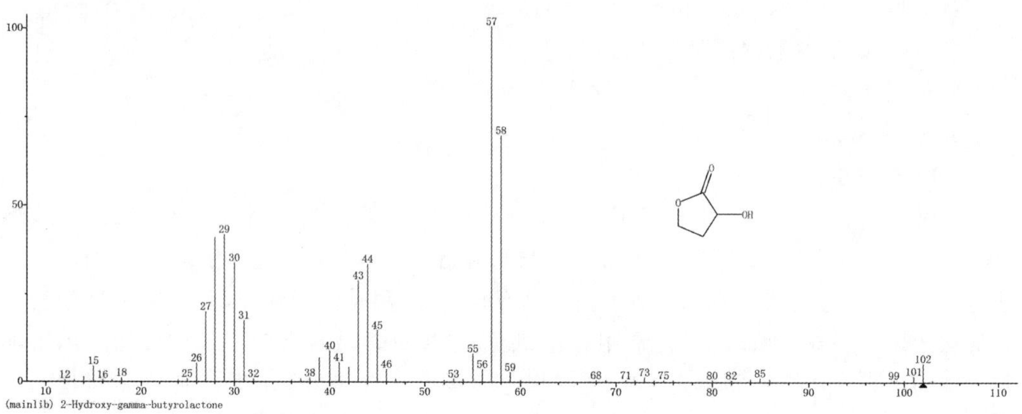

20. 7-羟基香豆素

英文名：7-Hydroxycoumarin。

别名：7-羟基-2H-1-苯并吡喃-2-酮；伞形酮；伞形花内酯。

分子式：$C_9H_6O_3$。

分子量：162.14。

CAS号：93-35-6。

白色针状结晶。熔点225～228 ℃(230～232 ℃)。易溶于醇、氯仿和乙酸，溶于稀碱液，难溶于醚，微溶于沸水(1 g/100 mL)。溶液显蓝色荧光。能升华。加热时有香豆素气味。是香豆素中的重要成分之一，而香豆素广泛存在于豆科、兰科、芸香科、伞形科、茄科和菊科等一百多种植物中。基于其芳甜香味，广泛用作食品或药物的香料。

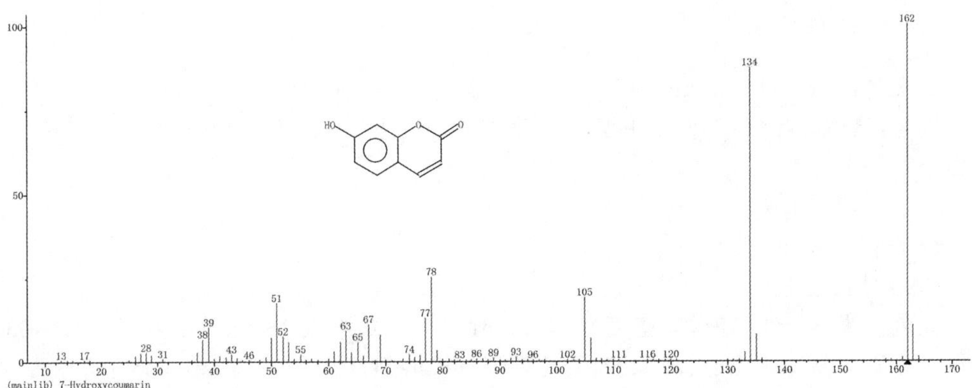

21.二氢香豆素

英文名：Dihydrocoumarin。

别名：苯并二氢吡喃酮。

分子式：$C_9H_8O_2$。

分子量：148.16。

CAS号：119-84-6。

无色至浅黄色黏稠液体，天冷时凝固为黄色针状结晶。凝固点 23～24 ℃，沸点 272 ℃(267 Pa)，相对密度 d_4^{15} 1.195～1.198，折射率 n_D^{20} 1.556～1.557。微溶于水，溶于乙醇等有机溶剂。天然品存在于黄香草木樨中。有甜味，呈可可似、椰子样香气。具有甜的、药草、坚果样、干草样的甜润的草香香气，有甜香、奶油香、椰子香、香荚兰的气味，并有辛香、干草香和烟草香。有干草、焦糖、桂皮样的香韵。尝味时有甜、焦糖、坚果样、药草的感觉。室温下有香豆素香气，高温时有硝基苯气味，有辣味。中国 GB 2760 批准为允许使用的食品香料。在最终加香食品中浓度为 7.8～78 mg/kg。主要用于调配香荚兰、椰子、樱桃、坚果、杏仁、可可、奶油等食用香精；也可用来调配酒用和烟用香精。在食品用香精中能增强体香或底蕴，它能与大多数辛香、坚果香香料混合使用。可用于白脱、焦糖、椰子、樱桃、玉桂、奶油苏打、花香、果香、坚果、朗姆酒、黑香豆、香荚兰豆等香精中。还可用作辛香的协调剂，根啤香精和甘草基中也可使用。

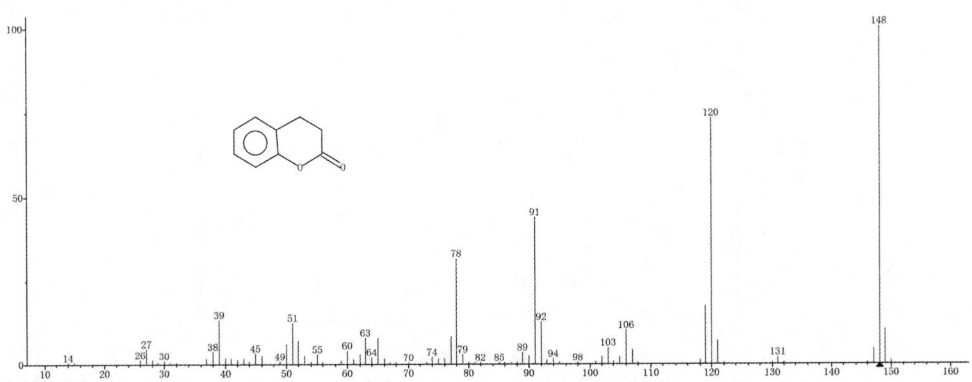

22. 乙酸香叶酯

英文名:Geranyl acetate。

别名:醋酸香叶酯;2,6-二甲酯-2,6 辛二烯-8-乙酸酯;2,6-二甲基-2,6-辛二烯-8-醇酯酸酯。

分子式:$C_{12}H_{20}O_2$。

分子量:196.29。

CAS 号:105-87-3。

无色至淡黄色油状液体,密度 0.92 g/mL(25 ℃),沸点 138 ℃,折射率 n_D^{20}1.4655,闪点 104 ℃。易溶于乙醇、丙酮、乙酸乙酯等有机溶剂,微溶于丙二醇,不溶于水和甘油。是一种药物,用途广泛,花香、果香配方都可用。有玫瑰和薰衣草香气,用于配制玫瑰、橙花、桂花等型香精。常用于各类玫瑰香精中,以增甜修饰。也是配制人造香叶油、香柠檬油、薰衣草油、橙叶油时不可缺少的香料。它与铃兰、香罗兰、依兰、东方型甚至草香型及其他香精复配,有协调增甜作用。GB 2760 规定为允许使用的食用香料。香味是甜的果香,可用于杏子等水果型及酒香、辛香型等食用香精中。主要用以配制苹果、梨和浆果等型香精。乙酸香叶酯清甜而平和,有似玫瑰、香柠檬、薰衣草的香气,是一切玫瑰香料的香精类所需使用的原料,为香叶酯类中的重要品种。

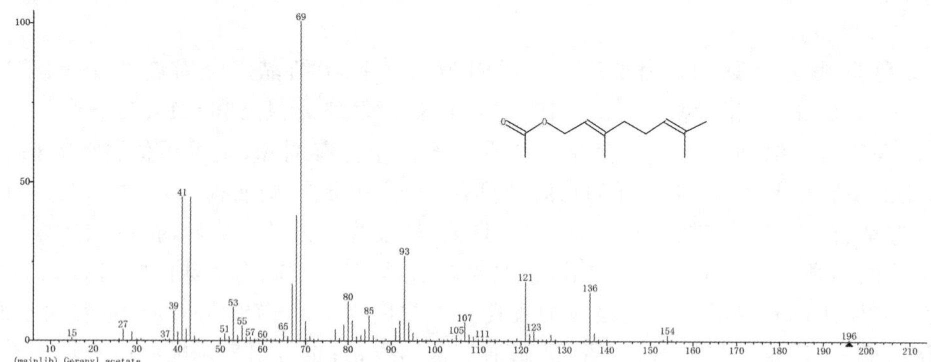

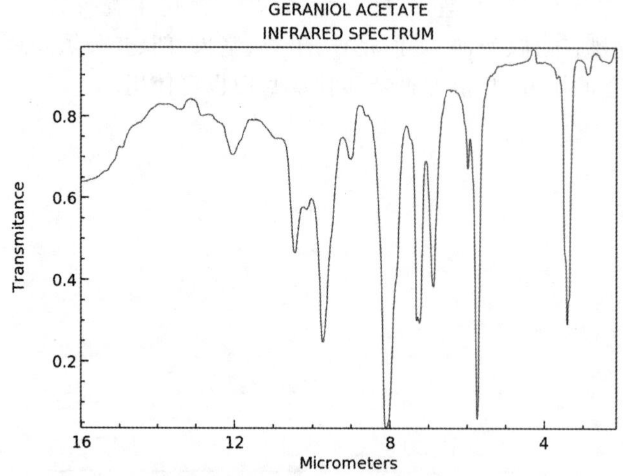

NIST Chemistry WebBook (https://webbook.nist.gov/chemistry)

第八节　烃　　类

1. 苯

英文名：Benzene。

别名：安息油。

分子式：C_6H_6。

分子量：78.11。

CAS 号：71-43-2。

无色透明液体，最简单的芳烃，熔点 5.5 ℃(lit.)，沸点 80 ℃(lit.)，密度 0.874 g/mL at 25 ℃(lit.)，折射率 n_D^{20} 1.501(lit.)，闪点 12 ℉。难溶于水，易溶于有机溶剂，在常温下是甜味，带有强烈的芳香气味，像苦杏仁的味道。

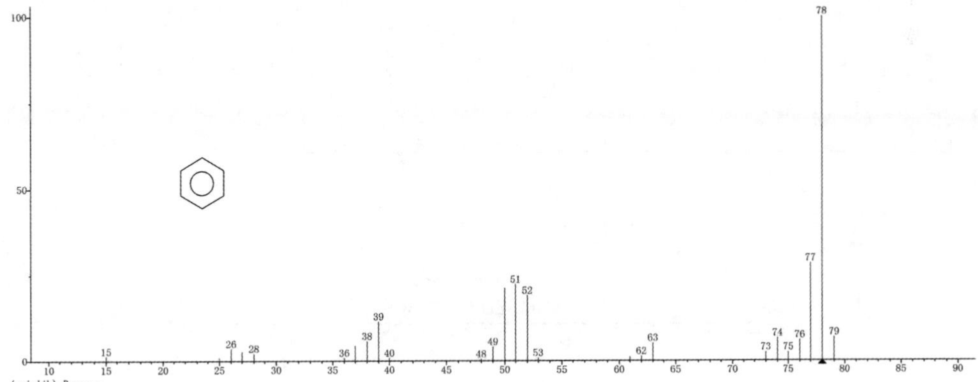

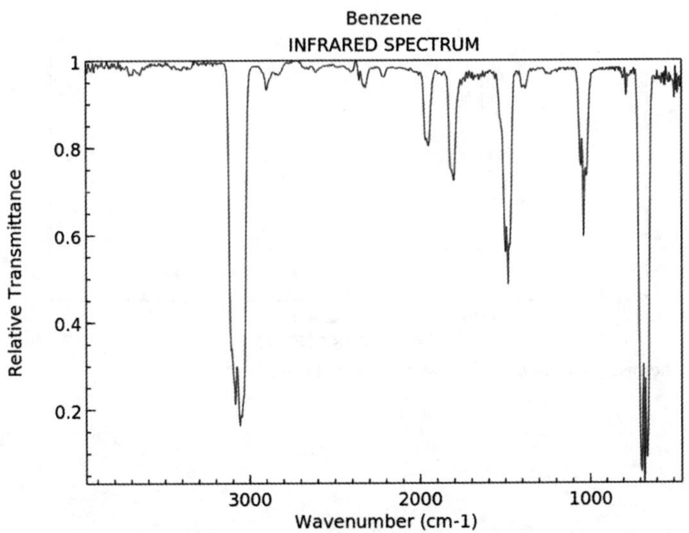

2. 丙苯

英文名：n-Propylbenzene。

别名：丙基苯；正丙苯。

分子式：C_9H_{12}。

分子量：120.19。

CAS 号：103-65-1。

熔点 −99 ℃，密度 0.862 g/mL at 25 ℃，沸点 159.2 ℃，闪点 47 ℃。

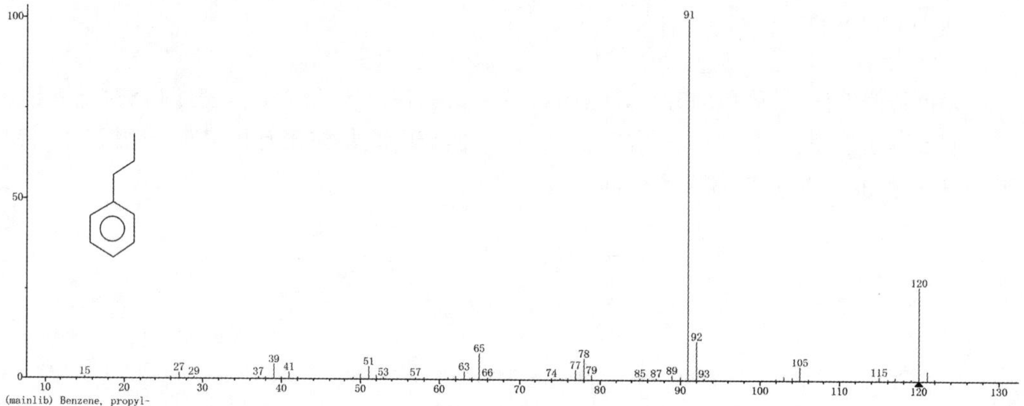

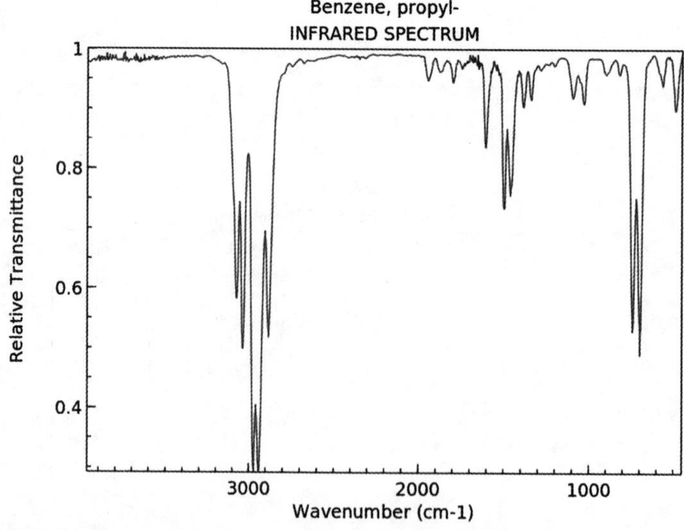

NIST Chemistry WebBook (https://webbook.nist.gov/chemistry)

3. 甲苯

英文名：Methylbenzene；Toluene。

别名：甲基苯；苯基甲烷。

分子式：C_7H_8。

分子量：92.14。

CAS 号：108-88-3。

甲苯，是一种无色液体。熔点－94.9 ℃，相对密度 0.87（水＝1），沸点 110.6 ℃，相对蒸气密度 3.14（空气＝1），有强折光性。能与乙醇、乙醚、丙酮、氯仿、二硫化碳和冰乙酸混溶，极微溶于水。有类似苯的特殊芳香气味。

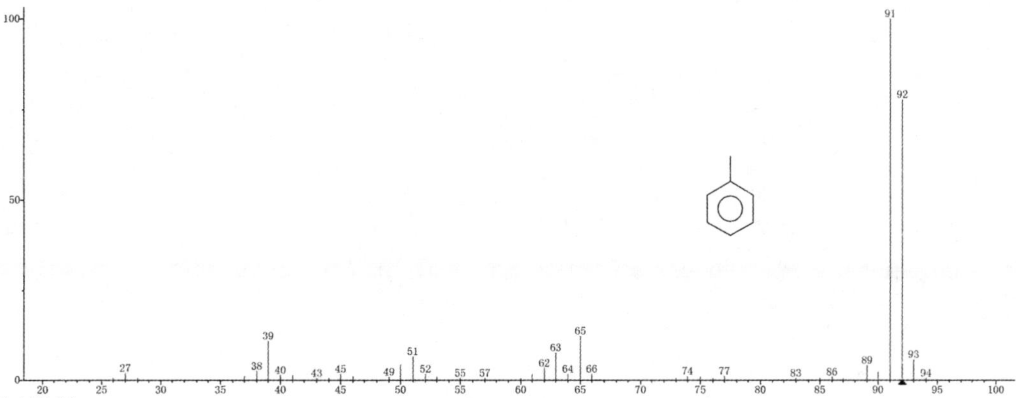

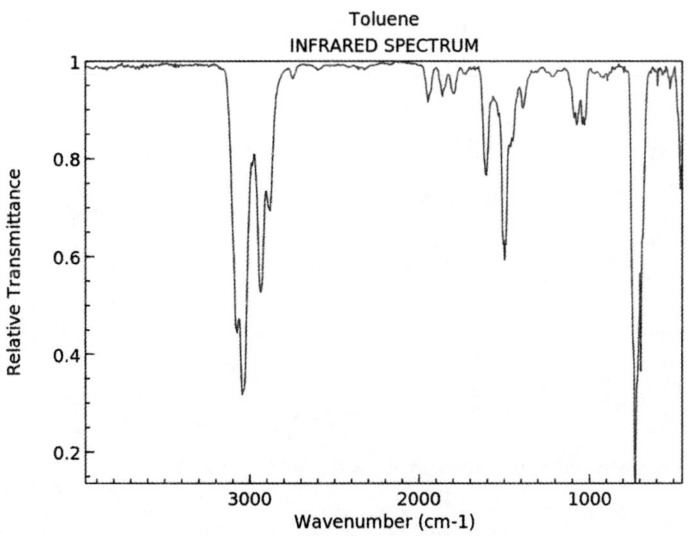

4. 乙苯

英文名:Ethylbenzene。

分子式:C_8H_{10}。

分子量:106.16。

CAS 号:100-41-4。

无色液体。密度 0.8672,沸点 136 ℃,凝固点 −94 ℃。不溶于水,溶于乙醇、苯、乙醚和四氯化碳。能脱氢而成苯乙烯。有芳香气味。

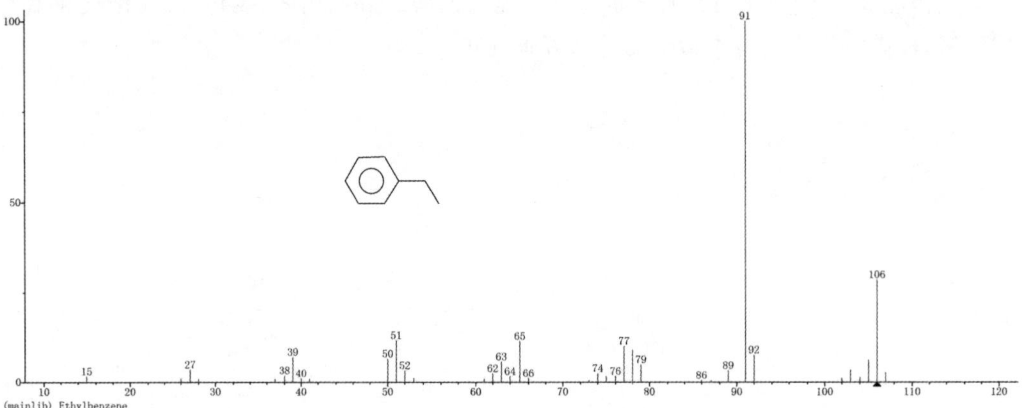

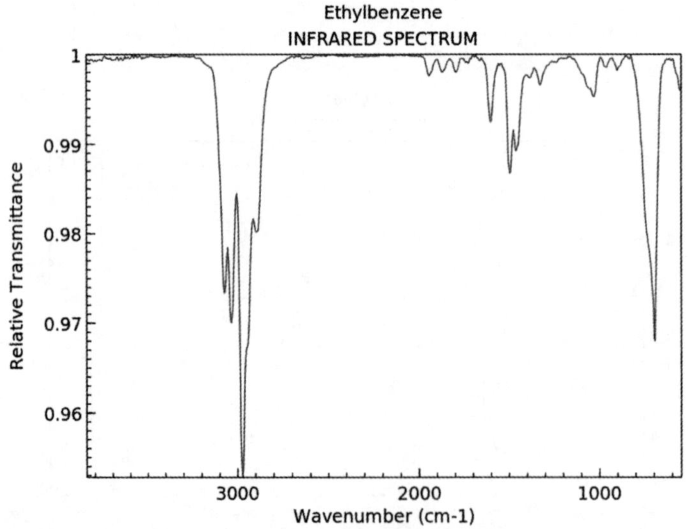

NIST Chemistry WebBook (https://webbook.nist.gov/chemistry)

5. 甲基苯乙烯

英文名：Methylstyrene。

别名：2-苯基乙烯。

分子式：C_9H_{10}。

分子量：118.18。

CAS 号：766-90-5。

无色液体，熔点−60 ℃，沸点 175 ℃，密度 0.914 g/cm^3，折射率 1.5430。具有刺激性臭味。

6. 间二甲苯

英文名：m-Xylene。

别名：1,3-二甲基苯；1,3-二甲苯。

分子式：C_8H_{10}。

分子量：106.16。

CAS 号：108-38-3。

无色透明液体，熔点−48 ℃，沸点 139 ℃，密度 0.868 g/mL at 25 ℃(lit.)，折射率 n_D^{20} 1.497(lit.)，闪点 77 ℉。不溶于水，溶于乙醇和乙醚。有强烈芳香气味，可用于香料。

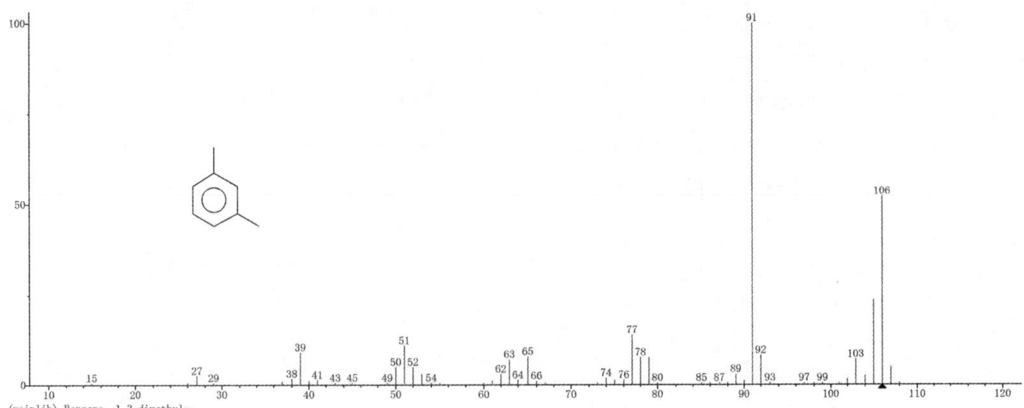

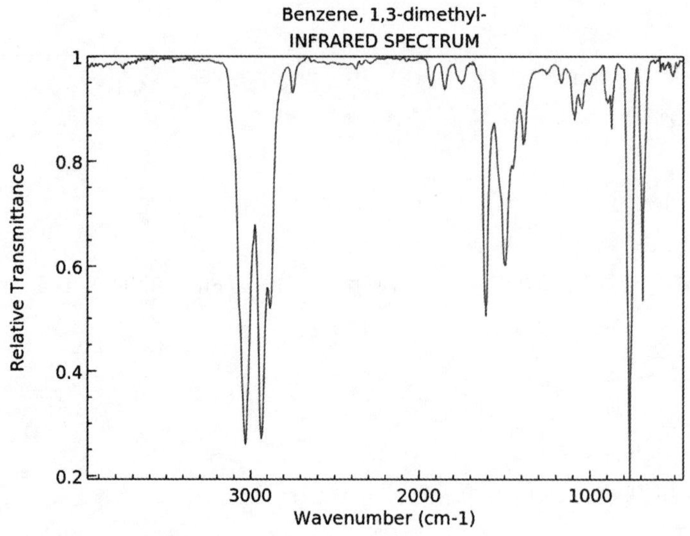

7. 邻二甲苯

英文名：ortho-Xylene；1，2-Dimethylbenzene。

别名：1，2-二甲基苯；邻间二甲苯。

分子式：C_8H_{10}。

分子量：106.16。

CAS 号：95-47-6。

无色透明液体，相对密度 0.88(水=1)、3.66(空气=1)，熔点－25.5 ℃，沸点 144.4 ℃，闪点 30 ℃，有类似甲苯的臭味。

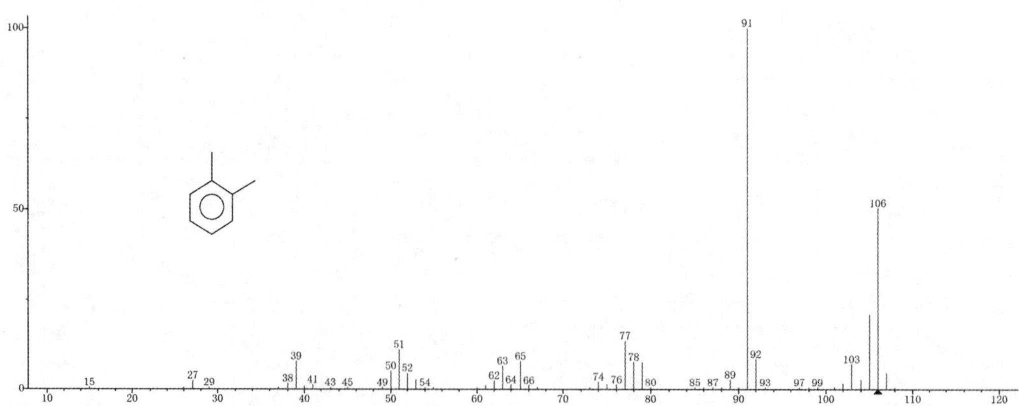

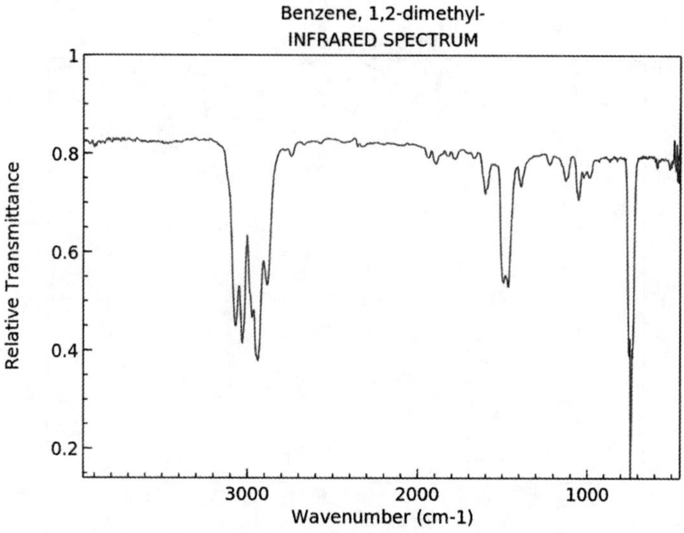

8. 对二甲苯

英文名:para-Xylene;1,4-Dimethyl-benzene。

别名:PX。

分子式:C_8H_{10}。

分子量:106.16。

CAS 号:106-42-3。

对二甲苯常温下是无色透明液体,熔点 13.2 ℃ ,沸点 138.5 ℃,密度 0.861 g/cm^3。不溶于水,可混溶于乙醇、乙醚、氯仿等多数有机溶剂。具有芳香味,可用作溶剂以及作为医药、香料、油墨等的生产原料,用途广泛。

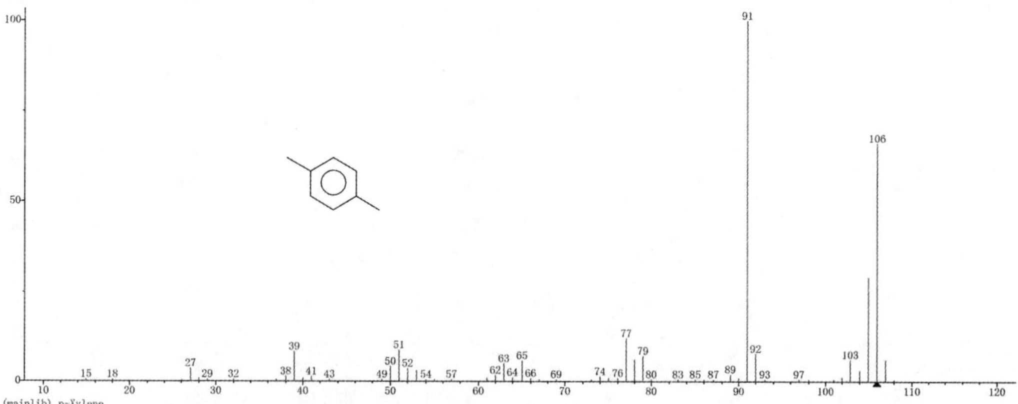

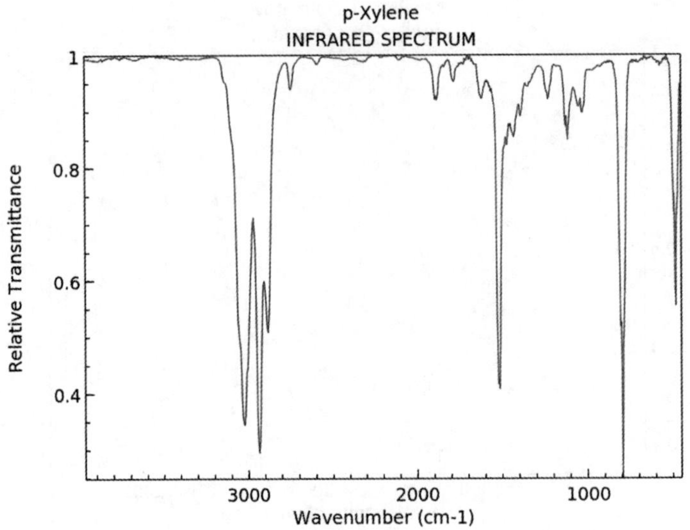

9. 萘

英文名：Naphthalene。

别名：骈苯；并苯；粗萘；环烷；精萘；萘丸；煤焦油脑。

分子式：$C_{10}H_8$。

分子量：128.17。

CAS 号：91-20-3。

无色片状晶体，熔点 80.5 ℃，沸点 218 ℃，易升华，有特殊气味。不溶于水，易溶于热的乙醇和乙醚。纯品具有香樟木气味。

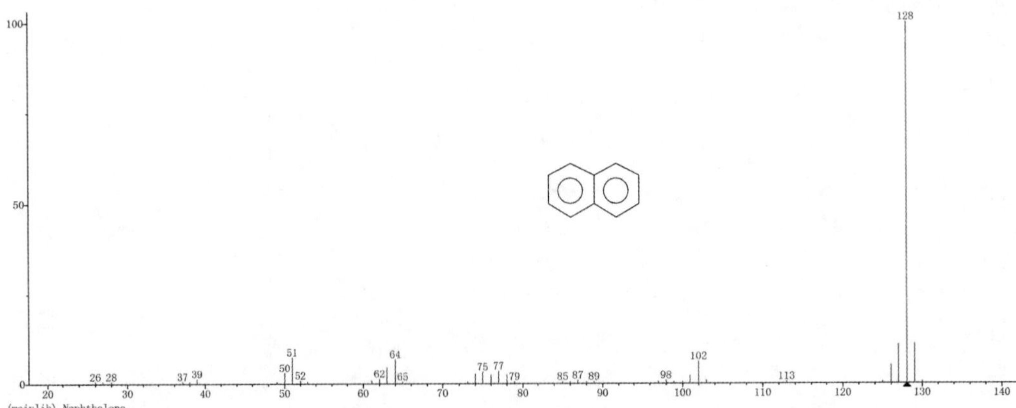

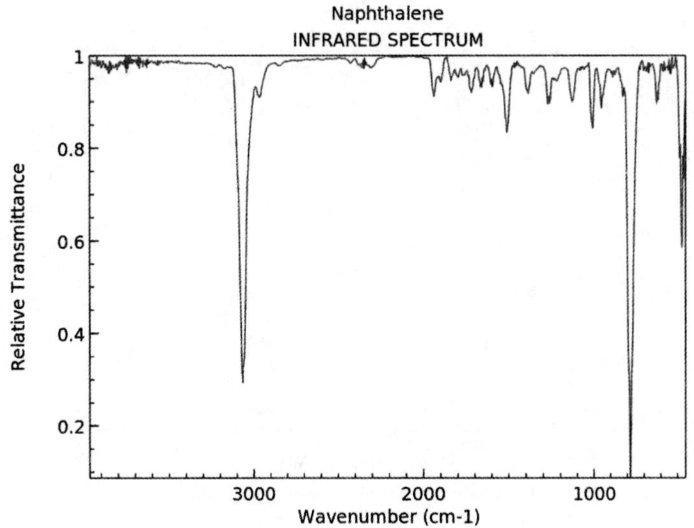

10. 茚

英文名：Indene。

别名：苯并环丙烯。

分子式：C_9H_8。

分子量：116.16。

CAS 号：95-13-6。

常温下为无色透明油状液体，熔点－1.8 ℃，沸点 182.6 ℃，闪点 58 ℃，相对密度 0.9960(25 ℃/4 ℃)；不溶于水，能与乙醇或乙醚混溶。具有芳香性。

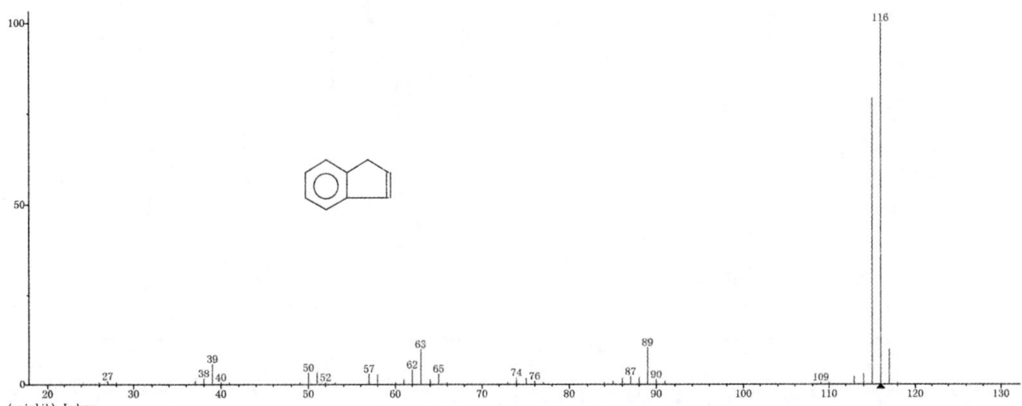

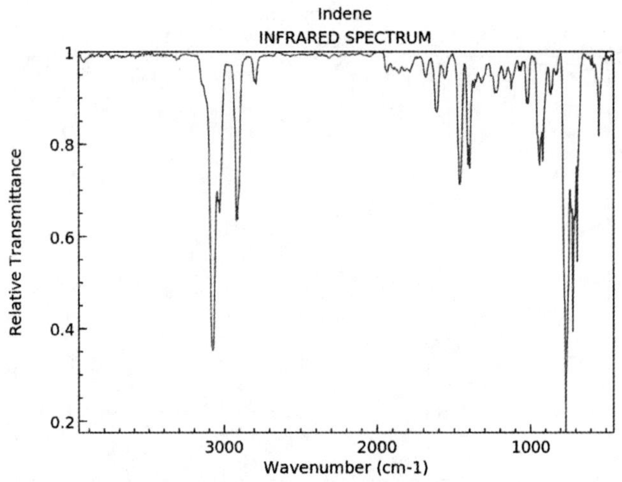

11. 1,3-二甲基-4-乙基苯

英文名：1-Ethyl-2,4-dimethylbenzene。

分子式：$C_{10}H_{14}$。

分子量：134.22。

CAS 号：874-41-9。

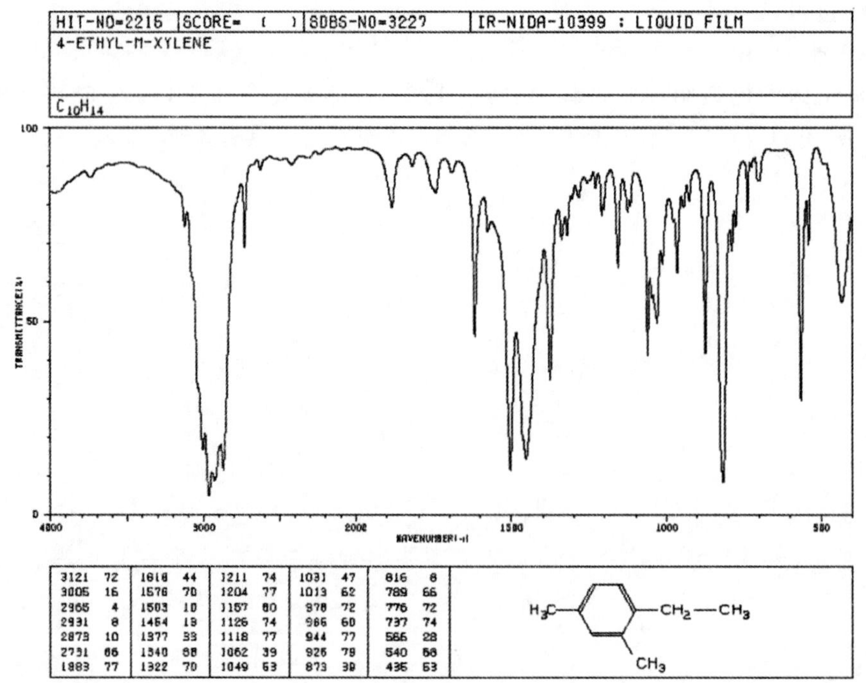

3121	72	1618	44	1211	74	1031	47	816	8
3005	16	1576	70	1204	77	1013	62	789	66
2965	4	1503	10	1157	80	978	72	776	72
2931	8	1464	19	1126	74	966	60	737	74
2873	10	1377	33	1118	77	944	77	566	28
2731	66	1340	88	1062	39	926	79	540	68
1883	77	1322	70	1049	63	873	39	435	63

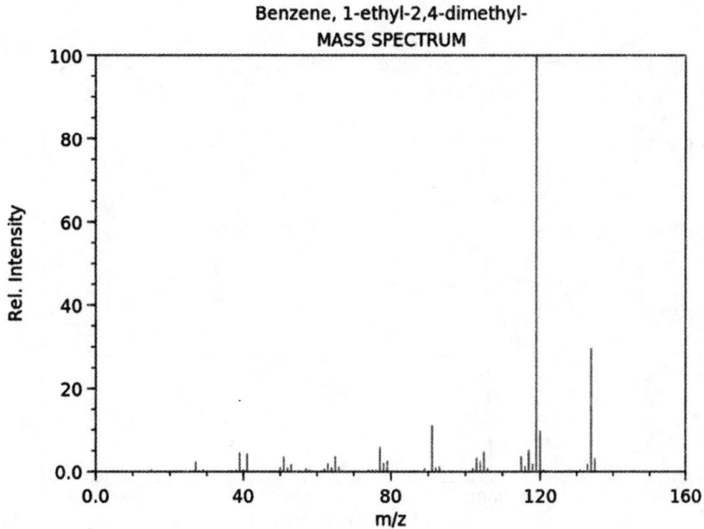

12. 1-乙烯基-4-甲基-苯

英文名：1-ethenyl-4-methyl-Benzene。

别名：对甲基苯乙烯；1-乙烯基-4-甲基苯；对甲苯乙烯；甲基苯乙烯；4-乙烯基甲苯；4-甲基苯乙烯。

分子式：C_9H_{10}。

分子量：118.18。

CAS 号：622-97-9。

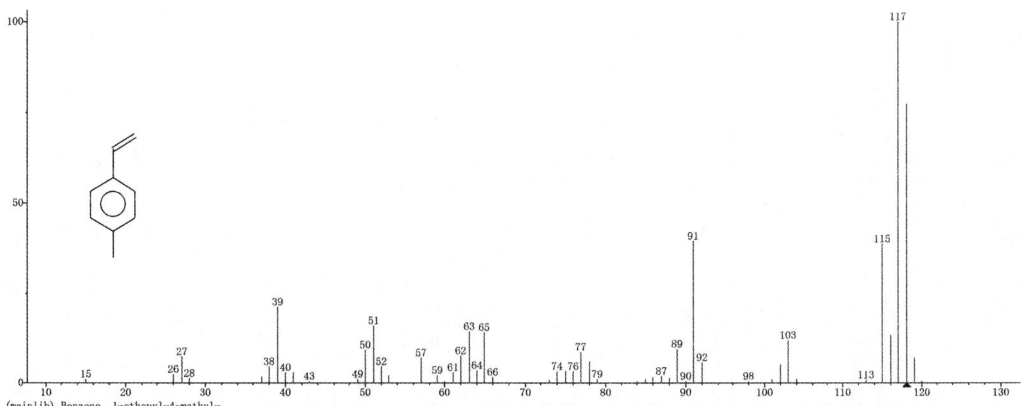

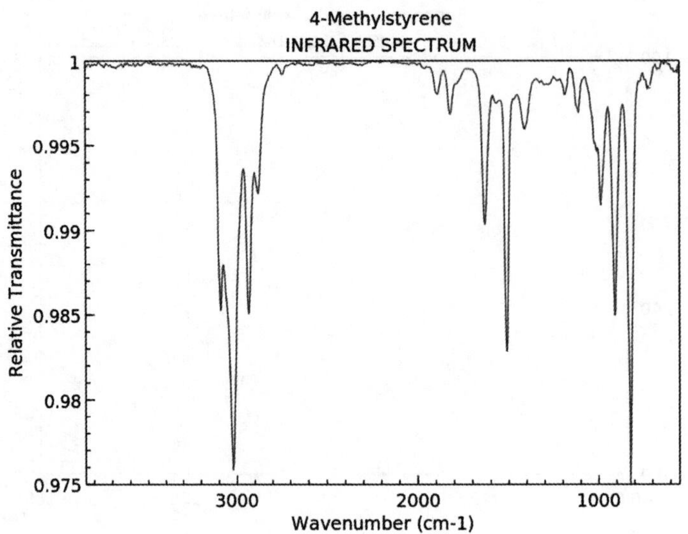

13. 1,2-二氢萘

英文名：1,2-Dihydronaphthalene。

别名：1,2-二氢化萘。

分子式：$C_{10}H_{10}$。

分子量：130.19。

CAS 号：447-53-0。

透明淡黄色至略棕色液体，密度 0.997 g/mL at 25 ℃(lit.)，熔点−8 ℃(lit.)，沸点 89 ℃(16 mmHg)(lit.)，闪点 153 ℉，折射率 n_D^{20} 1.582(lit.)。

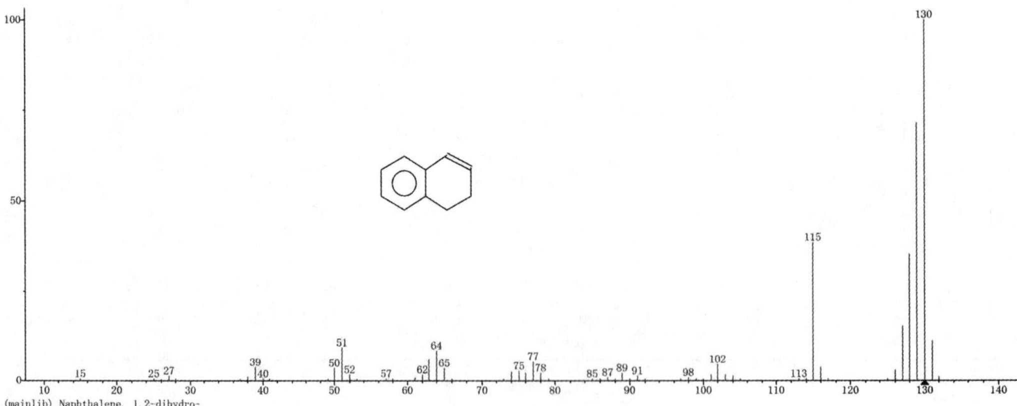

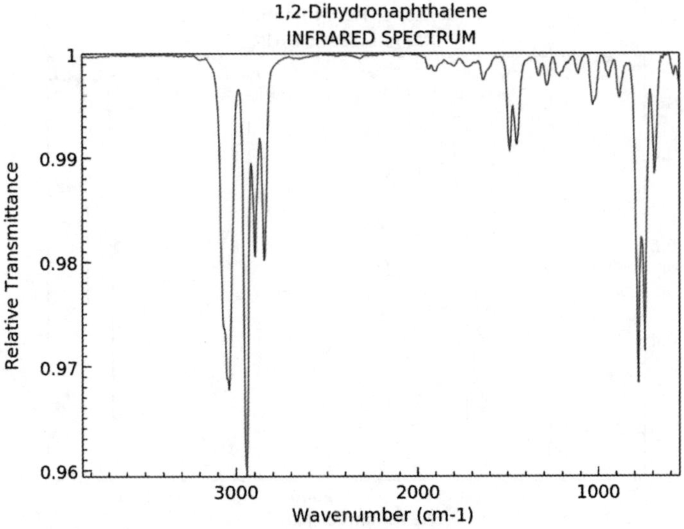

14. 1,3,5-三甲基苯

英文名：Mesitylene。

别名：均三甲苯。

分子式：C_9H_{12}。

分子量：120.19。

CAS 号：108-67-8。

无色液体，熔点－44.8 ℃，相对密度 0.86(水=1)，沸点 164.7 ℃，不溶于水，溶于乙醇，能以任意比例溶于苯、乙醚、丙酮。有特殊气味。

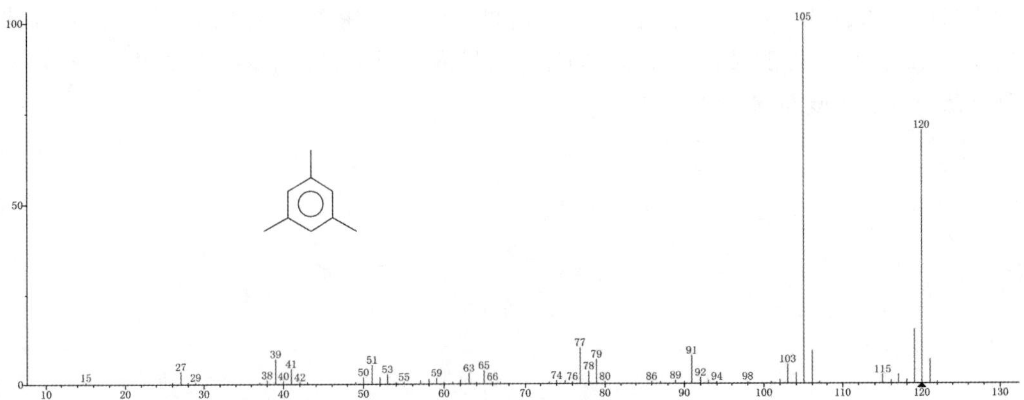

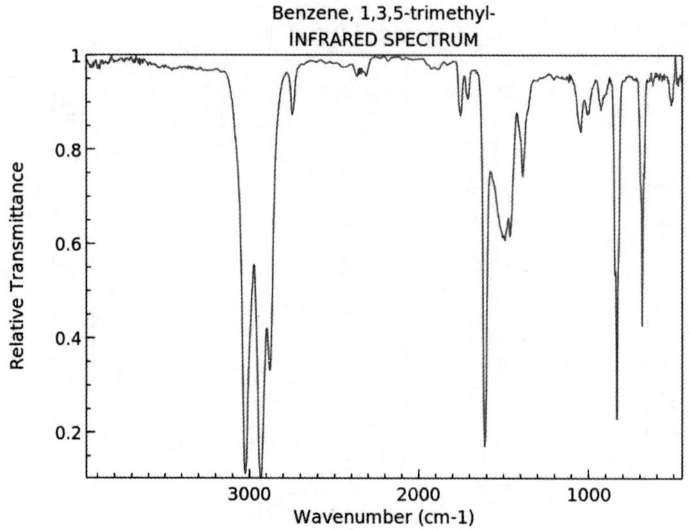

15. 4-异丙基甲苯

英文名：p-Isopropyl toluene。

别名：对伞花烃；对异丙基甲苯；对异丙基苯。

分子式：$C_{10}H_{14}$。

分子量：134.22。

CAS号：99-87-6。

无色至淡黄色透明液体。熔点－68 ℃，沸点 177 ℃，密度 0.8573，折射率 1.4900。不溶于水，溶于乙醇、乙醚、丙酮、氯仿、苯和 CCl_4。有芳香气味，有刺激性。在食品中添加限量(mg/kg)：饮料 3.3；冰激凌 5.3；糖果 10.0；焙烤食品 7.0；胶姆糖 250；调味料 10～130。可以用于制取香料的中间体。对异丙基甲苯存在于多种精油中，本身是一种祛痰、止咳、平咳药物。

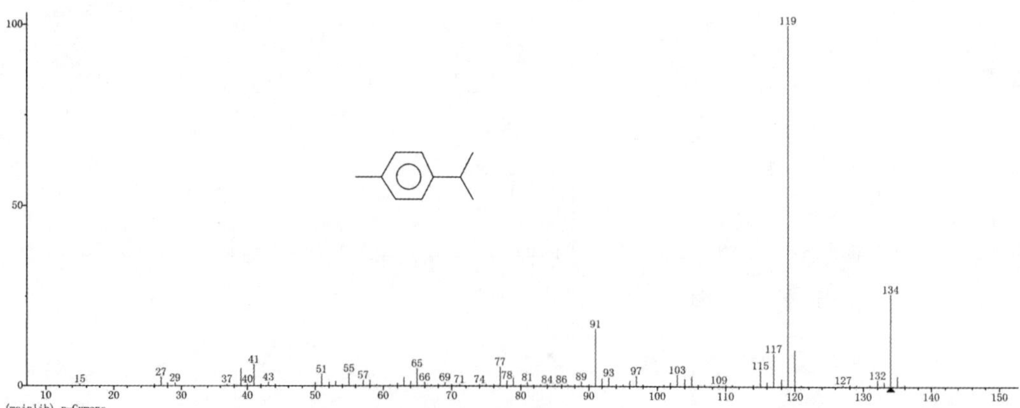

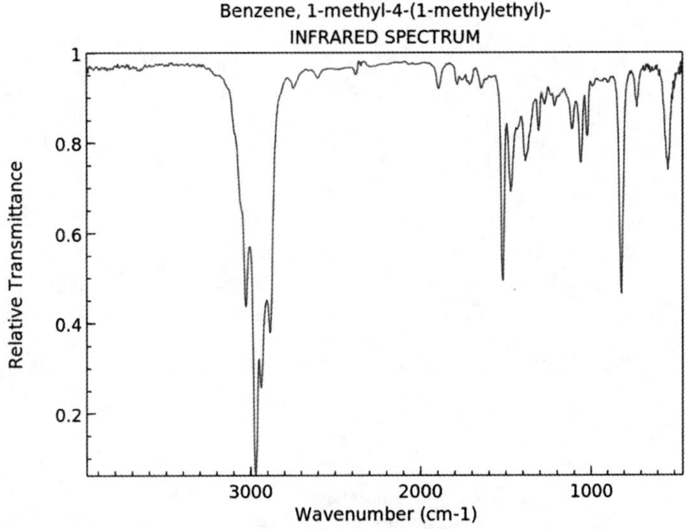

16. β-甲基苯乙烯

英文名：β-Methylstyrene。

别名：1-丙烯基苯；β-甲基苯乙烯；反-β-甲基苯乙烯。

分子式：C_9H_{10}。

分子量：118.18。

CAS 号：637-50-3。

密度 0.906 g/cm^3，沸点 167.5 ℃ at 760 mmHg，闪点 49.4 ℃，熔点－29.3 ℃。

17. 1-羟基萘

英文名：1-Naphthol。

别名：1-萘酚；甲萘酚；α-萘酚；α-羟基萘。

分子式：$C_{10}H_8O$。

分子量：144.17。

CAS 号：90-15-3。

白色菱形结晶或结晶性粉末。相对密度 1.0954(98.7 ℃/4 ℃)，熔点 96 ℃，沸点 288 ℃，折射率 $n_D^{98.7}$ 1.6206，闪点 125 ℃。易溶于乙醇、乙醚、苯、氯仿和氢氧化钠溶液，微溶于水。有苯酚气味，有不愉快的灼烧味。

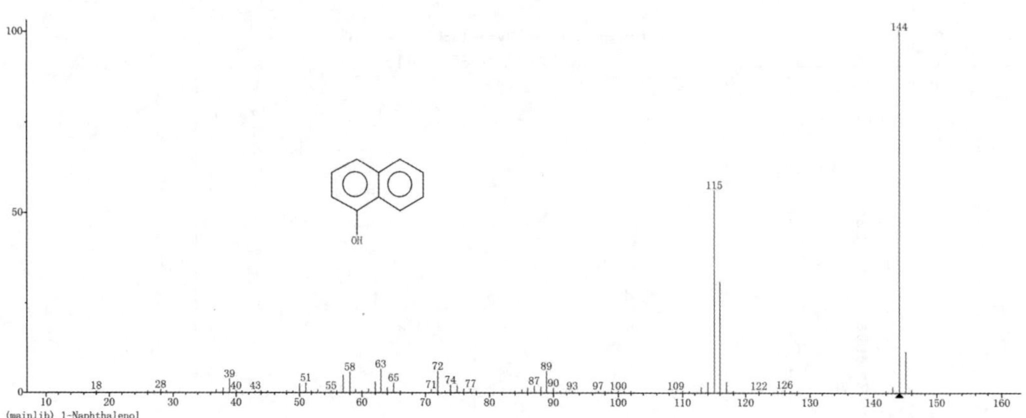

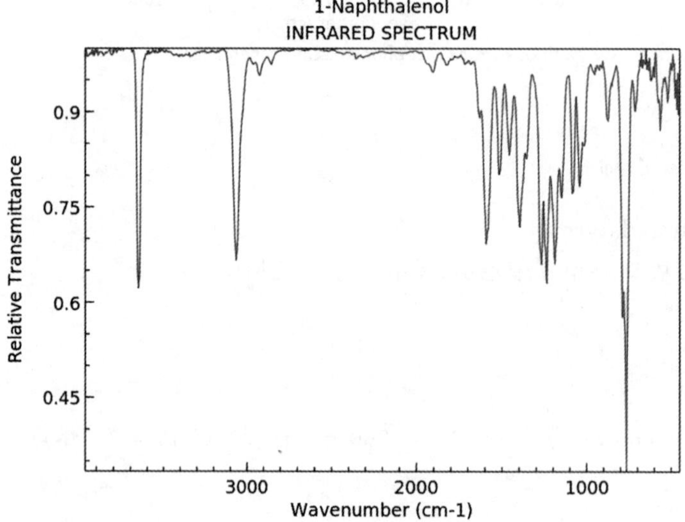

NIST Chemistry WebBook (https://webbook.nist.gov/chemistry)

18. 2-甲基萘

英文名:2-Methylnaphthalene。

别名:β-甲基萘。

分子式:$C_{11}H_{10}$。

分子量:142.20。

CAS 号:91-57-6。

白色至浅黄色单斜晶体或熔融状固体。熔点 34.6 ℃,沸点 241.1 ℃,相对密度 1.03(水=1),闪点 97 ℃。不溶于水,易溶于乙醇和乙醚等有机溶剂。天然品存在于茶、烟叶等天然产物中。是白茶香气主要成分之一。

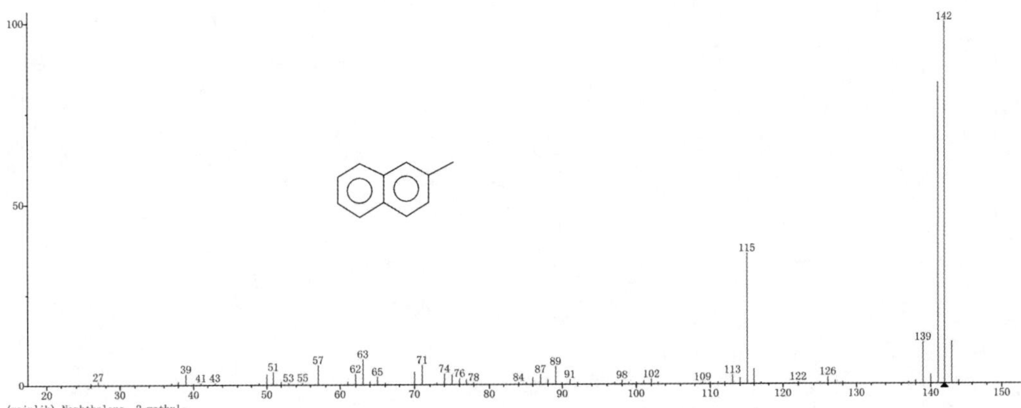

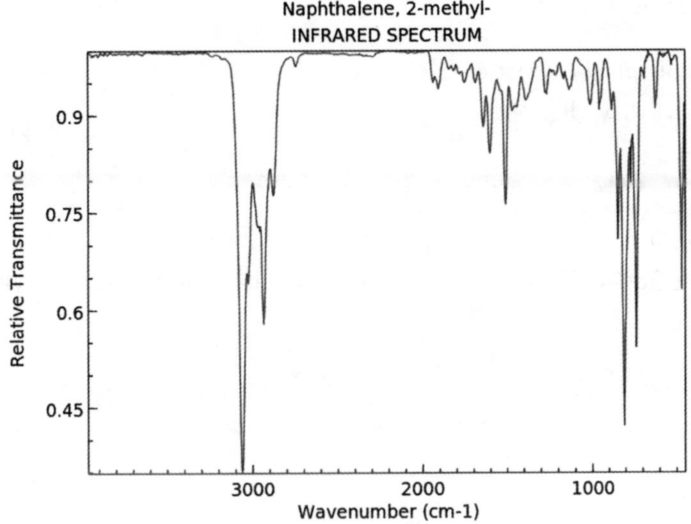

19. 菲

英文名：Phenanthrene。

分子式：$C_{14}H_{10}$。

分子量：178.23。

CAS 号：85-01-8。

蒽的异构体，带有光泽的无色晶体。相对密度 1.179(25 ℃)，熔点 100～101 ℃。沸点 340 ℃，折射率 1.59427。不溶于水，溶于乙醇、苯和乙醚中，溶液有蓝色的荧光。存在于煤焦油中。

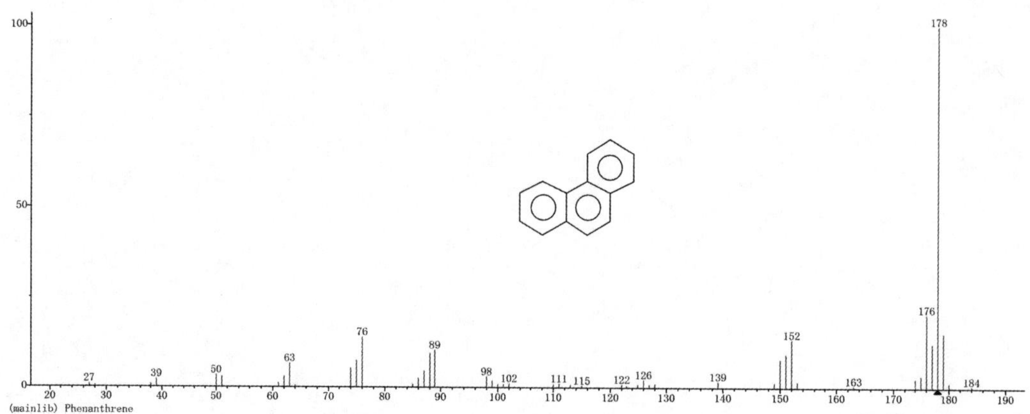

20. 1,3,5-庚三烯

英文名:Cyclohepta-1,3,5-triene。

别名:芳庚;1,3,5-环庚三烯。

分子式:C_7H_8。

分子量:92.14。

CAS 号:544-25-2。

无色至暗黄色液体,密度 0.888 g/mL at 25 ℃(lit.),熔点−79.5 ℃,沸点 115 ℃,闪点 3 ℃。

21. 1,3-丁二烯

英文名:1,3-Butadiene。

别名:丁二烯。

分子式:C_4H_6。

分子量:54.09。

CAS 号:106-99-0。

无色气体,相对密度 0.6211(20 ℃/4 ℃),熔点−108.9 ℃,沸点−4.45 ℃。临界温度 161.8 ℃,临界压力 4.26 MPa。稍溶于水,溶于乙醇、甲醇,易溶于丙酮、乙醚、氯仿等。有微弱芳香气味。

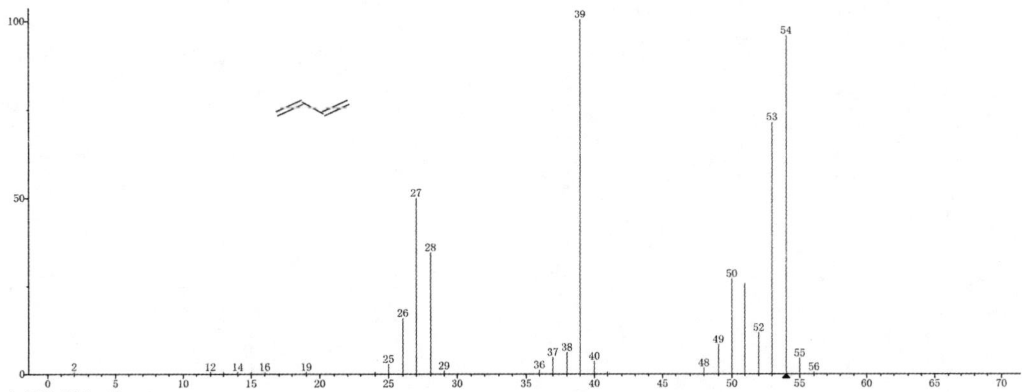

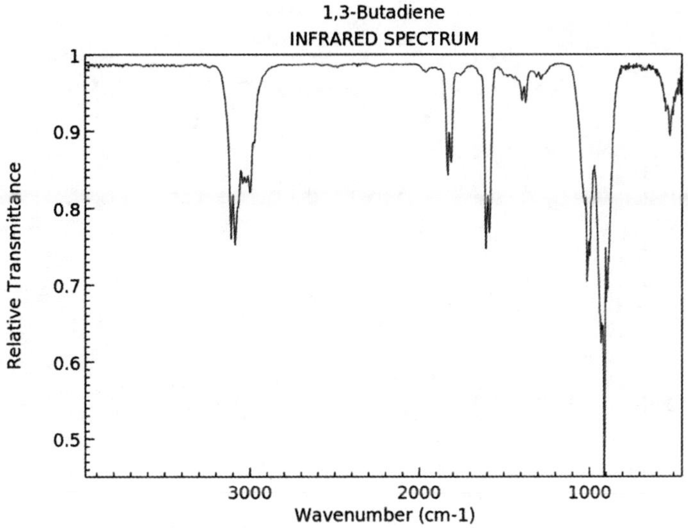

NIST Chemistry WebBook (https://webbook.nist.gov/chemistry)

22. 环戊二烯

英文名：Cyclopentadiene。

别名：1,3-环戊二烯；环戊间二烯。

分子式：C_5H_6。

分子量：66.10。

CAS 号：542-92-7。

环戊二烯是无色液体，密度 0.8021，熔点 −85 ℃，沸点 41～42 ℃。不溶于水，溶于乙醇、乙醚、苯、四氯化碳等有机溶剂。具有特殊臭味，可以作原料制取 β-檀香醇。此外，环戊二烯与溴代巴豆酸作原料经一系列反应也可制取 β-檀香醇。β-檀香醇是一种香气优雅、留香持久的名贵香料。

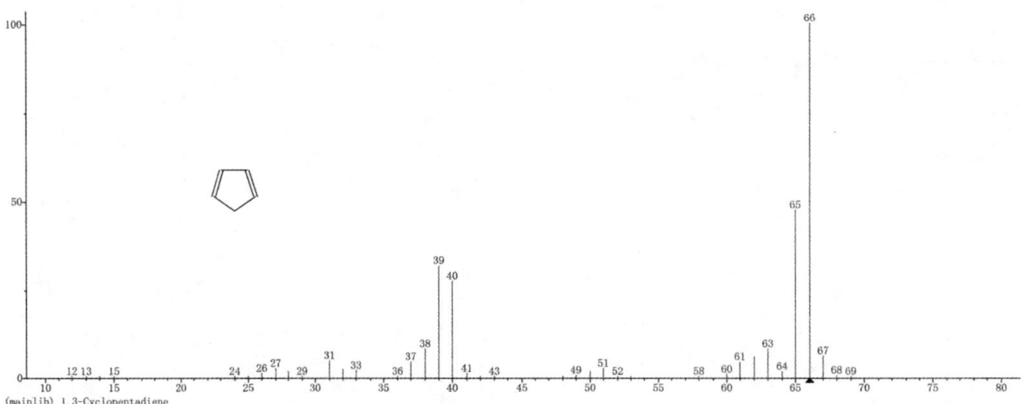

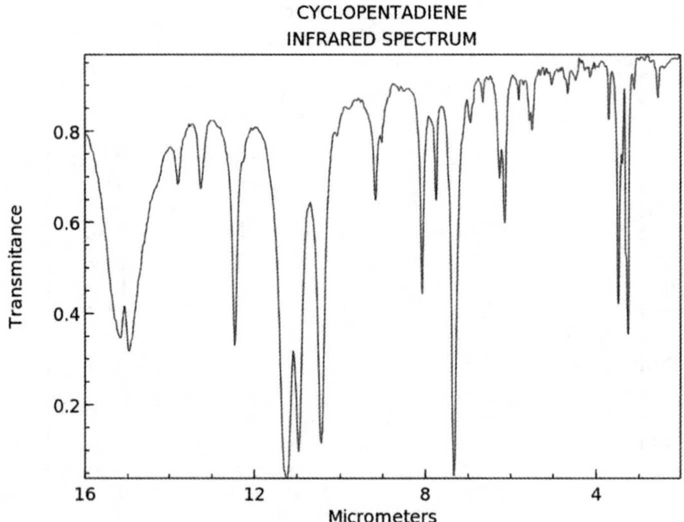

23. 1,4-环己二烯

英文名:1,4-Cyclohexadiene。

分子式:C_6H_8。

分子量:80.13。

CAS号:628-41-1。

无色液体。熔点-90 ℃,沸点85.6 ℃,相对密度0.85(水=1),闪点-6.7 ℃。具刺激性。

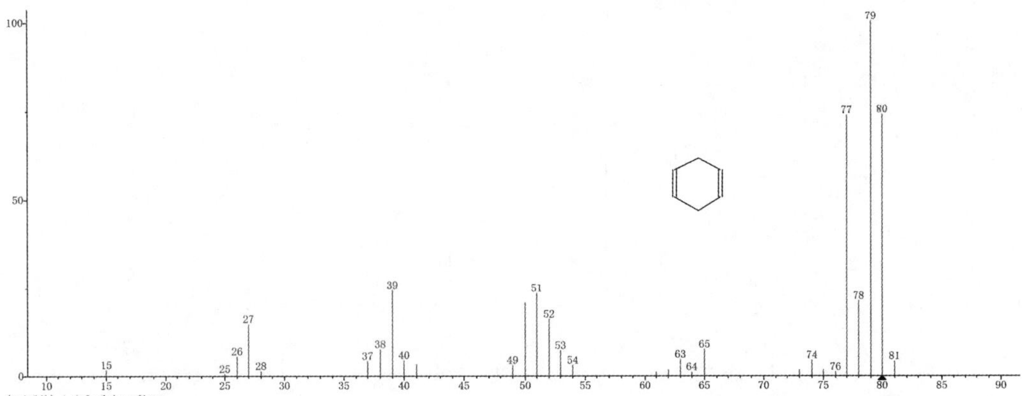

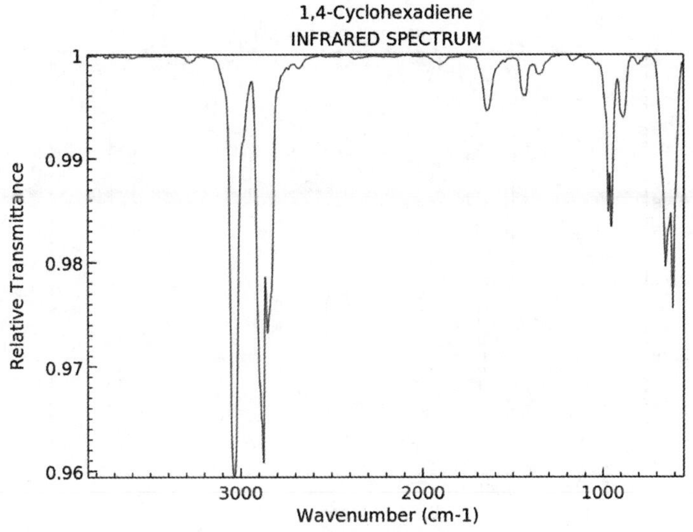

24. 1,5-己二烯

英文名：1,5-Hexadiene。

分子式：C_6H_{10}。

分子量：82.14。

CAS 号：592-42-7。

无色液体。熔点－140.7 ℃，沸点 59.4 ℃，相对密度 0.6878(25 ℃/4 ℃)，折射率 1.4042，闪点－27 ℃。溶于醇、醚、苯和氯仿，不溶于水。

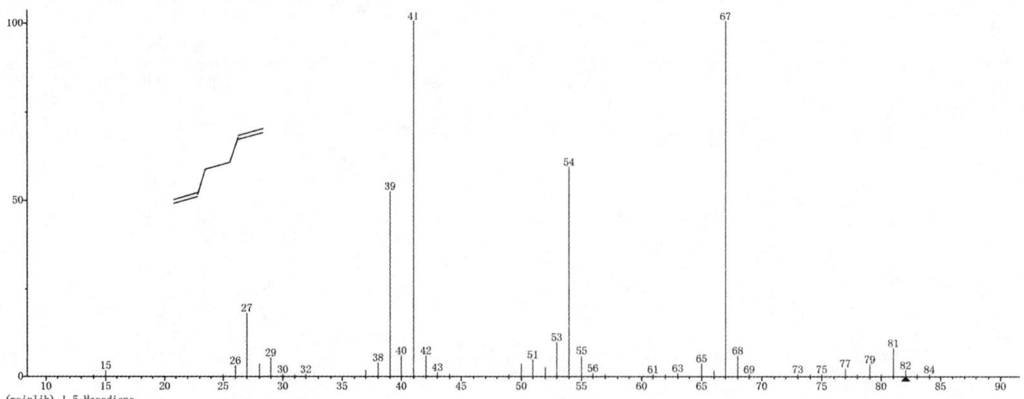

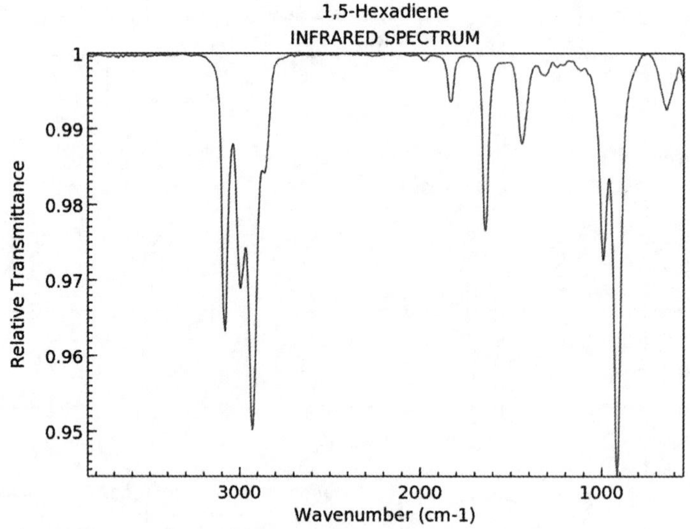

25. 1,3-戊二烯

英文名：1,3-Piperlene。

分子式：C_5H_8。

分子量：68.12。

CAS 号：504-60-9。

无色液体，相对密度 0.6830(20 ℃ 以上)，顺式熔点 −141 ℃，沸点 44 ℃，折射率 1.4363(20 ℃)。反式熔点 −87 ℃，沸点 42 ℃，折射率 1.4301(20 ℃)。顺、反异构体混合物闪点 −28.9 ℃。不溶于水，溶于乙醇和乙醚。1,3-戊二烯自身没有香味，但可用于聚合物的制造及合成中间体。

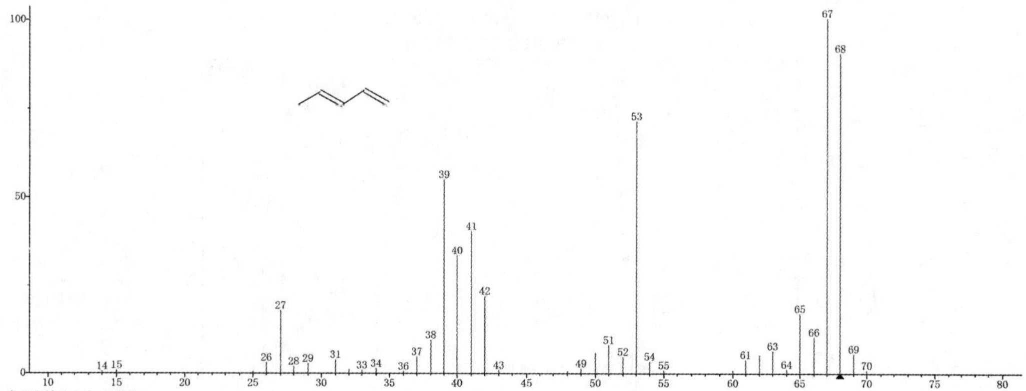

26. 1-甲基-1,3-环己二烯

英文名：1-Methyl-1,3-cyclohexadiene。

分子式：C_7H_{10}。

分子量：94.15。

CAS 号：1489-56-1。

27. 1-甲基-4-(1-甲基乙烯基)苯

英文名：1-Methyl-4-(1-methylethenyl)-benzene。

分子式：$C_{10}H_{12}$。

分子量：132.20。

CAS 号：1195-32-0。

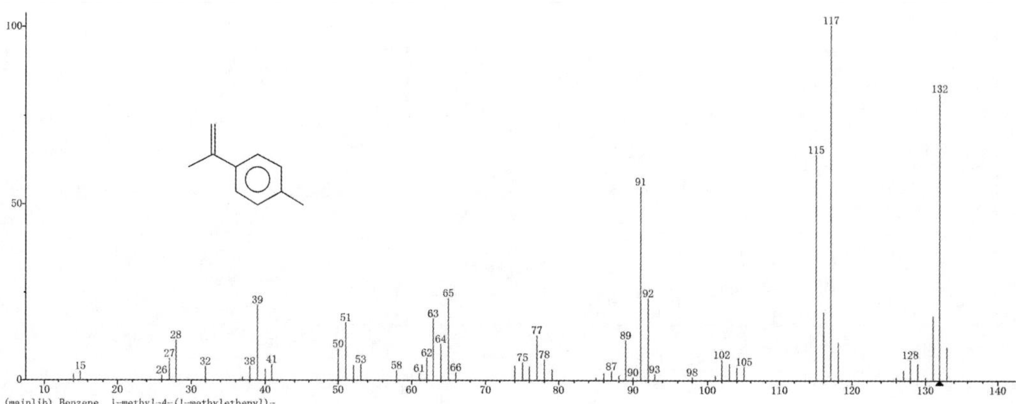

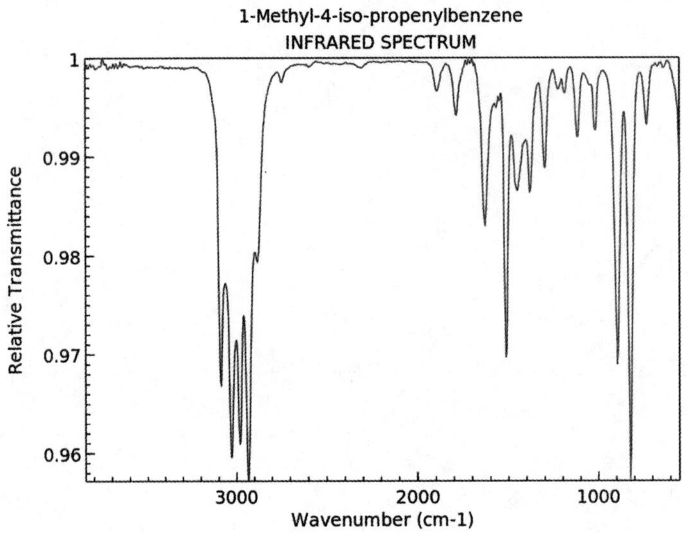

28. 1-甲基-4-异丙基-1-环己烯

英文名：1-Methyl-4-isopropyl-1-cyclohexene。

别名：香芹孟烯。

分子式：$C_{10}H_{18}$。

分子量：138.25。

CAS 号：5502-88-5。

沸点 174.5 ℃，相对密度 d_4^{15} 0.8457，折射率 n_D^{20} 1.4735。存在于烟气中。

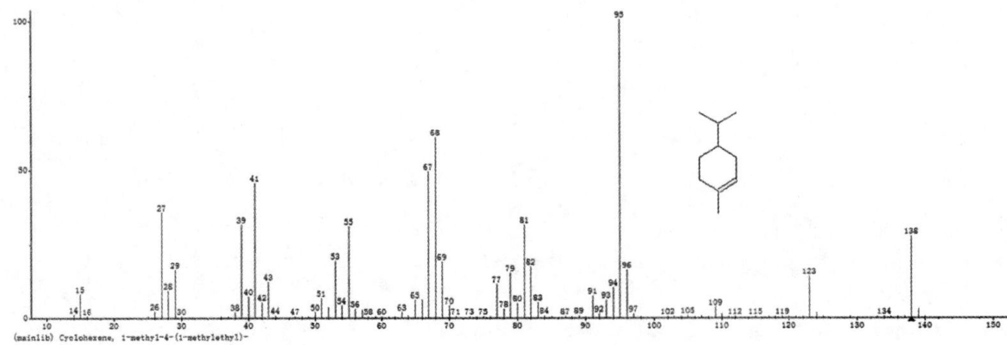

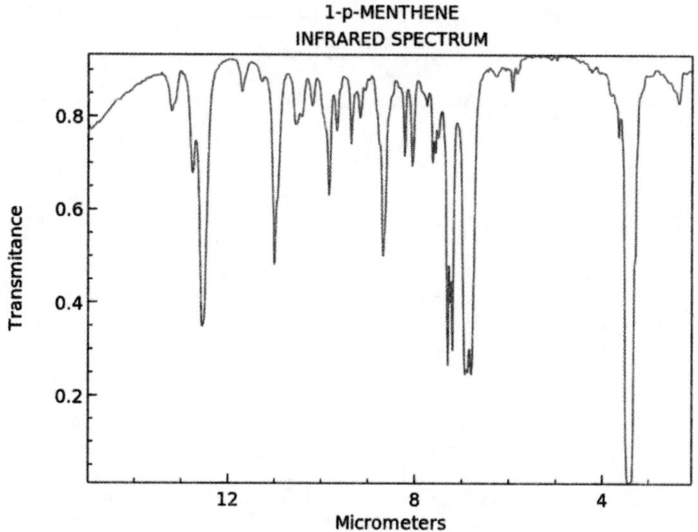

29.2,3-二甲基-1-丁烯

英文名：2,3-Dimethyl-1-butene。

别名：1-甲基-1-异丙基乙烯；六碳烯；1-异丙基-1-甲基乙烯。

分子式：C_6H_{12}。

分子量：84.16。

CAS号：563-78-0。

无色液体。熔点－157.2 ℃，沸点56 ℃，相对密度0.680(水＝1)(20 ℃)，闪点－18.33 ℃。是生产香料、农药及其他精细化工产品的重要中间体，在合成麝香类香料中可替代新己烯。

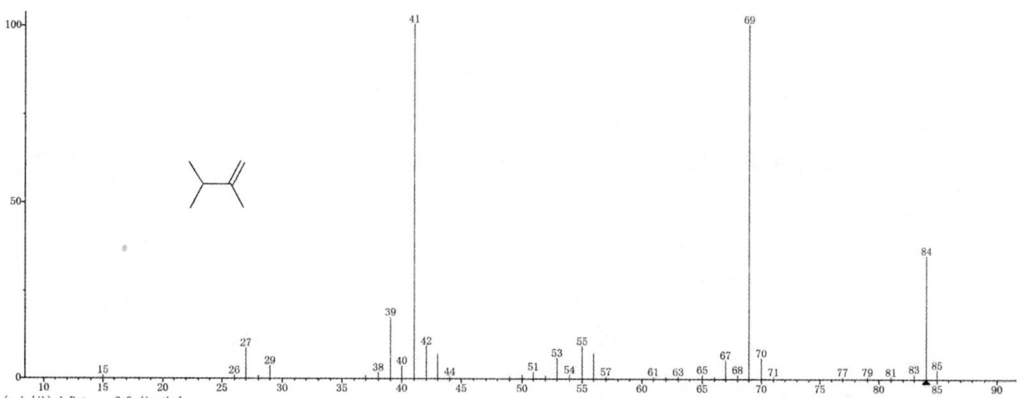

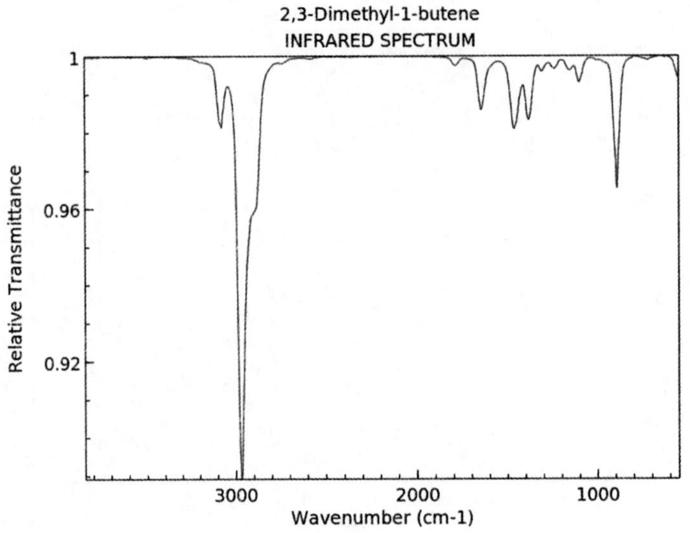

30. 1-戊烯-3-炔

英文名：2-Ethoxy-1-naphthoic acid。

别名：2-乙氧基萘甲酸；2-乙氧基-1-萘甲酸。

分子式：$C_{13}H_{12}O_{3}$。

分子量：216.23。

CAS号：2224-00-2。

常温下为液体，熔点−32 ℃，沸点 58 ℃，相对密度 0.7401；微溶于水。

31. 2,4-二甲基-1,3-戊二烯

英文名：1,3-Pentadiene,2,4-dimethyl-。

分子式：$C_{7}H_{12}$。

分子量：96.17。

CAS号：1000-86-8。

浅黄色或无色透明液体。密度 0.744 g/mL(25 ℃)，沸点 94 ℃(常压)，折射率 n_{D}^{20} 1.441，闪点−11 ℃。

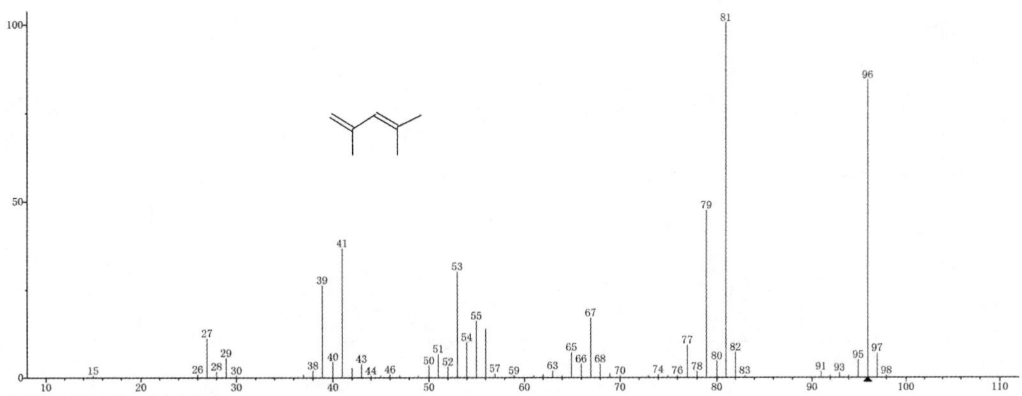

(mainlib) 1,3-Pentadiene, 2,4-dimethyl-

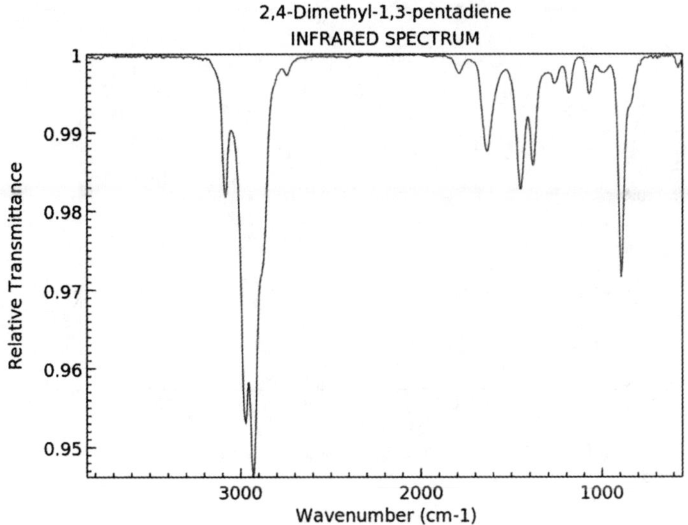

NIST Chemistry WebBook (https://webbook.nist.gov/chemistry)

32. 2,4-己二烯

英文名：2,4-Hexadiene。

分子式：C_6H_{10}。

分子量：82.14。

CAS 号：592-46-1。

透明淡黄色液体，沸点 82 ℃(0.1 mmHg)(lit.)，密度 0.72 g/mL at 25 ℃(lit.)，折射率 n_D^{20} 1.445(lit.)，闪点 7 ℉。

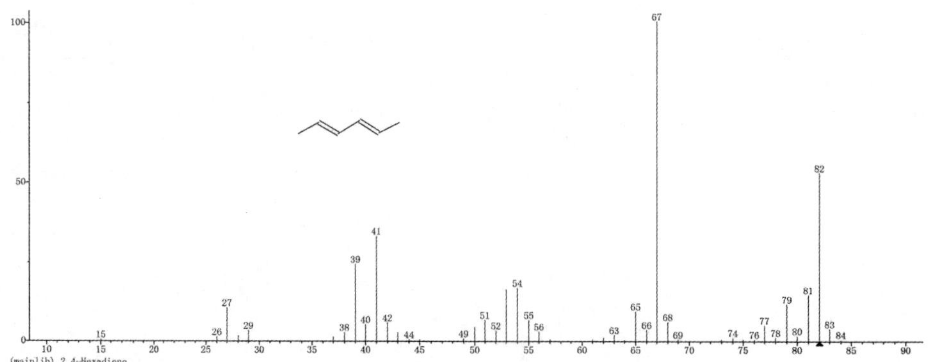

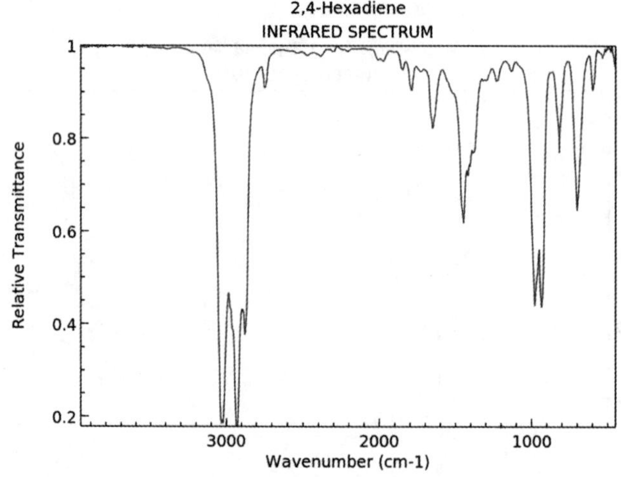

33. 2,6-二甲基-2,4,6-辛三烯

英文名：Alloocimene。

别名：别罗勒烯。

分子式：$C_{10}H_{16}$。

分子量：136.23。

CAS 号：3016-19-1。

熔点－25.5 ℃，沸点 73～75 ℃(14 mmHg)(lit.)，密度 0.811 g/mL at 25 ℃(lit.)，折射率 n_D^{20} 1.542(lit.)，闪点 156 ℉。一种萜烯，具有甜香、花香、新鲜的气味。在蜡梅香气成分中有较高的占比。普通的别罗勒烯主要用于工业品以及日用化学品的加香，经提纯精制达到调香规格后，可用于香精配方中，但应用较少。粗制的别罗勒烯可用作合成檀香醇等香料的中间体，还可经双烯合成制取一些其他香料。

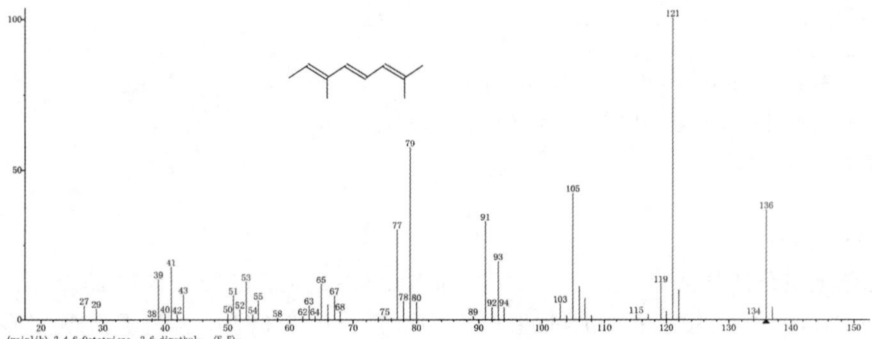

34. 1-甲基-1,4-环己二烯

英文名：1-Methyl-1,4-cyclohexadiene。
分子式：C_7H_{10}。
分子量：94.15。
CAS号：4313-57-9。

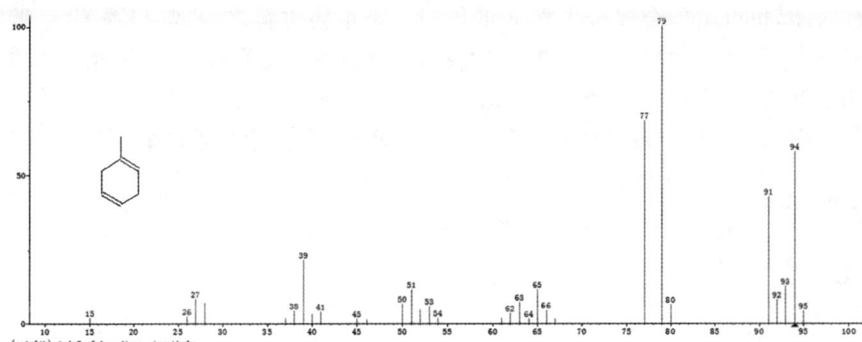

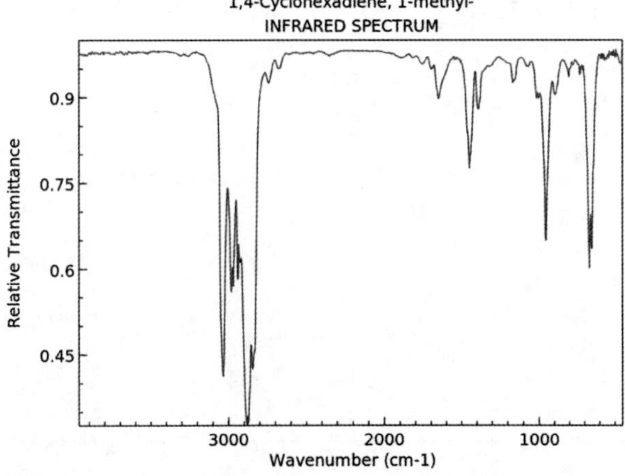

35. 2,7-二甲基-2,6-辛二烯

英文名:2,7-Dimethyl-2,6-octadiene。
别名:香叶醇;2,6-二甲基-2,6-辛二烯-8-醇。
分子式:$C_{10}H_{18}$。
分子量:138.25。
CAS号:16736-42-8。

无色至黄色油状液体。熔点－15 ℃,沸点229～230 ℃(100.925 kPa),114～115 ℃(1.60 kPa),密度0.8894 g/cm^3,折射率1.4766,闪点76.667 ℃。溶于乙醇、乙醚、丙二醇、矿物油和动物油,微溶于水,不溶于甘油。具有温和、甜的玫瑰花气息,味有苦感。GB 2760规定为允许使用的食用香料。主要用以配制苹果、桃、杏、李、草莓、柠檬、姜、肉桂、肉豆蔻和蜂蜜等香精。广泛用于花香型日用香精,也可制成酯类香料,入药用于抗菌和驱虫。香叶醇为玫瑰系香精的主剂,又是各种花香香精中不可缺少的调香原料,也可看作增甜剂,还可用于配制食品、香皂、日用化妆品香精。从天然精油中制取的产品,配制食品、日用化妆品香精用时,含香叶醇大于90%;配制香皂香精用时,含香叶醇大于80%。工业品香叶醇和橙花醇是制造香草醇、香草醛、柠檬醛、羟基香草醛、紫罗兰酮和维生素A的原料,用香叶醇合成的各种酯,也是很好的香料。香叶醇是一种天然香精香料,可用来制作香水,也可用作合成维生素E的原料。是重要香料之一,常与香茅醇、苯乙醇共用,是各类玫瑰香精和配制香叶油的基本香料,广泛应用于花香香精,特别是玫瑰香精。也可限量用于晚香玉、香罗兰、金合欢、橙花、紫罗兰、桂花、依兰、香石竹、玉兰等香精中。还可适量用于苹果、杏子、草莓、悬钩子、李子、桃子、蜂蜜、樱桃等香型的食用香精中。

36. 丙炔

英文名:Propyne。
别名:甲基乙炔。
分子式:C_3H_4。
分子量:40.06。
CAS号:74-99-7。
无色气体,熔点－102.7 ℃,沸点－23.2 ℃,相对密度0.71(水=1)(－50 ℃)。

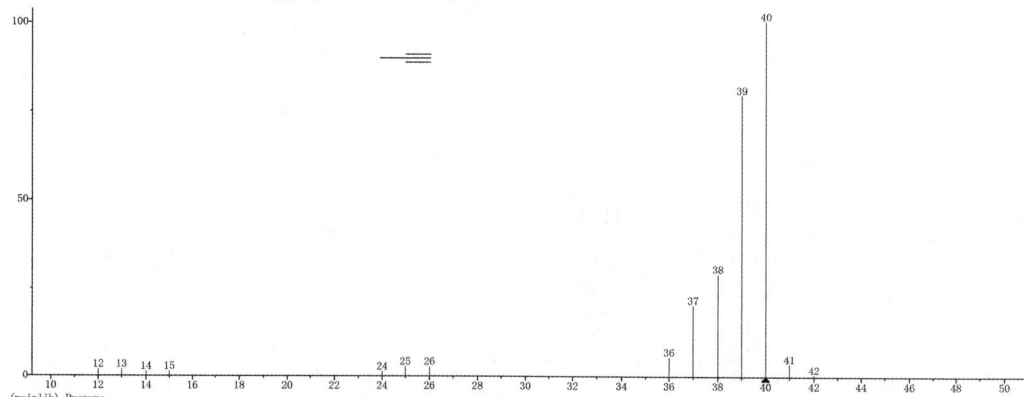

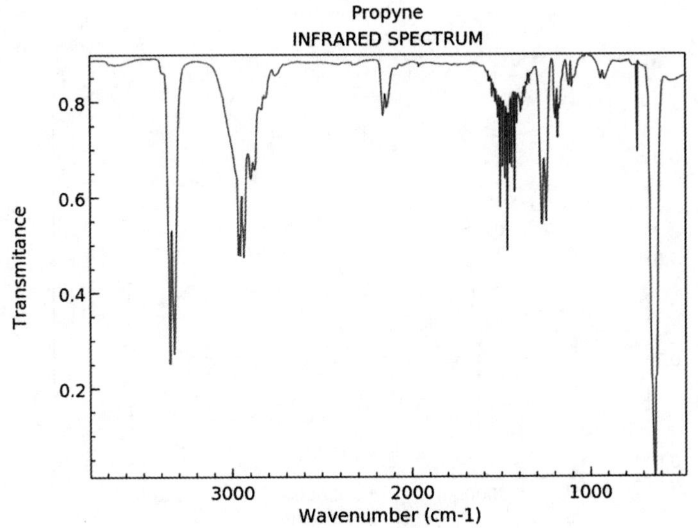

37. 丙烯

英文名:Propylene。

别名:1-丙烯;甲基乙烯。

分子式:C_3H_6。

分子量:42.08。

CAS 号:115-07-1。

丙烯在常压下是一种无色气体,气体的相对密度 1.46(空气=1)。液体的密度 0.5139。熔点−185.2 ℃,沸点−47.7 ℃。临界温度 91.4~92.3 ℃,临界压力 4.5~4.56 MPa。比空气略重,有轻微芳香味,稍带有甜味。

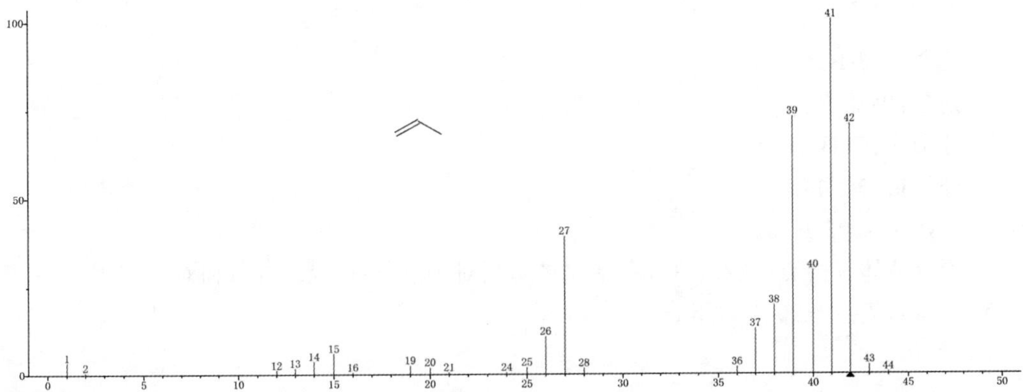

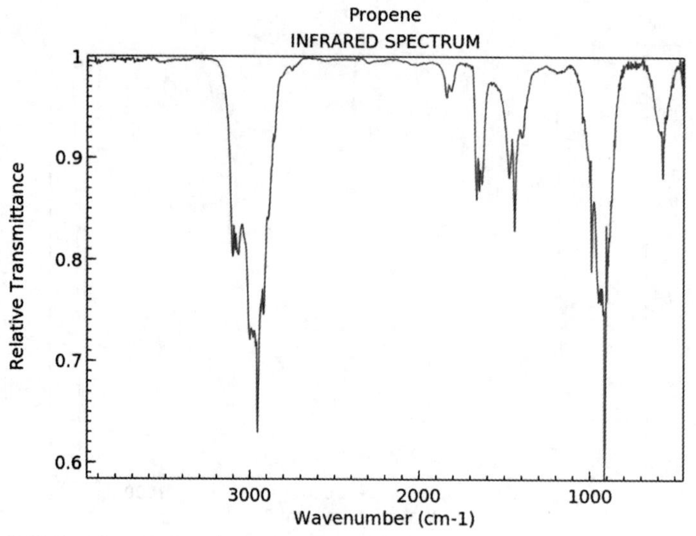

38. 丁烯

英文名:Butylene。

分子式:C_4H_8。

分子量:56.1。

CAS 号:25167-67-3。

丁烯有四种异构体:1-丁烯（$CH_3CH_2CH=CH_2$）;2-丁烯（$CH_3CH=CHCH_3$）,2-丁烯又分为顺式和反式;异丁烯（$CH_3C(CH_3)=CH_2$）。丁烯各异构体的理化性质基本相似,溶于有机溶剂,易燃、易爆。正丁烯有微弱芳香气味,异丁烯有不愉快臭味。

39. 2-丁炔

英文名:2-Butyne。

别名:巴豆炔。

分子式:C_4H_6。

分子量:54.09。

CAS 号:503-17-3。

无色液体。熔点−32.2 ℃,沸点 27 ℃,相对密度 0.69(水=1),相对蒸气密度 1.91(空气=1),闪点−20 ℃以下。

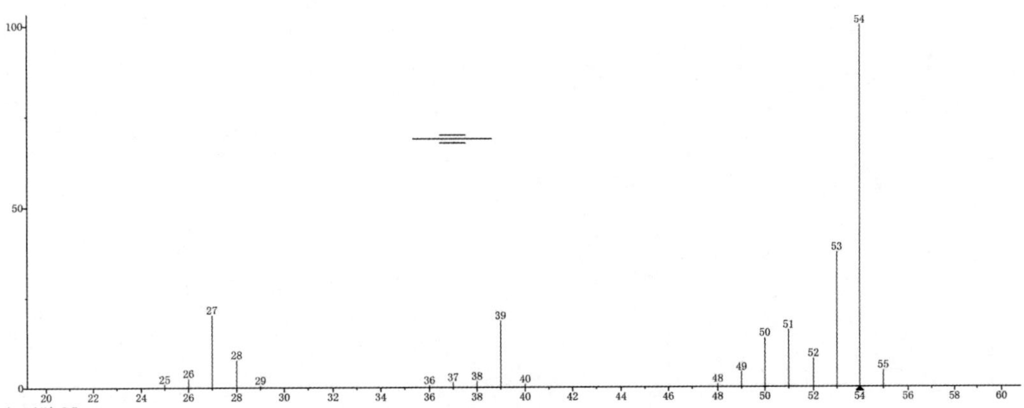

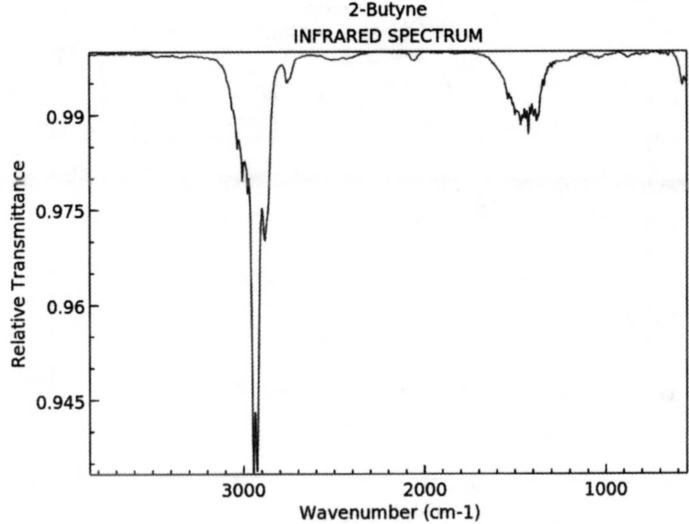

40. 2-己烯

英文名：2-Hexene。

分子式：C_6H_{12}。

分子量：84.16。

CAS 号：592-43-8。

有顺、反异构体，其混合物为无色液体。密度 0.694 g/cm^3，熔点 −98.5～−98 ℃(lit.)，沸点 68～69 ℃(lit.)，折射率 n_D^{20} 1.396。

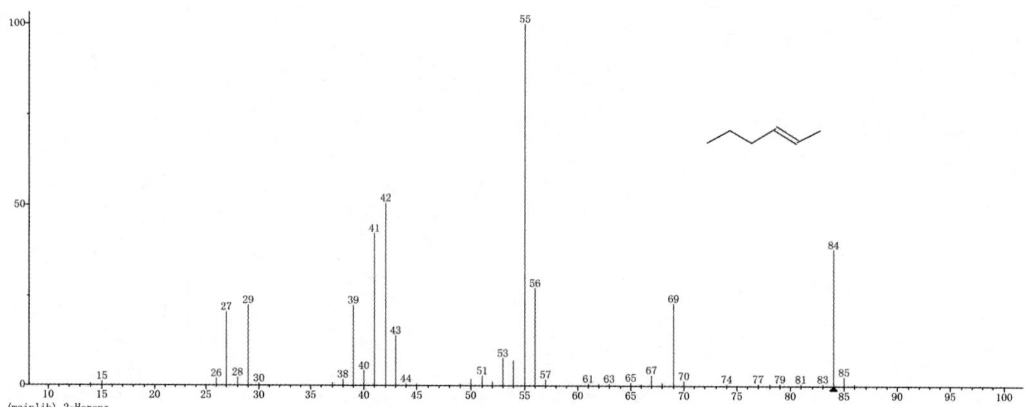

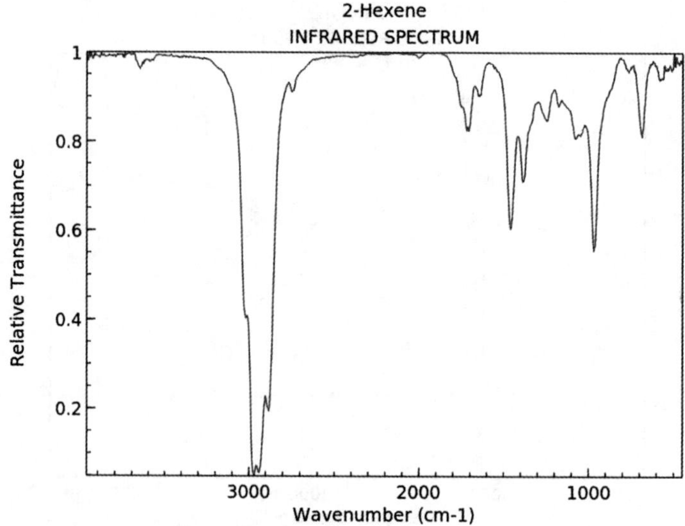

NIST Chemistry WebBook (https://webbook.nist.gov/chemistry)

41. 2-戊炔

英文名:2-Pentyne。

别名:乙基甲基乙炔。

分子式:C_5H_8。

分子量:68.12。

CAS 号:627-21-4。

无色液体。相对密度 0.7107,熔点−101 ℃,沸点 56.1 ℃。

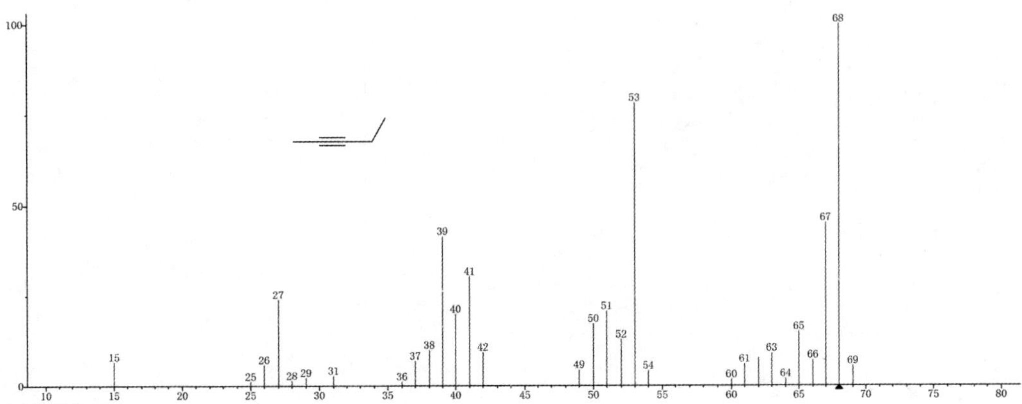

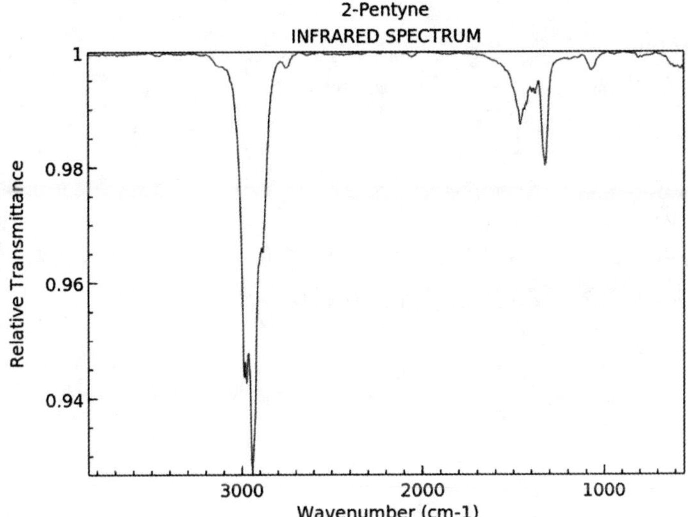

42. 2-戊烯

英文名:2-Pentene。

分子式:C_5H_{10}。

分子量:70.13。

CAS 号:109-68-2。

无色高挥发性液体,不溶于水,可混溶于乙醇、乙醚。熔点－139 ℃,沸点 37 ℃,相对密度 0.65(水＝1),闪点－45.6 ℃。

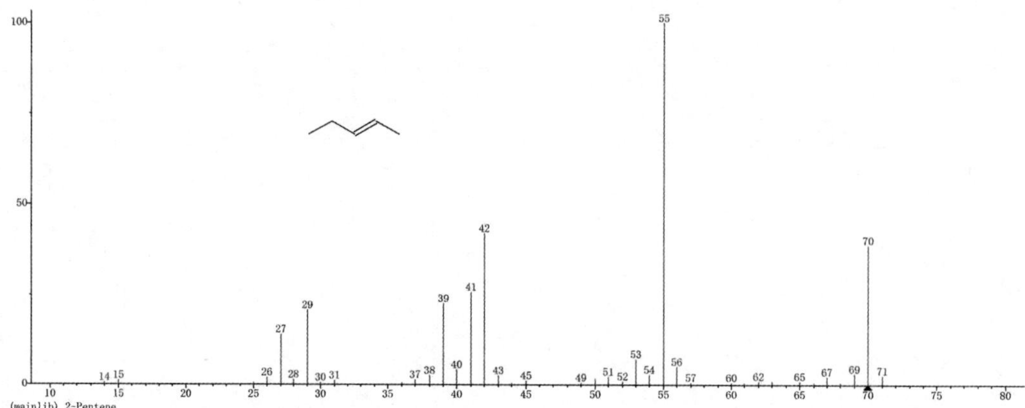

43. 1-戊烯

英文名：1-Pentene。

别名：正戊烯；α-戊烯。

分子式：C_5H_{10}。

分子量：70.13。

CAS 号：109-67-1。

无色液体，熔点－124 ℃，沸点 30.1 ℃，相对密度 0.64(水＝1)，相对密度 2.42(空气＝1)。不溶于水，可混溶于乙醇、乙醚等。有恶臭。

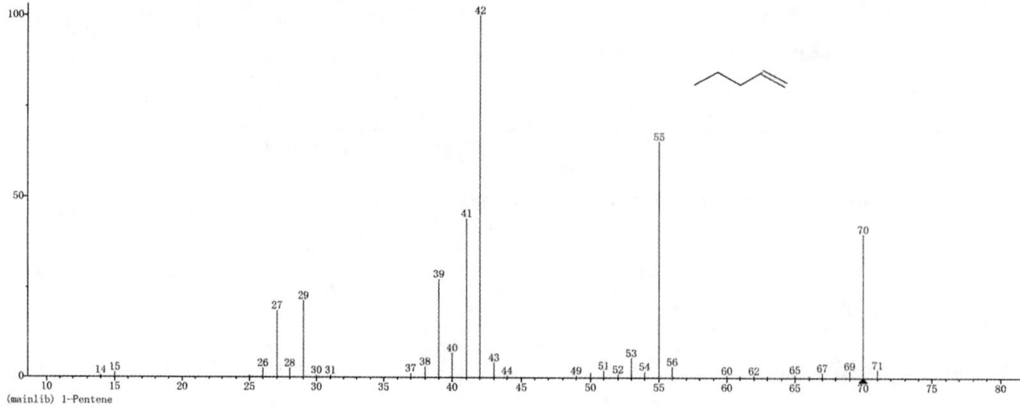

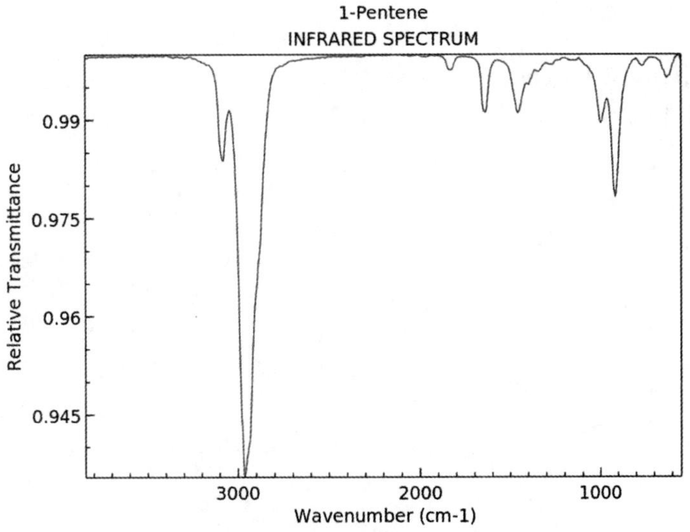

44. 3,3,6-三甲基-1,5-庚二烯

英文名:1,5-Heptadiene,3,3,6-trimethyl。

分子式:$C_{10}H_{18}$。

分子量:138.25。

CAS 号:35387-63-4。

沸点 148～150 ℃,相对密度 d_4^{20} 0.7657,折射率 n_D^{20} 1.4391。

45. 3,7-二甲基-1,3,7-辛三烯

英文名:Ocimene;3,7-Dimethyl-1,3,7-octatriene。

别名:罗勒烯。

分子式:$C_{10}H_{16}$。

分子量:136.23。

CAS 号:13877-91-3。

无色或淡黄色液体,沸点 176～178 ℃(63 ℃/1.33 kPa),相对密度 d_{25}^{25} 0.796～0.804,折射率 n_D^{20} 1.484～1.492,闪点 56～57 ℃。不溶于水,溶于乙醇等有机溶剂,能与大多数其他香料混合。具有草香、热带水果、萜香、木香香味。

有草香、花香并伴有橙花油气息。主要存在于罗勒油中,也存在于薰衣草、龙蒿、金橘、杧果、啤酒花、黑加仑花蕾、薄荷、胡椒、百里香精油中。在烟草中也含有该物质。用于调配杧果、番石榴、柑橘、桃子、茶叶、热带水果等食用香精。建议用量:在最终加香食品中浓度为 2.3～15.2 mg/kg。

46.2-甲基-1-丁烯

英文名:2-Methyl-1-butene。
别名:2-甲基丁烯。
分子式:C_5H_{10}。
分子量:70.13。
CAS 号:563-46-2。

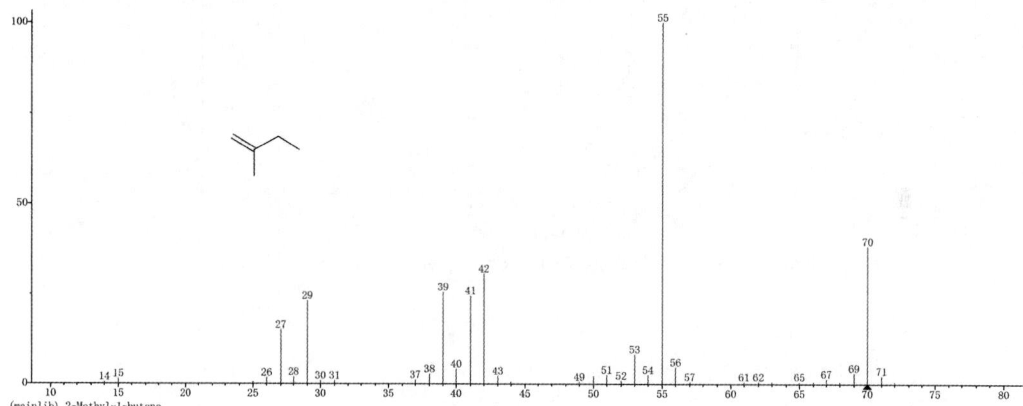

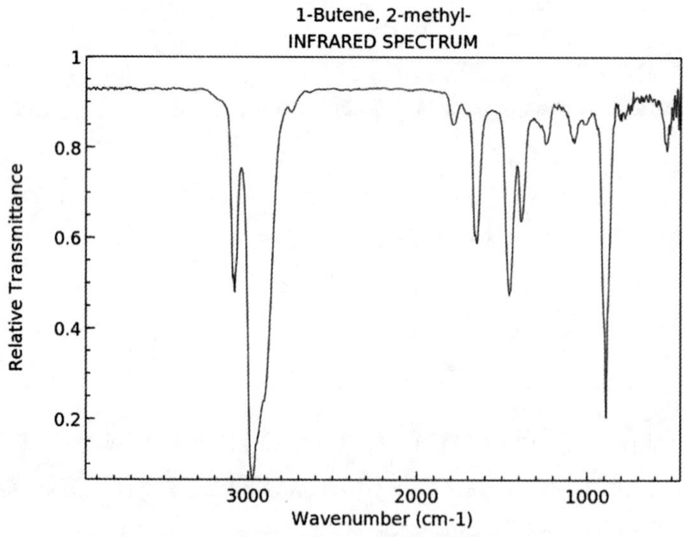

47.2-甲基-2-丁烯

英文名:2-Methyl-2-butene。
分子式:C_5H_{10}。

分子量：70.13。

CAS 号：513-35-9。

无色，有刺激性气味，熔点－137.53 ℃，沸点 31.2 ℃，相对密度 0.65(水＝1)，相对密度 2.4(空气＝1)。不溶于水，溶于乙醇等多数有机溶剂。

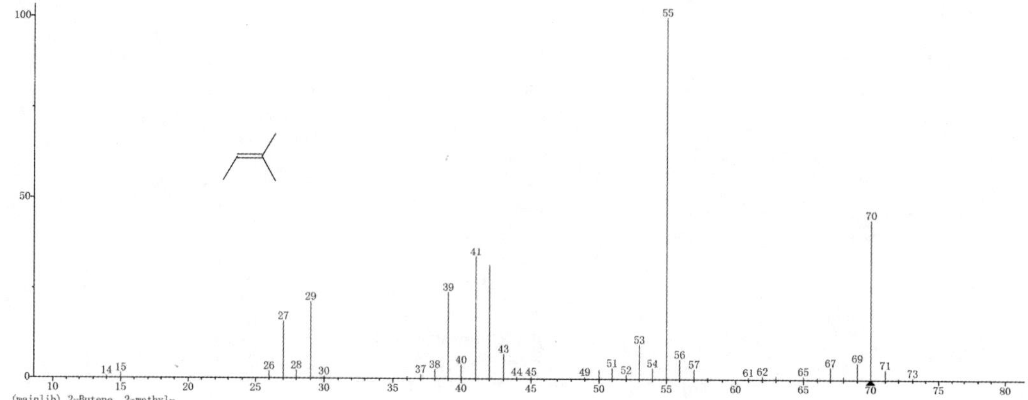

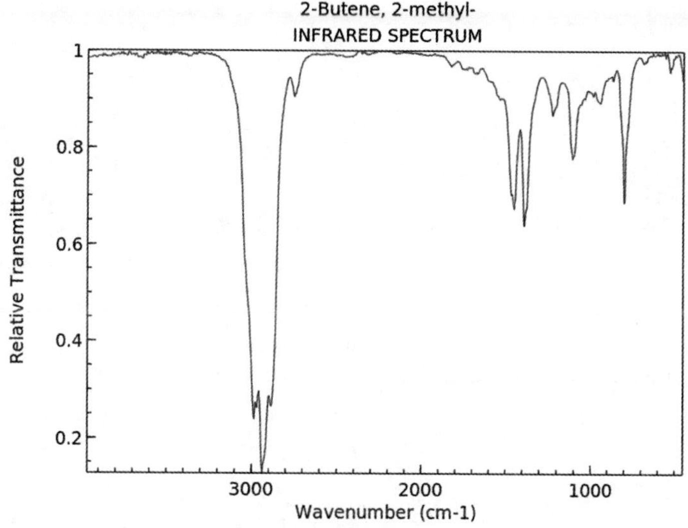

48. 4-甲基-1,3-戊二烯

英文名：4-Methyl-1,3-pentadiene。

分子式：C_6H_{10}。

分子量：82.14。

CAS 号：926-56-7。

密度 0.707，沸点 76.5 ℃ at 760 mmHg，折射率 n_D^{20} 1.452。

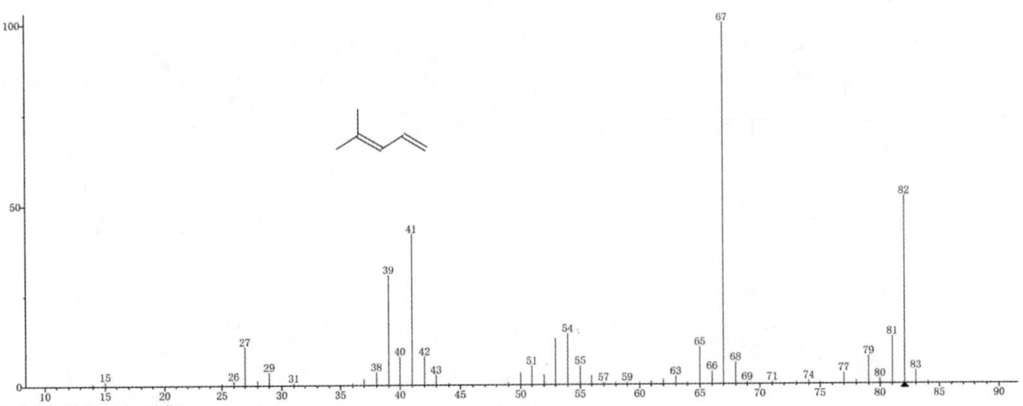

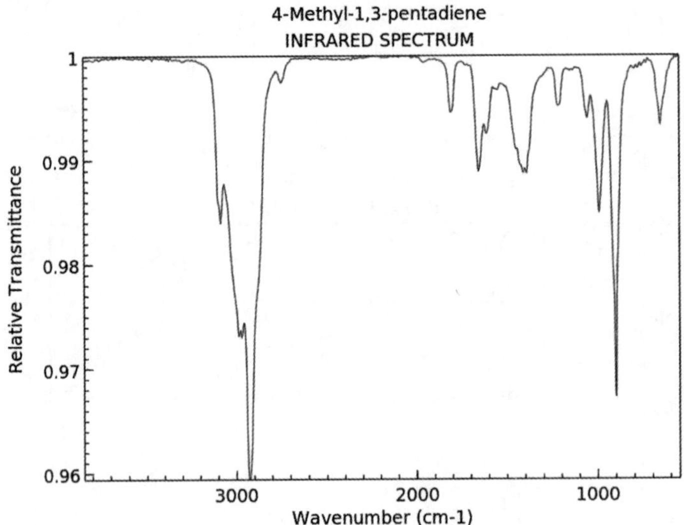

49. 4-甲基-2-己烯

英文名：4-Methyl-2-hexene。

分子式：C_7H_{14}。

分子量：98.19。

CAS 号：3404-55-5。

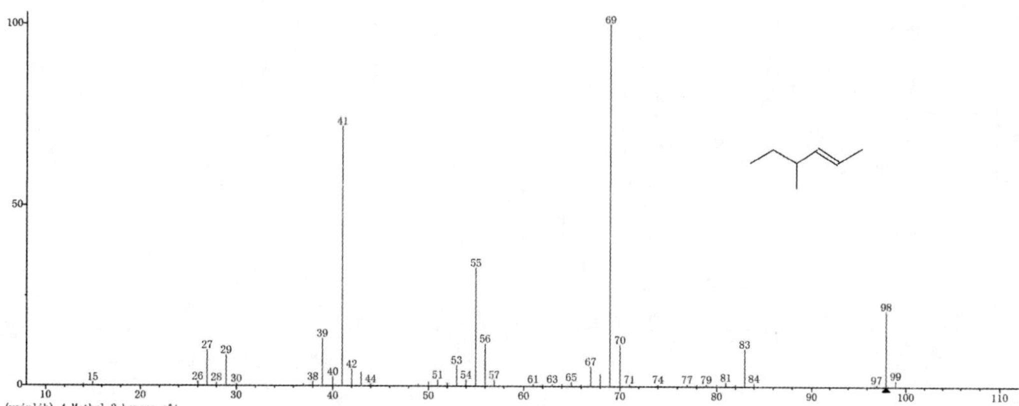

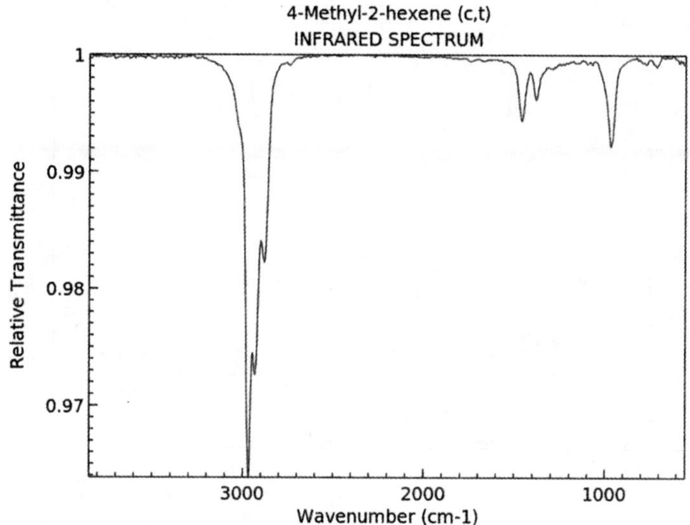

50. 3-甲基-1,4-戊二烯

英文名:3-Methyl-1,4-pentadiene。

分子式:C_6H_{10}。

分子量:82.14。

CAS 号:1115-08-8。

无色透明液体。密度 0.673 g/cm^3,闪点 −34 ℃,沸点 55 ℃(760 mmHg),折射率 n_D^{20} 1.397。不溶于水。

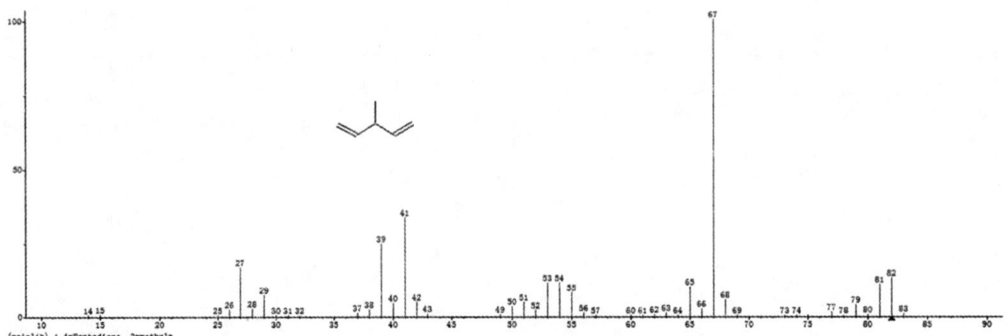

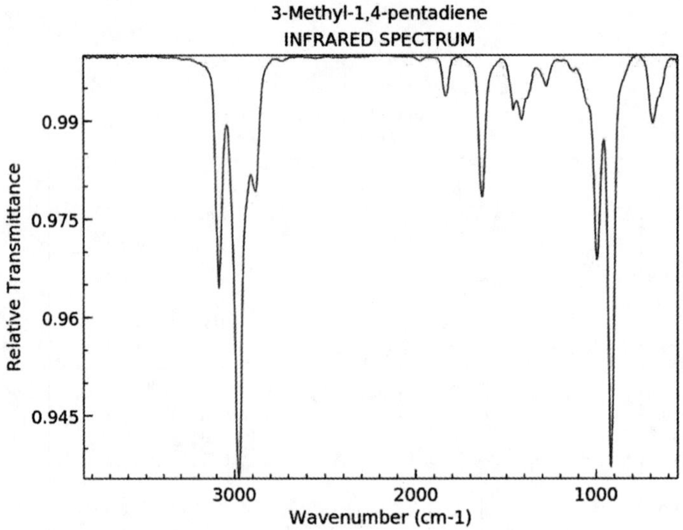

51. 3-甲基-2-戊烯(E+Z)

英文名：3-Methyl-2-pentene。

分子式：C_6H_{12}。

分子量：84.16。

CAS号：922-61-2。

无色液体，闪点−6 ℃，熔点−138.4 ℃，沸点69 ℃，相对密度(水=1)0.70。不溶于水，溶于乙醇、苯、氯仿。

52. 3-甲基-环戊烯

英文名：3-Methylcyclopentene。

分子式：C_6H_{10}。

分子量：82.14。

CAS 号：1120-62-3。

密度 0.805 g/cm^3，沸点 64.9 ℃(760 mmHg)，折射率 n_D^{20} 1.4206。

53. 异戊二烯

英文名：2-Methyl-1,3-butadiene。

别名：2-甲基-1,3-丁二烯。

分子式：C_5H_8。

分子量：68.12。

CAS 号：78-79-5。

无色、易挥发、刺激性油状液体。沸点 34.07 ℃，凝固点 −145.96 ℃，相对密度0.681，折射率 1.4219，闪点−48 ℃。不溶于水，溶于苯，易溶于乙醇、乙醚、丙酮。

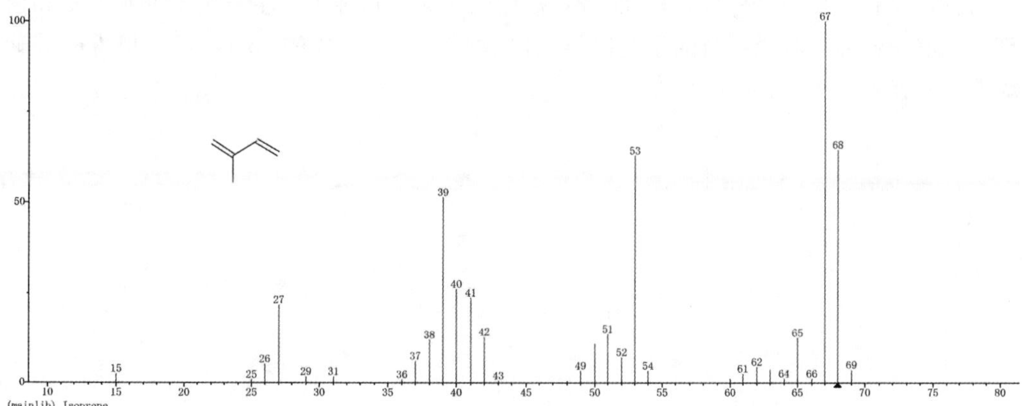

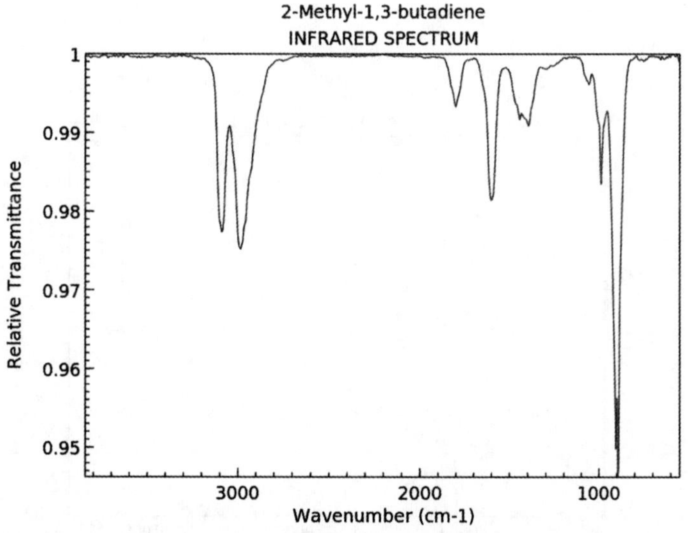

54. 月桂烯

英文名：Myrcene。

别名：7-甲基-3-亚甲基-1，6-辛二烯；香叶烯。

分子式：$C_{10}H_{16}$。

分子量：136.23。

CAS 号：123-35-3。

无色或淡黄色油状液体。密度 0.79 g/cm^3，沸点 167 ℃，折射率 1.4650。不溶于水，溶于乙醇、氯仿等有机溶剂。能与大多数其他香料混合。存在于伞形科植物水芹、柏科植物杜松及蔷薇科植物挥发油中，包括 α-月桂烯和 β-月桂烯两种同分异构体，具有令人愉快的甜香脂气味。β-月桂烯常用于香料工业中。β-月桂烯为无色或淡黄色液体，不溶于水，溶于乙醇等有机溶剂中。β-月桂烯在自然界中存在较少，少量存在于肉桂油、枫茅油、柏木油、云杉油、松节油、柠檬草油、柠檬油等天然精油中。主要用于古龙香水和消臭剂。也是萜烯类合成香料的重要原料，合成如香叶醇、芳樟醇、新铃兰醛、柑青醛等萜烯类合成香料。

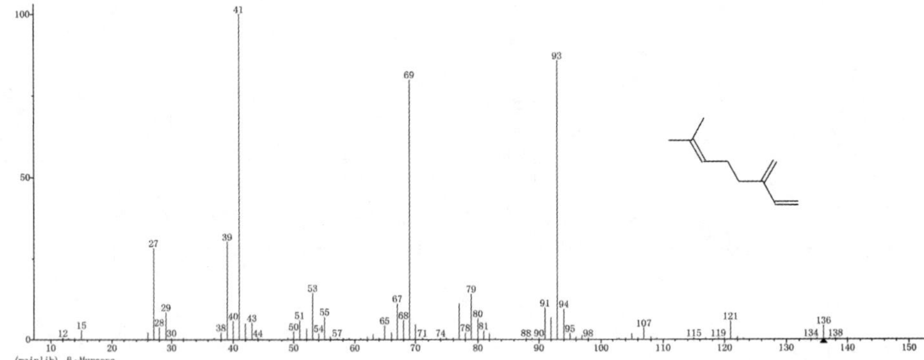

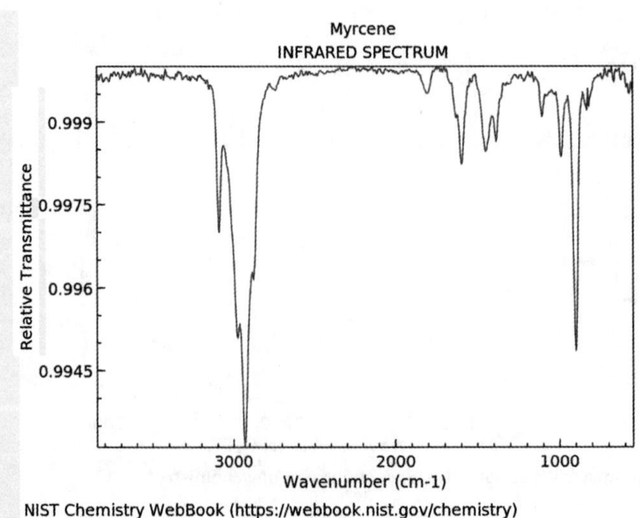

55. 新植二烯

英文名：7，11，15-trimethyl-3-methylidenehexadec-1-ene。

分子式：$C_{20}H_{38}$。

分子量：278.516。

CAS 号：504-96-1。

密度 0.796 g/cm^3，沸点 344.5 ℃ at 760 mmHg，闪点 160.2 ℃，折射率 1.449。存在于烟叶、烟气中。烟草的一种特征香味成分。新植二烯作为烟草中性致香物质中含量最高的成分，其含量的高低不仅直接影响烟叶的吃味和香气，而且影响其他致香成分的形成。该成分是烟叶内含有的叶绿素在成熟和调制过程中降解形成叶醇，再由叶醇进一步脱水而形成的。新植二烯自身具有清香气且刺激性较强，而叶绿素和叶绿醇则具有青杂气，在调制过程中随着叶绿素和叶绿醇大量转化成新植二烯，烟叶的青杂气消除，进而产生清香气。新植二烯在烟草燃烧时可直接进入烟气，具有减少刺激性、醇和烟气的作用。新植二烯作为捕集烟气气溶胶内香气物质的载体，具有携带烟叶中挥发性香气物质和致香成分进入烟气的能力，故又为烟叶的重要增香剂。在烟草中，新植二烯还可以作为一种香味中间体，在烟叶醇化的过程中发生氧化反应，进一步分解转化为具有清醇香味的低分子量化学物，如植物呋喃等，对形成烤烟的清香气产生积极的影响，从而进一步增加了烟叶的香气和吃味。

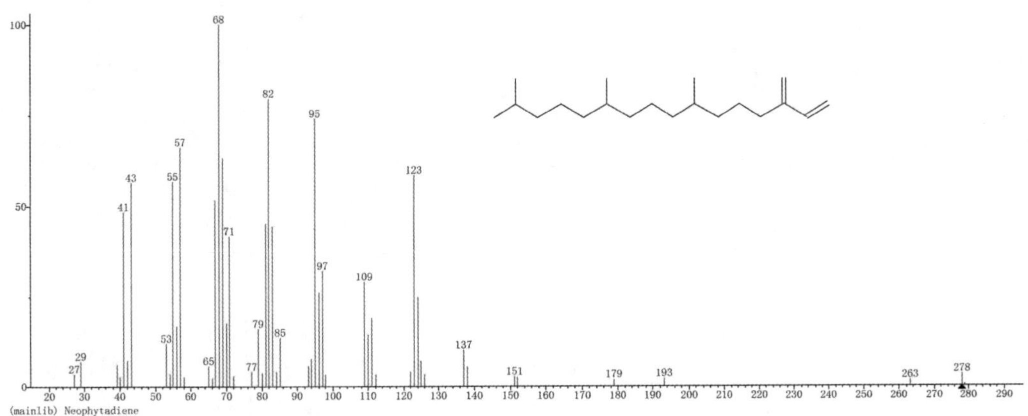

56. 柠檬烯

英文名：Cinene。

别名：苎烯；二烯萜；二戊烯；白千层萜。

分子式：$C_{10}H_{16}$。

分子量：136.23。

CAS 号：138-86-3。

无色澄清液体。沸点 177 ℃，熔点 −74.3 ℃，闪点 46 ℃，相对密度 0.8411(20 ℃/4 ℃)，比旋光度 +125.6°。混溶于乙醇和大多数非挥发性油；微溶于甘油，不溶于水和丙二醇。是一种天然的功能单萜，呈愉快新鲜橙子香气，具有柠檬的香味，在空气和潮气影响下，可自行氧化成香芹油萜酮和香芹油萜醇，从而导致变质。天然品存在于 300 多种精油中，特别是柑橘类精油中，如橙油（约 90%）、柠檬油、橘油、白柠檬油、柚油、青柠檬油、橙花油、橙叶油、榄香脂、香芹子油（约 40%）、莳萝油、小茴香油、芹子油（约 60%）等中。其中主要含右旋体的有蜜柑油、橙皮油、柠檬油、香橙油、樟脑白油、佛手油、莳萝油、黄蒿子油等。含左旋体的有薄荷油、苏联松节油和白千层油等。含消旋体的有橙花油、杉木油、樟脑白油、西伯利亚松针油、柠檬草油、香草油等。常用其右旋体。可用作配制人造橙花、甜橙花、柠檬、香柠檬油的原料。右旋体为柠檬或甜橙香味，这类气味的精油、香氛应用很多；左旋体则有类似松油和松脂的芳香气味。三者都具有橘皮愉快香气。也可作为一种新鲜的头香香料用于化妆品、皂用及日用化学品香精，在古龙型、花香中的茉莉型和薰衣草型以及松木、醛香、木香、果香或清香型中均适宜。柠檬烯可以作为原料，合成香芹酮、薄荷醇、甜没药烯等几十种香料。GB 2760 规定为允许使用的食用香料。主要用以配制白柠檬、柑橘类及香辛料类香精。柠檬烯在食品添加剂中有着广泛的用途，可作为修饰剂用于白柠檬、果香及辛香等配方。在巧克力、软饮料、冰激凌、烘烤食品、糖果、果冻和布丁、口香糖等食品中直接使用。

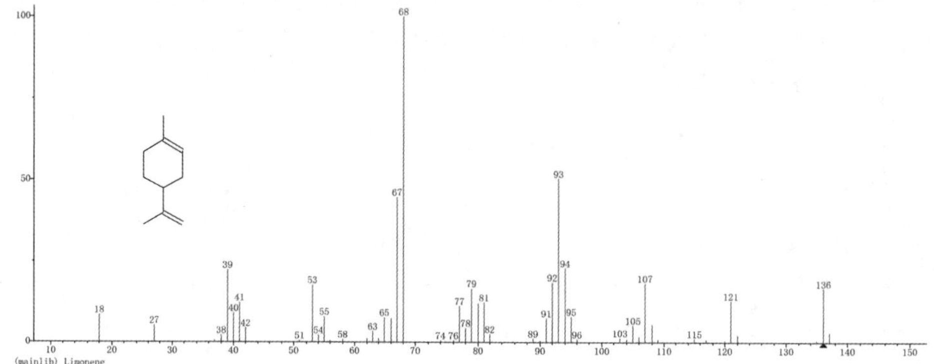

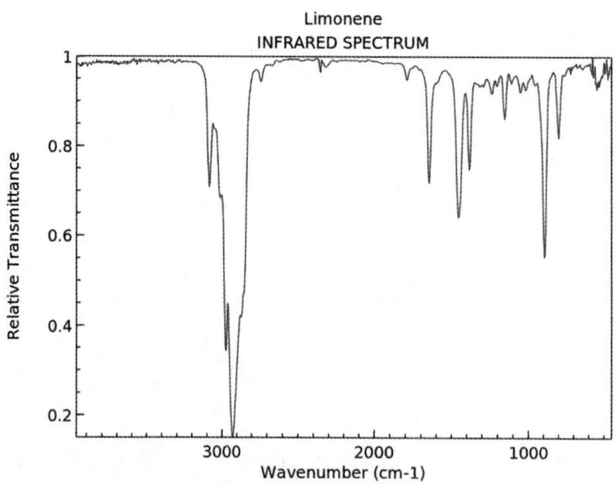

NIST Chemistry WebBook (https://webbook.nist.gov/chemistry)

57. 苯乙烯

英文名：Styrene。

别名：乙烯基苯。

分子式：C_8H_8。

分子量：104.15。

CAS 号：100-42-5。

无色液体。熔点－30.6 ℃，沸点 145.2 ℃，相对密度 0.906(20 ℃/4 ℃)。不溶于水，能与乙醇、乙醚等有机溶剂混溶。芳烃的一种，有特殊香气，带有轻微甜味。存在于苏合香脂(一种天然香料)中。

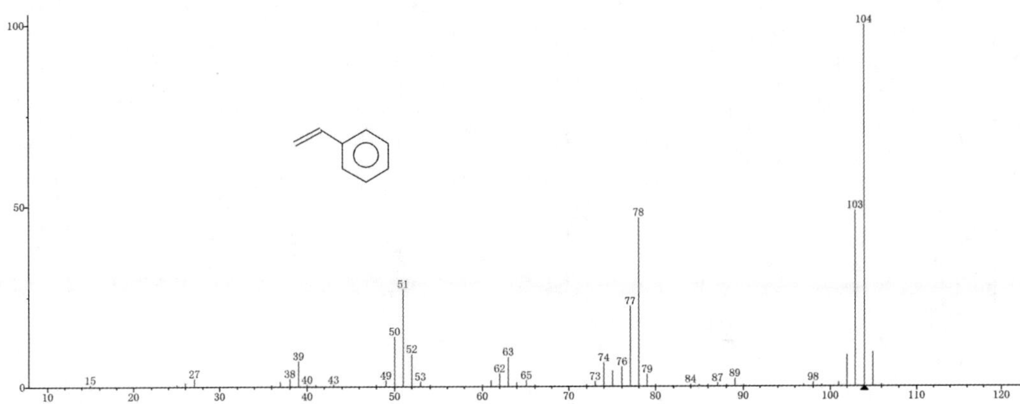

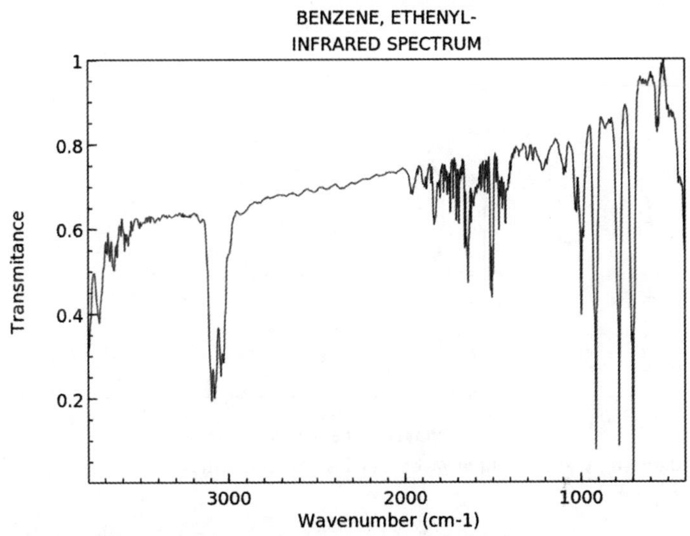

58. 正己烷

英文名:n-Hexane。
别名:己烷。
分子式:C_6H_{14}。
分子量:86.18。
CAS 号:110-54-3。

有微弱特殊气味的无色液体。熔点－95 ℃,沸点 69 ℃,相对密度(水＝1)0.66,闪点－22 ℃。几乎不溶于水,易溶于氯仿、乙醚、乙醇。

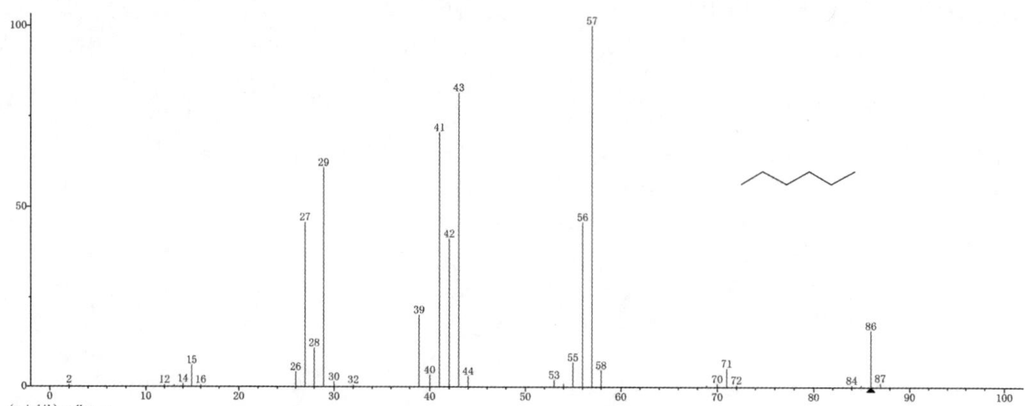

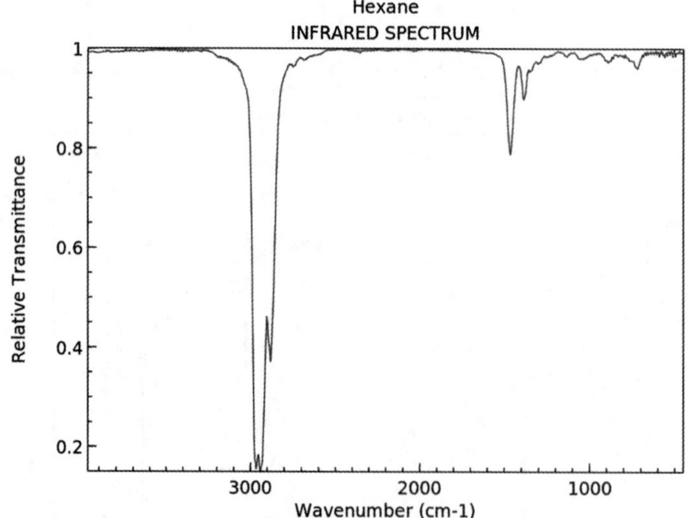

59. 1-辛烯

英文名:1-Octene。
分子式:C_8H_{16}。

分子量：112.21。

CAS 号：111-66-0。

无色液体。熔点 −102 ℃，沸点 122 ℃，61.5～61.7 ℃（13.3 kPa），相对密度 0.7149（20 ℃/4 ℃），折射率 1.4087，闪点 21 ℃。能与醇、醚混溶，几乎不溶于水。

60. 丁烷

英文名：Butane。

别名：正丁烷。

分子式：C_4H_{10}。

分子量：58.12。

CAS 号：106-97-8。

无色气体。熔点 −138.4 ℃，沸点 −0.5 ℃，相对密度（水＝1）0.58，相对蒸气密度（空气＝1）2.05，闪点 −60 ℃。常温加压溶于水，易溶于醇、氯仿。有轻微刺激性气味。

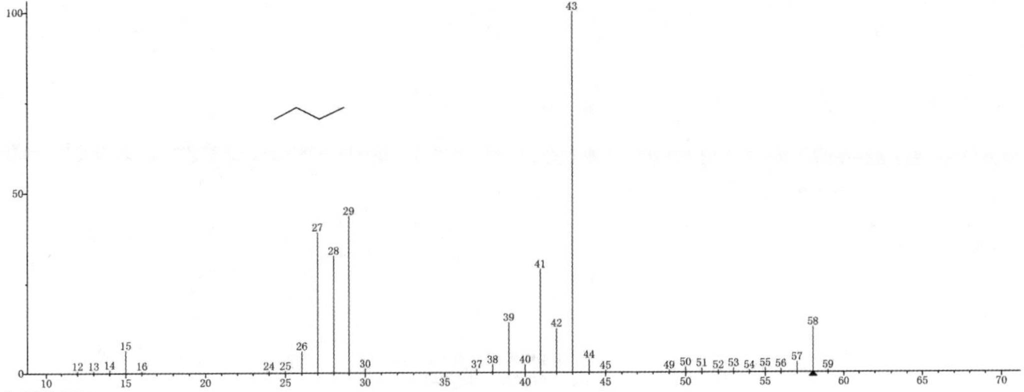

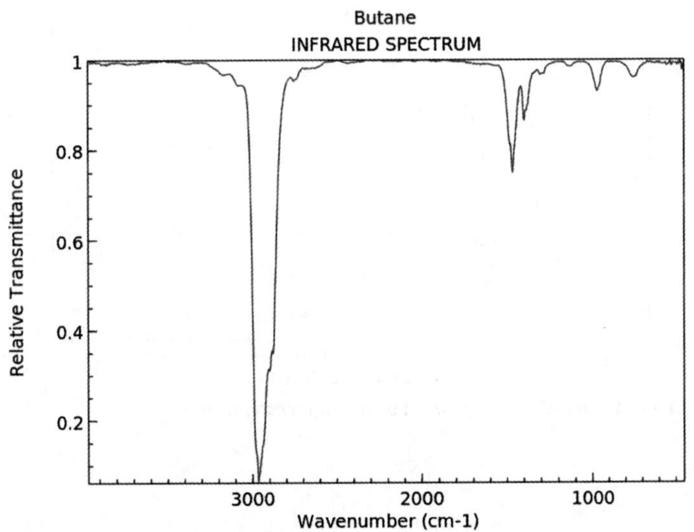

61. 甲基环戊烷

英文名：Methylcyclopentane。

分子式：C_6H_{12}。

分子量：84.16。

CAS 号：96-37-7。

无色易挥发易燃液体，闪点－18 ℃，熔点－142.5 ℃，沸点 71.82 ℃，相对密度（水＝1）0.7486（20 ℃/4 ℃），相对密度（空气＝1）2.9。不溶于水，溶于醇、乙醚、苯、丙酮等多数有机溶剂。有刺激性气味。

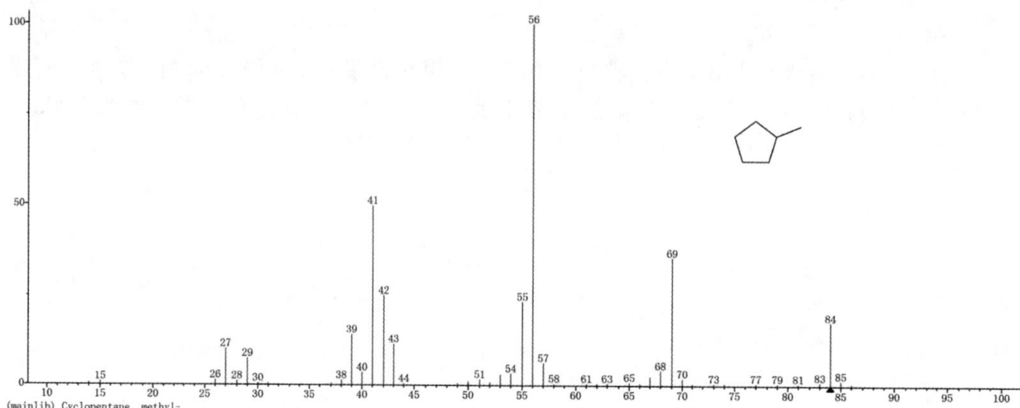

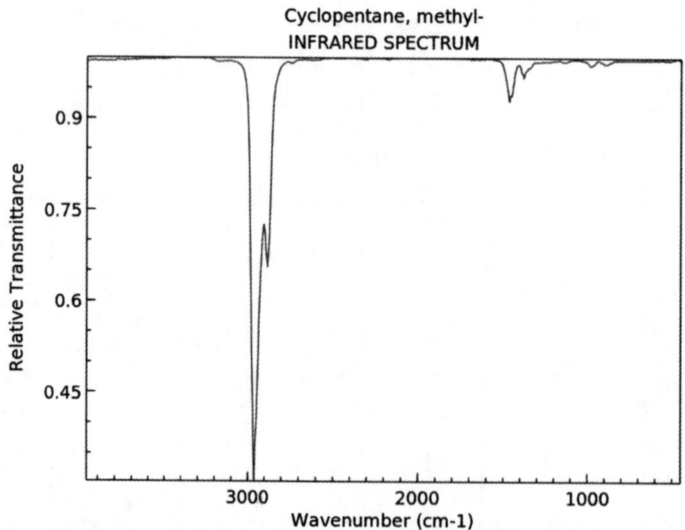

62. 3-甲基戊烷

英文名：3-Methylpentane。

别名：二乙基甲基甲烷；1,1-二乙基乙烷。

分子式：C_6H_{14}。

分子量：86.18。

CAS 号：96-14-0。

无色液体。相对密度 0.6645，沸点 64.0 ℃，折射率 1.3766(20 ℃)，闪点−6.7 ℃。不溶于水，微溶于乙醚，溶于乙醇。可燃。具有微弱的特殊气味(苯酚味)。

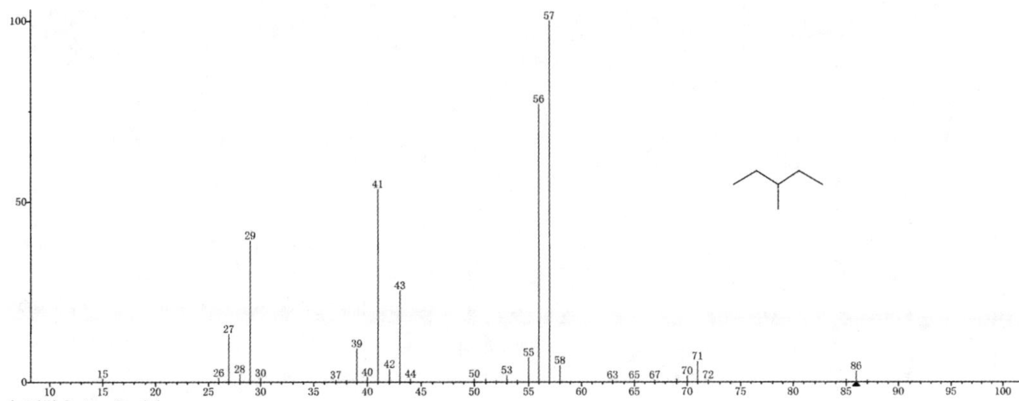

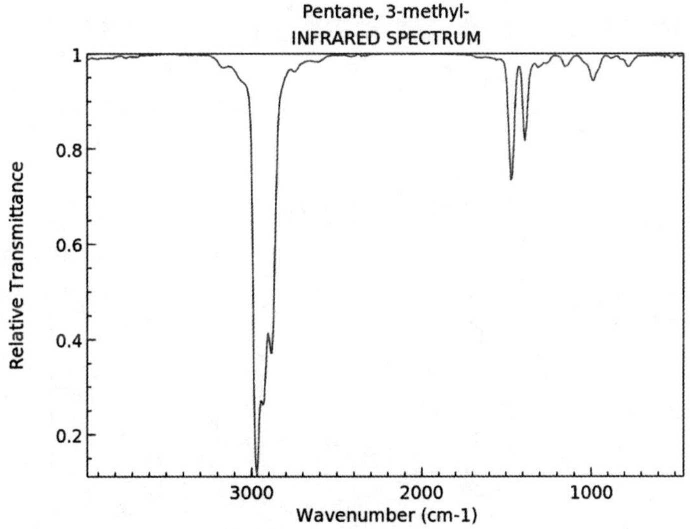

63. 异丁烷

英文名：Isobutane。

别名：2-甲基丙烷。

分子式：C_4H_{10}。

分子量：58.12。

CAS 号：75-28-5。

常温常压下为无色、稍有气味的气体。熔点 -159.4 ℃，沸点 -11.73 ℃。微溶于水，可溶于乙醇、乙醚等。

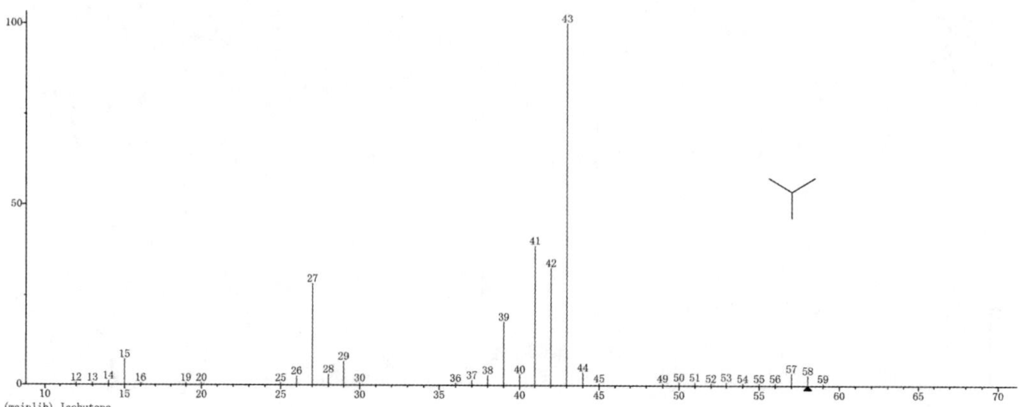

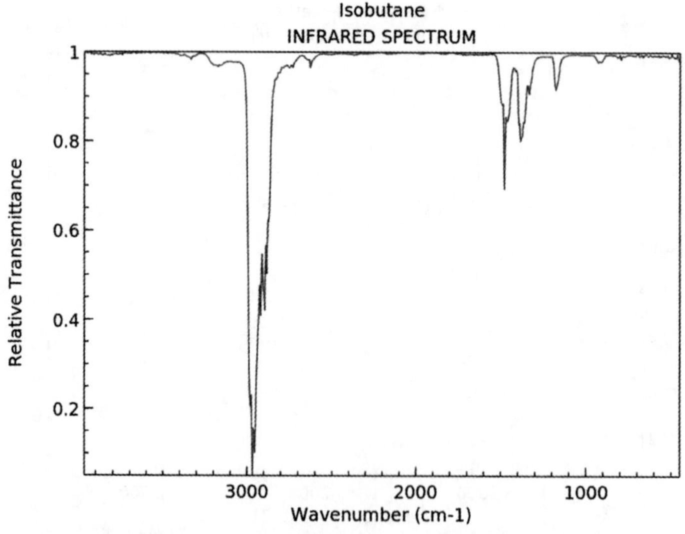

NIST Chemistry WebBook (https://webbook.nist.gov/chemistry)

64. 辛烷

英文名：Octane。

分子式：C_8H_{18}。

分子量：114.23。

CAS 号：111-65-9。

无色透明液体。熔点－56.8 ℃，沸点 125.6 ℃，相对密度(水＝1)0.70。

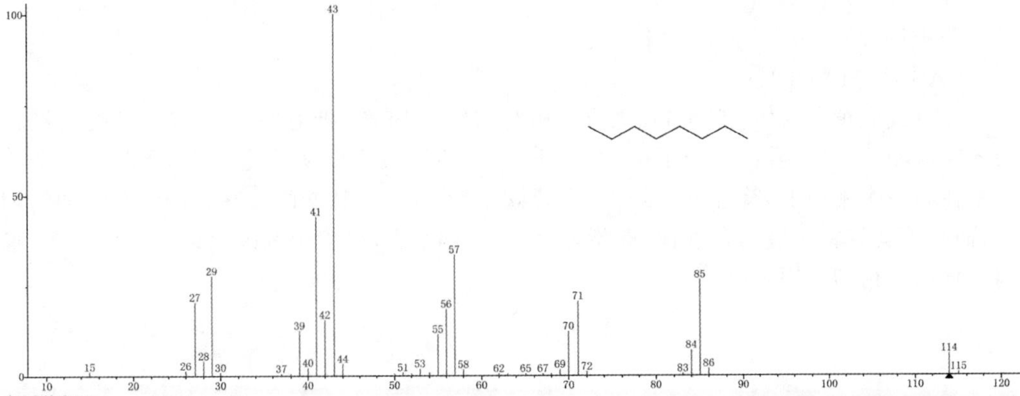

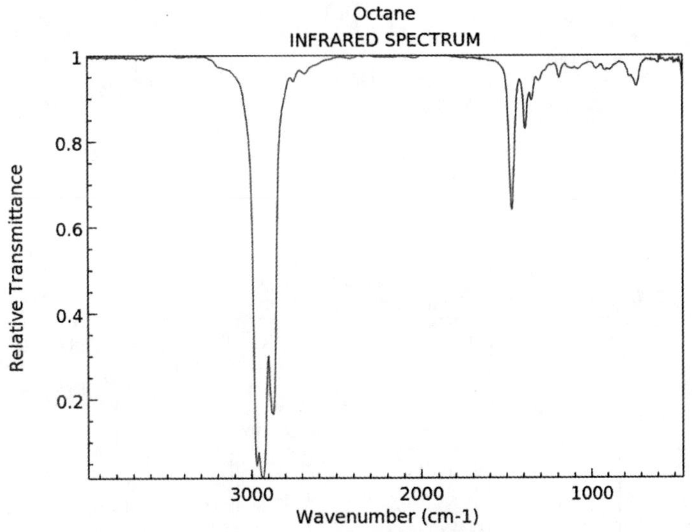

NIST Chemistry WebBook (https://webbook.nist.gov/chemistry)

第九节　氮杂环化合物和氧杂环化合物

1. 吡啶

英文名：Pyridine。

别名：氮杂苯。

分子式：C_5H_5N。

分子量：79.10。

CAS 号：110-86-1。

无色或微黄色液体，沸点 115.2 ℃，相对密度 0.9827，折射率 1.5067。吡啶的结构与苯非常相近，可以看作苯分子中的—CH═被 N 取代所得到的化合物，环上的六个原子都在同一个平面上，符合 Huckel 规则，具有芳香性。有特殊的气味，带有甜味，似烤烟味；而吡啶类香料一般具有清香、青菜香、烤香和烟草香，可用于调配蔬菜、水果、坚果、鸡肉等食用香精和烟用香料。

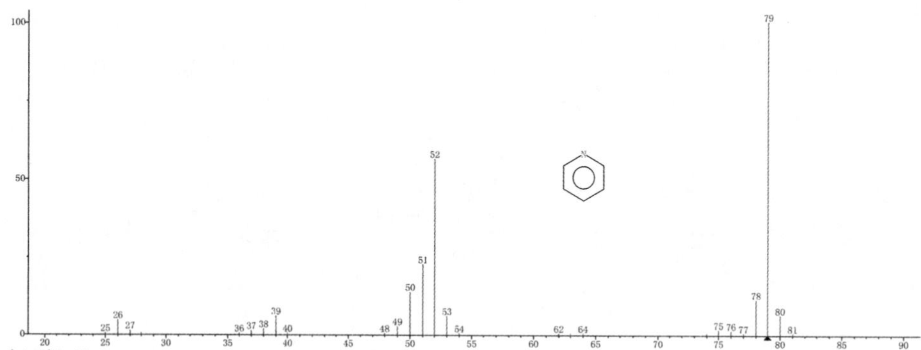

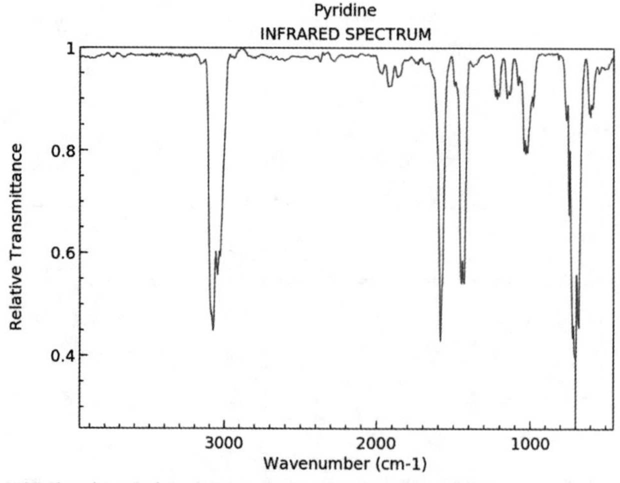

NIST Chemistry WebBook (https://webbook.nist.gov/chemistry)

2. 2,3,5-三甲基吡啶

英文名：2,3,5-Collidine。

别名：2,3,5-可力丁。

分子式：$C_8H_{11}N$。

分子量：121.18。

CAS 号：695-98-7。

无色或淡黄色液体，沸点 184 ℃，密度 0.931 g/mL。

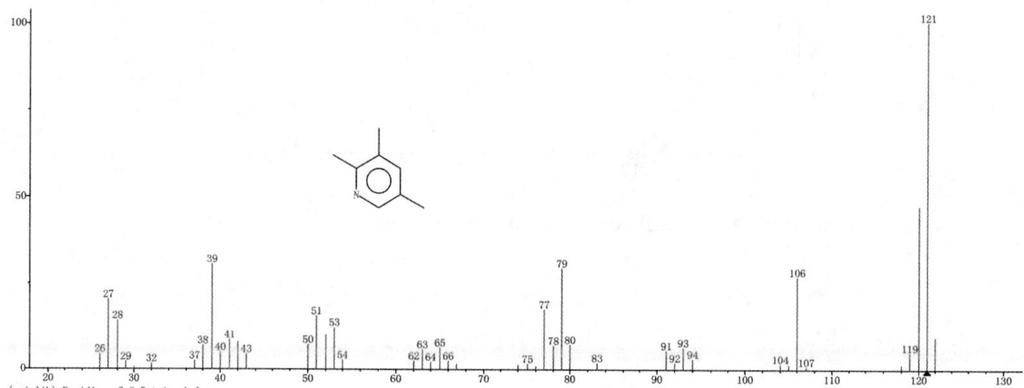

3. 2,3-二甲基吡啶

英文名：2,3-Lutidine。

别名：2,3-卢剔啶。

分子式：C_7H_9N。

分子量：107.15。

CAS 号：583-61-9。

无色或浅黄色液体，有吡啶类气味。熔点－15 ℃，沸点 162～163 ℃，密度 0.945 g/mL。

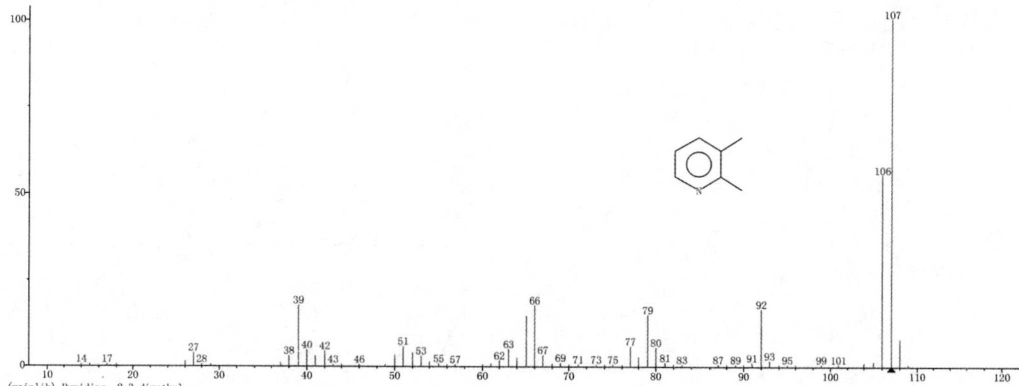

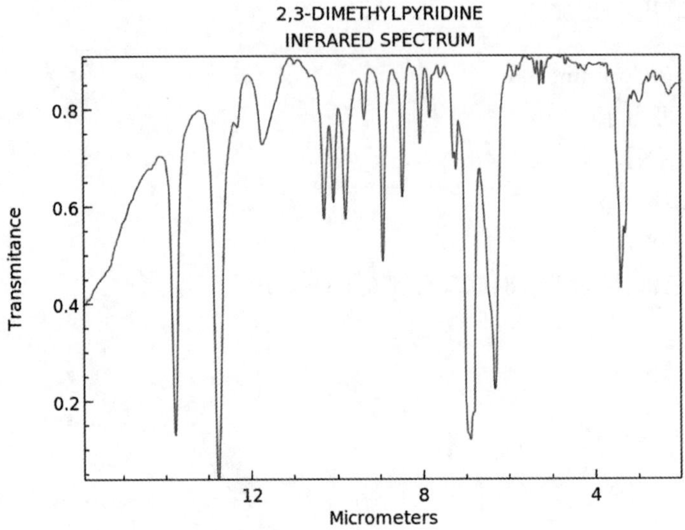

NIST Chemistry WebBook (https://webbook.nist.gov/chemistry)

4. 2,3-联吡啶

英文名：2,3′-Bipyridine。

别名：异烟碱；异尼古丁。

分子式：$C_{10}H_8N_2$。

分子量：156.18。

CAS 号：581-50-0。

液体，密度 1.14，沸点 102～104 ℃，折射率 1.6223。烟草中微量生物碱，对卷烟香味呈现明显的作用效果，并对刺激性有压制作用。

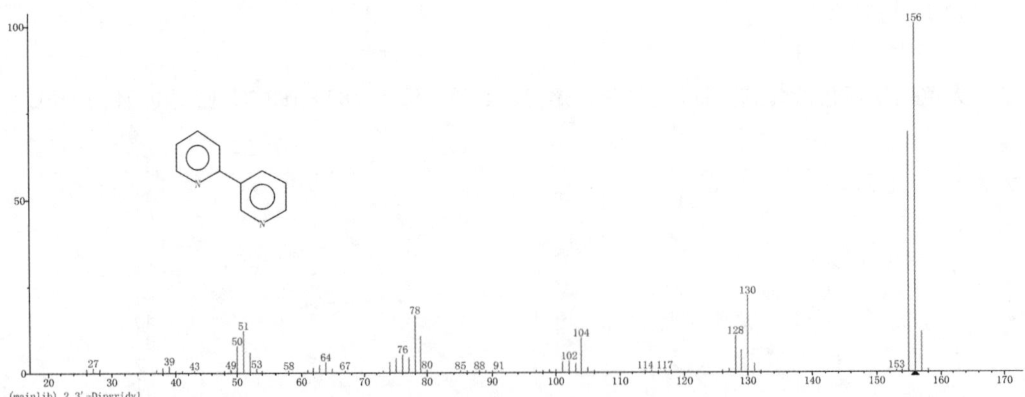

5. 2,4,6-三甲基吡啶

英文名：2,4,6-Collidine。

别名：可力丁。

分子式：$C_8H_{11}N$。

分子量：121.18。

CAS 号：108-75-8。

无色或微黄色液体，密度 0.917 g/mL，沸点 170.5 ℃，熔点－43 ℃，相对密度（水＝1）0.92（20 ℃）。可增强烟气香味丰满度。溶于乙醇，可混溶于乙醚等有机溶剂。

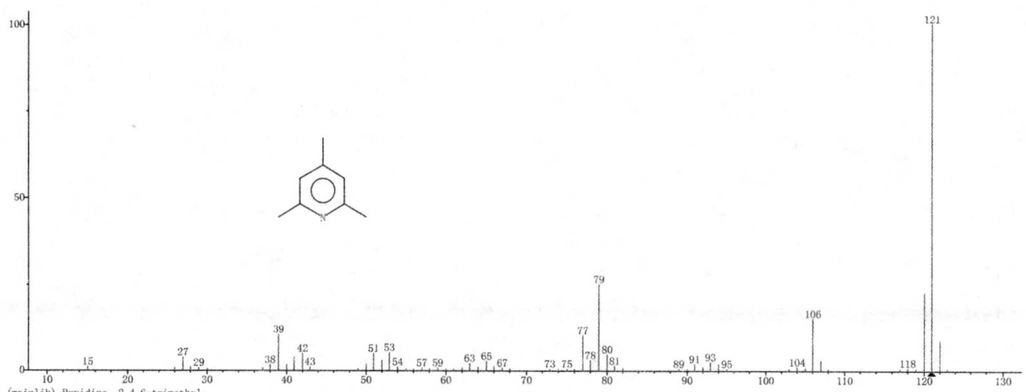

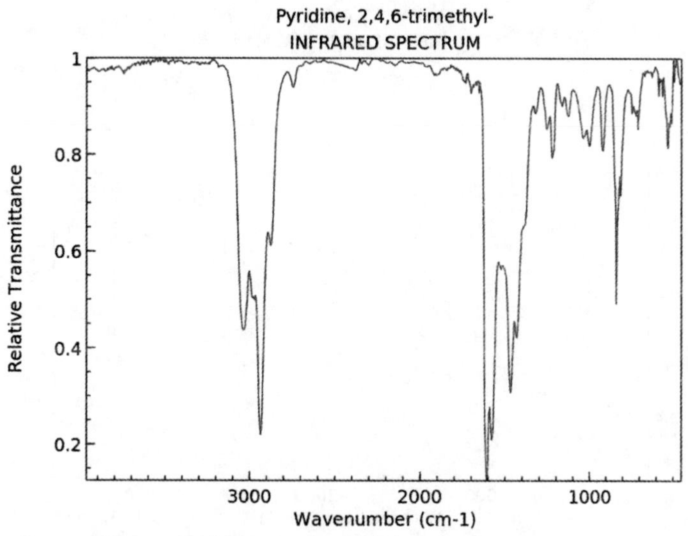

6. 2,4-二甲基吡啶

英文名:2,4-Lutidine。

别名:2,4-二甲基氮杂苯;2,4-卢剔啶。

分子式:C_7H_9N。

分子量:107.15。

CAS 号:108-47-4。

无色液体,熔点−60.0 ℃,沸点 157~158 ℃,相对密度 0.93。香气弱,有胡椒气味,在烟气中可增强烟草味。

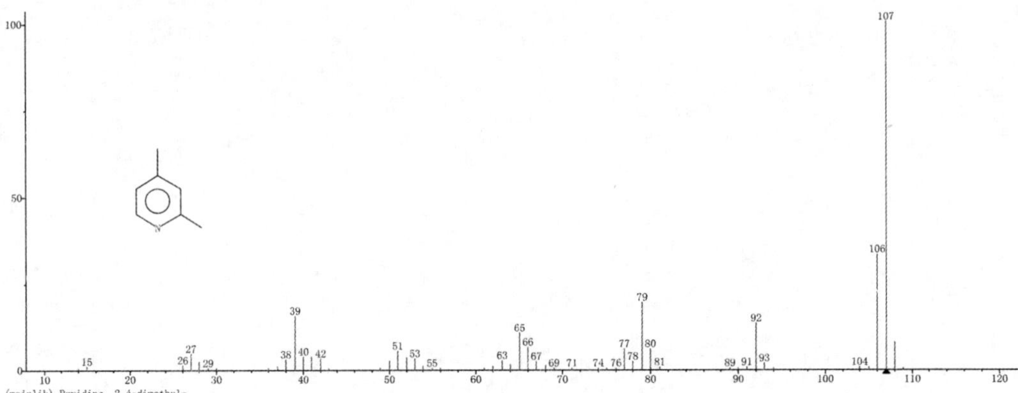

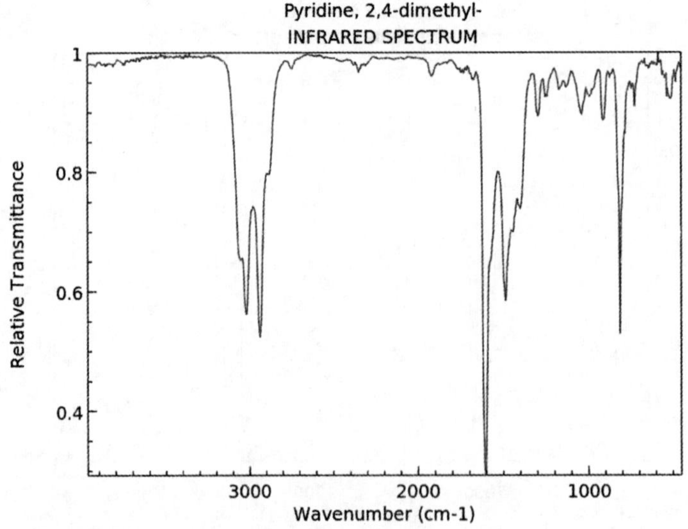

NIST Chemistry WebBook (https://webbook.nist.gov/chemistry)

7. 2,5-二甲基吡啶

英文名：2,5-Dimethylpyridine。

别名：2,5-二甲基氮杂苯。

分子式：C_7H_9N。

分子量：107.15。

CAS 号：589-93-5。

无色液体。熔点−15.9 ℃，沸点 157 ℃，相对密度 0.9261，折射率 1.4991，闪点 47 ℃。溶于乙醇、乙醚、冷水，稍溶于热水。2,5-二甲基吡啶具有烘炒味，香气弱，在烟气中可增强烟草味。

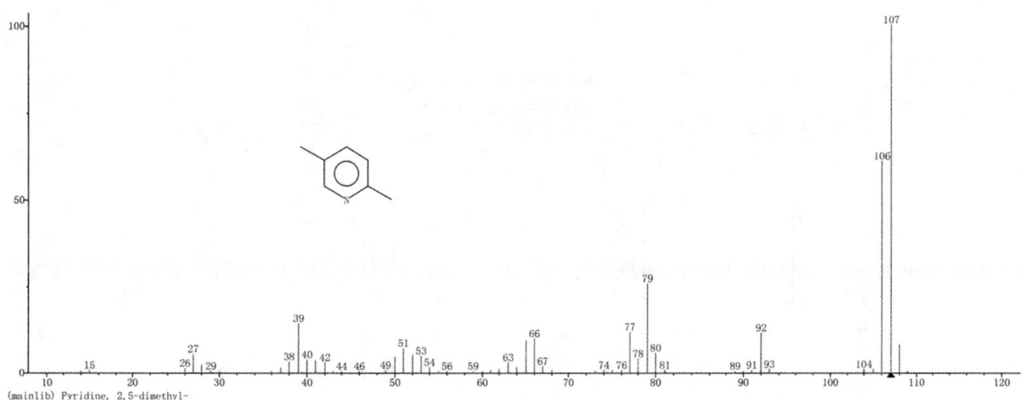

8. 2,6-二甲基吡啶

英文名：2,6-Lutidine。

别名：2,6-卢剔啶；2,6-二甲基氮杂苯。

分子式：C_7H_9N。

分子量：107.15。

CAS 号：108-48-5。

无色油状液体。熔点−5.8 ℃，沸点 144 ℃(139～141 ℃，145.6～145.8 ℃)，相对密度 0.9252(20 ℃/4 ℃)，折射率 1.4977，闪点 33 ℃。能与二甲基甲酰胺和四氢呋喃混溶，易溶于冷水，溶于热水、乙醇及乙醚。有吡啶和薄荷的混合气味，具有坚果、木香、白兰地和蔬菜样的香气，有胺类样的气息。在 20 mg/kg 的浓度，有坚果、咖啡、可可、霉味、面包及肉类风味。用于各种坚果型香精以及可可、咖啡、肉、面包和蔬菜香精。用量(通常/最大，mg/kg)：焙烤食品 1.5/10，肉产品 1.0/5.0，果冻、布丁 0.15/3.0，汤 0.5/5.0，快餐食品 2.0/10.0，肉汁 0.5/5.0，速溶咖啡和茶 0.01/0.15，蜜饯 0.15/3.0。天然存在及分类：存在于白面包、威士忌和茶叶中，属天然等同香料。在烟气中可增强白肋烟烟味。

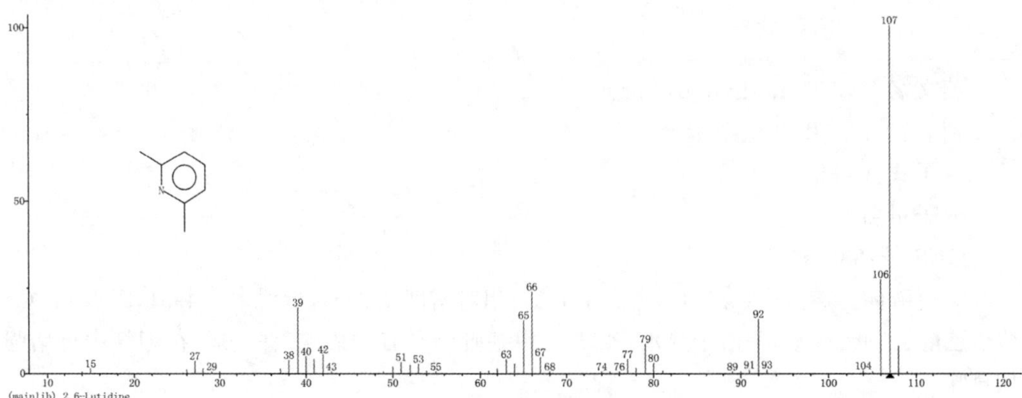

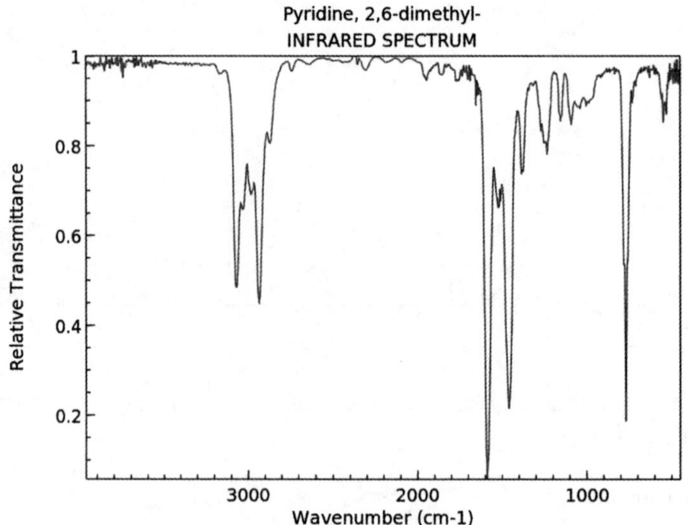

9. 2-甲基吡啶

英文名：2-Picoline。

别名：2-皮考林；α-甲代氮苯；α-甲基吡啶；α-皮考林；2-皮考啉。

分子式：C_6H_7N。

分子量：93.13。

CAS 号：109-06-8。

无色油状液体，闪点 39 ℃，熔点 −70 ℃，沸点 128～129 ℃，相对密度 0.95。溶于水、乙醇、乙醚。纯品具有强烈不愉快吡啶气味，烟气中重要的致香成分。

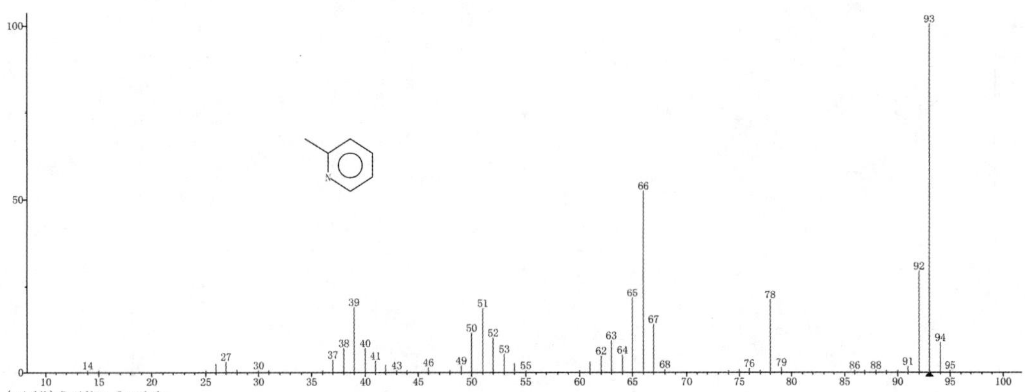

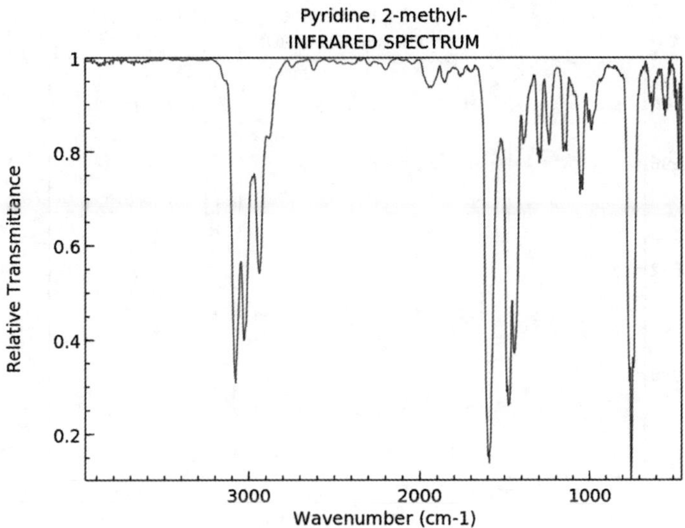

10. 2-乙基吡啶

英文名：2-Ethylpyridine。

别名：α-乙基吡啶。

分子式：C_7H_9N。

分子量：107.15。

CAS 号：100-71-0。

无色或淡黄色液体，密度 0.9371，沸点 148.6 ℃，折射率 1.4972(12.6 ℃)，溶于水、乙醇、乙醚。在烟气中可增强白肋烟烟味。

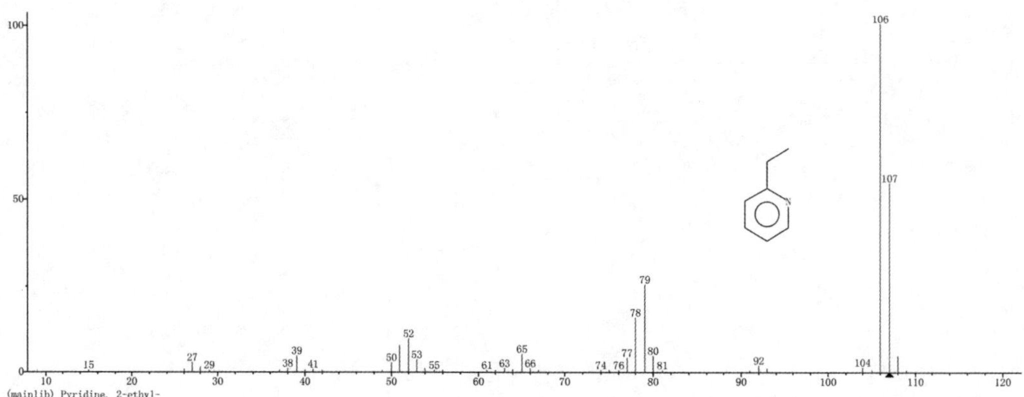

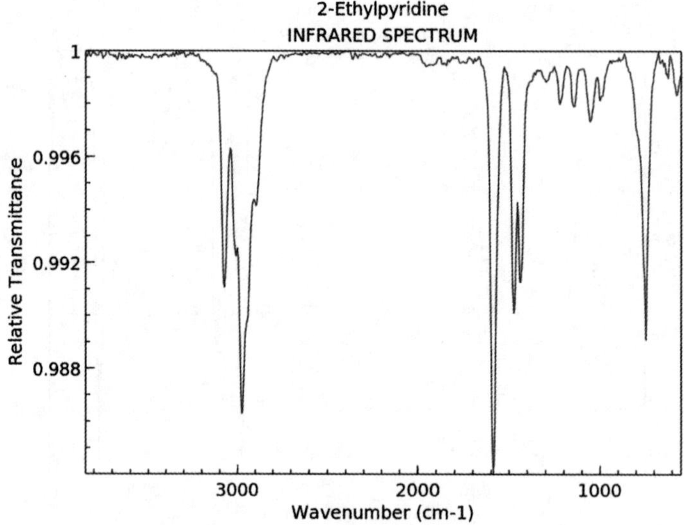

11. 2-乙烯基吡啶

英文名：2-Vinylpyridine。

别名：2-乙烯基氮杂苯。

分子式：C_7H_9N。

分子量：105.14。

CAS 号：100-69-6。

无色透明液体，密度 0.9985 g/mL(20 ℃)，沸点 159～160 ℃，折射率 1.5495，闪点 46 ℃。极易溶于乙醇、乙醚、氯仿，溶于苯、丙酮，微溶于水。烟气中碱性香味成分。

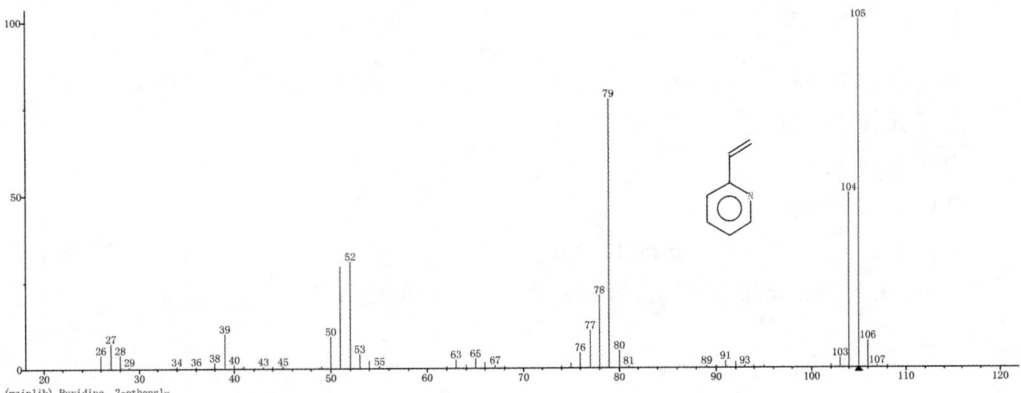

12. 3,5-二甲基吡啶

英文名：3,5-Lutidine。

别名：3,5-卢剔啶；3,5-二甲基氮杂苯。

分子式：C_7H_9N。

分子量：107.15。

CAS 号：591-22-0。

无色液体，熔点－6.6 ℃，沸点 172 ℃，相对密度 0.95。不溶于水，溶于醇、醚。烟气中碱性香味成分，在烟气中可增强其烤烟味。

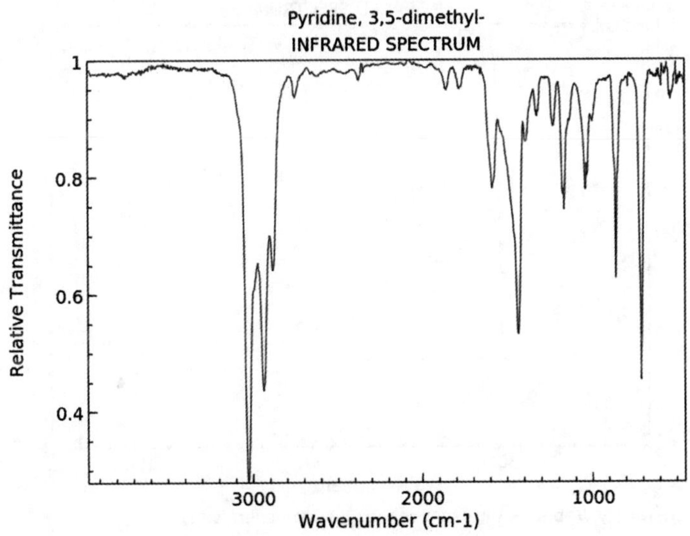

13. 3-苯基吡啶

英文名：3-Phenylpyridine。

分子式：$C_{11}H_9N$。

分子量：155.20。

CAS 号：1008-88-4。

沸点 269～270 ℃(749 mmHg)(lit.)，密度 1.082 g/mL at 25 ℃(lit.)，折射率 n_D^{20} 1.616(lit.)，闪点 230 ℉以上；有刺激性。烟气中碱性香味成分。

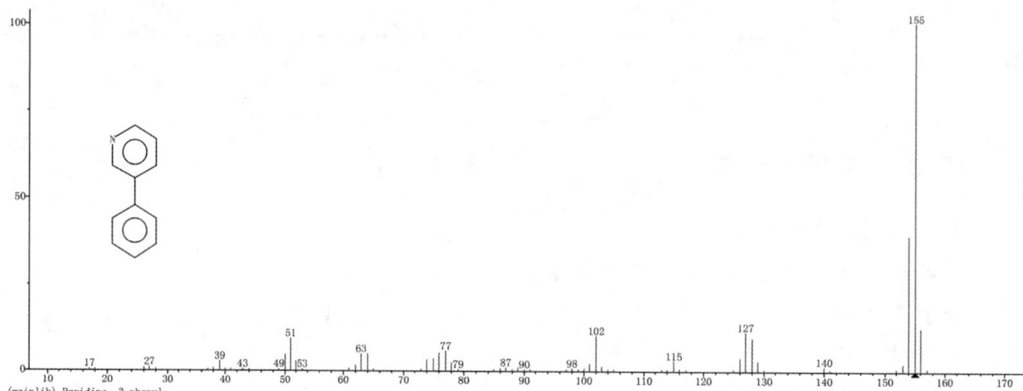

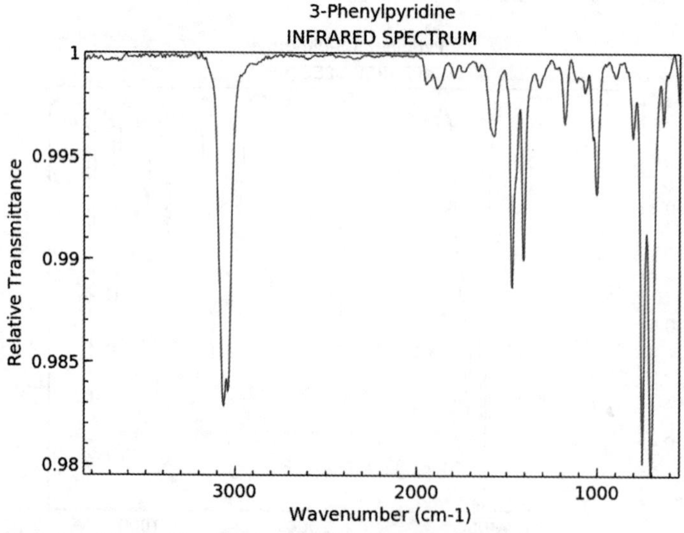

NIST Chemistry WebBook (https://webbook.nist.gov/chemistry)

14. 3-吡啶甲醛

英文名：3-Pyridinecarboxaldehyde。

别名：烟醛。

分子式：C_6H_5NO。

分子量：107.11。

CAS号：500-22-1。

无色至浅黄色透明液体，密度 1.141 g/mL(20 ℃)(lit.)，沸点 78～81 ℃(10 mmHg)(lit.)，闪点 35 ℃，折射率 n_D^{20} 1.549(lit.)。

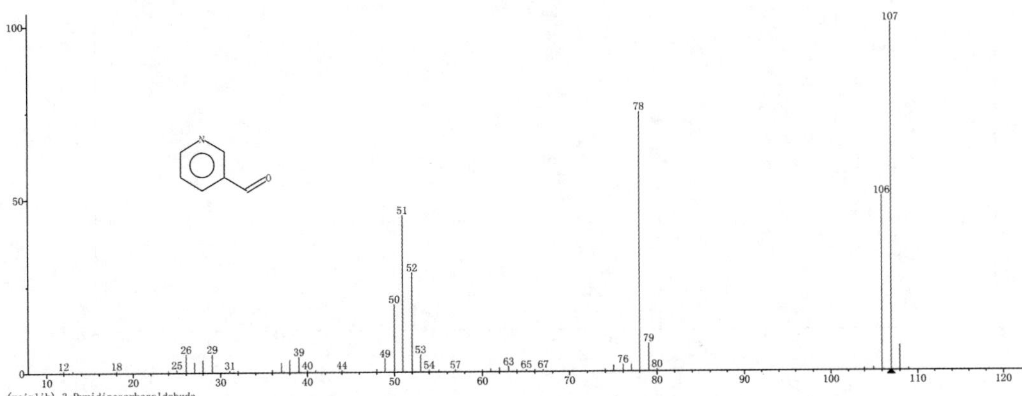

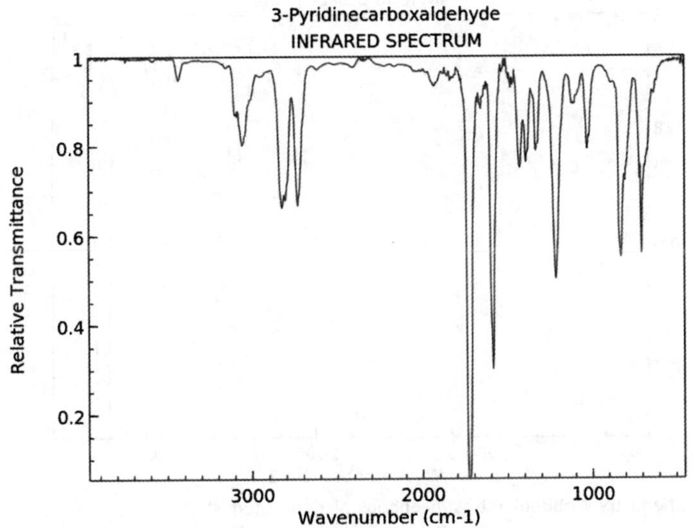

15. 3-甲基吡啶

英文名：3-Picoline。

别名：3-皮考林。

分子式：$(C_5H_4N)CH_3$。

分子量:93.13。

CAS 号:108-99-6。

无色液体,熔点－18.1 ℃,沸点 143～144 ℃,相对密度 0.96。溶于水、醇、醚,溶于多数有机溶剂。3-甲基吡啶具有清香、壤香等新鲜气味。在烟气中可增强烟气丰满度,有似白肋烟香味。

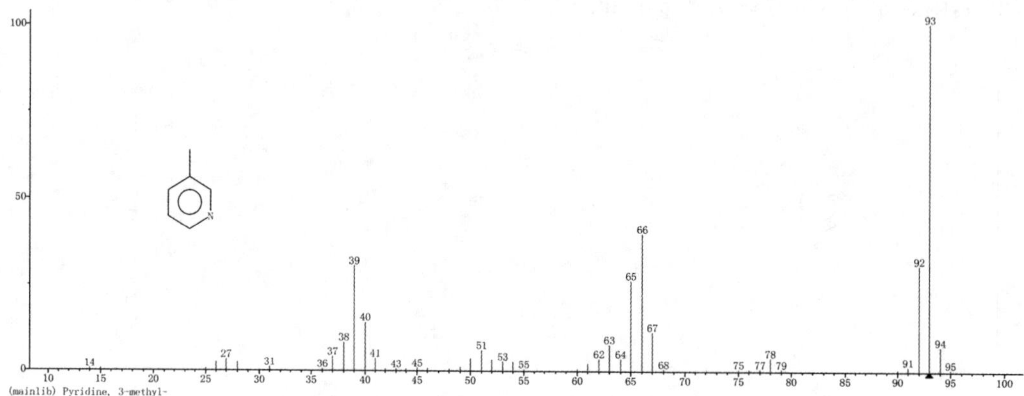

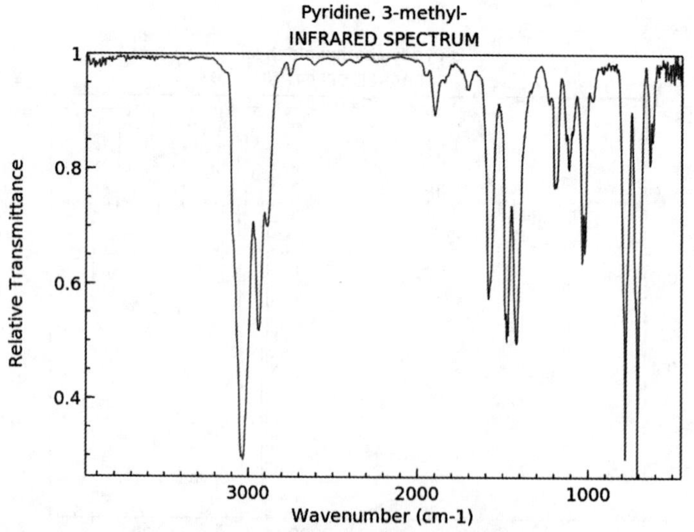

16. 3-羟基-6-甲基吡啶

英文名:3-Hydroxy-6-methylpyridine。

分子式:C_6H_7NO。

分子量:109.13。

CAS 号:1121-78-4。

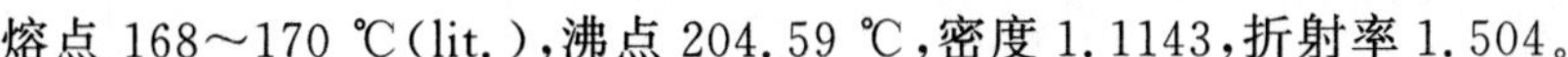

熔点 168～170 ℃(lit.)，沸点 204.59 ℃，密度 1.1143，折射率 1.504。

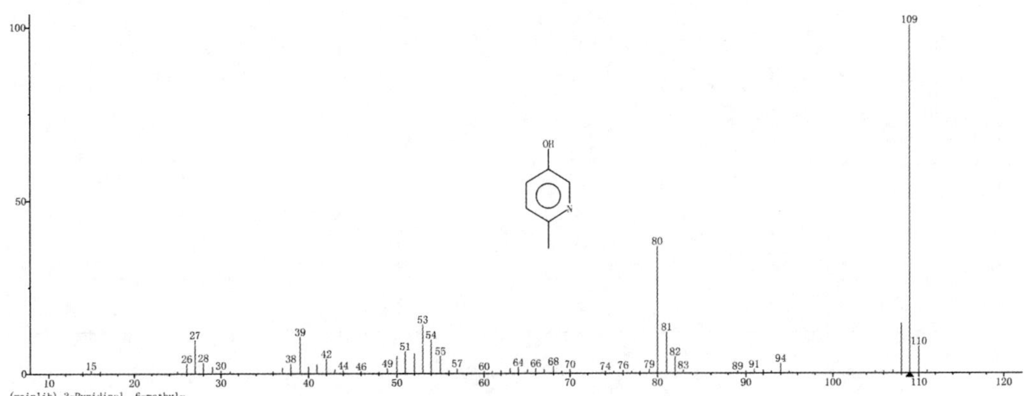

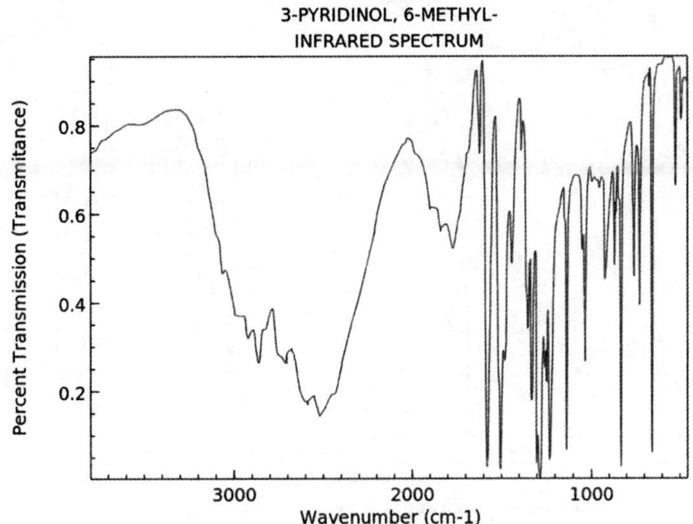

17. 3-羟基吡啶

英文名：3-Hydroxypyridine。

别名：3-吡啶酚；3-吡啶酮；氮苯酮。

分子式：C_5H_5NO。

分子量：95.10。

CAS 号：109-00-2。

一种无色针状结晶。熔点 123～130 ℃，水中溶解度 33 g/L 水 (20 ℃)，沸点 180 ℃。溶于醇和水，微溶于醚和苯。3-羟基吡啶是一种对眼睛、呼吸系统和皮肤具有刺激性的物质，存在于卷烟主流烟气中，对卷烟感官评吸有一定影响。

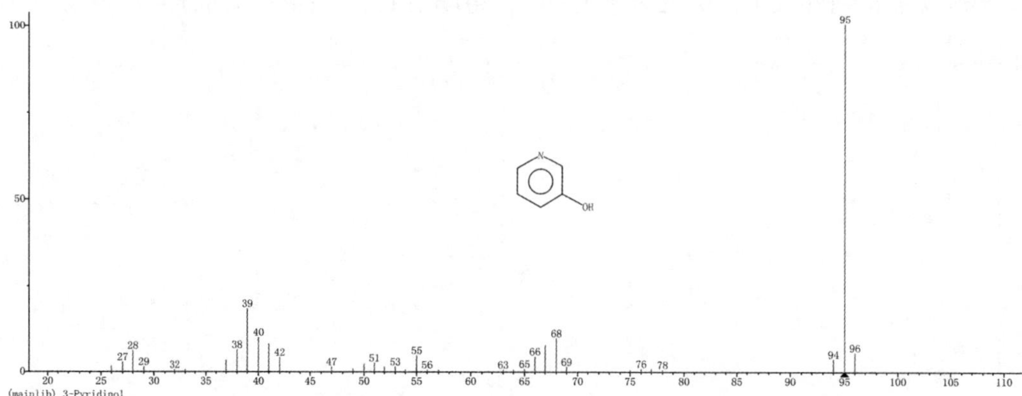

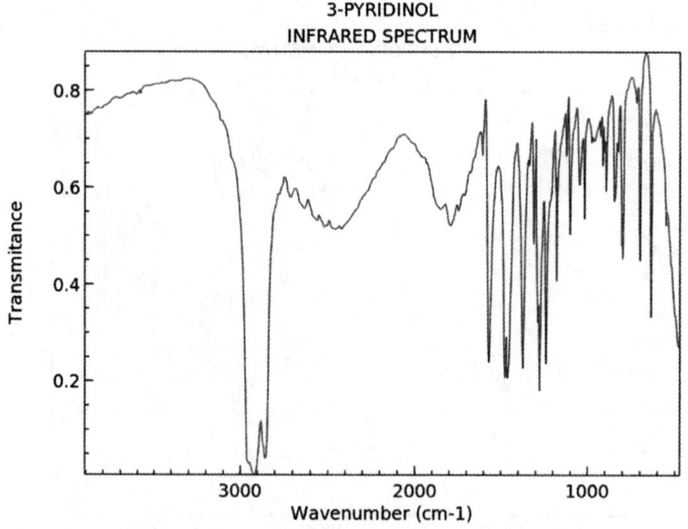

18. 3-氰基吡啶

英文名:3-Cyanopyridine。

别名:烟腈。

分子式:$C_6H_4N_2$。

分子量:104.11。

CAS号:100-54-9。

一种白色晶体。熔点50～51 ℃,沸点201 ℃,闪点84 ℃。溶于乙醇、乙醚、氯仿、苯和石油醚,稍溶于水。

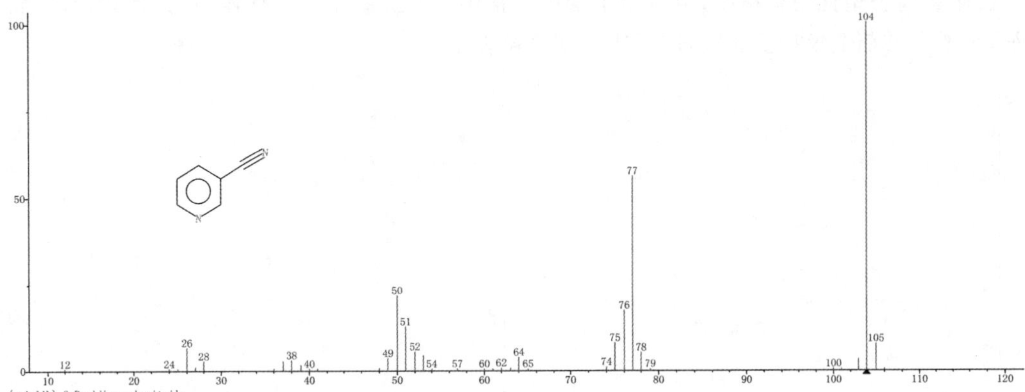

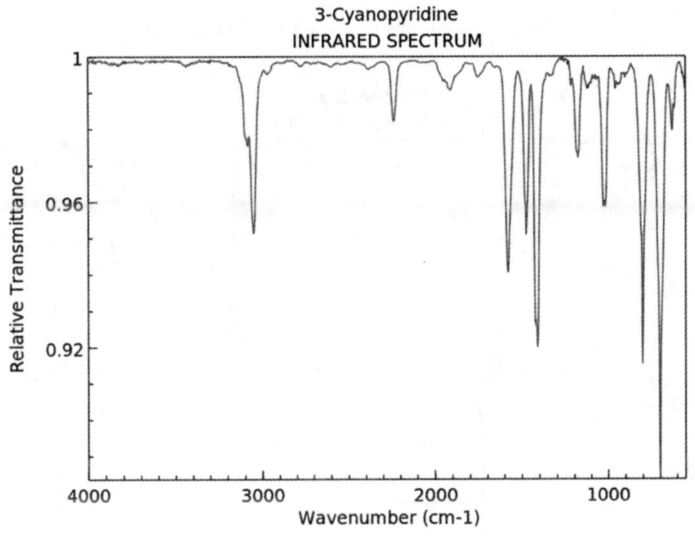

19. 3-乙基吡啶

英文名:3-Ethylpyridine。

别名:B-乙基吡啶。

分子式:C_7H_9N。

分子量:107.15。

CAS 号:536-78-7。

无色至褐色液体。熔点−77 ℃,沸点 163～166 ℃,密度 0.954 g/mL。微溶于水,溶于乙醇、乙醚等有机溶剂。具有香草、烟草气味。存在于各种天然精油及食物中,在茉莉、玫瑰草、无花果叶等精油及橄榄、咖啡、烤面包、炒榛子、米花等食物中均有发现。中国 GB 2760 批准为允许使用的食用香料。在最终加香食品中浓度为 0.01～0.06 mg/kg。微量用于咖啡和肉香型食用香精中，也可用于烟用香精中。3-乙基吡啶具有强烈的白肋烟香气特征，可增强雪茄烟吸味及香气，广泛用于烟草调香中。

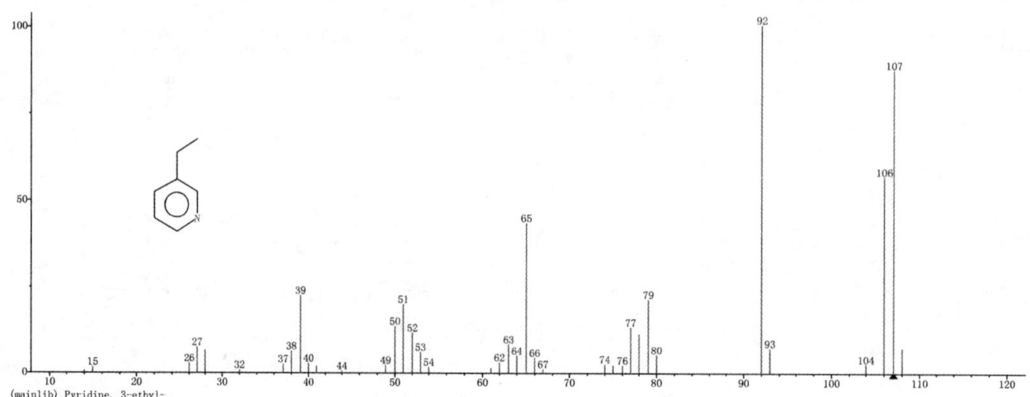

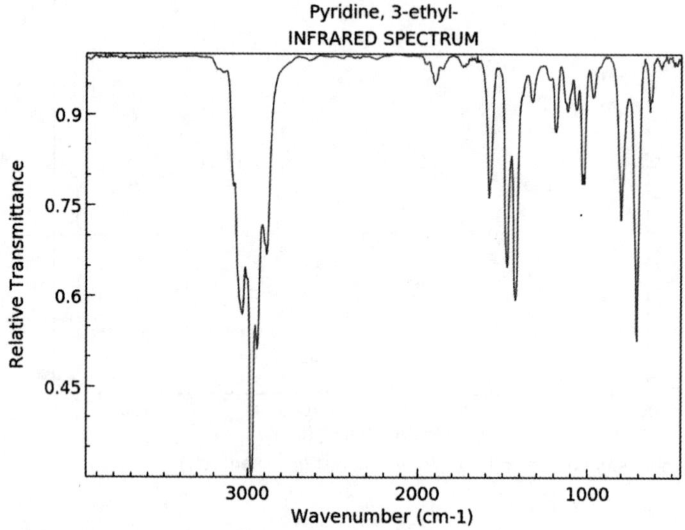

20. 3-乙烯基吡啶

英文名：3-Vinylpyridine。

分子式：C_7H_7N。

分子量：105.14。

CAS 号：1121-55-7。

黄色液体，沸点 67～68 ℃(1.73 kPa)，不溶于水，溶于乙醇。烟气中碱性香味成分，为国际上确定较为有效的烟气气相标志物。

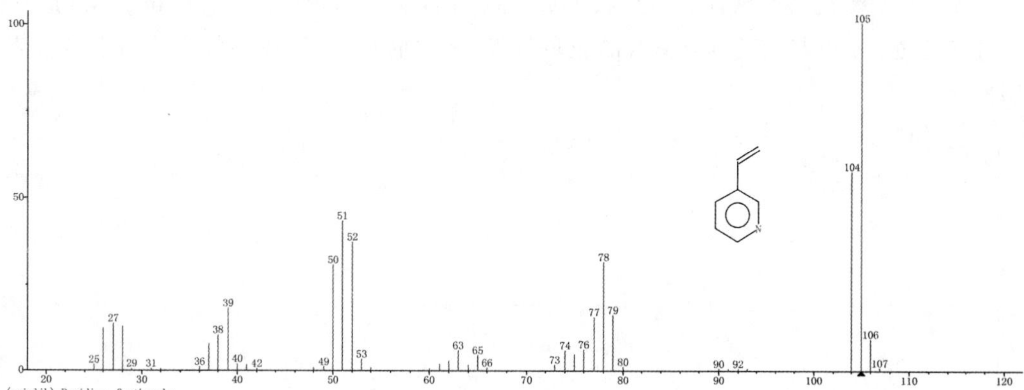

21. 3-乙酰氧基吡啶

英文名：3-Acetoxypyridine。

别名：4-吡啶基乙酸盐；3-乙酰氧吡啶。

分子式：$C_7H_7NO_2$。

分子量：137.14。

CAS 号：17747-43-2。

沸点 92 ℃，密度 1.141 g/mL。

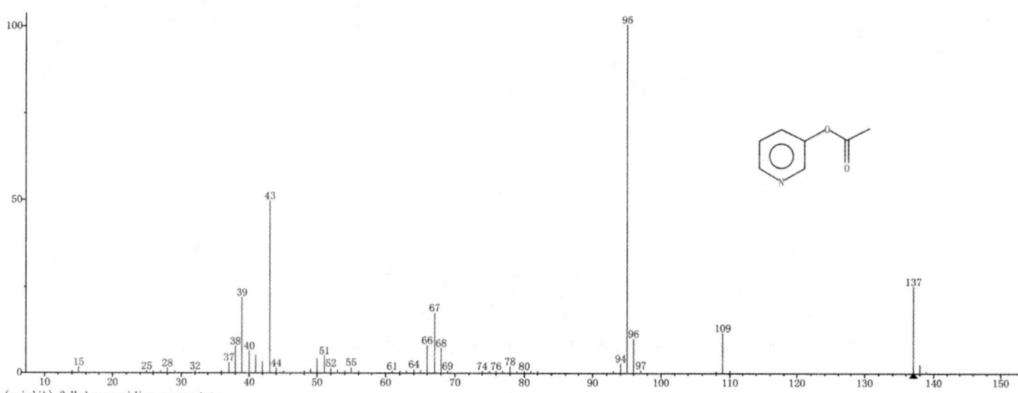

22. 4-甲基吡啶

英文名：4-Methylpyridine。

别名：γ-甲基吡啶。

分子式：C_6H_7N。

分子量：93.13。

CAS 号：108-89-4。

无色、易燃、易挥发液体。熔点 2.4 ℃，沸点 144.24 ℃，密度 0.941 g/mL。溶于水、乙醇和乙醚。4-甲基吡啶具有清淡的花草香气，有白肋烟香味，在烟气中可增强烟气丰满度。

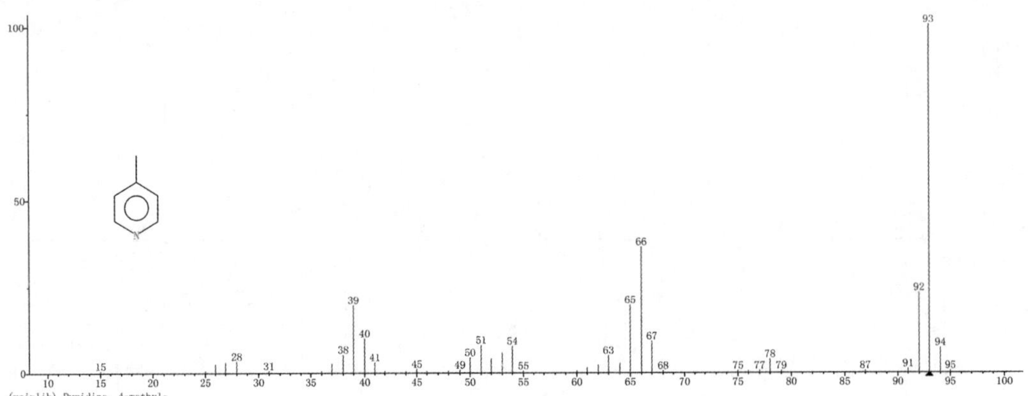

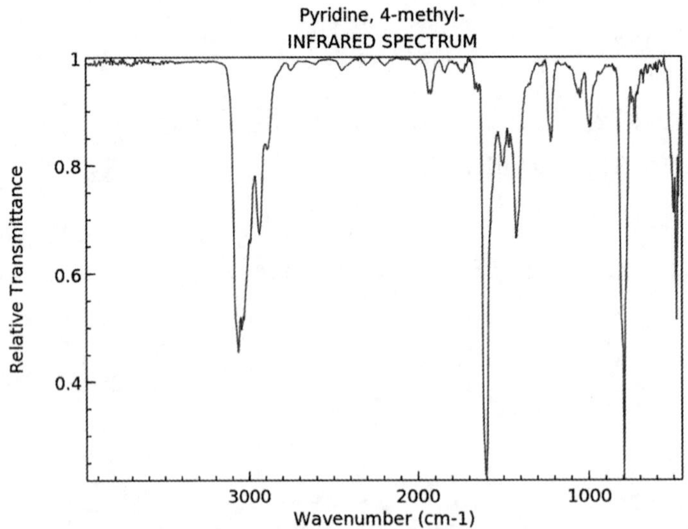

23.4-羟基吡啶

英文名：4-Hydroxypyridine。

分子式：C_5H_5NO。

分子量：95.10。

CAS 号：626-64-2。

淡棕色至白色粉末。熔点 150 ℃，闪点 182 ℃。溶于水、乙醇、氯仿和四氯化碳，微溶于苯和醚。

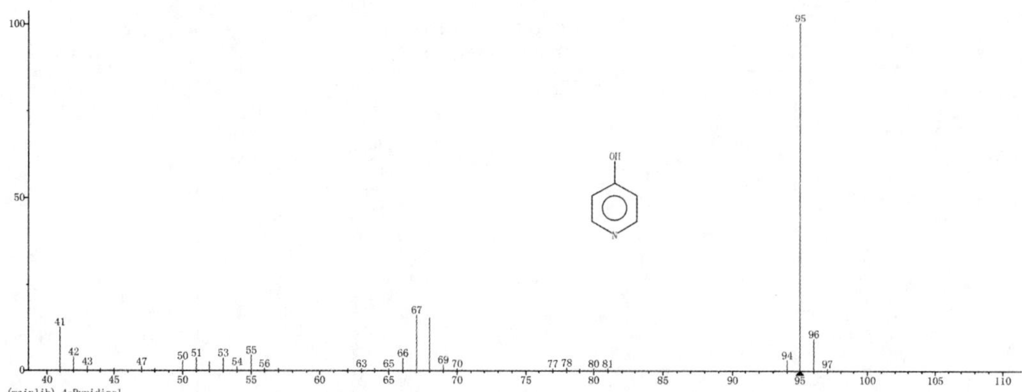

24. 4-乙烯基吡啶

英文名：4-Vinylpyridine。

分子式：C_7H_7N。

分子量：105.14。

CAS 号：100-43-6。

无色至黄色液体。沸点 121 ℃，闪点 51.7 ℃，密度 0.98 g/mL。微溶于水，溶于甲醇、乙醚、苯和丙酮。

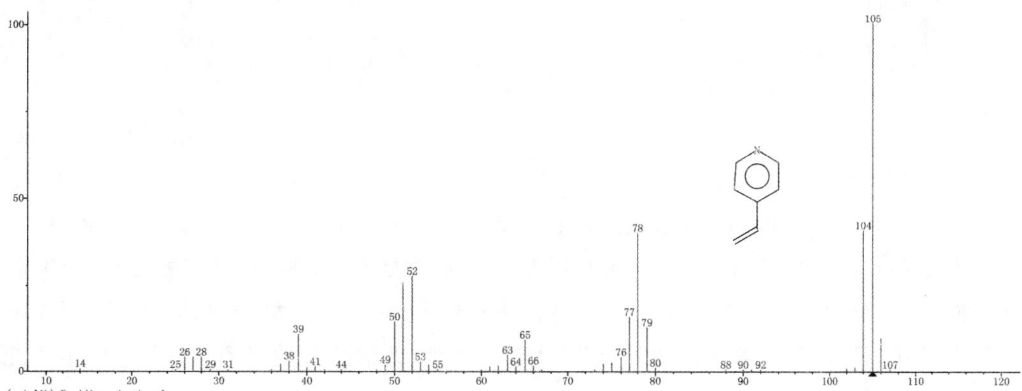

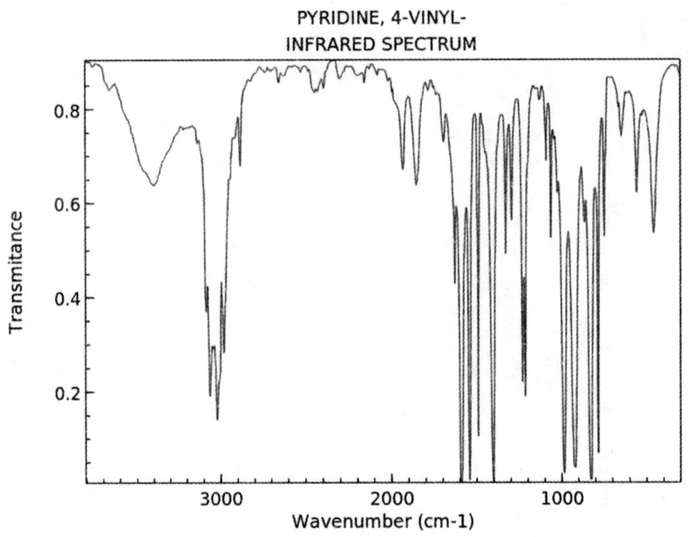

25. 吡嗪

英文名：Pyrazine。

别名：对二氮杂苯。

分子式：$C_4H_4N_2$。

分子量：80.09。

CAS号：290-37-9。

无色晶体，熔点 52～56 ℃，沸点 115～116 ℃，密度 1.031 g/mL。溶于水、乙醇、乙醚等。与吡啶类似，也具有芳香性。香气特征方面，1%的溶液，具有霉香、生坚果和弱的青香的香气，并有带油气的酵母蒸馏液样的香韵。味觉方面，10～20 mg/kg 的浓度，具有霉味、可可壳、坚果皮样的风味，还有墨西哥玉米面豆卷、奶油、牛奶和麦芽样的韵味。天然存在于咖啡中，也存在于番木瓜、芦笋、法式炸土豆、罗马干酪、煮鸡蛋、炸鸡、烤牛肝和烤猪肝中，用于可可、咖啡、爆玉米花、麦芽牛奶和奶制品香韵的香精中，还可用于花生、白脱和油梨风味的香精中，也用作肉类等香精。可赋予卷烟浓郁的烤香，烟气中重要香味成分。

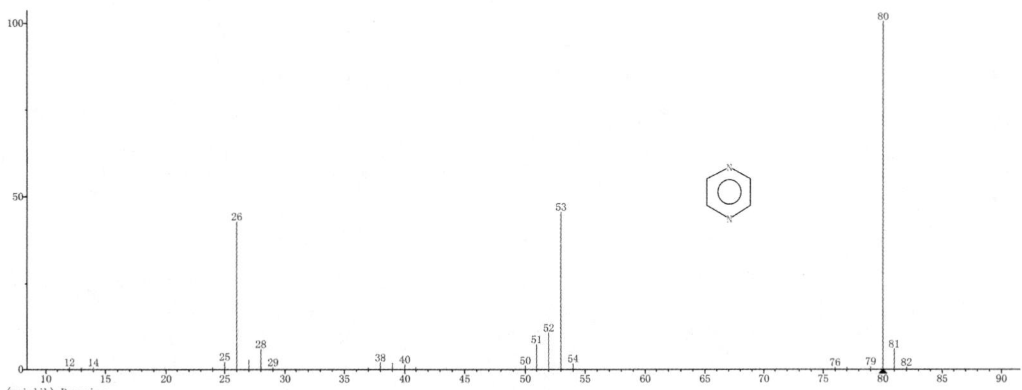

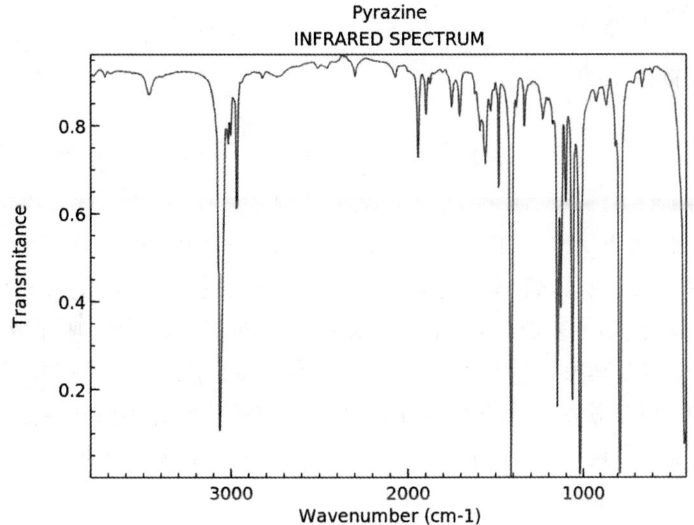

26. 甲基吡嗪

英文名：2-Methylpyrazine。

分子式：$C_5H_6N_2$。

分子量：94.11。

CAS 号：109-08-0。

无色或淡黄色液体，熔点－29 ℃，沸点 135 ℃，闪点 50 ℃，密度 1.030 g/mL。溶于水和乙醇等有机溶剂。甲基吡嗪具有坚果香、霉香、烤香、壤香，75 mg/kg 的溶液具有坚果及烘烤食品的味道。它天然存在于咖啡、土豆片、杏仁、白面包、花生、炒榛子、炒大麦、炒牛肉、乳制品等食品中。作为食品香料添加剂，用于调配肉类、巧克力、爆玉米花、花生、土豆、坚果、咖啡、可可等香型的食用香精。可赋予卷烟浓郁的烤香，烟气中重要香味成分。

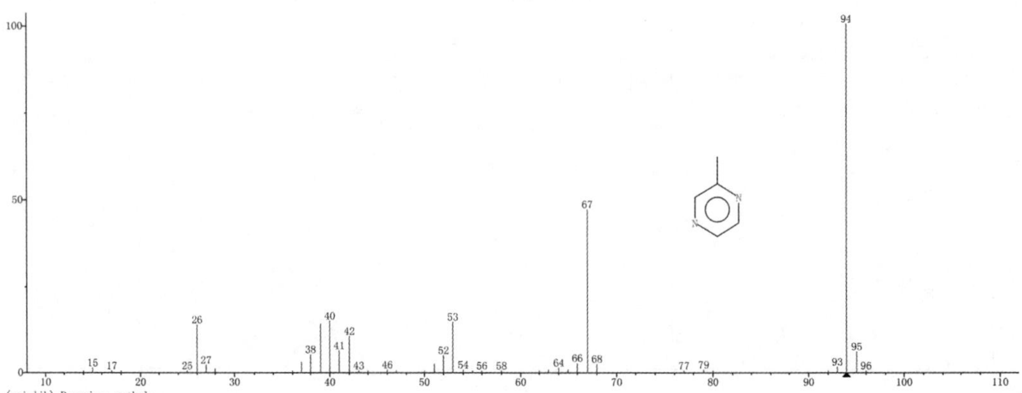

27.2,3-二甲基吡嗪

英文名：2，3-Dimethylpyrazine。

分子式：$C_6H_8N_2$。

分子量：108.14。

CAS 号：5910-89-4。

无色至微黄色液体，熔点 11～13 ℃，沸点 156 ℃，闪点 54 ℃，密度 1.022 g/mL。2，3-二甲基吡嗪具有烤焙、奶油、肉类香气，有烤焦的蛋白质、坚果和可可果气味，天然存在于焙烤制品、炒大麦、可可、咖啡、乳制品、肉、花生、马铃薯、啤酒、大豆制干酪等中。2，3-二甲基吡嗪因其独特的香气和极低的阈值而在食用香精中得到广泛的应用，主要用于配制肉类、果仁、软饮料等香料。在食品中的用量一般为 10 mg/kg。日本高砂香料株式会社的咖啡香料配方中，有十分之一的 2，3-二甲基吡嗪。在烟气中，可增加面包香、烘烤香。

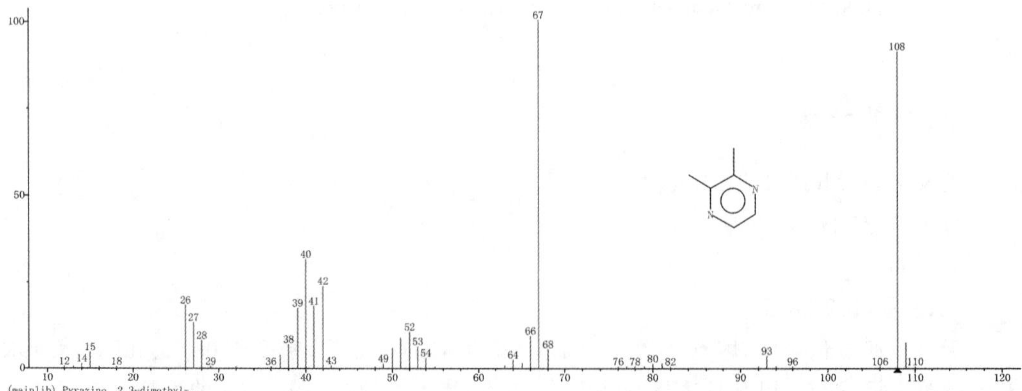

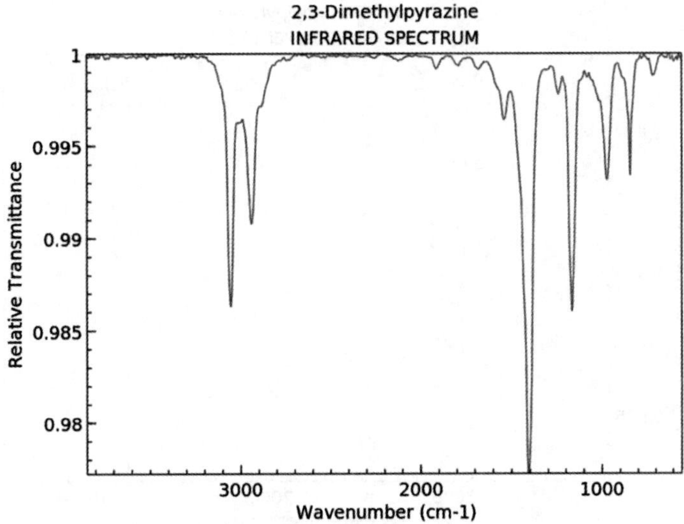

28. 2,6-二甲基吡嗪

英文名：2,6-Dimethylpyrazine。

分子式：$C_6H_8N_2$。

分子量：108.14。

CAS 号：108-50-9。

白色固体，熔点 41～44 ℃，沸点 154 ℃，溶于乙醇等有机溶剂。2,6-二甲基吡嗪具有烤香、咖啡、花生、土豆气味。天然存在于肉、土豆片、可可、咖啡、威士忌中。它作为食用香精，可用于调配肉类、咖啡、巧克力、坚果香型，在最终加香食品中浓度为 0.1～10 mg/kg。在烟气中，可增加壤香、令人愉快的香味。

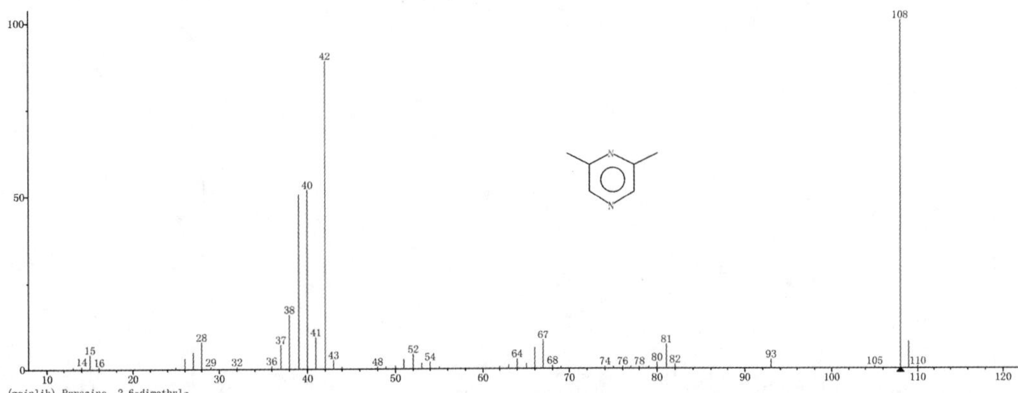

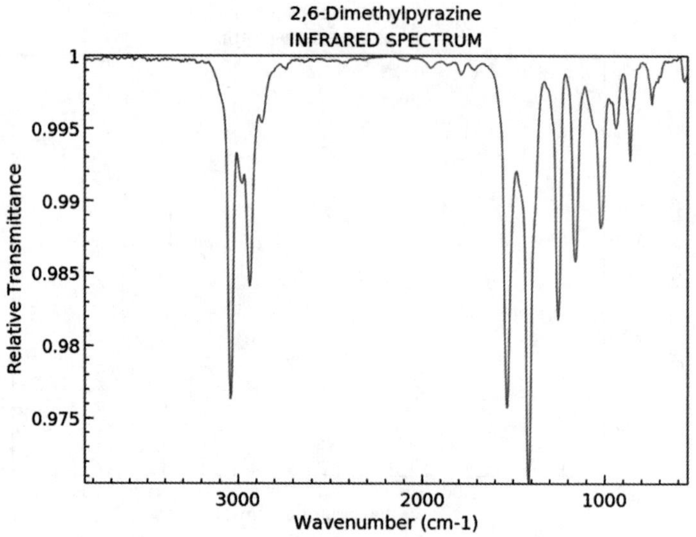

29. 2-乙基-3-甲基吡嗪

英文名：2-Ethyl-3-methylpyrazine。

分子式：$C_7H_{10}N_2$。

分子量：122.17。

CAS 号：15707-23-0。

无色或淡黄色液体，沸点 57 ℃，闪点 57 ℃，密度 0.987 g/mL。具有坚果香、花生香、霉味、谷物样香气、面包香。天然存在于咖啡、榛子、花生、土豆、坚果中。作为食用香料，可用于配制花生、坚果、可可、爆玉米花香型食用香精，最终加香食品中浓度约为 3 mg/kg。

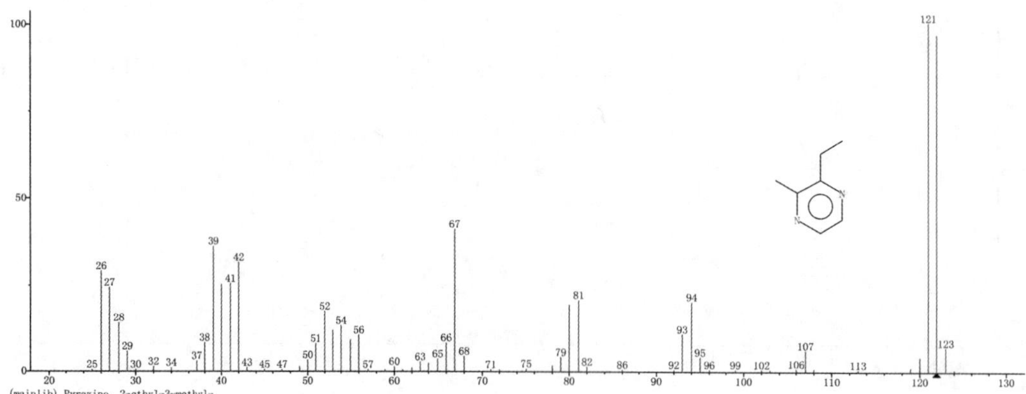

30. 2-乙基吡嗪

英文名：Ethylpyrazine。

分子式：$C_6H_8N_2$。

分子量：108.14。

CAS 号：13925-00-3。

沸点 152～153 ℃，闪点 23 ℃，密度 0.984 g/mL。2-乙基吡嗪是一种具有坚果香、霉味、木香、土豆香、壤香、烤香、肉香、鱼香、可可香气的化学物质，10 mg/kg 的溶液具有坚果、土豆、可可的味道。天然存在于土豆、煮牛肉、威士忌、咖啡、花生、麦芽、河虾中。用于调配坚果、咖啡、肉类、可可、面包香型的食用香精。在烟气中可赋予烟叶浓郁的烤香，对增强和改进烟草香味有明显作用。

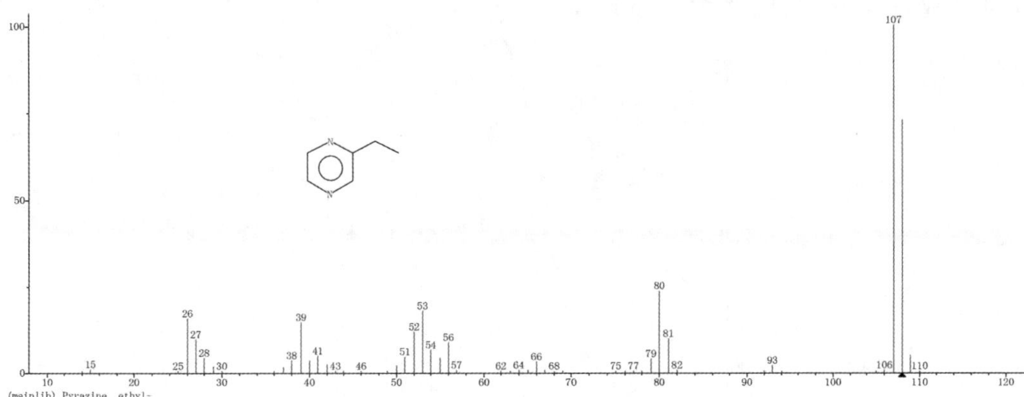

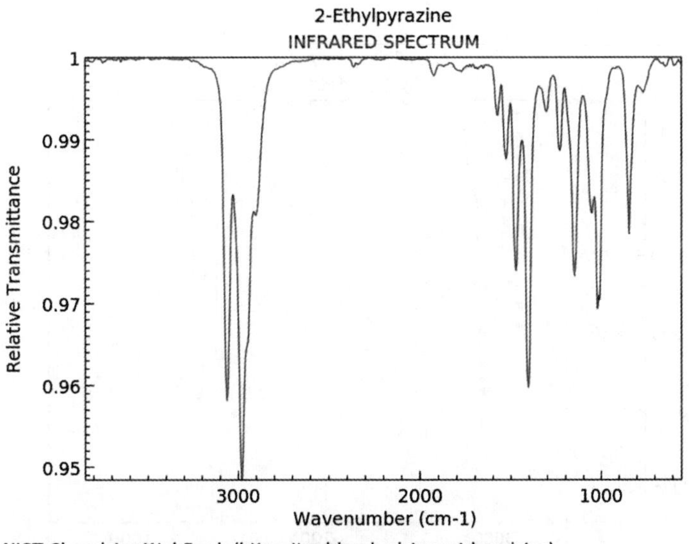

NIST Chemistry WebBook (https://webbook.nist.gov/chemistry)

31.2,3,5-三甲基吡嗪

英文名：Trimethyl-pyrazine。

分子式：$C_7H_{10}N_2$。

分子量：122.17。

CAS 号：14667-55-1。

沸点 171～172 ℃，闪点 54 ℃，密度 0.979 g/mL。2,3,5-三甲基吡嗪是吡嗪类香料中应用最广、用量最大的品种之一，它具有浓厚的坚果香气，具有烤土豆、炒花生、核桃、坚果、壤香、发酵霉香等香气，兼有巧克力、可可风味，阈值低。天然存在于烘烤制品、炒大麦、花生、马铃薯制品等食品中。2,3,5-三甲基吡嗪是一种重要的新型合成香料，可用以调制奶油、咖啡、可可、巧克力、花生、芝麻油等香型的香精，广泛应用于食品工业和烟草加工业，食物中添加量约为 10 mL/m^3。

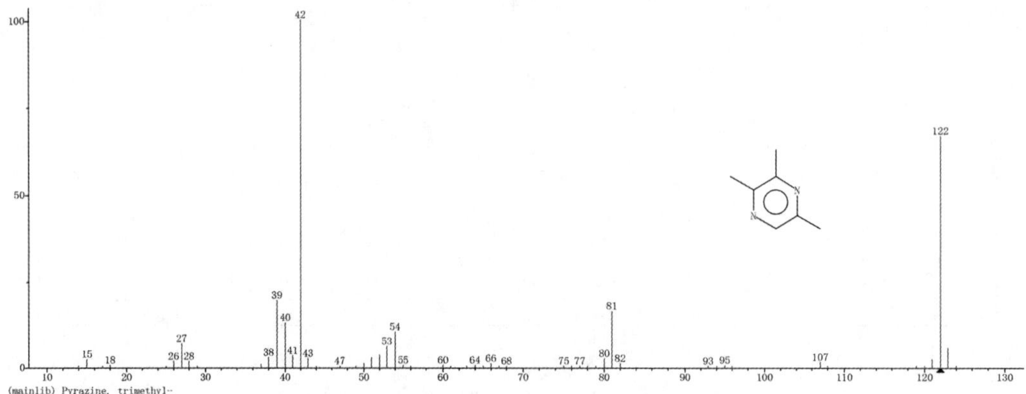

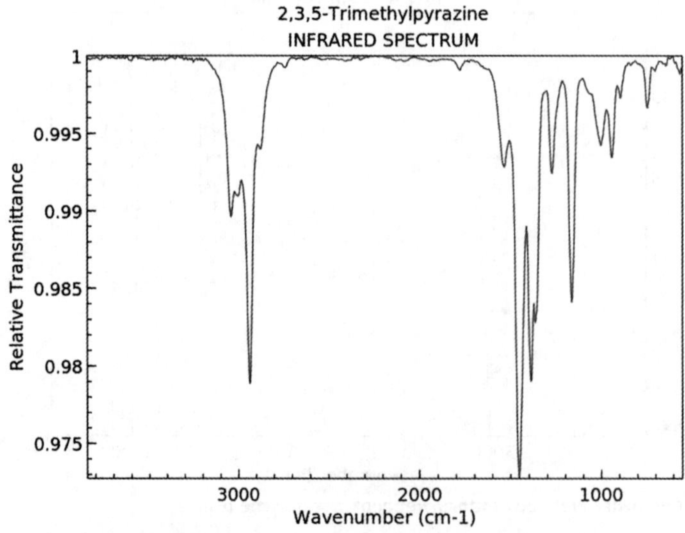

32. 吡咯

英文名：Pyrrole。

分子式：C_4H_5N。

分子量：67.09。

CAS 号：109-97-7。

无色液体，熔点－23 ℃，沸点 130～131 ℃，闪点 33.33 ℃，密度 0.9691 g/mL。溶于乙醇、乙醚、苯、稀酸和大多数非挥发性油，不溶于稀碱。吡咯具有果仁和酯类暖的甜果味，有显著的刺激性气味。卷烟烟气中重要香味成分。

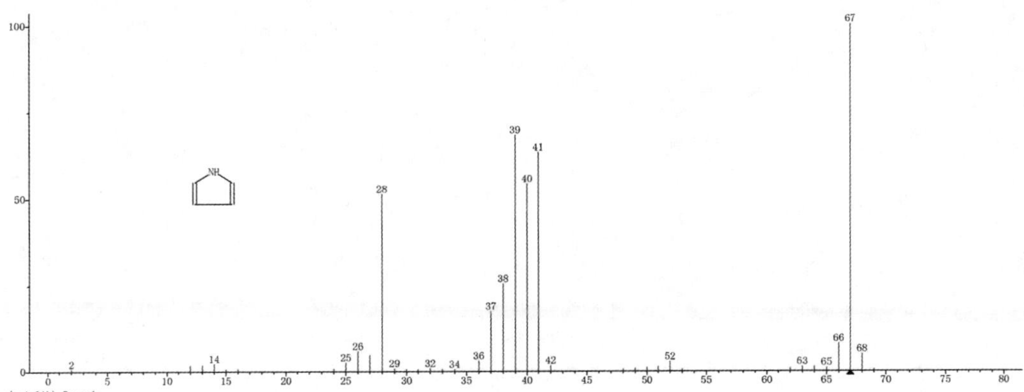

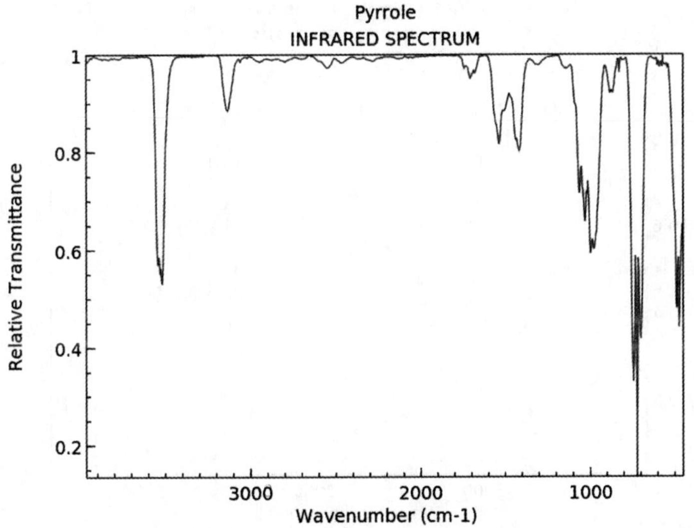

33. 1-甲基-1H-吡咯

英文名：N-Methyl pyrrole。

别名：N-甲基吡咯。

分子式：C_5H_7N。

分子量：81.12。

CAS 号：96-54-8。

无色透明液体，在光照下变成淡黄色或棕色。熔点－57 ℃，沸点 111～114 ℃，闪点 16 ℃，密度 0.91 g/mL。

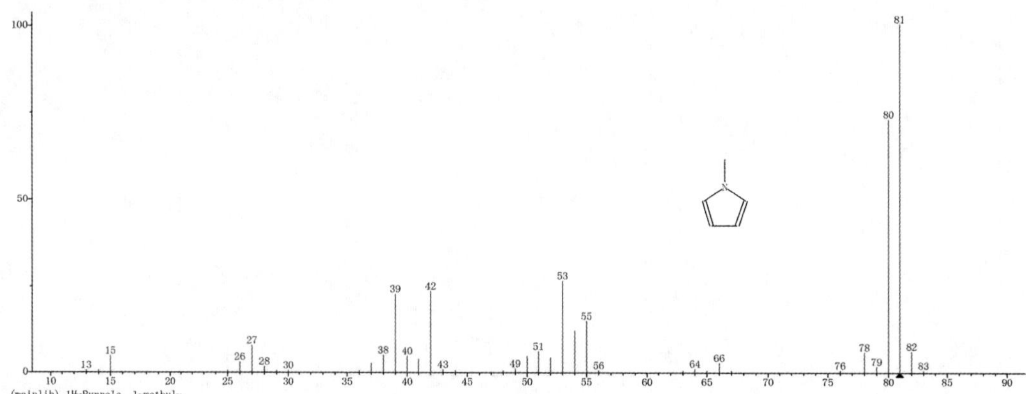

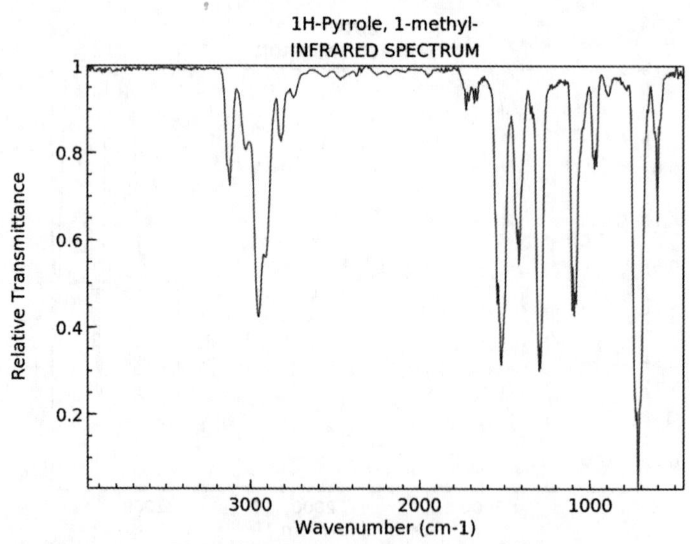

34. 2-吡咯甲醛

英文名:Pyrrole-2-carboxaldehyde。

别名:吡咯-2-甲醛。

分子式:C_5H_5NO。

分子量:95.10。

CAS 号:1003-29-8。

黄色泡沫,熔点 43～46 ℃,沸点 217～219 ℃,闪点 224 ℉,密度 1.197 g/mL。烟气中致香成分,增强白肋烟香气。

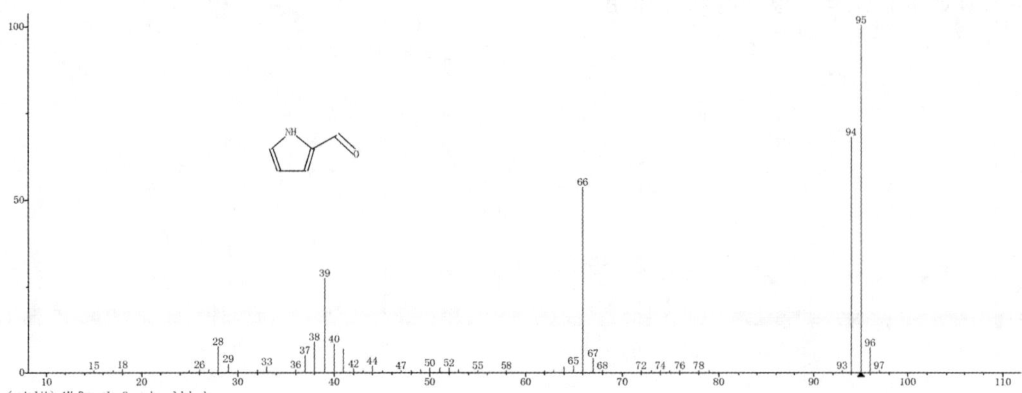

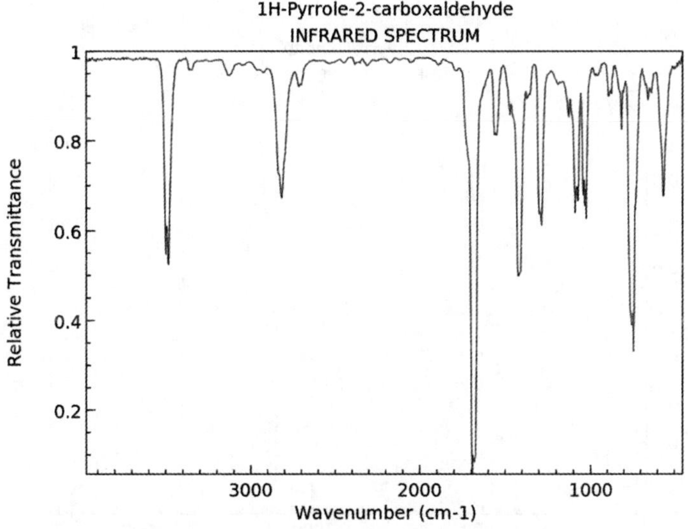

NIST Chemistry WebBook (https://webbook.nist.gov/chemistry)

35. 2-吡咯烷酮

英文名：2-Pyrrolidinone。

别名：吡咯酮；氮戊环酮；丁内酰胺。

分子式：C_4H_7NO。

分子量：85.10。

CAS号：616-45-5。

无色结晶，熔点 24.6 ℃，沸点 245 ℃，闪点 129 ℃，密度 1.116 g/mL。能溶于水、醇、醚、氯仿、苯、乙酸乙酯和二硫化碳等多数有机溶剂，难溶于石油醚。美拉德反应产物，对烟草香味有着很好的修饰作用。

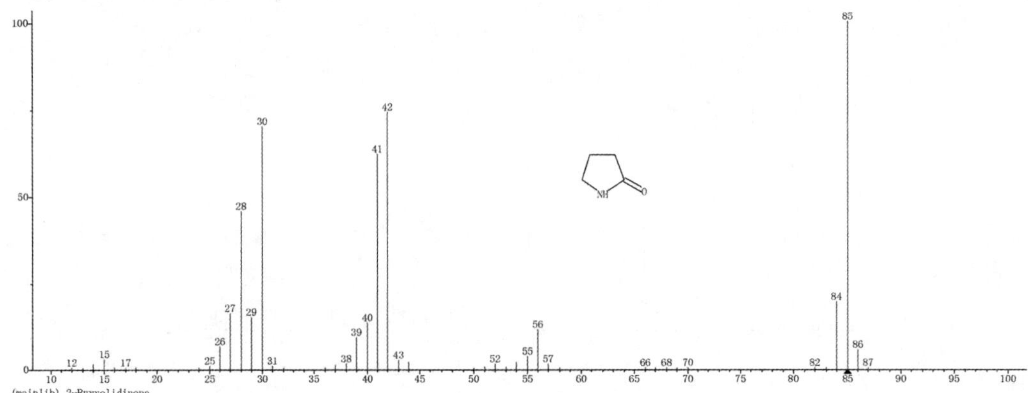

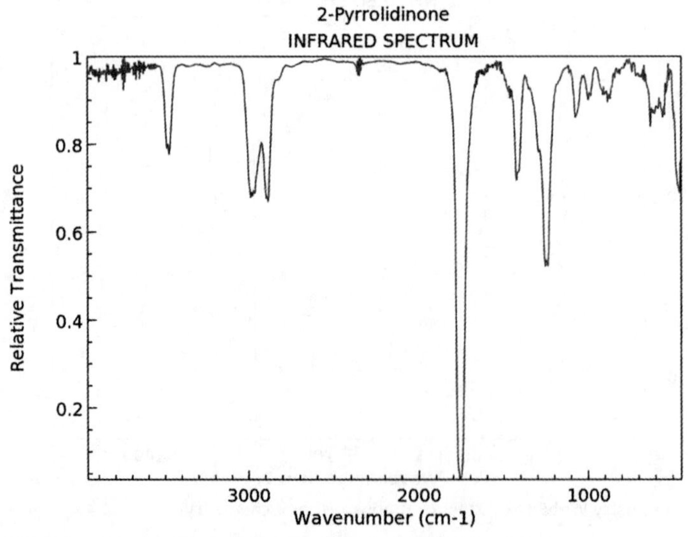

NIST Chemistry WebBook (https://webbook.nist.gov/chemistry)

36. 2-乙酰基吡咯

英文名：2-Acetyl pyrrole。
分子式：C_6H_7NO。
分子量：109.13。
CAS 号：1072-83-9。

白色针状结晶体，熔点 90 ℃，沸点 220 ℃。溶于水，溶于乙醇、乙醚等有机溶剂。具有焦香、烤香，有核桃、甘草、烤面包、炒榛子和鱼样的香气。存在于茶叶、烘过的杏仁、咖啡、烤牛肉和烟草中。用于肉味、咖啡、茶叶、榛子、坚果类食用香精中。在烟草中用于修饰烟草、改善吸味。

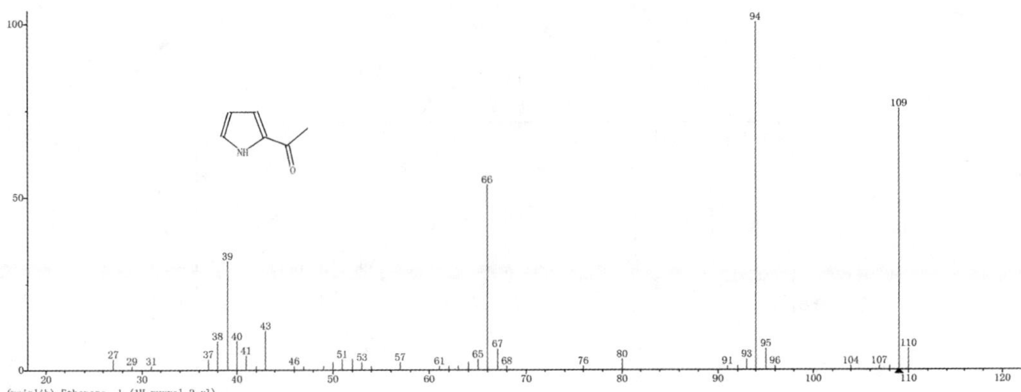

37. 吲哚

英文名：Indole。
别名：苯并吡咯。
分子式：C_8H_7N。
分子量：117.15。
CAS 号：120-72-9。

片状白色晶体，遇光日久会变黄红色。熔点 53 ℃，沸点 253～254 ℃，密度 1.149 g/mL。溶于乙醇、丙二醇及油类，几乎不溶于石蜡油和水。吲哚稀释后具有茉莉花香，存在于茉莉、橙花、长寿花、水仙、苦橙花、柠檬等精油和咖啡中。主要存在于茉莉花、苦橙花、水仙花、香罗兰等天然花油中，因此广泛用于调配蔬菜、水果、坚果、花香型、咖啡、巧克力等食用香精及烟用香精。在最终加香食品中浓度为 0.02～0.58 mg/kg。烟草中重要致香成分，可改善余味，提升卷烟整体品质。

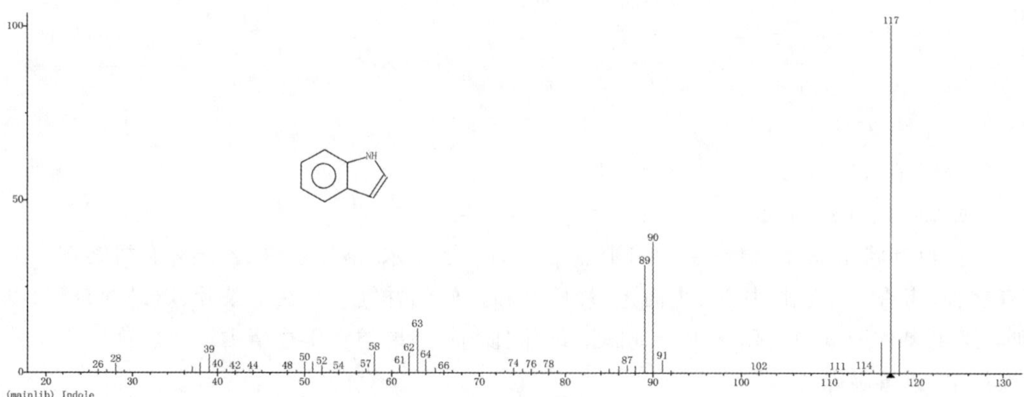

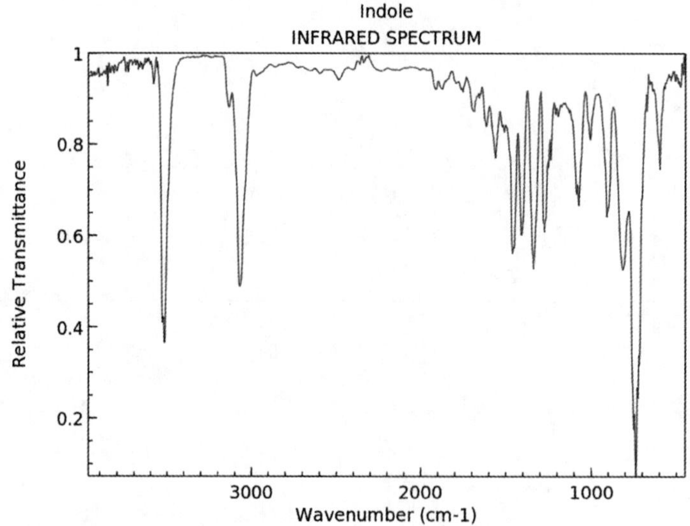

38. 2-甲基-1H 吲哚

英文名：2-Methylindole。

别名：2-甲基吲哚。

分子式：C_9H_9N。

分子量：131.17。

CAS 号：95-20-5。

无色针状或片状结晶。熔点 58～60 ℃，沸点 273 ℃，闪点 141 ℃，密度 1.07 g/mL。易溶于甲醇、苯、乙醇和乙醚，微溶于热水。烟气中碱性香味成分。

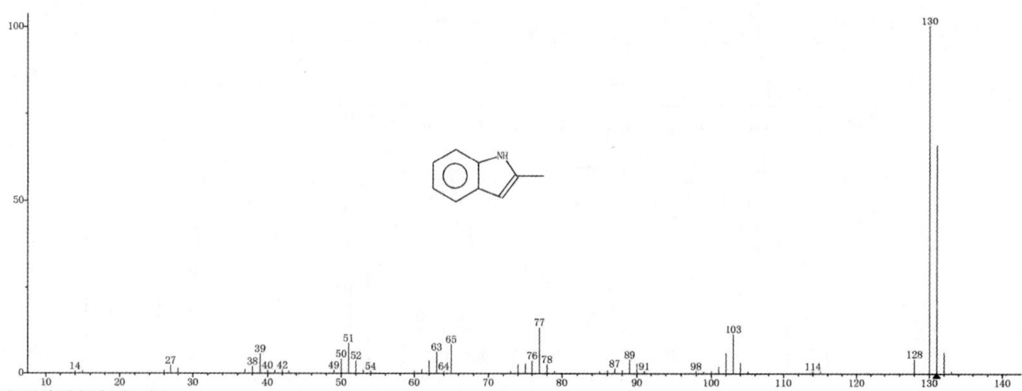

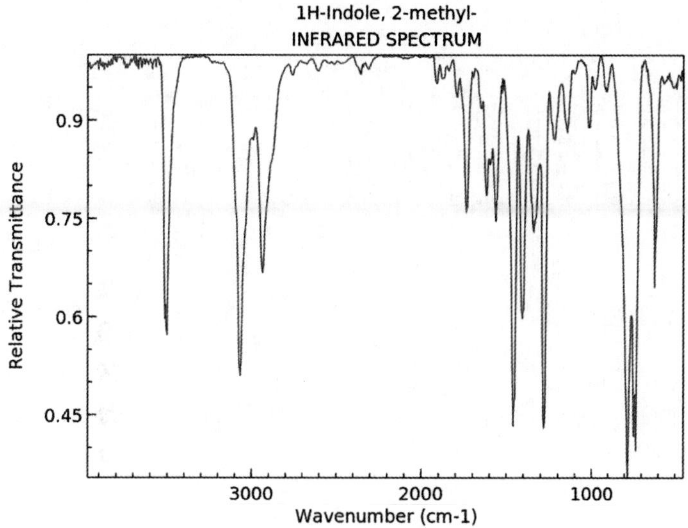

39. 2,3-二甲基-吲哚

英文名：2,3-Dimethyl-1H-indole。
分子式：$C_{10}H_{11}N$。
分子量：145.2。
CAS 号：91-55-4。

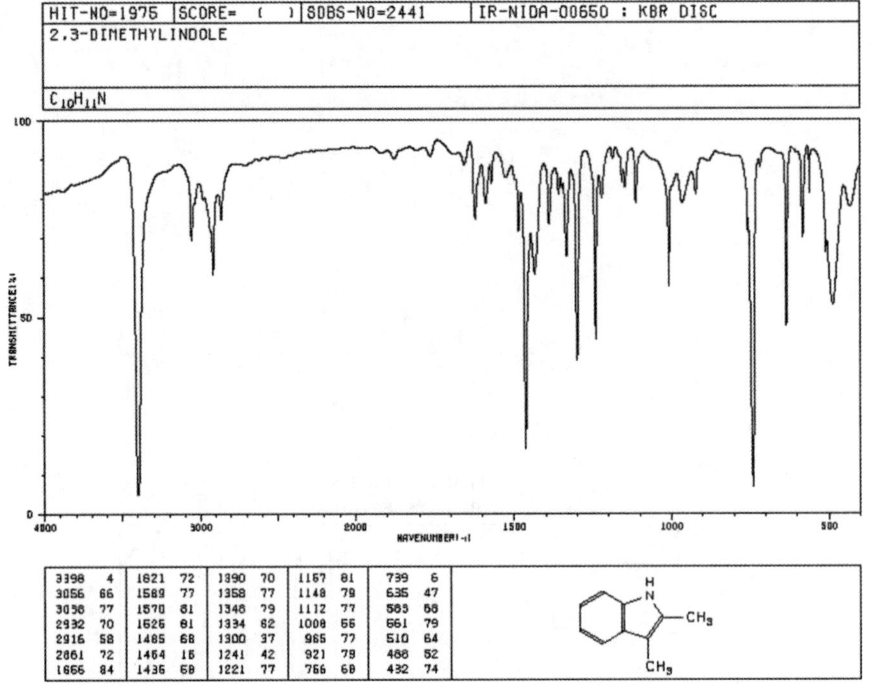

40. 4-甲基-1H 吲哚

英文名：4-Methylindole。

别名：4-甲基吲哚。

分子式：C_9H_9N。

分子量：131.17。

CAS 号：16096-32-5。

黄色到棕色透明液体，熔点 5 ℃，沸点 267 ℃，闪点 230 ℃以上，密度 1.06 g/mL。

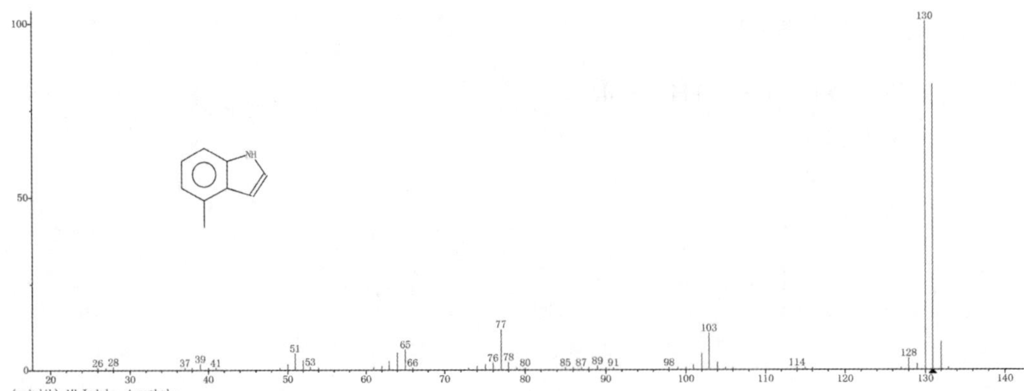

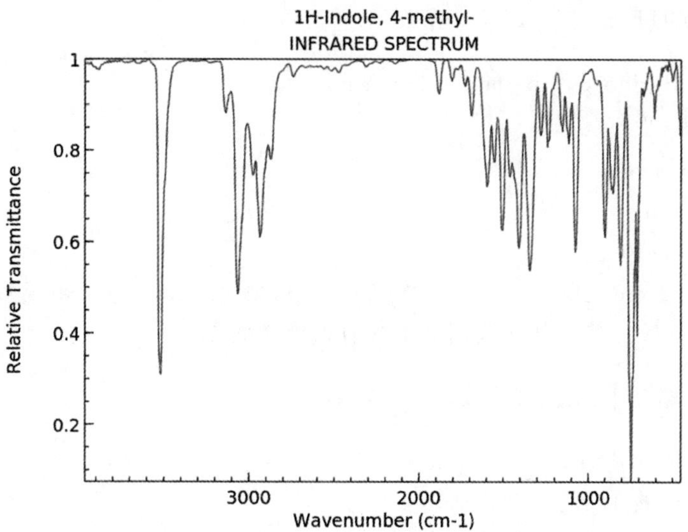

41. 9H-吡啶[3,4-b]吲哚

英文名：9H-Pyrido[3,4-b]indole。

分子式：$C_{11}H_8N_2$。

分子量：168.19。

CAS 号：244-63-3。

浅黄色固体，熔点 199～201 ℃，沸点 287.13 ℃，密度 1.1722，折射率 1.52。加热肉制品中含有该类物质。

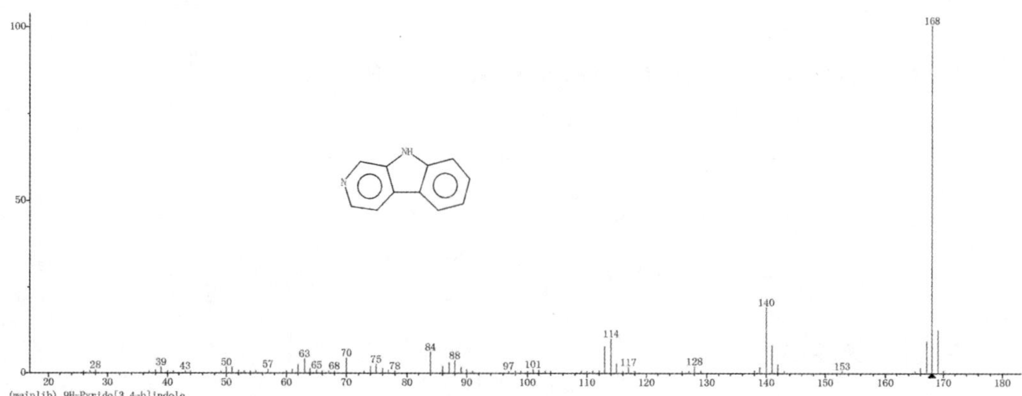

42. 1-甲基-9H-吡啶[3,4-b]吲哚

英文名:9H-Pyrido[3,4-b]indole,1-methyl-。
别名:哈尔满;哈尔满碱。
分子式:$C_{12}H_{10}N_2$。
分子量:182.22。
CAS 号:486-84-0。
密度 1.252 g/cm^3,熔点 235～238 ℃(lit.),沸点 386.9 ℃ at 760 mmHg,闪点 176.2 ℃,折射率 1.75。加热肉制品中含有该类物质。

43. 六氢吡咯并[1,2-a]吡嗪-1,4-二酮

英文名:Cyclo(-Gly-Pro)。
别名:环(甘氨酸-L-脯氨酸)二肽。
分子式:$C_7H_{10}N_2O_2$。
分子量:154.17。
CAS 号:19179-12-5。
沸点(447.9±34.0) ℃,密度(1.32±0.1) g/cm^3,酸度系数(pKa)13.21±0.20。

44. 哌啶

英文名:Piperidine。
别名:六氢吡啶;氮己环;一氮六环。
分子式:$C_5H_{11}N$。
分子量:85.15。
CAS 号:110-89-4。
无色至淡黄色液体,熔点－11 ℃,沸点 106 ℃,密度 0.930 g/mL。能与水混溶,溶于乙醇、乙醚、丙酮及苯。具有像胡椒的气味,有类似氨的气味。

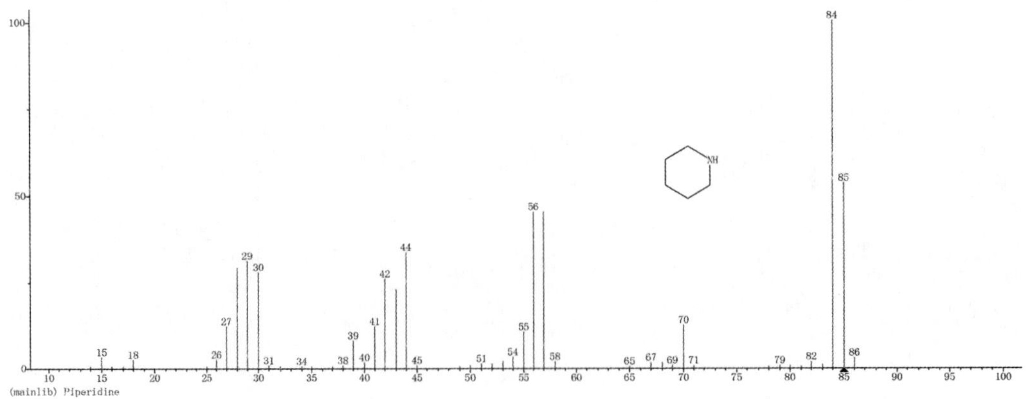

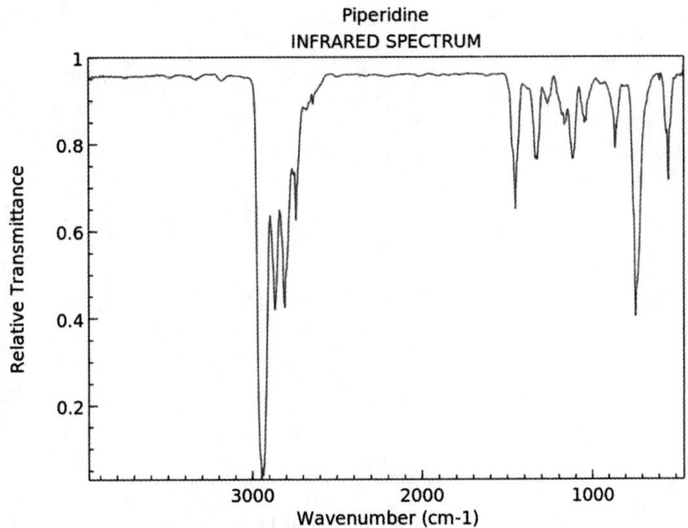

45. 喹啉

英文名:Quinoline。

别名:苯并吡啶。

分子式:C_9H_7N。

分子量:129.16。

CAS 号:91-22-5。

无色油状液体,遇光或在空气中变黄色。密度 1.09376,熔点−15 ℃,沸点 237.7 ℃。微溶于水,溶于乙醇、乙醚和氯仿。易与蒸汽一同挥发。呈弱碱性。有类似萘(卫生球)的芳香味,是卷烟烟气中的碱性香味成分。

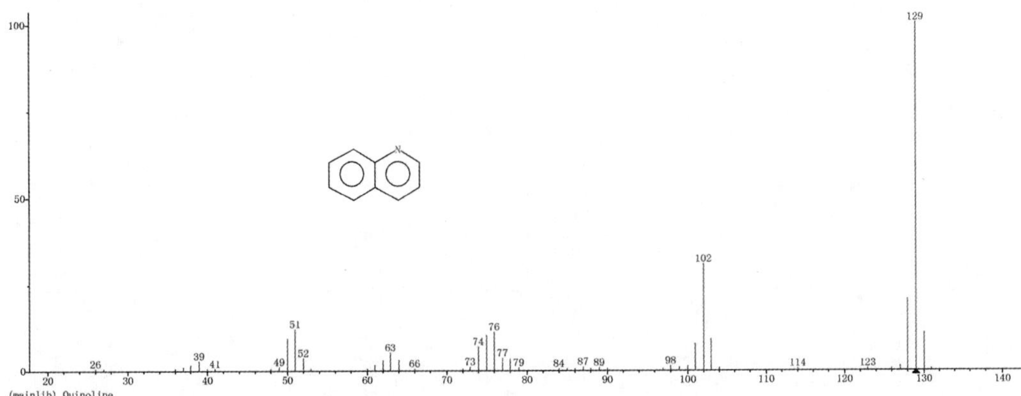

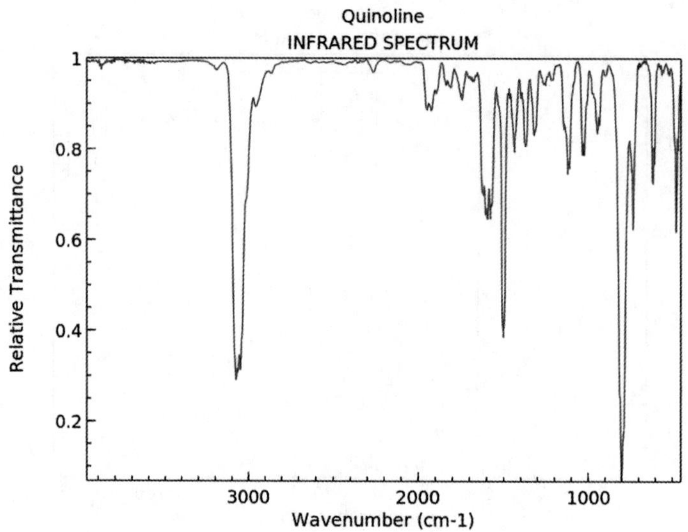

46. 3-甲基-1-苯基-1H-吡唑

英文名：3-Methyl-1-phenylpyrazole。

分子式：$C_{10}H_{10}N_2$。

分子量：158.20。

CAS 号：1128-54-7。

白色至浅黄色结晶性粉末。熔点 108 ℃，沸点 255 ℃ at 760 mmHg，闪点 108 ℃。卷烟烟气中香味成分。

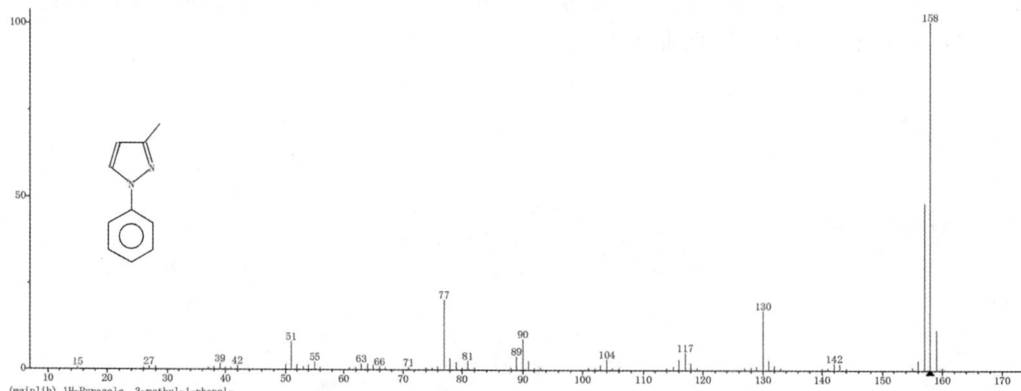

47. 咔唑(2B 类致癌物)

英文名：Carbazole。
别名：9-氮(杂)芴。
分子式：$C_{12}H_{9}N$。
分子量：167.21。
CAS 号：86-74-8。

无色小鳞片晶体。密度 1.10，沸点 355 ℃，熔点 246 ℃。碱性极弱。稍溶于乙醇、乙醚和苯，溶于喹啉、吡啶和丙酮，微溶于冷苯、冰醋酸、氯仿、二硫化碳和汽油，溶于浓硫酸而不分解，微溶于石油醚、氯代烃和乙酸。卷烟烟气中的重要香气物质之一。

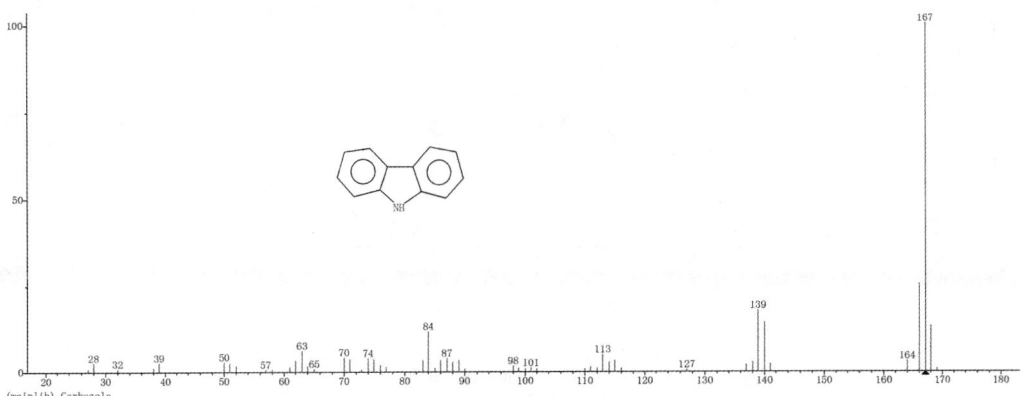

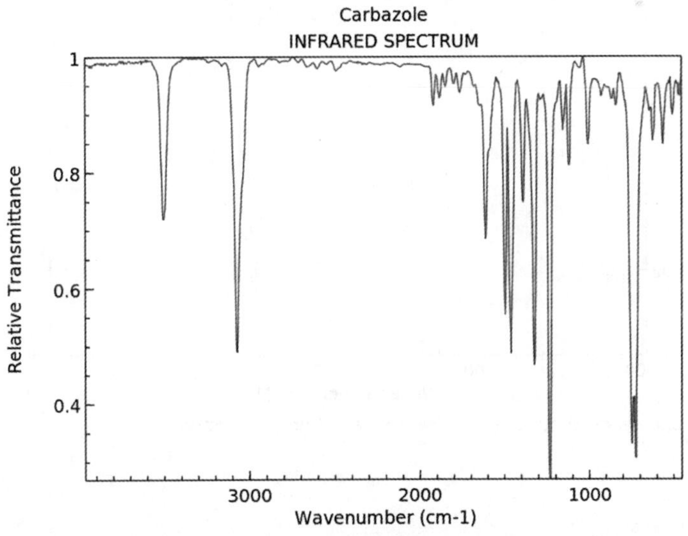

NIST Chemistry WebBook (https://webbook.nist.gov/chemistry)

48. 异戊酰胺

英文名：Isovaleramide。

分子式：$C_5H_{11}NO$。

分子量：101.15。

CAS 号：541-46-8。

密度 0.901 g/cm^3，沸点 232 ℃ at 760 mmHg，闪点 94.1 ℃。

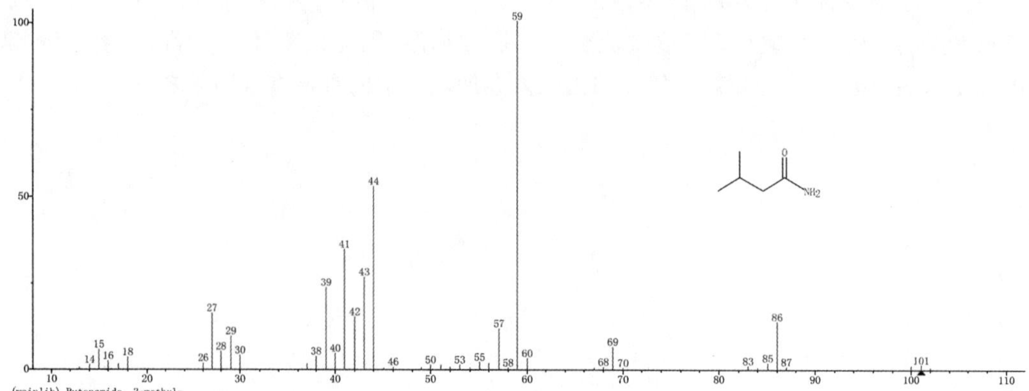

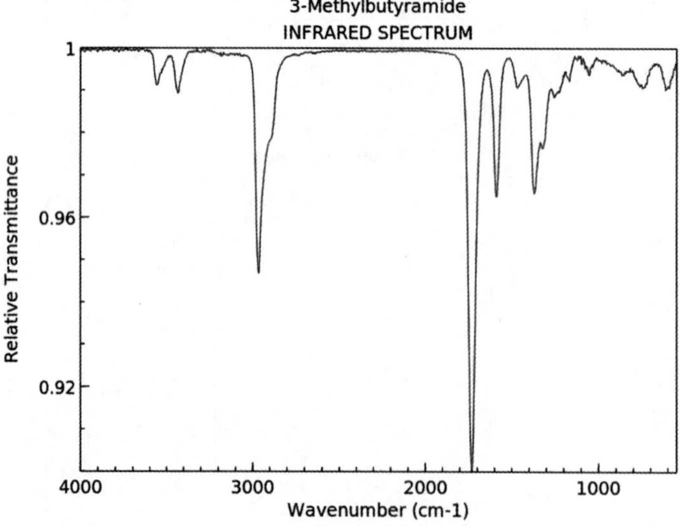

49. N-甲基烟酰胺

英文名：N-Methylnicotinamide。

分子式：$C_7H_8N_2O$。

分子量:136.15。

CAS 号:114-33-0。

熔点 102～105 ℃,沸点 250.42 ℃,密度 1.1778 ,折射率 1.5769。一种生物碱,烟碱高温分解产物。

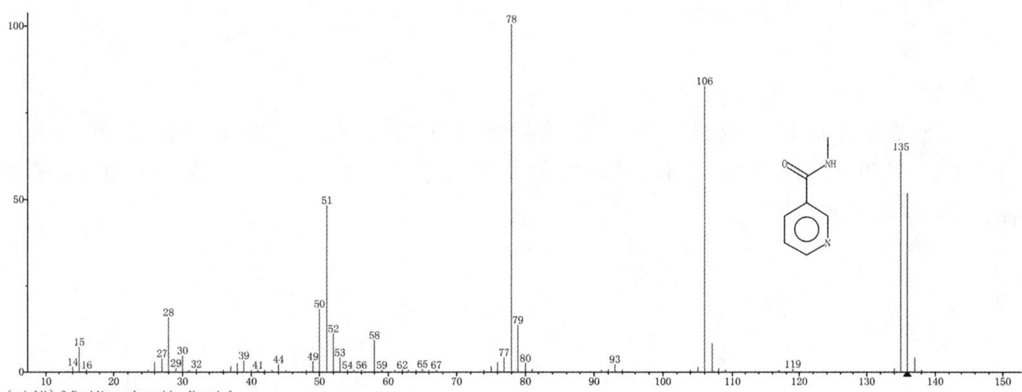

50. 棕榈酰胺

英文名:Hexadecanamide。

别名:十六碳酰胺;十六酰胺。

分子式:$C_{16}H_{33}NO$。

分子量:255.44。

CAS 号:629-54-9。

白色结晶性粉末。密度 1.0 g/mL(25 ℃),熔点 106 ℃。用于配制沐浴液、香波等。卷烟烟气中香味成分。

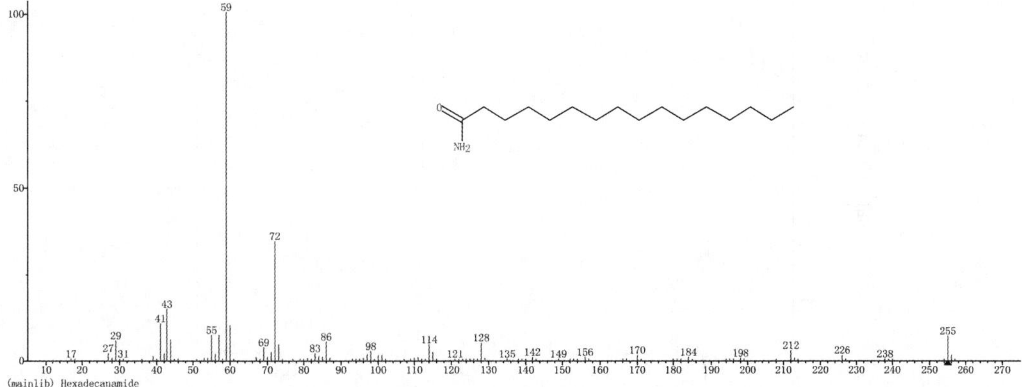

51. 琥珀酰亚胺

英文名：Succinimide。

别名：丁二酰亚胺。

分子式：$C_4H_5NO_2$。

分子量：99.09。

CAS 号：123-56-8。

一种无色针状结晶或具有淡褐色光泽的薄片固体，熔点 123～125 ℃，沸点 285～290 ℃，密度 1.41。易溶于水、醇或氢氧化钠溶液，不溶于醚、氯仿等。味甜，具有甜香、坚果香和烤烟香气。

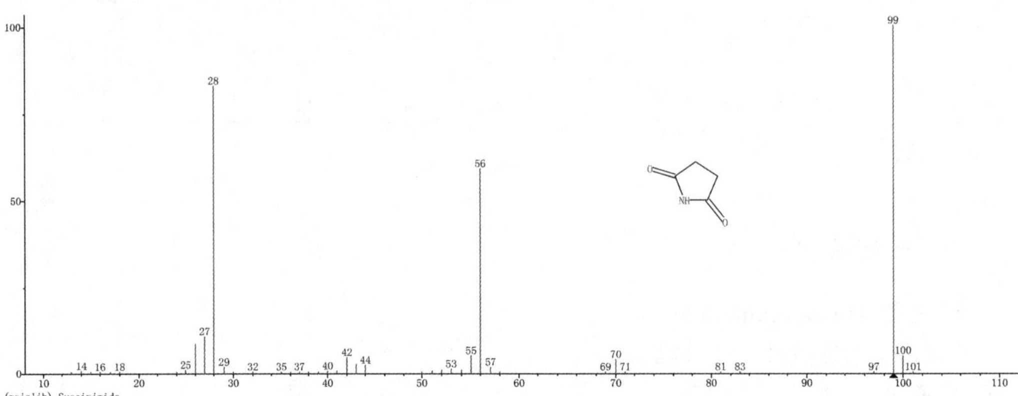

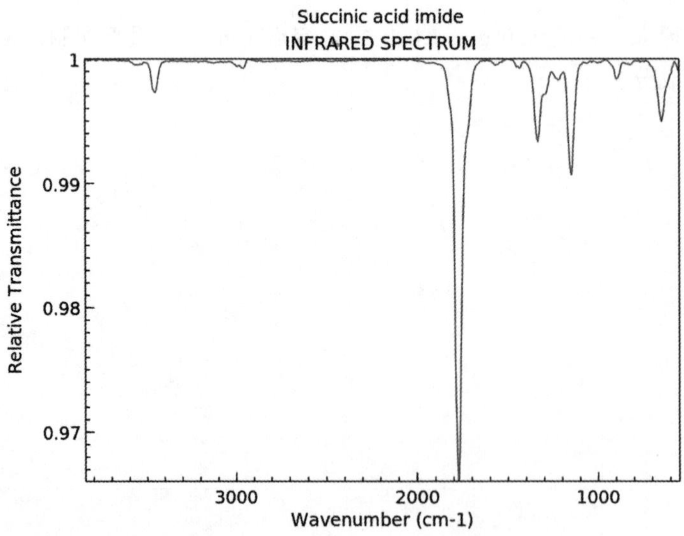

NIST Chemistry WebBook (https://webbook.nist.gov/chemistry)

52.邻苯二甲酰亚胺

英文名：O-Phthalimide。

别名：酞酰亚胺；苯二甲酰亚胺。

分子式：$C_8H_5NO_2$。

分子量：147.13。

CAS 号：85-41-6。

白色结晶粉末。熔点 238 ℃，沸点 366 ℃，闪点 165 ℃，密度 1.21。微溶于水、乙醚、苯和氯仿，稍溶于乙醇，易溶于碱溶液、冰醋酸和吡啶。本品可用于生产香料。

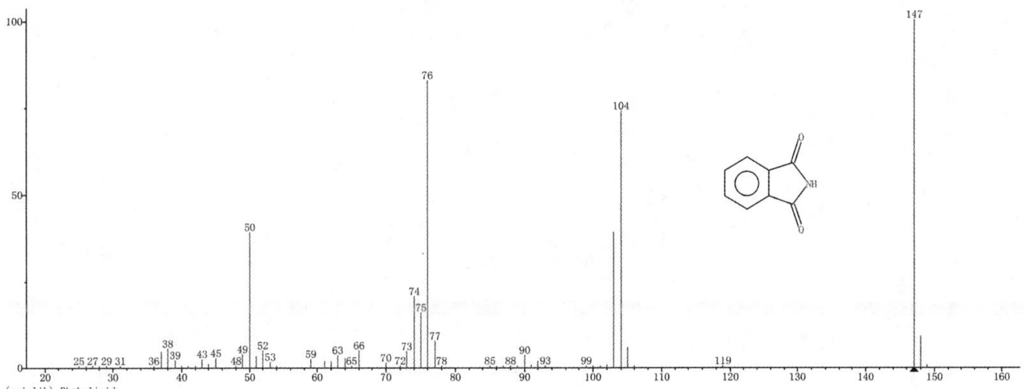

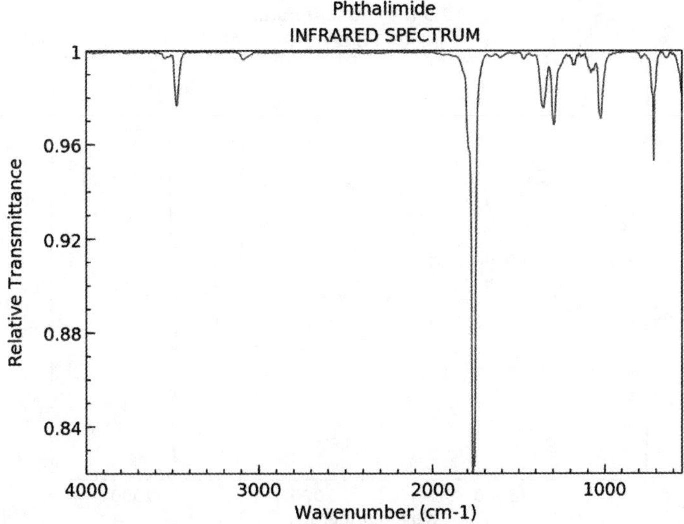

NIST Chemistry WebBook (https://webbook.nist.gov/chemistry)

53.2,3-二氢苯并呋喃

英文名：2,3-Dihydrobenzofuran。

分子式：C_8H_8O。

分子量：120.15。

CAS 号：496-16-2。

密度 1.096 g/cm^3，熔点 −21 ℃，沸点 188.2 ℃，闪点 66.7 ℃，折射率 1.549。存在于烟叶、主流烟气中，美拉德反应产物，为美拉德反应的标志物，可赋予卷烟烤甜香和烘焙香。

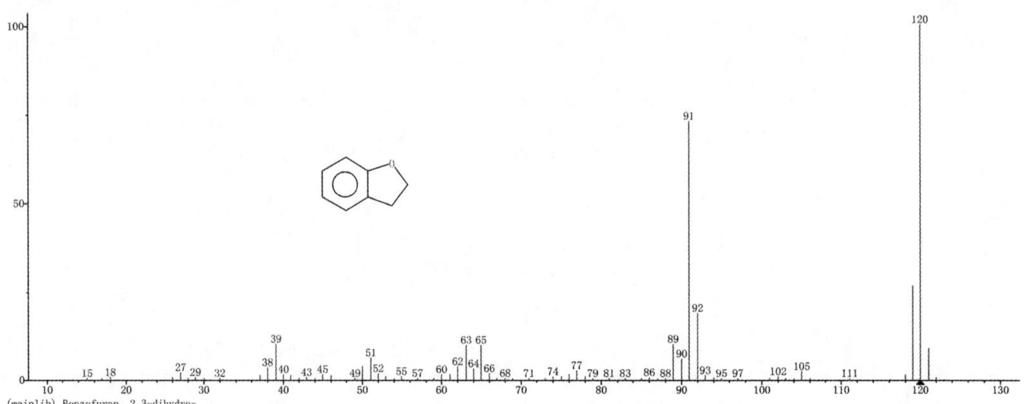

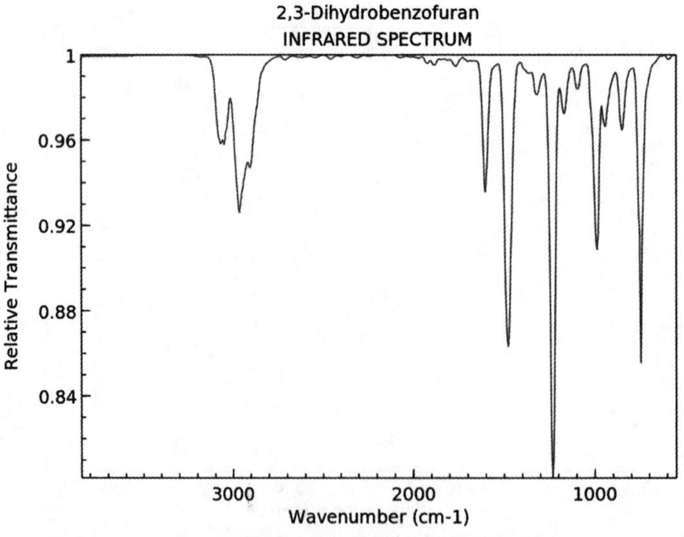

54. 2,3-二氢呋喃

英文名：2,3-Dihydrofuran。

别名：二氢呋喃；二羟基呋喃。

分子式：C_4H_6O。

分子量：70.09。

CAS 号：1191-99-7。

无色易挥发液体，沸点 54～55 ℃，密度 0.927 g/mL，折射率 1.423，闪点 −16 ℃。微溶于水。有温和香味，用于合成香料等。

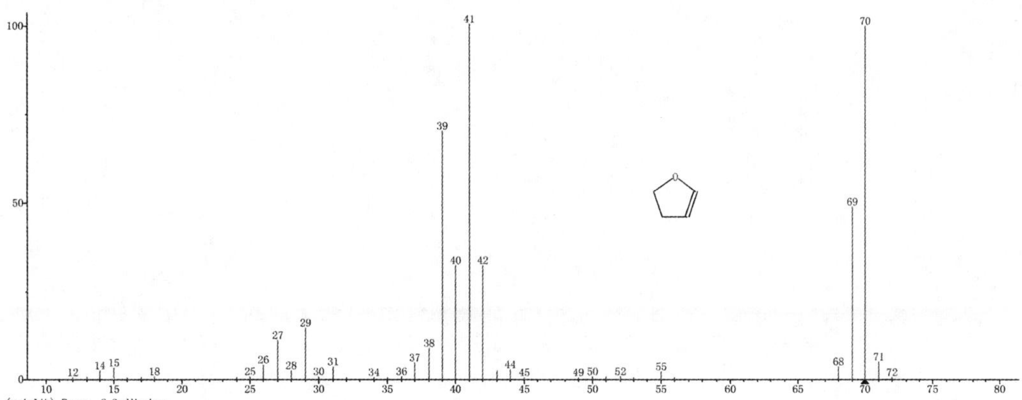

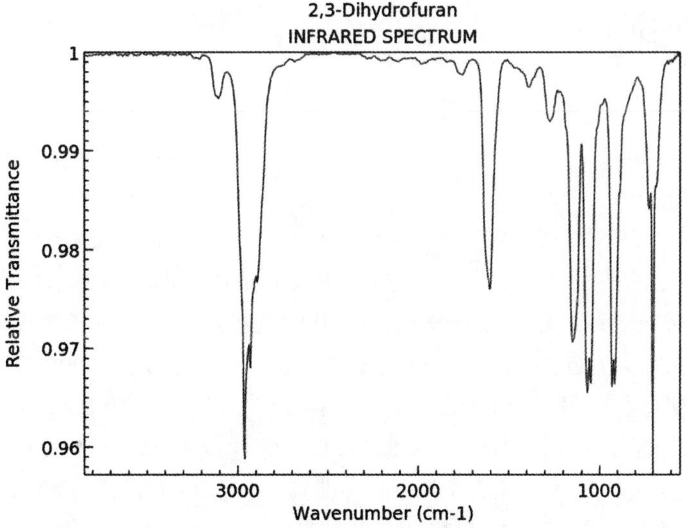

NIST Chemistry WebBook (https://webbook.nist.gov/chemistry)

55. 2-乙基-5-甲基呋喃

英文名：2-Ethyl-5-methyl furan。

分子式：$C_7H_{10}O$。

分子量：110.15。

CAS 号：1703-52-2。

密度 0.907 g/cm^3，沸点 119.1 ℃ at 760 mmHg，闪点 15.1 ℃，折射率 n_D^{20}1.447。美拉德反应产物，存在于烟叶和烟气中，具有烘焙香。

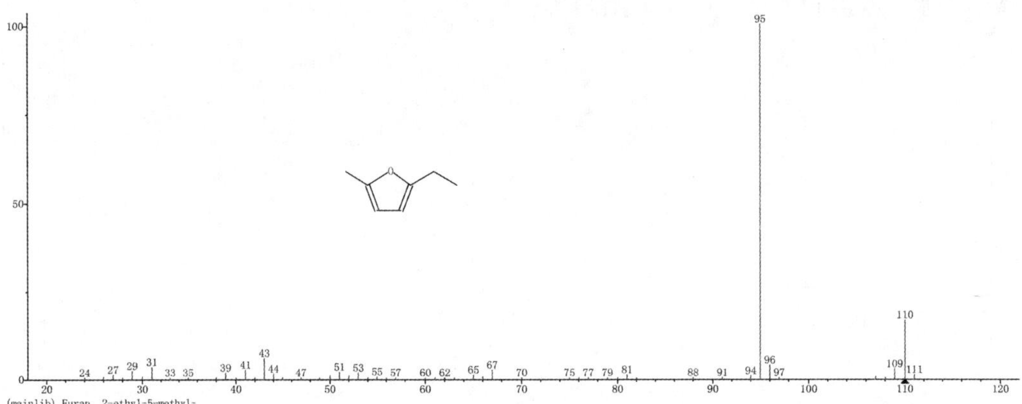

56. 2-乙基呋喃

英文名：2-Ethylfuran。

别名：2-乙呋喃。

分子式：C_6H_8O。

分子量：96.13。

CAS 号：3208-16-0。

无色液体，沸点 92～94 ℃，密度 0.899～0.907(25 ℃)，折射率 1.436～1.442(20 ℃)。几乎不溶于水，溶于乙醇。呈强烈焦香香气，低浓度时呈浓厚的甜香香气和咖啡似芳香风味。具有豆香、面包、麦芽及甜的焦香香气，稍有化学气息，20 mg/kg 的浓度时具有霉腐味和壤香风味。天然品存在于番茄、咖啡和椒样薄荷等中。用于咖啡、可可、坚果、巧克力及蘑菇香精中。用量(通常/最大，mg/kg)：焙烤食品 21/42.5，冰冻奶制品 10.5/21.5，软糖 11.0/22.5，果冻、布丁 10.5/21.0，软饮料 5.5/11.5，醇性饮料 1.0/3.0。天然存在于番石榴果实、生的天门冬、桃子、大头菜、苏格兰椒样薄荷、烤鸡、鸡肉、煮和烤牛肉、猪肝、咖啡、榛子、红茶、大豆、米饭和干鲣鱼中，属天然等同香料。卷烟烟气中香味成分。

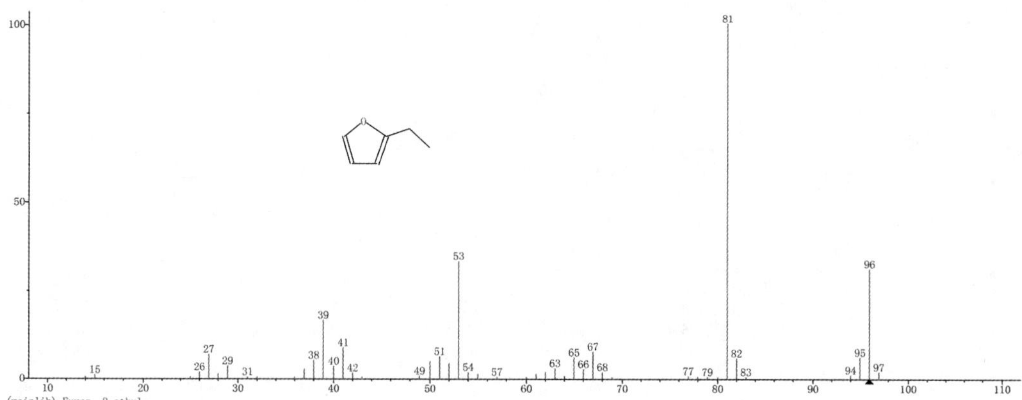

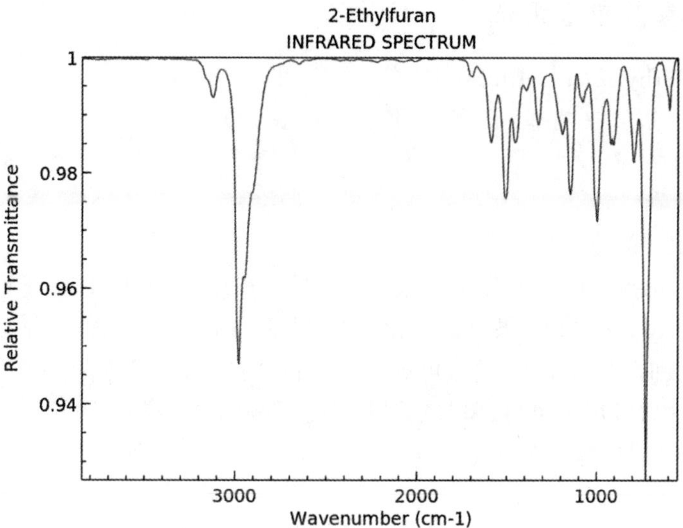

NIST Chemistry WebBook (https://webbook.nist.gov/chemistry)

57. 2-乙烯基呋喃

英文名：2-Vinylfuran。

别名：a-乙烯基呋喃。

分子式：C_6H_6O。

分子量：94.11。

CAS 号：1487-18-9。

密度 0.958 g/cm^3，沸点 100.3 ℃ at 760 mmHg，闪点 5.5 ℃。存在于烤烟烟叶、烟气中，美拉德反应产物。

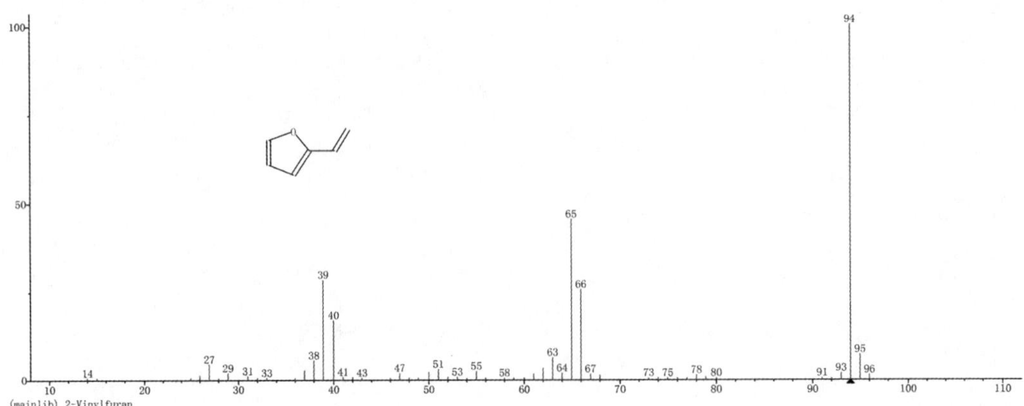

58. 2-乙酰基-5-甲基呋喃

英文名：5-Methyl-2-acetylfuran。

别名：1-(5-甲基-2-呋喃基)-乙酮；5-甲基-2-乙酰基呋喃。

分子式：$C_7H_8O_2$。

分子量：124.14。

CAS 号：1193-79-9。

淡黄色液体，沸点 70 ℃，密度 1.059～1.067 g/mL。不溶于水，溶于酒精。具有强烈的甜香、芳香、辛香，有坚果、霉香和焦糖样香气，有干草样和香豆素的香韵。在 50 mg/kg 浓度时，具有坚果、类似可可、烘烤面包的风味。天然存在于啤酒、面包、咖啡和烘烤的榛子中，可用于可可、坚果、焦糖、面包和咖啡等香精配方中。用量(通常/最大，mg/kg)：汤 0.5/1.5，快餐食品 1.0/2.0，坚果 0.5/1.5，肉汁 1.0/1.5。在烟气中有强烈的白肋烟香韵。

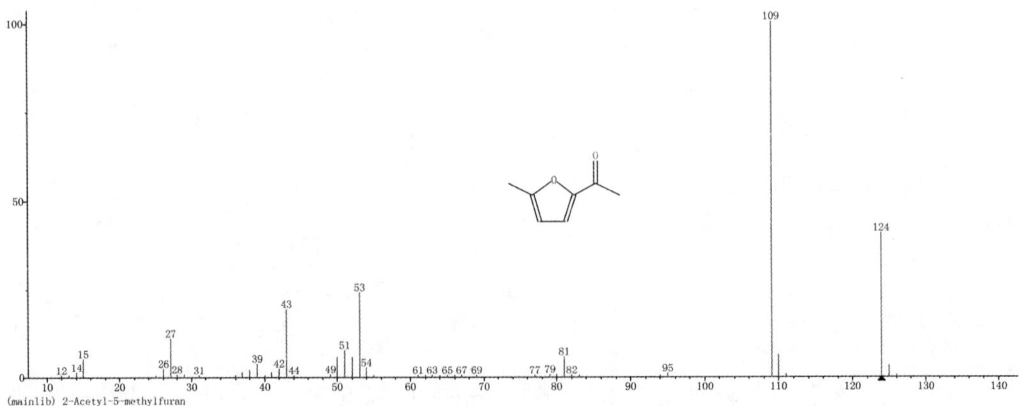

59. 2-乙酰基呋喃

英文名：2-Acetylfuran。

别名：2-呋喃基甲基酮。

分子式：$C_6H_6O_2$。

分子量：110.11。

CAS号：1192-62-7。

浅黄色液体或结晶体，熔点29～30 ℃，沸点67 ℃，密度1.098 g/mL。不溶于水，溶于乙醇等有机溶剂。2-乙酰基呋喃具有甜香、杏仁香、坚果香、烤香、烟熏香、清香。天然品存在于咖啡、马铃薯片的挥发性香味成分等中，也存在于烤牛肉、烤猪肉、啤酒、番茄酱、朗姆酒、红葡萄酒和绿茶等中。常用于调配杏仁、面包、猪肉、糖蜜、烘烤食品、坚果等香型香精，最终加香食品中浓度约为20 mg/kg。

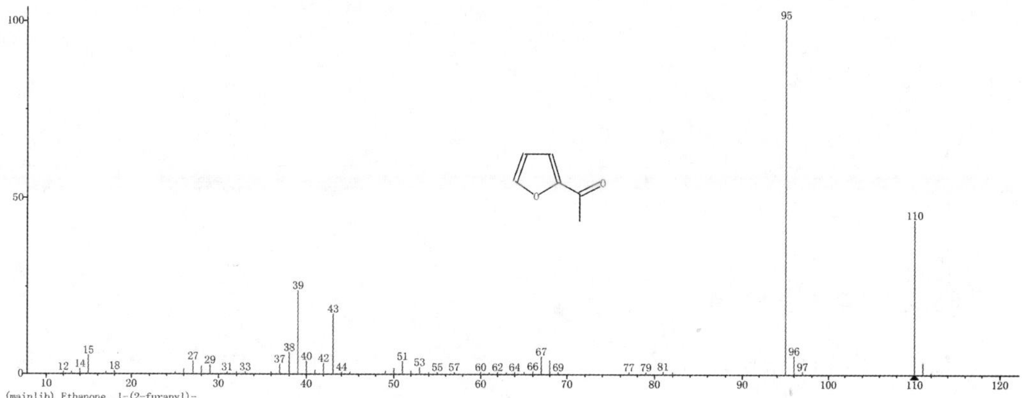

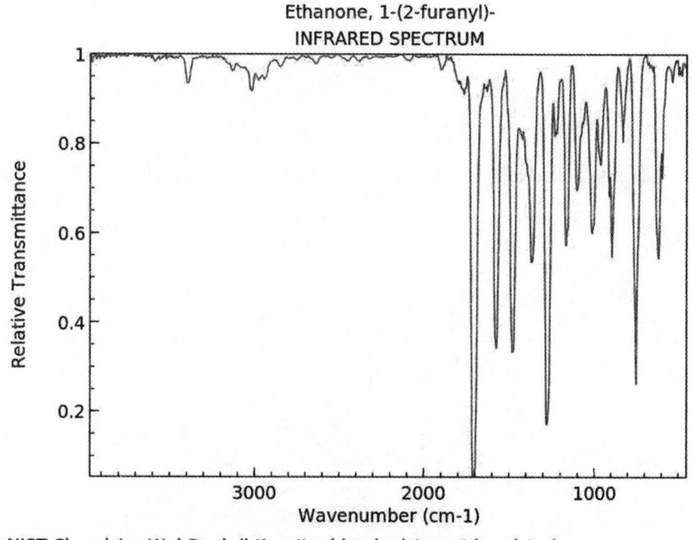

60. 3-苯基呋喃

英文名：3-Phenylfuran。

分子式：$C_{10}H_8O$。

分子量：144.17。

CAS 号：13679-41-9。

沸点 140～145 ℃，熔点 58～60 ℃。存在于白肋烟烟叶、香料烟烟叶、烟气中。

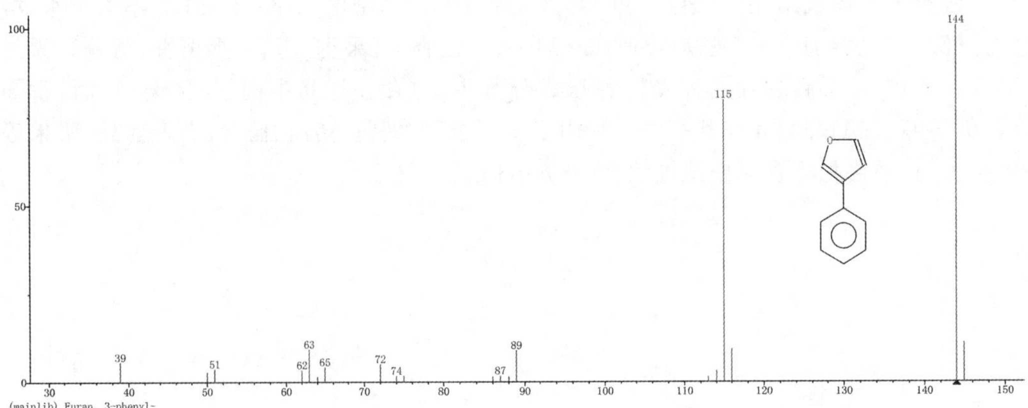

61. 2,5-二甲基呋喃

英文名：2,5-Dimethylfuran。

别名：2,5-二甲基氧(杂)茂。

分子式：C_6H_8O。

分子量：96.13。

CAS 号：625-86-5。

无色至浅黄色液体。相对密度 0.8883(20 ℃/4 ℃)，熔点－62.8 ℃，沸点 93.5 ℃(常压)，折射率 1.443(20 ℃)。可能是美拉德反应的产物，对烟叶和烟气的香味起着重要作用，烟气中重要的烟草香味物质，国际上确定较为有效的烟气气相标志物。

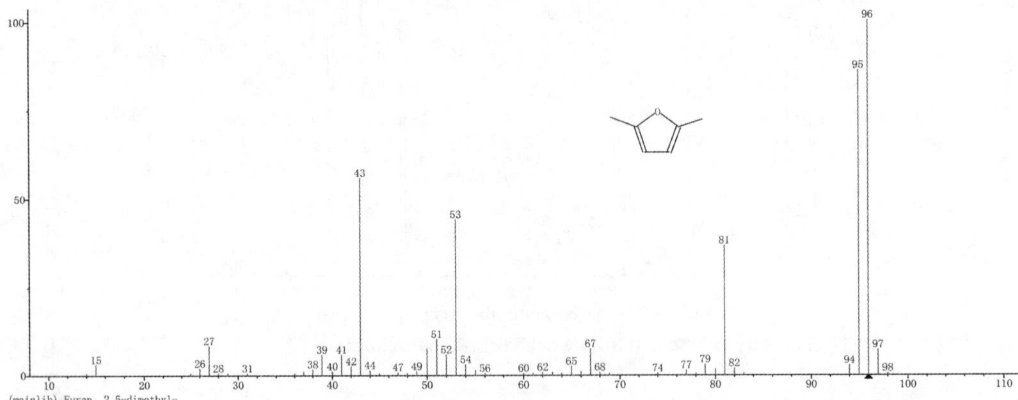

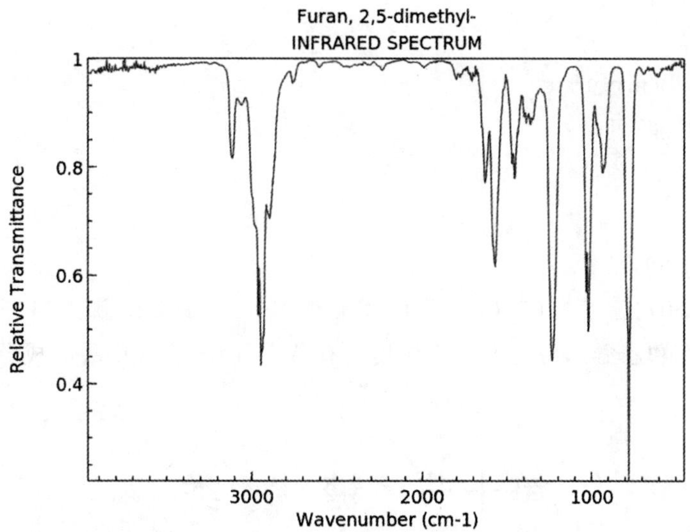

62. 3-甲基呋喃

英文名：3-Methylfuran。

别名：β-甲基呋喃。

分子式：C_5H_6O。

分子量：82.1。

CAS 号：930-27-8。

无色液体。相对密度 0.923(18 ℃/4 ℃)，沸点 66 ℃(101.3 kPa)。溶于乙醇和乙醚，不溶于水。有类似乙醚气味。

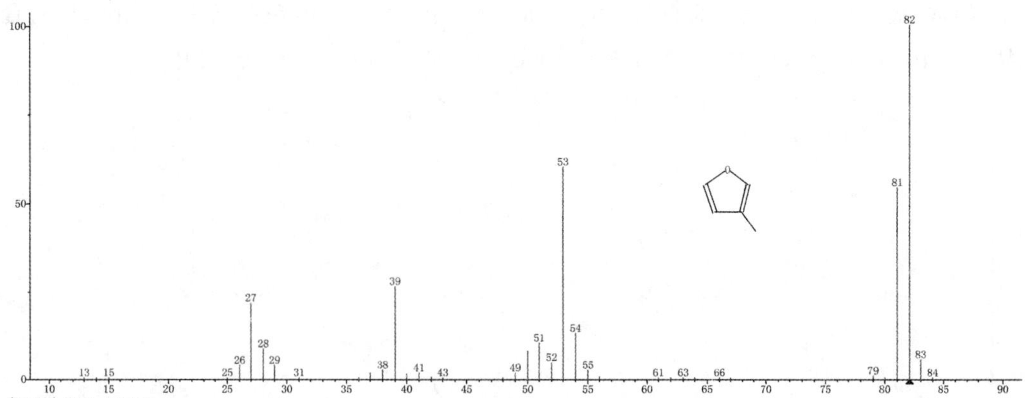

63. 香豆酮

英文名：2,3-Benzofuran。

别名：苯并呋喃；氧茚。

分子式：C_8H_6O。

分子量：118.13。

CAS 号：271-89-6。

无色液体。相对密度 1.078(15 ℃/15 ℃)，熔点－18 ℃以下，沸点 173～174 ℃。不溶于水，溶于乙醇和乙醚。易发生焦化作用。有芳香气味，烟气中香味成分。可由香豆素制得。

第十节 糖 类

1. 核糖

英文名：D-Ribose。

别名：D-核糖；D-脆核糖；异性树胶糖；右旋核糖；D(-)-胞核糖；D(-)-核糖；异树胶糖。

分子式：$C_5H_{10}O_5$。

分子量：150.13。

CAS 号：50-69-1。

白色粉末，熔点 88～92 ℃。溶于水，为单一碳水化合物或单糖，具有甜味。存在于煮熟的蟹、鸡蛋、黑线鳕鱼、牛奶、苹果沙司、土豆、咖啡和河虾中，可用于食品添加剂，用量(通常/最大，mg/kg)：焙烤食品 200/1000，肉产品 500/1000，鱼产品 500/1000，快餐食品 200/1000，家禽 500/1000，肉汁 500/1000，汤 500/1000。存在于烟叶中。

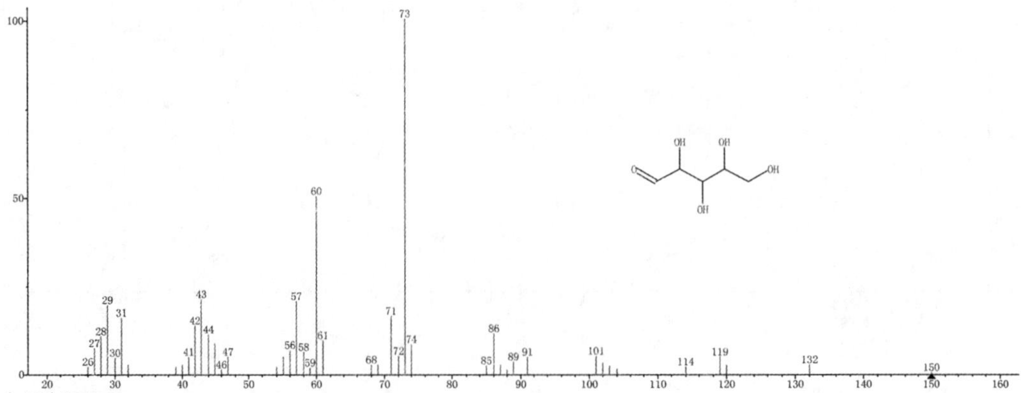

2. 葡聚糖

英文名：Dextran。
别名：右旋糖酐。
分子式：$[C_6H_{10}O_5]_n$。
CAS 号：9004-54-0。
以葡萄糖为单糖组成的同多糖，广泛分布于微生物、植物、动物界。存在于烟草中。

3. 葡萄糖

英文名：D(+)-Glucose。
别名：玉米葡糖；玉蜀黍糖。
分子式：$C_6H_{12}O_6$。
分子量：180.16。
CAS 号：50-99-7。

自然界分布最广且最为重要的一种单糖，它是一种多羟基醛。无色结晶或白色结晶性或颗粒性粉末，纯净的葡萄糖为无色晶体，熔点 146 ℃。易溶于水，微溶于乙醇，不溶于乙醚。无臭，有甜味，但甜味不如蔗糖。存在于烟草中。美拉德反应前体物。

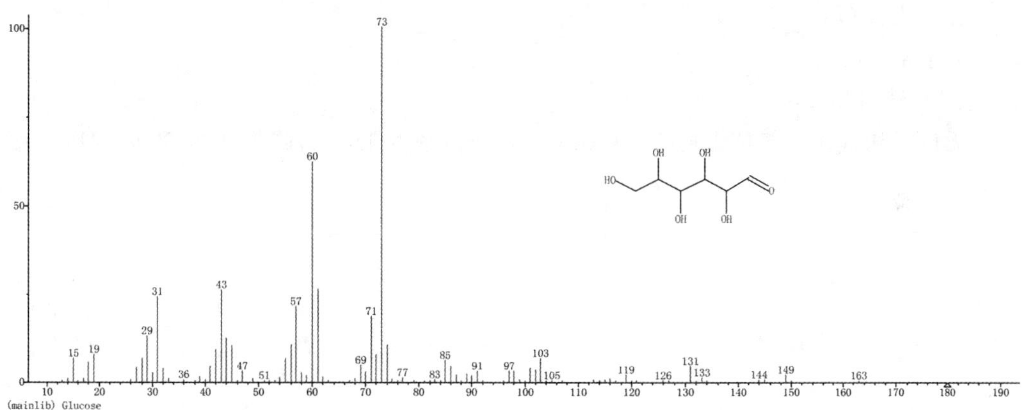

第十一节　含硫化合物

1. 二硫化碳

英文名：Carbon disulphide。
分子式：CS_2。
分子量：76.14。
CAS 号：75-15-0。

无色液体。相对密度 1.26(22 ℃/20 ℃),熔点 −108.6 ℃,沸点 46.3 ℃。能溶解碘、溴、硫、脂肪、蜡、树脂、橡胶、樟脑、黄磷,能与无水乙醇、醚、苯、氯仿、四氯化碳、油脂以任何比例混合。纯品有类似三氯甲烷的芳香甜味。

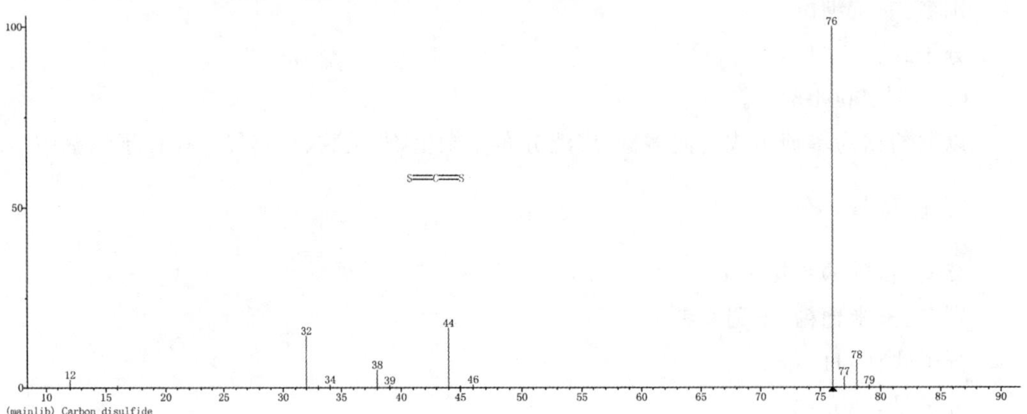

2. 氧硫化碳

英文名:Carbon oxysulfide。
别名:羰基硫;硫化羰。
分子式:COS。
分子量:60.08。
CAS 号:463-58-1。

无色无味气体。气体密度 2.688(25 ℃),液体密度 1.028,临界压力 5.98 MPa。溶于醇。

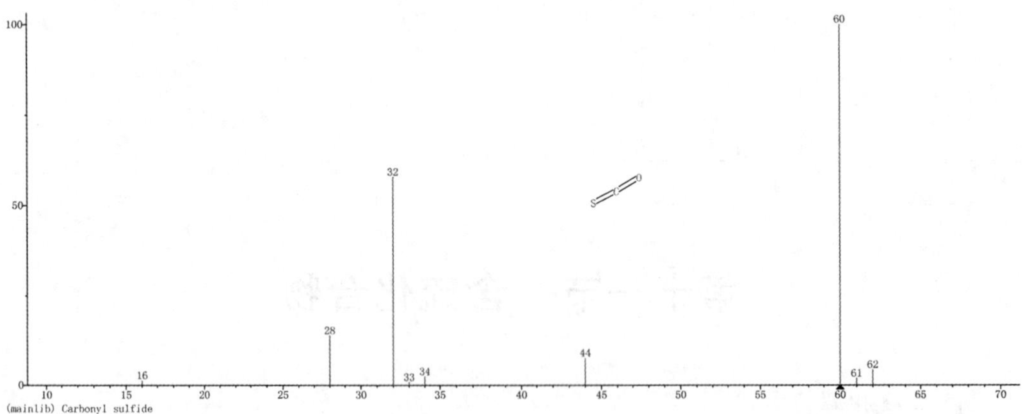

第十二节 腈

1. 2,4,6-三甲基苯甲腈

英文名：2,4,6-Trimethylbenzonitrile。

分子式：$C_{10}H_{11}N$。

分子量：145.20。

CAS 号：2571-52-0。

密度 0.97 g/cm^3，沸点 260.3 ℃ at 760 mmHg，闪点 111.3 ℃。

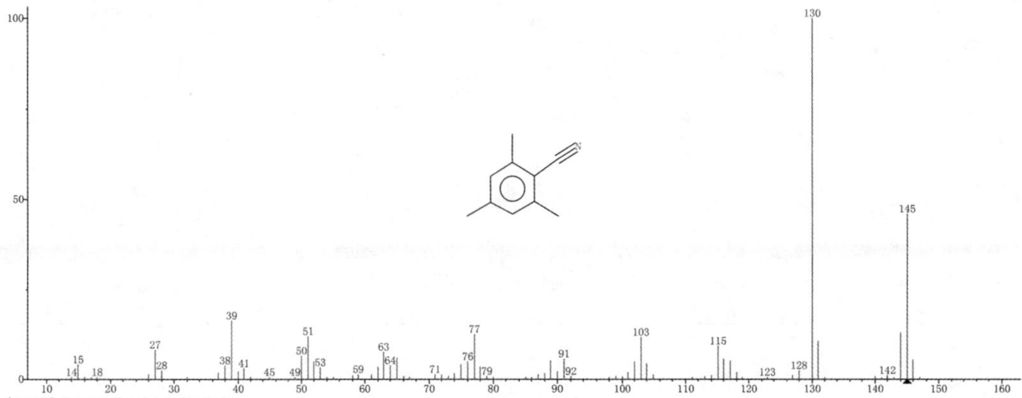

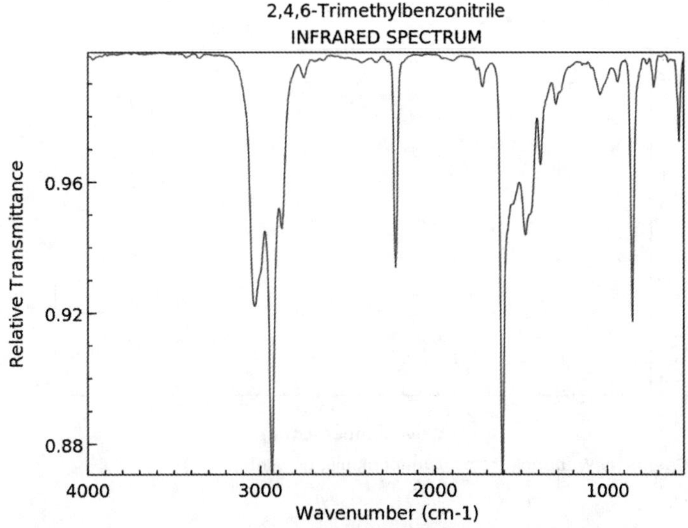

2.2-丙烯腈

英文名:Acrylonitrile。

别名:乙烯基氰;丙烯腈;氰(代)乙烯;氰(基)乙烯;氰乙烯。

分子式:C_3H_3N。

分子量:53.06。

CAS号:107-13-1。

丙烯腈是一种无色液体。熔点−83.6 ℃,沸点77.3 ℃,相对密度(水=1)0.81,相对蒸气密度(空气=1)1.83,闪点−1 ℃(CC)。有辛辣、刺激性气味。

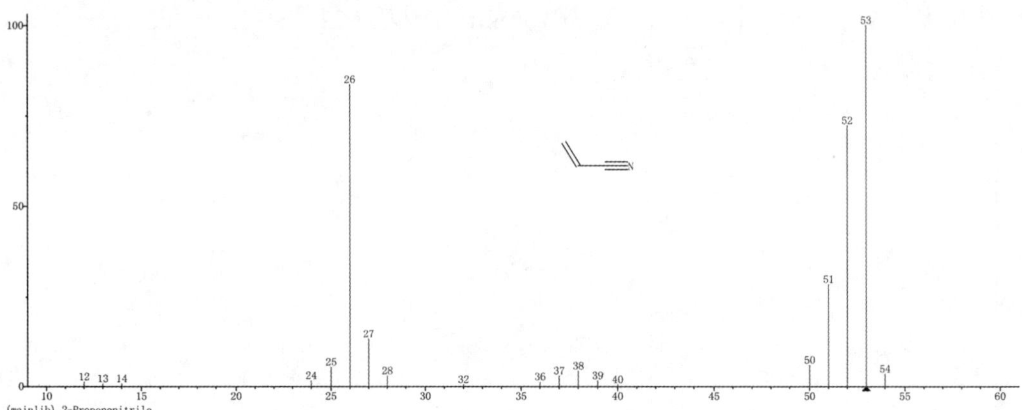

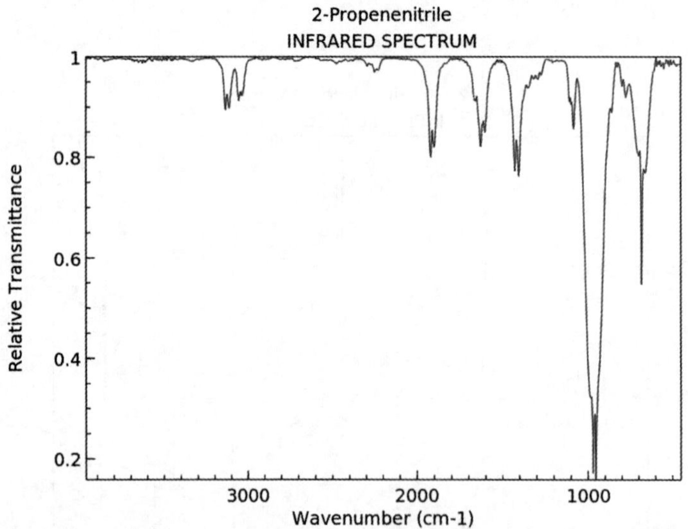

3.2-甲基-2-丁烯腈

英文名:2-Methyl-2-butenenitrile。

别名：2-甲基丁烯腈；2，3-二甲基丙烯腈。

分子式：C_5H_7N。

分子量：81.12。

CAS 号：4403-61-6。

透明液体，密度 0.810 g/mL at 20 ℃(lit.)，熔点－12 ℃，沸点 122 ℃，闪点－17 ℃，折射率 n_D^{20} 1.417。

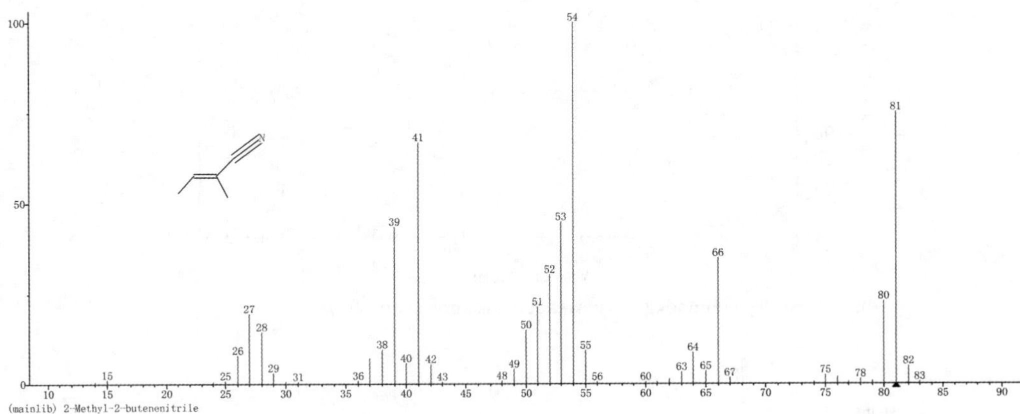

4. 苯代丙腈

英文名：Hydrocinnamonitrile。

别名：3-苯基丙腈。

分子式：C_9H_9N。

分子量：131.17。

CAS 号：645-59-0。

无色液体。熔点－2～－1 ℃，沸点 113 ℃(1.20 kPa)，相对密度(水＝1)1.0016，闪点 93 ℃。溶于乙醇、乙醚。

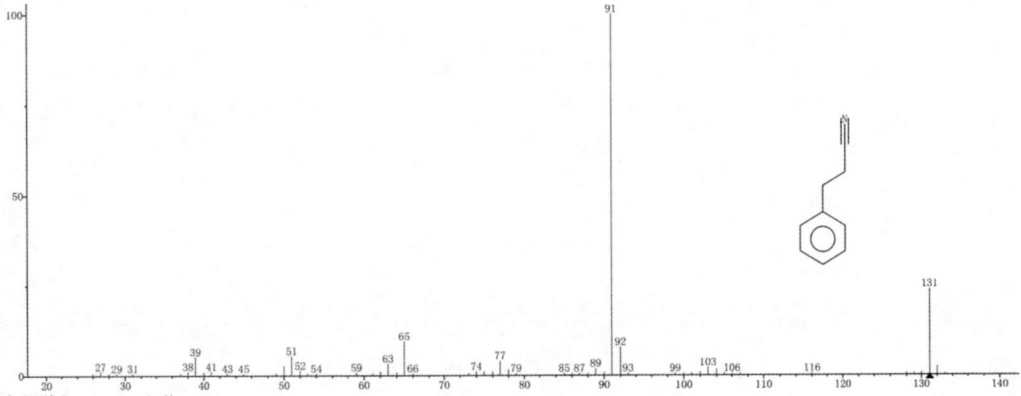

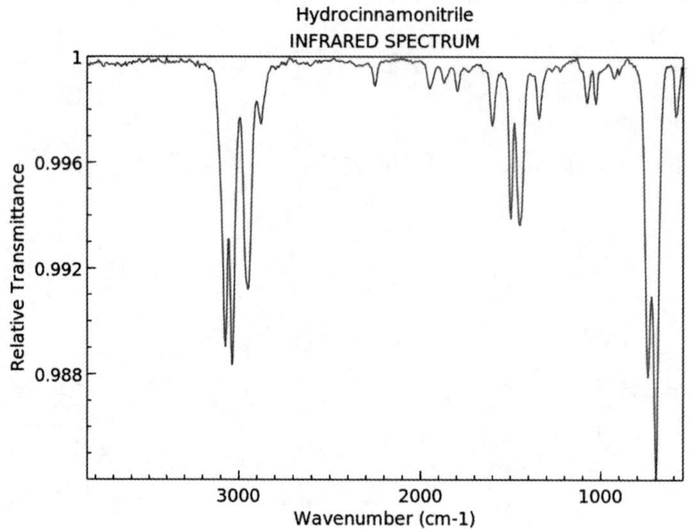

5.苯甲腈

英文名:Benzonitrile。

别名:苯基氰。

分子式:C_7H_5N。

分子量:103.12。

CAS 号:100-47-0。

无色或微黄色液体,油状液体,熔点 −13 ℃,沸点 191 ℃(lit.),密度 1.01,折射率 n_D^{20} 1.528(lit.),闪点 161 ℉。微溶于冷水,溶于热水,易溶于乙醇、乙醚。有杏仁油香味,味苦涩,存在于烤烟烟叶中。

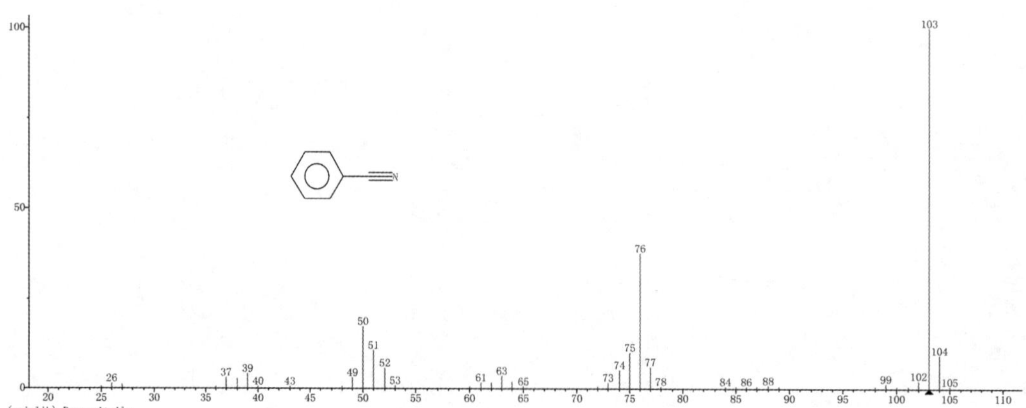

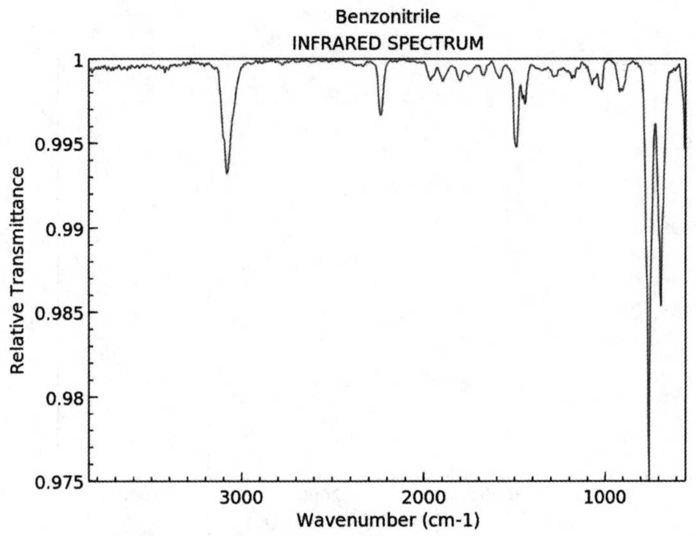

6. 苯乙腈

英文名：Phenylacetonitrile。

别名：氰化苄。

分子式：C_8H_7N。

分子量：117.15。

CAS 号：140-29-4。

无色油状液体，熔点－23.8 ℃，相对密度（水＝1）1.02，沸点 230 ℃，闪点 102 ℃。有刺激气味。

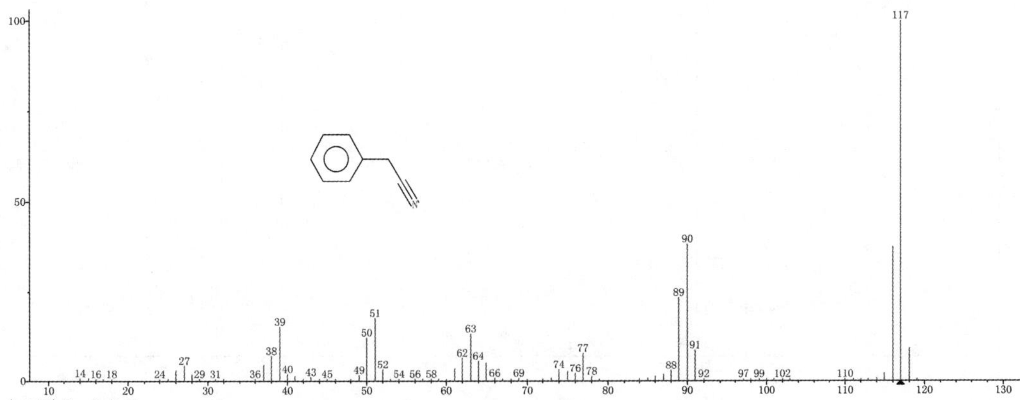

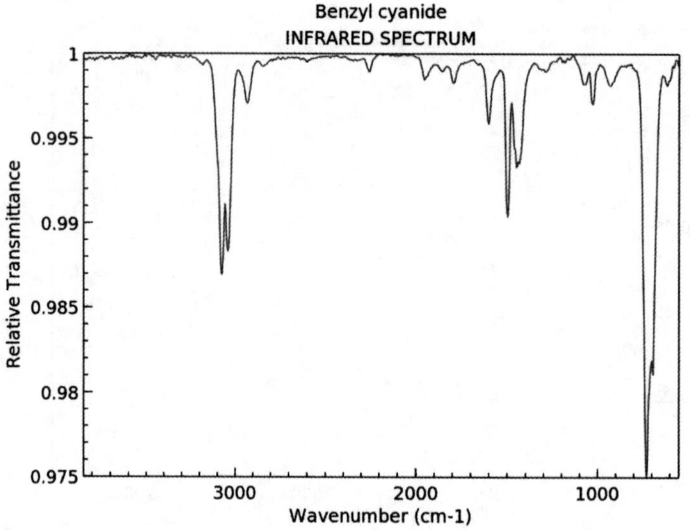

7. 丙腈

英文名：Propionitrile。

别名：乙基氰。

分子式：C_3H_5N。

分子量：55.08。

CAS 号：107-12-0。

无色液体，密度 0.7818 g/cm^3(20 ℃)，熔点 −103.5 ℃，沸点 97.1 ℃，折射率 1.36585，闪点 6 ℃。能与醇、醚、二甲基甲酰胺混溶。有芳香及醚样气味。

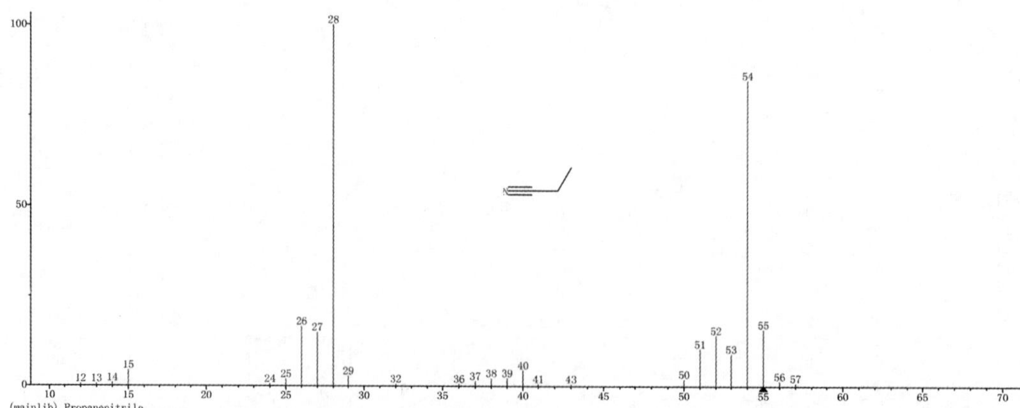

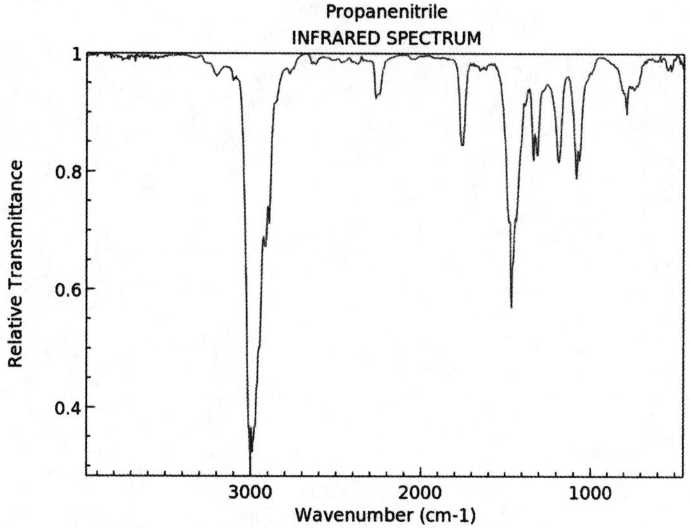

8. 乙腈

英文名：Acetonitrile。

别名：甲基氰。

分子式：C_2H_3N。

分子量：41.05。

CAS 号：75-05-8。

一种无色液体，熔点－45.7 ℃，相对密度（水＝1）0.79（15 ℃），沸点 81.6 ℃，闪点 12.8 ℃（CC），6 ℃（OC）。与水和醇无限互溶。极易挥发，有类似于醚的特殊气味。

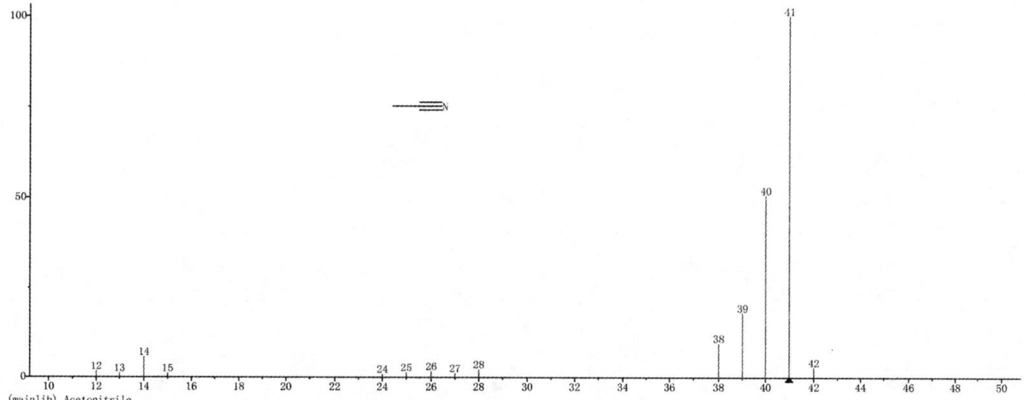

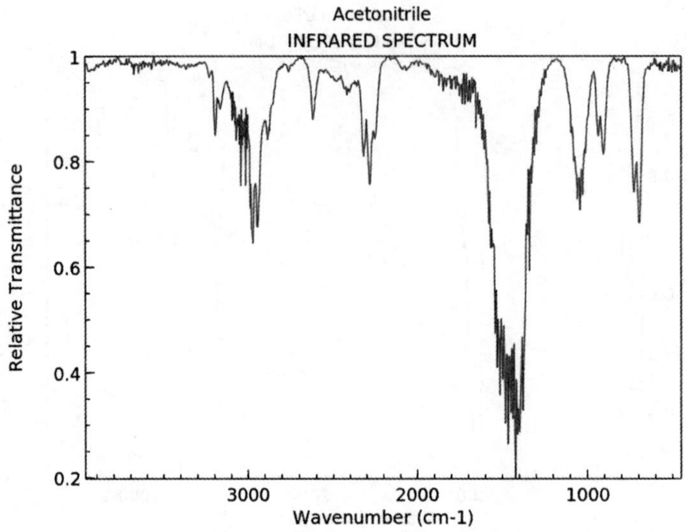

9. 异丁腈

英文名：Isobutyronitrile。

别名：异丙基氰；异丁酰腈。

分子式：C_4H_7N。

分子量：69.11。

CAS 号：78-82-0。

无色、有恶臭的液体。熔点 −72 ℃，相对密度（水＝1）0.782，沸点 107 ℃，闪点 8 ℃。难溶于水，易溶于乙醇和乙醚。

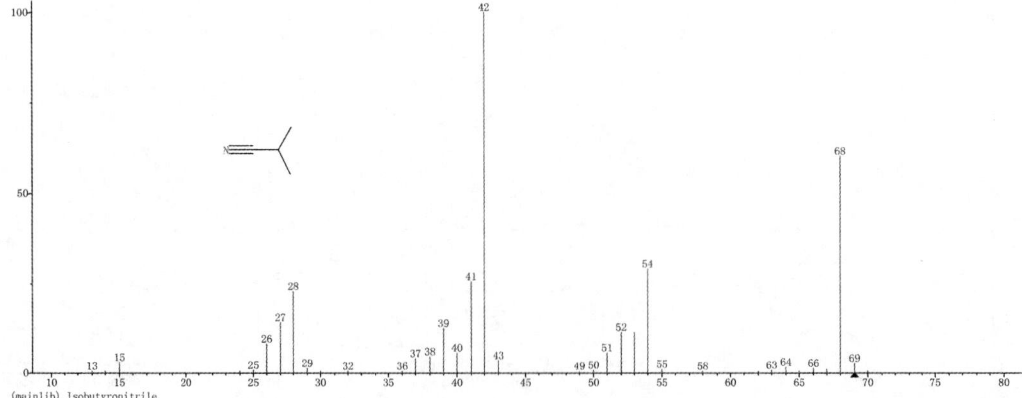

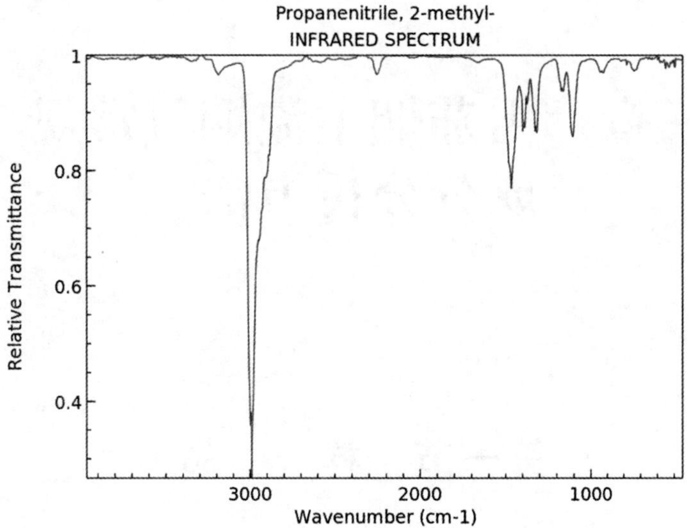

10. 异戊腈

英文名：Isobutyl cyanide。

别名：氰化异丁烷；异丁基氰。

分子式：C_5H_9N。

分子量：83.13。

CAS 号：625-28-5。

无色液体，密度 0.793 g/cm^3，熔点 −100.8 ℃，沸点 130.5 ℃，闪点 25 ℃。微溶于水，易溶于丙酮，可混溶于乙醇、乙醚。

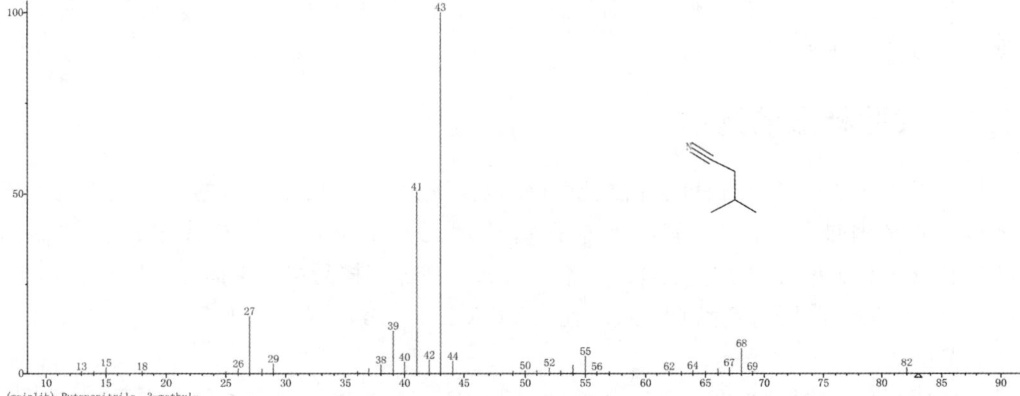

第三章　雪茄烟主流烟气常规成分分析方法

第一节　样　　品

1.1　雪茄烟产品分类

《雪茄烟 第1部分:产品分类和抽样技术要求》(GB/T 15269.1—2010)将雪茄烟产品按型号分类,型号按照雪茄烟的质量进行划分,如表3-1所示。

表3-1　雪茄烟型号

型　　号	m/(g/支)
大号	$m \geq 6.0$
中号	$3.0 \leq m < 6.0$
小号	$1.2 \leq m < 3.0$
微型	$m < 1.2$

在所列型号中,虽然没有规定对应的雪茄烟的长度和直径,但雪茄烟的质量和其长度、直径是密切相关的。

1.2　实验样品的选取

由于雪茄烟规格多,长度、直径、质量变化范围大,要对所有规格的雪茄烟进行烟气分析验证是困难的。因此,有必要根据雪茄烟调研情况选取具有代表性的样品用CORESTA相关推荐方法进行验证。本项目选取雪茄烟样品主要考虑如下因素:

(1)雪茄烟样品的长度和直径,应代表CORESTA方法提出的雪茄烟长度和直径的变化范围;

(2)雪茄烟样品的长度和直径,应接近CORESTA方法中测定重复性和再现性所用样品;

(3)雪茄烟样品的选择,应涵盖国标GB/T 15269.1—2010中规定的不同型号;

(4)对于国外生产的雪茄烟,应考虑测试数据的可比性和价格成本,尽量选取

CORESTA 共同实验所用样品；

(5)对于国内生产的雪茄烟，应与所选取的国外生产的雪茄烟形成互补。

综合上述因素，项目组首先了解了 CORESTA 共同实验的样品情况和国内四家雪茄烟生产企业的雪茄烟生产情况，选取了 9 个雪茄烟样品(4 个国外生产、5 个国内生产)进行验证实验。所选样品涵盖了国标 GB/T 15269.1—2010 规定的所有雪茄烟型号(微型雪茄 3 个、小号雪茄 1 个、中号雪茄 2 个、大号雪茄 3 个)，具体样品清单如表 3-2 所示。

表 3-2　实验用雪茄烟样品清单

样品编号	样品名称	质量/g	直径/mm	长度/mm	样品来源	抽吸容量/mL
1	CORESTA-B	0.73	7.5	70	Henri Wintermans	20
2	三峡迷你	0.96	7.8	84	湖北中烟	20
3	迷你国际	1.00	8.1	75	川渝中烟	20
4	CORESTA-C	2.00	10.3	96	Agio	20
5	顺百利	3.30	12.5	105	湖北中烟	22
6	CORESTA-D	5.70	15.4	115	Altadis	33
7	王冠	7.50	15.3	130	安徽中烟	33
8	长城 2 号	8.50	17.0	130	川渝中烟	40
9	蒙特四号	8.80	16.7	129	古巴雪茄	39

注：1#、4#、6#样品与 CORESTA 雪茄烟学组第 7 次合作研究 B、C、D 样品相同。

第二节　雪茄烟调节和测试的大气环境

2.1　实验目的

按照 CORESTA No.46 推荐方法，对不同尺寸和形状的雪茄烟进行调节，并对样品是否达到调节平衡进行检验。

2.2　仪器设备

恒温恒湿调节箱；

分析天平；

手套，纯棉或无滑石粉手套。

2.3　雪茄烟调节大气及调节平衡的检验

按照雪茄烟主流烟气中总粒相物和焦油测定要求，在雪茄烟抽吸之前，必须先进行样品调节。样品调节按照 CORESTA No.46 进行。CORESTA No.46 规定了所有尺寸和形状的雪茄烟调节和测试的大气环境。

调节大气：温度 22 ℃±1 ℃；相对湿度(60±2)％。

调节时间：不论什么情况下，应验证达到正确的平衡(资料显示，在强制气流下，雪茄烟平衡至少需要 72 小时)。

调节平衡的检验：样品或试样的质量相对变化在 24 h 以内不大于 0.1％，被认为已获得调节平衡。

2.4 雪茄烟调节平衡验证方法

每个样品随机选取 10 支，每隔 24 小时测试记录每支烟的质量，计算 24 h 质量相对变化，直至样品调节达到平衡。

2.5 雪茄烟调节平衡验证结果

按照雪茄烟调节平衡检验依据，计算 9 个雪茄烟样品调节不同时间后的质量变化，并判定达到平衡的时间，验证测试结果如表 3-3 所示。

表 3-3 雪茄烟调节平衡验证实验结果统计

样品条码	平均质量/g	调节达到平衡的样品所占比例/(％)				
		24 h	48 h	72 h	96 h	120 h
6901028035293	1.0522	19	20	46	84	100
6901028124133	2.3221	16	18	45	79	100
6901028028165	3.6013	19	19	43	78	100
6901028124218	5.1124	17	17	42	70	100
6901028185257	6.6204	18	18	40	69	100
6901028208529	8.4124	19	19	38	68	100
4893225040939	9.5126	13	13	40	64	100
4893225390102	10.1128	12	11	41	62	100
4893225010680	12.3712	11	11	43	60	100
总体平均		16	16	42	70	100

从表 3-3 中数据可以看出：样品调节达到平衡所需时间和烟支重量没有相关性；样品调节达到平衡的时间和样品自身的保存条件有关；调节平衡 24 h、48 h、72 h、96 h 和 120 h 后，达到调节平衡的样品占样品总量的比例分别为 16％、16％、42％、70％和 100％。

2.6 小结

实验结果表明：不同样品达到平衡所需时间因样品之间的差异而有所区别。实验样品在调节大气环境中平衡调节 72 h 后，平均有 40％左右的样品可以达到平衡要求，而所有样品在平衡 120 h 后均可达到平衡，符合 CORESTA No.46 推荐方法中“至少需要调节 72 h"的要求。

鉴于不同样品调节平衡的时间差异较大，因此应严格按照标准要求，在对样品进行测试之前进行调节平衡的检验。

第三节　雪茄烟分析用吸烟机定义和标准条件

3.1　实验目的

与卷烟常规分析用吸烟机相比，雪茄烟分析用吸烟机在参数设置和准备方面有较大的差异。在进行雪茄烟烟气分析时，吸烟机的抽吸容量依据雪茄烟直径计算得出，并在吸烟机上进行设置；烟支夹持器和捕集器依据样品直径进行选取和准备。由于雪茄烟直径变化较大，吸烟机抽吸容量变化范围也随之较大，因此，对雪茄烟吸烟机性能进行验证是非常必要的。

3.2　实验内容

依据 CORESTA No. 64，对雪茄烟烟气分析用吸烟机的抽吸曲线，抽吸通道的密封性、死体积、压降，抽吸容量的稳定性，吸烟机的风速和剑桥滤片的载荷量进行测试和验证。

3.3　仪器设备

雪茄烟吸烟机；
游标卡尺；
抽吸流量图测定仪；
压力计；
风速仪；
电子天平；
皂膜流量计；
限制性抽吸测试装置；
手套，纯棉或无滑石粉手套。

3.4　实验

1. 抽吸通道密封性、死体积和压降的验证

抽吸通道密封性验证：选择适合直径 8 mm 雪茄烟的烟支夹持器和捕集器，组装后安装连接于抽吸通道上。在真空表上连接直径 8 mm 塑料管。将塑料管插入烟支夹持器(负压条件下)，对应抽吸通道进行 1 口抽吸，根据真空表指针变化检验抽吸通道的密封性。对 10 个通道逐个检查，所有通道都具有良好的密封性。

抽吸通道死体积的验证：死体积为雪茄烟蒂末端与抽吸机构之间的体积，通过测量抽吸通道的管路得到，管路外径 8 mm，管路内径 5 mm，管路长度 90 cm，计算得到死体积为 17.7 mL，满足“死体积小于 300 mL”的标准要求。

压降的验证：吸烟机管路的压降为以 11.8 cm/s 稳定气流速度通过时，吸烟机气路任意两点之间的静态压力差。利用压力计，在以 11.8 cm/s 稳定气流速度通过时，测量管路连接于抽吸机构处的压力，计算管路压降，结果如表 3-4 所示。

表 3-4　抽吸通道压降

抽吸通道	1	2	3	4	5	6	7	8	9	10
压降/Pa	95	100	100	95	100	100	95	100	100	100

从表 3-4 可以看出：所有抽吸通道都满足“雪茄烟蒂末端与抽吸机构之间的整个气流路径应具有尽可能小的阻力，且不应超过 300 Pa”的标准要求。

2. 抽吸曲线的验证

CORESTA No. 64 对抽吸曲线的要求为：“抽吸流量图应在未点燃的雪茄烟条件下测定。抽吸流量图应为钟形，最大值应在抽吸开始后的 0.6～0.9 s 之间，流量图上升与下降部分的拐点均不应多于一点。在 1000 Pa 的吸阻条件下，最大气流量应在抽吸容量×(1.05±15%)之内，所有点上均不应有反向气流。”

依据抽吸曲线测定要求，利用抽吸曲线分析仪分别测定抽吸容量为 20 mL、30 mL、35 mL、40 mL、50 mL、60 mL 时的抽吸曲线，所记录图像如图 3-1～图 3-6 所示。

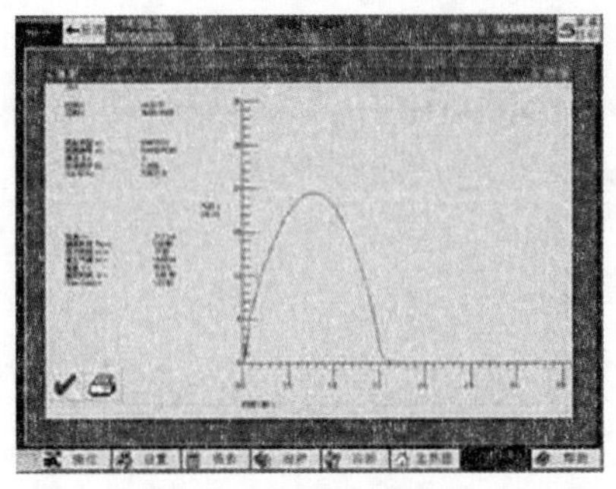

图 3-1　20 mL 抽吸曲线

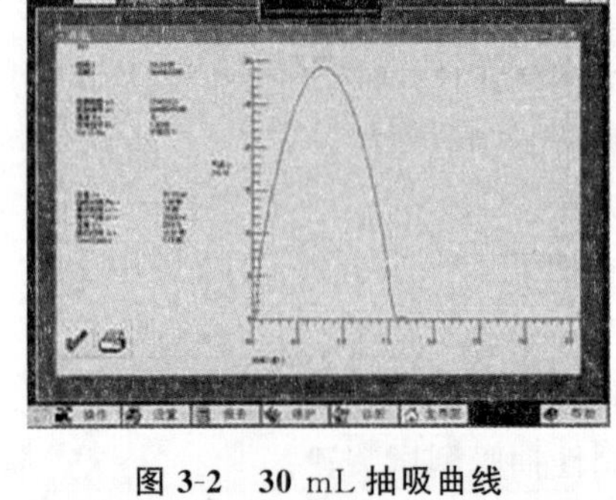

图 3-2　30 mL 抽吸曲线

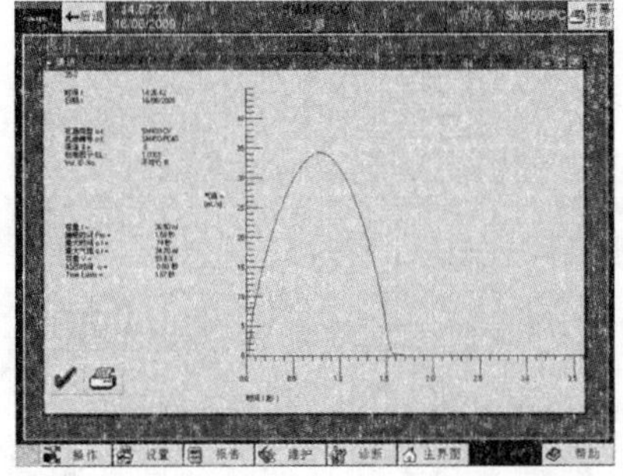

图 3-3　35 mL 抽吸曲线

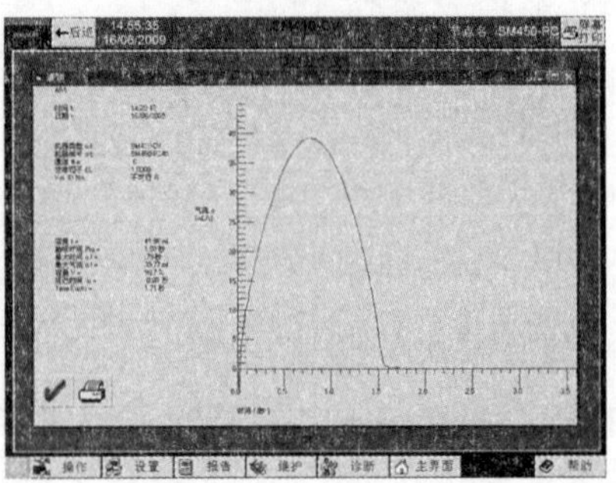

图 3-4　40 mL 抽吸曲线

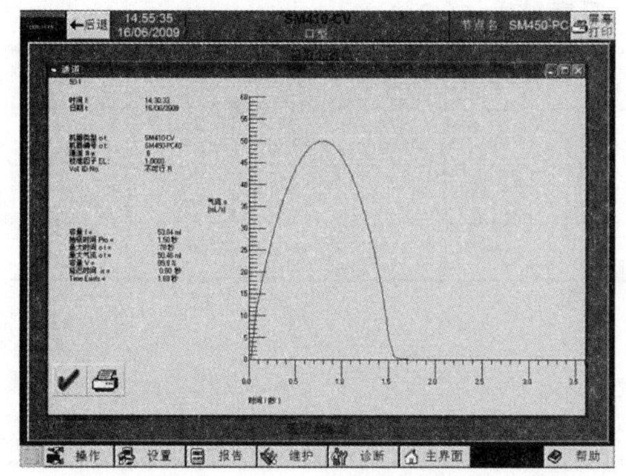

图 3-5　50 mL 抽吸曲线

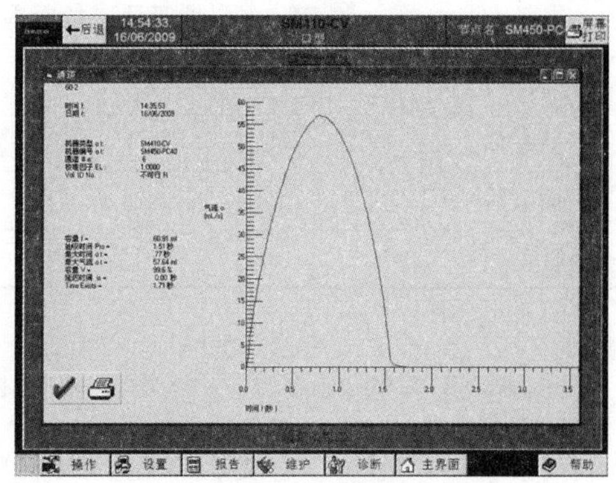

图 3-6　60 mL 抽吸曲线

统计各种抽吸容量下，抽吸流量图中流量最大值以及最大值出现时间，与理论值进行比较，结果如表 3-5 所示。

表 3-5　流量最大值以及最大值出现时间

抽吸容量/mL	气流最大值/(mL/s)		气流最大值出现时间/s	
	理论值	实测值	理论值	实测值
20	18～24	19.6	0.6～0.9	0.77
30	27～36	29.6		0.75
35	31.5～42	34.7		0.74
40	36～48	39.8		0.79
50	45～60	50.5		0.78
60	54～72	57.6		0.77

从图 3-1～图 3-6 和表 3-2 可以看出：所测 20 mL、30 mL、35 mL、40 mL、50 mL、60 mL 抽吸容量条件下的抽吸曲线，抽吸流量图为钟形，最大值出现时间在抽吸开始后的 0.6～0.9 s 之间，抽吸曲线上升与下降部分的拐点均不多于一点，所有点上均没有反向气流；在 1000 Pa 的吸阻条件下，最大气流量满足在抽吸容量×(1.05±15%)之内的要求。

3. 抽吸容量稳定性的验证

由于雪茄烟直径变化范围较宽，抽吸容量变化较大，同时，对于长度较大的雪茄烟，抽吸口数较多，为考察抽吸容量的稳定性，实验选取了直径为 17.3 mm、长度为 134 mm 的雪茄烟进行抽吸，同时测量每个抽吸通道抽吸前后的抽吸容量，结果如表 3-6 所示。从抽吸容量的变化来看，由于新型吸烟机的抽吸引擎上都安装了传感器，对针筒的温度变化引起的抽吸容量变化进行调整，从而具有比较好的温度补偿性能，可以保证在大容量、长时间抽吸条件下维持抽吸容量的稳定。

表 3-6 抽吸通道抽吸前后抽吸容量变化(单位:mL)

抽吸通道	1	2	3	4	5	6	7	8	9	10
抽吸前	42.3	42.3	42.1	42.2	42.3	42.2	42.1	42.3	42.2	42.2
抽吸后	42.1	42.1	42.0	42.0	42.0	42.0	41.9	42.2	42.1	42.1
抽吸前后差	0.2	0.2	0.1	0.2	0.3	0.2	0.2	0.1	0.1	0.1

4. 吸烟机的风速

CORESTA No. 64 规定:"在吸烟机设置时,吸烟罩以最小的流速将侧流烟气排出,在烟支的垂直方向形成约 10 cm 的烟雾。"利用卷烟和不同直径的雪茄进行抽吸,调整风速调节阀,观察烟支侧流烟气在垂直方向形成约 10 cm 连续烟雾。对风速进行测量,风速测量值为 110 mm/s 左右。

5. 剑桥滤片载荷量的测试

CORESTA No. 65 方法中没有给出 55 mm 玻璃纤维滤片的载荷量。对于不同的雪茄烟,燃烧产生的主流烟气总粒相物量分布范围较宽,特别是直径大、长度较长的雪茄烟样品,产生的总粒相物是否会造成滤片过载,是必须要考虑的。

随机选取在 GB/T 16447 规定的环境条件下平衡后的盒标 15 mg 的卷烟进行实验。抽吸容量为 35 mL,抽吸持续时间和抽吸频率参照雪茄烟的抽吸参数,分别设为 1.5 s 和 40 s,在 10 个抽吸通道上同时抽吸。由于 55 mm 滤片可以捕集 5 支卷烟的总粒相物,因此 5 轮抽吸后,每抽一支烟,对滤片穿滤情况进行观察并称量捕集器。实验数据如表 3-7 所示。

表 3-7 滤片载荷量验证实验数据

抽吸通道	1	2	3	4	5	6	7	8	9	10	平均
捕集前重量/g	74.7359	74.5012	74.5025	74.4556	75.2589	75.3412	74.4717	74.8451	74.993	74.7971	
抽吸 5 支后重量/g	74.8523	74.6193	74.6136	74.5761	75.3819	75.4568	74.5927	74.9653	75.1049	74.9083	
抽吸 5 支 TPM /mg	116.4	118.1	111.1	120.5	123.0	115.6	121.0	120.2	111.9	111.2	116.9
抽吸 7 支后重量/g	74.8981	74.6624	74.6548	74.6163	75.4275	75.5048	74.6384	75.0073	75.1495	74.9573	

续表

抽吸通道	1	2	3	4	5	6	7	8	9	10	平均
抽吸7支TPM/mg	162.2	161.2	152.3	160.7	168.6	163.6	166.7	162.2	156.5	160.2	161.4
抽吸8支后重量/g	74.9234	74.6879	74.679	74.641	75.4493	75.5258	74.6612	75.03	75.1731	74.9842	
抽吸8支TPM/mg	187.5	186.7	176.5	185.4	190.4	184.6	189.5	184.9	180.1	187.1	185.3
抽吸9支后重量/g	74.9457	74.7094	74.6992	74.6607	75.4699	75.548	74.6826	75.053	75.1977	75.0104	
抽吸9支TPM/mg	209.8	208.2	196.7	205.1	211.0	206.8	210.9	207.9	204.7	213.3	207.4
抽吸10支后重量/g	74.9675	74.7299	74.7203	74.6801	75.4904	75.568	74.7051	75.0766	75.219	75.0336	
抽吸10支TPM/mg	231.6	228.7	217.8	224.5	231.5	226.8	233.4	231.5	226.0	236.5	228.8
抽吸11支后重量/g	74.9915	74.754	74.7471	74.7031	75.5171	75.5912	74.7252	75.0949	75.2424	75.0526	
抽吸11支TPM/mg	255.6	252.8	244.6	247.5	258.2	250.0	253.5	249.8	249.4	255.5	251.7
抽吸12支后重量/g	75.0137	74.7745	74.7692	74.7264	75.5406	75.6139	74.7493	75.1177	75.2618	75.0749	

续表

抽吸通道	1	2	3	4	5	6	7	8	9	10	平均
抽吸 12 支 TPM /mg	277.8	273.3	266.7	270.8	281.7	272.7	277.6	272.6	268.8	277.8	274.0
抽吸 13 支后重量/g	75.0341	74.7954	74.7952	74.7501	75.5659	75.6339	74.7698	75.1406	75.2854	75.0999	
抽吸 13 支 TPM /mg	298.2	294.2	292.7	294.5	307.0	292.7	298.1	295.5	292.4	302.8	296.8
抽吸 14 支后重量/g	75.0533	74.8217	74.8245	74.7747	75.5872	75.6544	74.7918	75.1633	75.3133	75.1256	
抽吸 14 支 TPM /mg	317.4	320.5	322	319.1	328.3	313.2	320.1	318.2	320.3	328.5	320.8
抽吸 15 支后重量/g	75.0753	74.8442	74.8418	74.7929	75.6129	75.6778	74.8139	75.1855	75.337	75.1498	
抽吸 15 支 TPM /mg	339.4	343.0	339.3	337.3	354.0	336.6	342.2	340.4	344.0	352.7	342.9
抽吸 16 支后重量/g	75.0985	74.8688	74.8658	74.8145	75.6349	75.7014	74.8319	75.208	75.358	75.173	
抽吸 16 支 TPM /mg	362.6	367.6	363.3	358.9	376.0	360.2	360.2	362.9	365.0	375.9	365.3
抽吸 17 支后重量/g	75.1179	74.8902	74.8876	74.8331	75.6548	75.7217	74.8525	75.2262	75.379	75.1943	

续表

抽吸通道	1	2	3	4	5	6	7	8	9	10	平均
抽吸17支TPM/mg	382.0	389.0	385.1	377.5	395.9	380.5	380.8	381.1	386.0	397.2	385.5
抽吸18支后重量/g	75.1388	74.9131	74.9061	74.8531	75.6771	75.745	74.8716	75.2478	75.4021	75.2127	
抽吸18支TPM/mg	402.9	411.9	403.6	397.5	418.2	403.8	399.9	402.7	409.1	415.6	406.5

通过实验发现：抽吸15支卷烟后，即平均TPM达到342.9 mg时，未发现滤片有穿滤情况，滤片情况如图3-7所示；抽吸16支卷烟后，即平均TPM达到365.3 mg时，发现滤片背面有淡黄色圆斑，滤片情况如图3-8所示；抽吸17支卷烟后，即平均TPM达到385.5 mg时，发现滤片已穿滤，滤片情况如图3-9所示。因此，实验得到55 mm玻璃纤维滤片载荷量为340 mg。

图3-7　滤片收集340 mg TPM

图3-8　滤片收集365 mg TPM

图3-9　滤片收集385 mg TPM

3.5　小结

项目组参考CORESTA No.64推荐方法对雪茄烟吸烟机性能进行了验证测试，结果显示雪茄烟吸烟机可以满足标准要求。同时，项目组对雪茄烟抽吸和烟气捕集过程中所用55 mm剑桥滤片的载荷量进行了研究，结果显示其可达340 mg，可以满足雪茄烟分析的要求。

第四节　雪茄烟主流烟气总粒相物的收集和焦油的测定

4.1　原理

抽取雪茄烟、调节。在雪茄烟吸烟机上抽吸雪茄烟，同时用玻璃纤维滤片收集总粒相物。称取抽吸前后捕集器的质量并计算总粒相物的质量，萃取总粒相物，用气相色谱法测定总粒相物中的水分和烟碱含量。

4.2 仪器设备

常用的实验室仪器和以下各项：

常规分析用雪茄烟吸烟机，符合 CORESTA No. 64 推荐方法的要求。

皂膜流量计，100 mL 刻度管，精确至 0.1 mL。

测定抽吸持续时间和抽吸频率的仪器。

分析天平，测量范围内精确至 0.1 mg。

吸阻测量装置。

调节箱，可保持 CORESTA No. 46 规定的条件。

长度测量仪，精确至 0.5 mm。

直径测量装置。

密封装置，由与捕集器相同材料制成的捕集器端帽。

手套，棉质或无滑石粉手套。

4.3 总粒相物的测定

1. 抽吸雪茄烟的准备

随机从实验室样品的每个包装中抽取尽量相等数量的雪茄烟，剔除有明显缺陷的烟支，抽取雪茄烟的总数应至少为抽吸烟支数的 2.5 倍。然后用相同方法再抽取 10 支卷烟用于物理参数的测试。

2. 烟蒂长度的标记

标准烟蒂长度应为下列三种长度中的最大者：

——33 mm；

——嵌入式滤芯＋8 mm；

——人工滤嘴＋17 mm。

应在样品调节后标记烟蒂长度。用软头笔画两条细线，第一条线位于距雪茄烟嘴端 28 mm 处(对应插入夹持器的标准深度)，精确到 0.5 mm；第二条线位于距雪茄烟嘴端标准烟蒂长度处，精确到 0.5 mm。在标记烟蒂时应避免损坏烟支。偶然损坏的烟支或标记过程发现有缺陷的烟支应废弃，并用备用烟支替换。

3. 雪茄烟的选取

若研究需要，对质量或吸阻进行挑选，挑选不作为减少烟支抽吸数量的理由。

4. 调节

按要求，调节所有的测试样品。测试环境大气应满足标准 CORESTA No. 46 的要求。在测试实验室抽吸的样品应用密封的包装转移，除非测试地点与调节地点相连，并且环境大气相同。

5. 抽吸前的预测试

根据测试报告的要求测定下述指标：烟支长度，距嘴端 15 mm 和 33 mm 处的直径，烟支吸阻，调节后用于抽吸的雪茄烟的平均质量(mg/cig)，调节后烟支的含水率(%，m/m)。

6. 抽吸和粒相物质的收集

抽吸方案：对于直径小于等于 12.0 mm 的雪茄烟，总粒相物、水分、烟碱、焦油结果为抽吸 8 支雪茄烟的平均值；对于直径大于 12.0 mm 的雪茄烟，总粒相物、水分、烟碱、焦油结果为抽吸 8 支雪茄烟的平均值；每个样品进行 5 次平行实验。

捕集器和夹持器的准备：在所有操作中，操作者应佩戴手套以免手指污染；将已经在测试大气中调节至少 12 h 的滤片放入滤片夹持器中，滤片粗糙的一面应面向进入的烟气，合上滤片夹持器，检查确认装配妥当；按照 CORESTA No. 64 选择合适的乳胶管筒架、乳胶管和垫圈组成 1 型或 2 型夹持器；称量捕集器和密封装置的质量，精确至 0.1 mg；由于滤片和萃取液吸水，因此亦用相同的方式准备空白捕集器。

设置吸烟机：取下吸烟机上的保护滤片，开机，置于自动抽吸状态预热至少 20 min；预热结束后，检查每通道的抽吸持续时间和抽吸频率应符合标准条件的规定；按照 CORESTA No. 64 根据直径计算抽吸容量并进行设定；利用皂膜流量计皂膜的位移直接测定抽吸容量，并可检查系统是否漏气；测定吸烟机环境的温度和相对湿度，记录大气压力。

抽吸过程：将调节好的雪茄烟插入雪茄烟夹持器，使垫圈密封雪茄烟烟蒂末端，插入时，应避免漏气或使烟支变形。有明显缺陷或插入时损伤的烟支均应弃去，并由调节好的备用烟支替代。确保雪茄烟位置正确，雪茄烟纵轴与水平面形成的角度应尽可能小，烟蒂末端低于另一端不大于 10°，高于另一端不大于 5°，以使所有雪茄烟位置与孔道位置相一致。调整雪茄烟使燃烧锥到达烟蒂标记处时启动抽吸终止装置，棉线应在烟蒂标记处刚好接触到烟支而不改变其位置。将抽吸口数计数器清零，从第一口抽吸时，点燃每支烟。若需重新点燃烟支，则需用一手持电热点火器或气体火机在下一口抽吸时进行补点。同样，若需要在抽吸过程中重新点火，需用一手持电热点火器或气体火机。当所有烟支燃烧到烟蒂标记处时，用剪刀从烟支上取下燃烧锥并记录口数。抽吸过程结束后，保持烟蒂在原位置停留至少 30 s，使烟气捕集器中残留的烟气沉积。立即插入新的卷烟，重复抽吸过程，直至将预定数量的雪茄烟抽吸完毕。

7. 总粒相物的测定

戴上手套，从吸烟机取下捕集器，若有必要，从捕集器上取下雪茄烟夹持器；盖上前后端帽，建议在从捕集器上取下夹持器时，夹烟的一面向下，以免夹持器对滤片造成污染；抽吸结束后，应立即称取烟气捕集器的质量，精确至 0.1 mg；检查每个滤片背后是否有因穿滤或破损造成的黄斑,若有,应弃去。

8. 总粒相物的计算

每支雪茄烟总粒相物的平均质量,T,以 mg/cig 表示。每个抽吸通道的 T 由下式得出:

$$T=(m_1-m_0)/q$$

式中:m_0——抽吸前捕集器的质量,mg;

m_1——抽吸后捕集器的质量,mg;

q——每个捕集器抽吸的烟支数量,cig。

9. 总粒相物的处理

萃取:戴上手套,取下烟气捕集器密封装置;打开烟气捕集器,用镊子取出滤片,捕集总粒相物的一面向里折两次,要注意镊子和手指只接触滤片边缘;将折好的滤片放入干燥的三角瓶中(55 mm 直径的滤片最大用 150 mL 的三角瓶);移取溶剂(含有烟碱和水分测定内标物的异丙醇,55 mm 直径的滤片 20 mL)于三角瓶中;每次用一块四分之一滤片,擦拭捕集器前盖内壁,放入三角瓶中,立即盖上瓶盖,在电动振荡器上轻轻振荡至少 20 min,确保不要将滤片振碎;可以调整振荡时间以保证总粒相物中的烟碱和水分萃取完全;按同样方法处理水分测定的空白烟气捕集器。

干粒相物的测定:按照 CORESTA No. 67 测定水分。干粒相物按下式计算:

$$D=T-W$$

式中:D——干粒相物,mg/cig;

T——总粒相物,mg/cig;

W——总粒相物中水分,mg/cig。

烟碱和焦油的测定:按照 CORESTA No. 66 测定烟碱。焦油按下式计算:

$$G=D-H_{nic}$$

式中:G——焦油,mg/cig;

D——干粒相物,mg/cig;

H_{nic}——总粒相物中烟碱,mg/cig。

4.4 结果和讨论

1. 总粒相物和焦油测定结果

由国家烟草质量监督检验中心、山东中烟工业有限责任公司和川渝中烟工业有限责任公司 3 家实验室分别对 9 个雪茄烟样品的烟气指标完成测试。每个样品抽吸 40 支,分 5 轮进行;直径小于等于 12 mm 的样品,每轮采用 4 个通道,每通道抽吸 2 支;直径大于 12 mm 的样品,每轮采用 8 个通道,每通道抽吸 1 支。3 家实验室测定总粒相物和焦油的平均值、r_{SD}、R_{SD} 如表 3-8 所示。

表 3-8　总粒相物和焦油测定结果/(mg/支)

样品编号	项目	项目比对实验			CORESTA 雪茄烟学组合作研究		
		平均值	r_{SD}	R_{SD}	平均值	r_{SD}	R_{SD}
1	TPM	22.79	0.79	2.08	22.02	1.01	1.72
	NFDPM	18.62	0.67	3.20	18.46	0.86	1.71
2	TPM	26.14	0.78	2.95	/	/	/
	NFDPM	22.15	0.46	2.93	/	/	/
3	TPM	40.45	0.87	7.68	/	/	/
	NFDPM	32.56	0.66	6.47	/	/	/
4	TPM	50.31	1.55	6.29	49.73	6.08	7.47
	NFDPM	42.13	1.14	8.26	41.86	1.98	4.38
5	TPM	65.35	2.89	4.59	/	/	/
	NFDPM	54.93	2.19	4.05	/	/	/
6	TPM	60.01	5.05	7.88	57.57	4.43	6.61
	NFDPM	45.36	3.16	5.77	46.14	3.47	5.09
7	TPM	54.04	4.18	4.58	/	/	/
	NFDPM	41.97	2.78	3.27	/	/	/
8	TPM	40.45	0.87	19.51	/	/	/
	NFDPM	32.56	0.66	12.40	/	/	/
9	TPM	131.31	6.53	17.41	/	/	/
	NFDPM	79.29	2.26	10.98	/	/	/

2. TPM、NFDPM 平均值的比较

为比较项目组比对实验结果平均值与 CORESTA 雪茄烟学组合作研究平均值的差异，计算两组平均值的绝对偏差，并与 CORESTA 雪茄烟学组合作研究的 r_{SD} 和 R_{SD} 绘图比较，如图 3-10 和图 3-11 所示。

由图 3-10 和图 3-11 可以看出，总粒相物和焦油的绝对偏差都小于雪茄烟学组合作研究的重复性标准差和再现性标准差，说明项目组比对实验的平均值与雪茄烟学组合作研究的平均值之间没有显著性差异。

3. r_{SD} 和 R_{SD} 的比较

由于国内只有 3 家实验室具备雪茄烟烟气分析能力，项目组比对实验在 3 家实验室进行，因此不能给出测试方法的 r 和 R 值，但可以计算得到 r_{SD} 和 R_{SD}，将之与 CORESTA 推荐方法提供的 r_{SD} 和 R_{SD} 进行比较，如图 3-12 和图 3-13 所示。

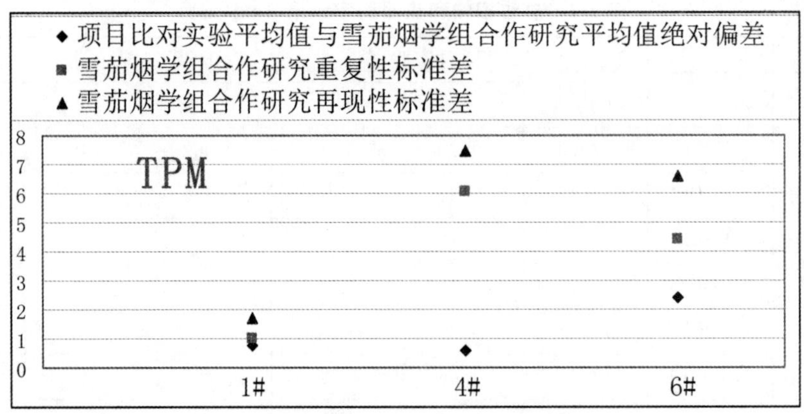

图 3-10　TPM 平均值的比较

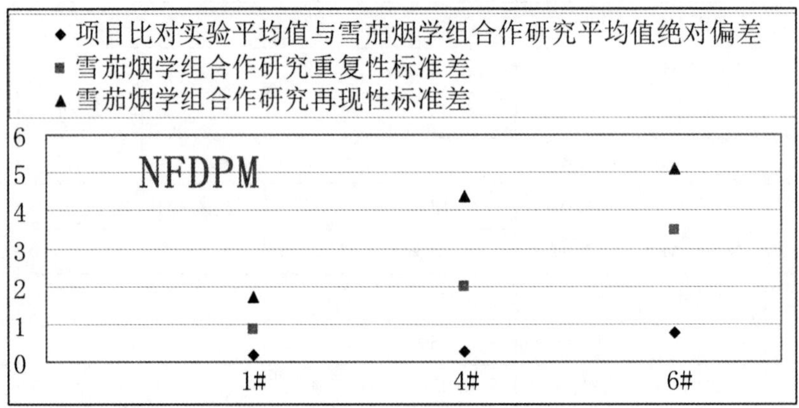

图 3-11　NFDPM 平均值的比较

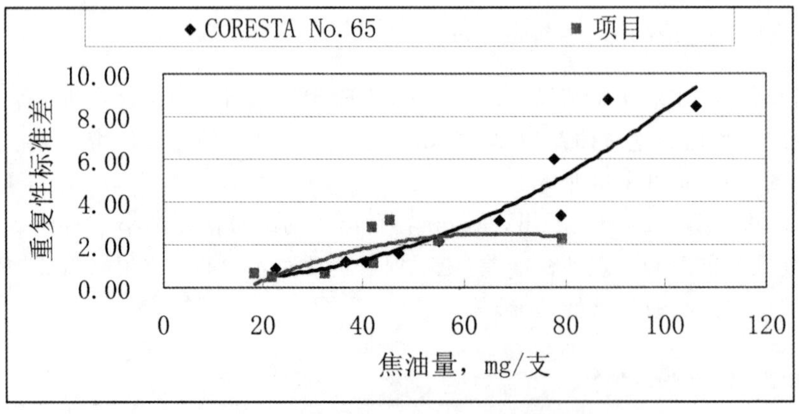

图 3-12　焦油测定的重复性标准差的比较

从图 3-12 和图 3-13 可以看出：项目组开展的雪茄烟主流烟气焦油测定的比对实验的重复性标准差、再现性标准差与 CORESTA No. 65 的重复性标准差、再现性标准差差异不大。

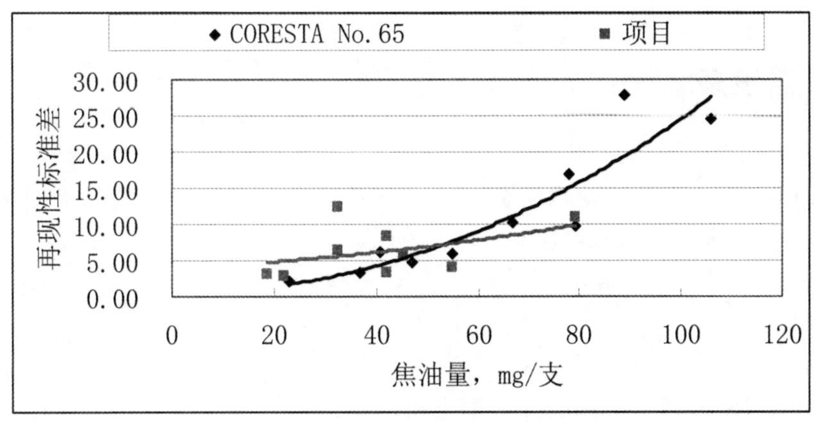

图 3-13 焦油测定的再现性标准差的比较

4.5 小结

项目组对 CORESTA No. 65 雪茄烟主流烟气总粒相物的收集和焦油的测定过程开展了比对实验，3 个样品的总粒相物和焦油量与雪茄烟学组合作研究的结果一致，9 个样品焦油量测定的重复性标准差和再现性标准差与 CORESTA No. 65 没有显著性差异。

第五节 雪茄烟主流烟气总粒相物中水分的测定

5.1 原理

按照标准程序，抽吸雪茄烟，捕集主流烟气中的粒相物。将主流烟气的总粒相物溶解于含有内标物的萃取剂中，用气相色谱法测定萃取液的水分含量，计算出总粒相物中的水分含量。

5.2 试剂

使用分析纯级试剂。

(1)载气：氦气或氮气。

(2)异丙醇：水分含量不高于 1.0 mg/mL。

(3)内标物：乙醇或甲醇(最低纯度 99%)。

(4)萃取剂：含有适当浓度内标物的异丙醇，一般为 5 mL/L。

(5)标准物质：蒸馏水或去离子水。

(6)标准溶液：加入一定量的水于萃取剂中，制备至少 4 个标准溶液，其浓度范围应覆盖预计在样品中检测到的水分浓度，其中一个标准溶液不加水(溶剂空白)。

为防止吸水，盛放萃取剂的容器应装有去水装置，所有溶液均应密封，萃取剂在使用之前应持续搅拌以使水分均匀，标准溶液制备所用萃取剂应与总粒相物所用萃取剂为同一批。

5.3 仪器设备

常用实验仪器及下述各项：

(1)气相色谱仪：带热导池检测器，记录仪和积分仪或其他合适的数据处理设备。

(2)色谱瓶和瓶盖应放在干燥器中保存备用。

(3)色谱柱：内径 2～4 mm，最佳长度 1.5～2 m。

固定相：150 μm(100 目)～190 μm(80 目)的 Porapak Q。

色谱柱最好使用去活的不锈钢柱，其他材料如玻璃或镍色谱柱也可以使用。也可以使用 Porapak QS 或 Chromosorb 102 固定相。

5.4 实验步骤

1. 试样

将吸烟机抽吸雪茄烟得到的总粒相物溶解于一定体积的萃取剂中，直径 55 mm 的玻璃纤维滤片用 20 mL 萃取剂，应确保萃取剂浸没滤片。只要能保证萃取效率，萃取剂的体积也可调整，以给出合适的标准曲线水分浓度。

2. 仪器准备

按照制造商的说明调整和操作气相色谱仪。应确保水分峰、内标物峰和溶剂峰完全分离。分析时间大约 4 min，分析之前应注入 2μL 萃取剂调节仪器。

合适的操作条件如下：

——柱箱温度：170 ℃(等温线)。

——进样口温度：250 ℃。

——检测器温度：250 ℃。

——载气：氦气，流量大约 30 mL/min。

——进样体积：2 μL。

注：若检测器灵敏度足够高，也可以使用氮气作载气。

3. 标准曲线的制作

分别取标准溶液 2 μL 注入气相色谱仪，记录水分和内标物的峰面积(或峰高)，至少进行两次测定。

计算每个标准溶液(包括溶剂空白)水分与内标物的峰面积比(或峰高比)，作出水分浓度与峰面积比的关系曲线或计算出回归方程。

每 20 次样品测定后应注入一个中等浓度的标准溶液，如果测得的值与原值相差超过 5%，则应重新进行整个标准曲线的制作。

注：由于萃取剂中含有水分，所以回归曲线不经过原点。

若萃取剂水分含量超过 1.0 mg/mL,则不应使用该批萃取剂。

4. 空白实验

由于烟气捕集器和溶剂吸收水分,故应测定样品空白水分含量。用另外的装有滤片的捕集器按与收集烟气的捕集器相同的方法制备样品空白。吸烟过程中将空白捕集器放在吸烟机旁边,与样品同样萃取、分析。

5. 测定

分别注入一份(2 μL)样品溶液和空白溶液于气相色谱仪,计算水分与内标物的峰面积比(或峰高比)。

在同样的条件下重复测定两次。计算两次测定的平均值。

6. 结果的计算与表述

用制作的标准曲线或回归方程计算样品萃取液和空白萃取液的水分浓度。

雪茄烟烟气总粒相物的水分含量 m_W,以每支雪茄烟所含的毫克数表示,由下式得出:

$$m_W = \frac{\rho_{WS} - \rho_{WB}}{q} \times V_{ES}$$

式中:ρ_{WS}——样品溶液的水分浓度,单位为毫克每毫升(mg/mL);

ρ_{WB}——空白溶液的水分浓度,单位为毫克每毫升(mg/mL);

q——吸入每个捕集器的烟支数;

V_{ES}——萃取剂体积,单位为毫升(mL)。

每通道结果精确至 0.01 mg/cig,平均值精确至 0.01 mg/cig。

5.5　结果和讨论

1. 水分测定结果

3 家实验室测定水分的平均值、r_{SD}、R_{SD} 如表 3-9 所示。

表 3-9　水分测定结果/(mg/支)

样品编号	项目比对实验			CORESTA 雪茄烟学组合作研究		
	平均值	r_{SD}	R_{SD}	平均值	r_{SD}	R_{SD}
1	2.44	0.30	0.48	2.47	0.35	0.82
2	2.95	0.49	0.55	/	/	/
3	3.60	0.11	0.51	/	/	/
4	3.63	0.35	0.52	3.98	0.78	1.11
5	5.62	0.91	0.93	/	/	/

续表

样品编号	项目比对实验			CORESTA 雪茄烟学组合作研究		
	平均值	r_{SD}	R_{SD}	平均值	r_{SD}	R_{SD}
6	12.44	3.41	4.66	9.68	2.41	3.34
7	9.29	2.02	2.13	/	/	/
8	47.68	6.46	8.56	/	/	/
9	43.33	5.88	7.90	/	/	/

2. 水分平均值的比较

为比较项目组比对实验结果平均值与 CORESTA 雪茄烟学组合作研究平均值的差异，计算两组平均值的绝对偏差，并与 CORESTA 雪茄烟学组合作研究的 r_{SD} 和 R_{SD} 绘图比较，如图 3-14 所示。

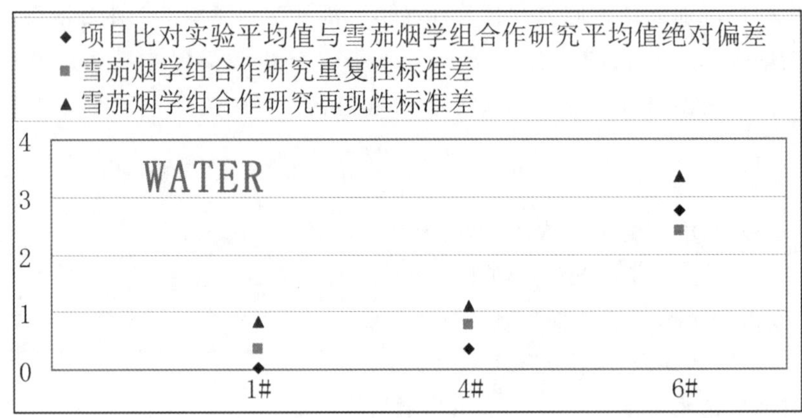

图 3-14　水分平均值的比较

由图 3-14 可以看出，总粒相物中水分的绝对偏差都小于雪茄烟学组合作研究的再现性标准差，说明项目组比对实验的平均值与雪茄烟学组合作研究的平均值之间没有显著性差异。

3. r_{SD} 和 R_{SD} 的比较

计算总粒相物中水分比对实验的 r_{SD} 和 R_{SD}，将之与 CORESTA 推荐方法提供的 r_{SD} 和 R_{SD} 进行比较，如图 3-15 和图 3-16 所示。

从图 3-15 和图 3-16 可以看出：项目组开展的雪茄烟主流烟气总粒相物中水分测定的比对实验的重复性标准差、再现性标准差与 CORESTA No. 67 的重复性标准差、再现性标准差差异不大。

5.6　小结

项目组对 CORESTA No. 67 雪茄烟主流烟气总粒相物中水分的测定过程开展了比

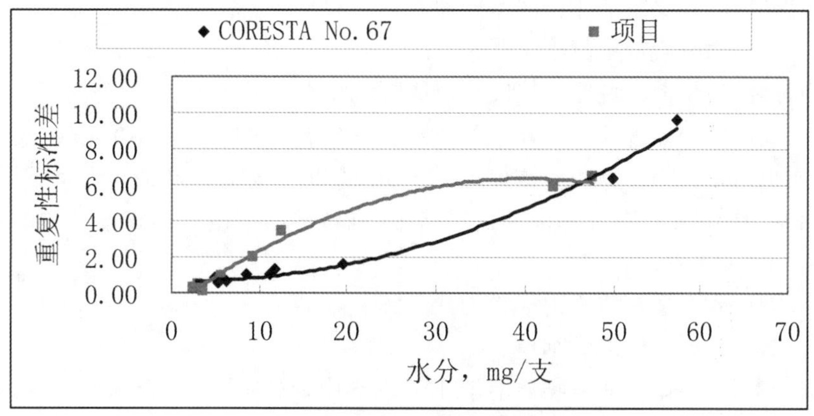

图 3-15　水分测定的重复性标准差的比较

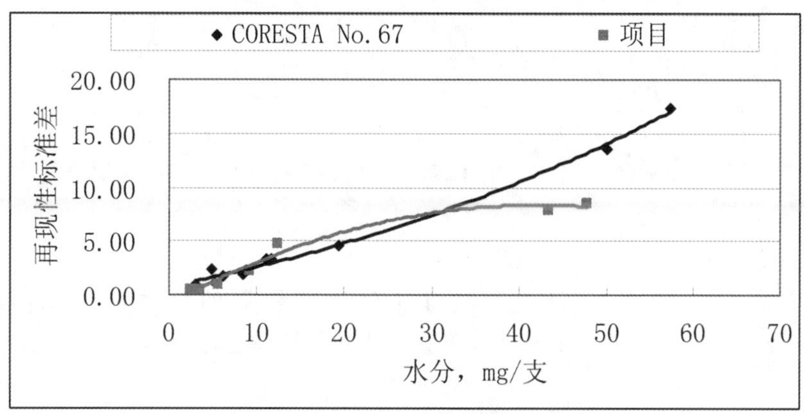

图 3-16　水分测定的再现性标准差的比较

对实验，3 个样品的水分与雪茄烟学组合作研究的结果一致，9 个样品水分测定的重复性标准差和再现性标准差与 CORESTA No. 67 没有显著性差异。

第六节　雪茄烟主流烟气总粒相物中烟碱的测定

6.1　原理

按照标准程序，抽吸雪茄烟，捕集主流烟气中的粒相物。将主流烟气的总粒相物溶解于含有内标物的萃取剂中，用气相色谱法测定萃取液的烟碱含量，计算出总粒相物中的烟碱含量。

6.2　试剂

使用分析纯级试剂。

(1)载气：氦气或氮气。

(2)辅助气体：火焰离子化检测器所需的空气和高纯氢气。

(3)异丙醇：水分含量不高于 1.0 mg/mL。

(4)内标物：正十七碳烷或喹哪啶(最低纯度 99%)。

在测定纯度符合要求且不与其他烟气组分同时洗脱的情况下，香芹酮、正十八碳烷或其他物质也可用作内标物。应监控每个样品测定时内标物的峰面积保持不变，如果改变，应使用不加内标物的样品萃取液进行验证，确认样品液组分不在内标物的峰位置处洗脱。

(5)萃取剂：含有适当浓度内标物的异丙醇。

(6)标准物质：已知纯度的烟碱。

(7)标准溶液：将烟碱标准物质溶解于萃取剂中，制备至少 4 个标准溶液，其浓度范围应覆盖预计在样品中检测到的烟碱浓度。

6.3 仪器设备

常用实验仪器及下述各项：

(1)常规分析用雪茄烟吸烟机。

(2)气相色谱仪：配有火焰离子化检测器，记录仪和积分仪或其他合适的数据处理设备。

(3)色谱柱：内径 2～4 mm，最佳长度 1.5～2 m。

色谱柱最好是玻璃的，其他材料如不锈钢或镍制的色谱柱也可使用。固定相：150 μm (100 目)～190 μm(80 目)酸洗的硅烷化担体上涂渍 10% PEG20M+2%氢氧化钾。

6.4 实验步骤

1. 试样

将吸烟机抽吸雪茄烟得到的总粒相物溶解于一定体积的萃取剂中，直径 55 mm 的玻璃纤维滤片用 20 mL 萃取剂，应确保萃取剂浸没滤片。只要能保证萃取效率，萃取剂的体积也可调整以给出合适的标准曲线烟碱浓度。

2. 仪器准备

按照制造商的说明调整和操作气相色谱仪。应确保溶剂峰、内标物峰、烟碱峰及其他烟气组分的峰完全分离，尤其是与新植二烯的峰分离完全(它的峰有时会在烟碱峰尾部出现)。

合适的操作条件如下：

——柱箱温度：170 ℃(等温线)。

——进样口温度：250 ℃。

——检测器温度：250 ℃。

——载气：氦气或氮气，流量大约 30 mL/min。

——进样体积，2 μL。

采用上述条件，分析时间为 6～8 min。

3. 标准曲线的制作

分别取标准溶液 2 μL 注入气相色谱仪，记录烟碱和内标物的峰面积(或峰高)，至少进行两次测定。

计算每个标准溶液烟碱与内标物的峰面积比(或峰高比)，作出烟碱浓度与峰面积比的关系曲线或计算出回归方程，应为直线关系，且通过坐标原点。用斜率进行计算。

每 20 次样品测定后应注入一个中等浓度的标准溶液，如果测得的值与原值相差超过 3%，则应重新进行整个标准曲线的制作。

4. 测定

注入一份(2 μL)试样于气相色谱仪，计算烟碱与内标物的峰面积比(或峰高比)。同一试样重复测定两次。计算两次测定的平均值。

5. 结果的计算与表述

烟碱量以 mg/cig 表示，抽吸通道的烟碱量，精确至 0.01 mg/cig。

6.5　结果和讨论

1. 烟碱测定结果

3 家实验室测定烟碱的平均值、r_{SD}、R_{SD} 如表 3-10 所示。

表 3-10　烟碱测定结果/(mg/支)

样品编号	项目比对实验			CORESTA 雪茄烟学组合作研究		
	平均值	r_{SD}	R_{SD}	平均值	r_{SD}	R_{SD}
1	1.26	0.04	0.04	1.31	0.07	0.43
2	1.11	0.04	0.16	/	/	/
3	4.30	0.11	0.97	/	/	/
4	3.56	0.08	0.09	3.39	0.20	1.00
5	4.88	0.33	0.45	/	/	/
6	1.56	0.06	0.06	1.71	0.26	0.66
7	2.45	0.13	0.14	/	/	/
8	6.88	0.50	0.75	/	/	/
9	8.68	0.36	0.94	/	/	/

2. 烟碱平均值的比较

为比较项目组比对实验结果平均值与 CORESTA 雪茄烟学组合作研究平均值的差异，计算两组平均值的绝对偏差，并与 CORESTA 雪茄烟学组合作研究的 r_{SD} 和 R_{SD} 绘图比较，如图 3-17 所示。

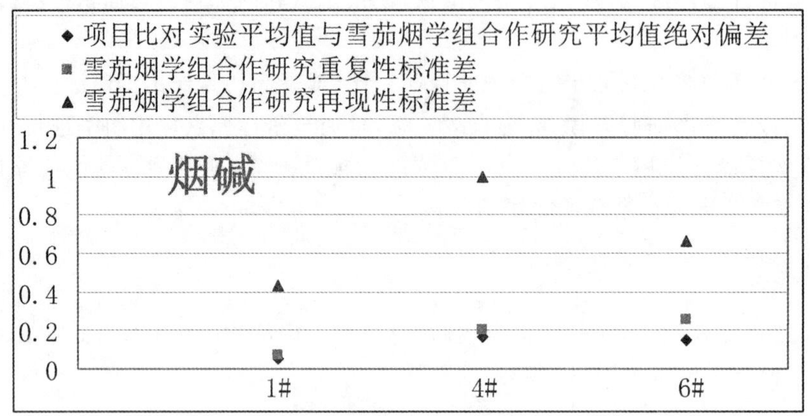

图 3-17 烟碱平均值的比较

由图 3-17 可以看出，总粒相物中烟碱的绝对偏差都小于雪茄烟学组合作研究的重复性标准差、再现性标准差，说明项目组比对实验的平均值与雪茄烟学组合作研究的平均值之间没有显著性差异。

3. r_{SD} 和 R_{SD} 的比较

计算总粒相物中烟碱比对实验的 r_{SD} 和 R_{SD}，将之与 CORESTA 推荐方法提供的 r_{SD} 和 R_{SD} 进行比较，如图 3-18 和图 3-19 所示。

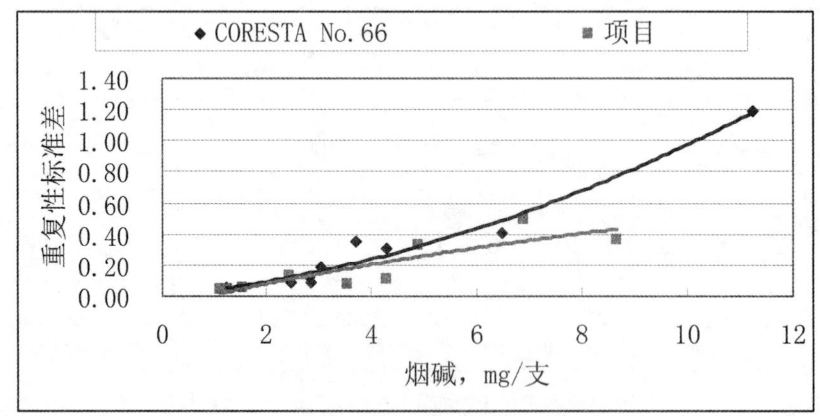

图 3-18 烟碱测定的重复性标准差的比较

从图 3-18 和图 3-19 可以看出：项目组开展的雪茄烟主流烟气总粒相物中烟碱测定的比对实验的重复性标准差、再现性标准差与 CORESTA No. 66 的重复性标准差、再现

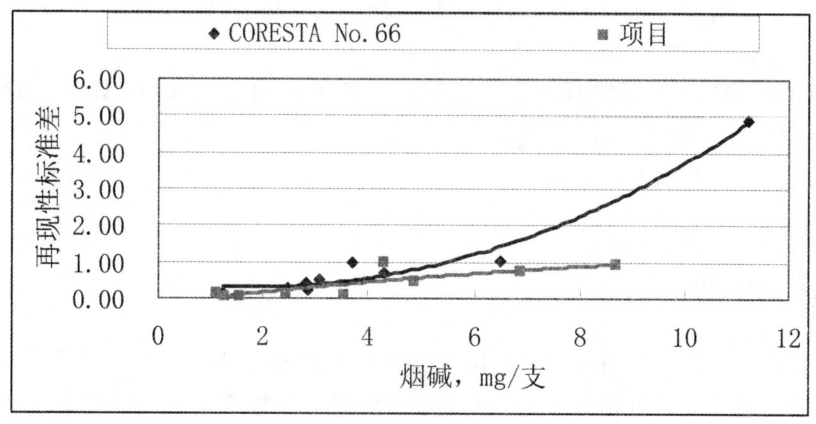

图 3-19　烟碱测定的再现性标准差的比较

性标准差差异不大。

6.6　小结

项目组对 CORESTA No. 66 雪茄烟主流烟气总粒相物中烟碱的测定过程开展了比对实验，3 个样品的烟碱与雪茄烟学组合作研究的结果一致，9 个样品烟碱测定的重复性标准差和再现性标准差与 CORESTA No. 66 没有显著性差异。

第七节　雪茄烟主流烟气中一氧化碳的测定

7.1　原理

按照标准程序，抽吸雪茄烟，收集主流烟气中的气相物。利用非散射红外分析仪测定所收集气相物中的一氧化碳，计算出雪茄烟主流烟气中的一氧化碳含量。

7.2　仪器设备

(1)常规分析用雪茄烟吸烟机。

(2)气相收集系统，满足如下条件：

收集系统不能干扰吸烟机的正常操作和总粒相物、烟气烟碱的测定。

利用一氧化碳浓度为 5%(V/V)左右[4%～6%(V/V)]的气体检查收集系统对气相的不可渗透性。将一氧化碳气体充入预先排空的气体收集装置，立即测定一氧化碳的浓度。在不少于三小时的时间内一氧化碳的浓度变化不大于 0.3%(V/V)。

参考抽吸条件选择合适的气袋，实际要收集的气相体积取决于雪茄烟的直径和抽吸容量，气袋的容量至少为气相体积与清除抽吸体积的总和，但不高于总和的两倍。

(3)非散射红外分析仪，满足如下条件：

测量范围：一氧化碳浓度在 0.00～15.00%(V/V)之间，满足对未经稀释的雪茄烟气相物的测定。精度:+/−0.15%(V/V)。线性:+/−0.15%(V/V)。分辨率:0.01%(V/V)。重复性:+/−0.03%(V/V)。

对10%(V/V)二氧化碳响应为一氧化碳的值不应超过0.05%(V/V),对2%(V/V)水蒸气响应为一氧化碳的值不应超过0.05%(V/V)。

(4)气压计,可精确至0.1 kPa。

(5)温度计,可精确至0.2 ℃。

7.3 标准气体

非散射红外分析仪应用至少三种浓度已知的标准气体进行校准,标准气体浓度范围应覆盖预期检测到的一氧化碳浓度,以免外推曲线。一般来讲,2%、7%和12%(V/V)三种一氧化碳浓度就足够了。一氧化碳的浓度应予以检定(检定相对误差小于2%)。由于检测到的一氧化碳响应不同,与一氧化碳混合的气体除氮气外不能使用其他气体,例如氦气。

7.4 分析步骤

1. 校准非散射红外分析仪

按照仪器说明预热仪器。然后,用环境空气吹入仪器,调整仪器零点。

将浓度为12%(V/V)的一氧化碳标准气体灌入预先排空的集气袋,排空后再灌入12%(V/V)的一氧化碳标准气体,要保证集气袋中的气体处于环境温度和大气压力下。由系统的取样泵将气体导入分析仪的测量池,分析仪内的压力需要5~10 s的平衡,待读数稳定后记录仪器示值。如有必要,将仪器示值调整至标准气体的标定值。

用另外两种标准气体重复操作,若仪器示值与实际浓度相差超过0.3%(V/V)(绝对量),则应检查仪器的线性。

测定之前,应用12%(V/V)一氧化碳标准气体检查校准曲线,若仪器示值与实际浓度相差超过0.3%(V/V),则应重复整个校准过程。

2. 吸烟与气相捕集

气相收集系统的准备:按照仪器说明准备气相收集系统,要保证抽吸开始前气相收集系统已用环境空气清洗并排空。抽吸开始前,气相收集系统不应有负压存在。

抽吸:设置吸烟机满足标准条件的要求,抽吸雪茄烟。

抽吸实验完成后,取下烟蒂,做至少一口清除抽吸,确保气相物收集完全,且所测浓度在设备测试范围内。记录每个通道的总抽吸口数,即抽吸口数加清除口数。

3. 气相物一氧化碳体积浓度的测定

在与抽吸卷烟产生气相相同的环境温度和压力条件下,以校正分析仪时的流速,将气相导入分析仪的测量池。读取代表一氧化碳浓度的仪器示值。

4.结果的计算和表述

计算以每支雪茄烟计的一氧化碳量，由下式得出：

$$CO_{cigar}=\frac{C_{obs}\times V\times N\times p\times T_0\times 28}{q\times 100\times 101.3\times (t+T_0)\times 22.4}$$

式中：CO_{cigar}——每支雪茄烟的一氧化碳量，单位为 mg/cig；

C_{obs}——一氧化碳体积百分比的观测值，%(V/V)；

N——总抽吸口数；

q——每通道抽吸的卷烟支数，单位为支(cig)；

V——抽吸容量，单位为毫升(mL)；

t——环境温度，单位为摄氏度(℃)。

p——环境大气压力，单位为千帕斯卡(kPa)；

T_0——水的三相点温度，单位为开尔文(K)。

计算结果表示到小数点后一位。

7.5　结果和讨论

1.一氧化碳测定结果

3 家实验室测定一氧化碳的平均值、r_{SD}、R_{SD} 如表 3-11 所示。

表 3-11　一氧化碳测定结果/(mg/支)

样品编号	项目比对实验			CORESTA 雪茄烟学组合作研究		
	平均值	r_{SD}	R_{SD}	平均值	r_{SD}	R_{SD}
1	/	/	/	20.01	1.23	5.25
2	32.28	1.44	1.45	/	/	/
3	37.02	1.10	3.31	/	/	/
4	57.16	1.54	5.51	60.95	2.46	5.64
5	75.53	4.53	7.14	/	/	/
6	148.65	6.27	13.73	159.86	11.66	21.56
7	161.10	17.55	29.73	/	/	/
8	322.18	21.93	24.91	/	/	/
9	295.92	12.23	12.79	/	/	/

注：由于 1# 样品气相体积小于 1L，国内实验室集气袋不能满足气相收集系统要求，数据被剔除。

2.一氧化碳标准气体浓度范围的适用性

雪茄烟吸烟机所配一氧化碳分析仪的测量范围是 0～15%(V/V)，CORESTA No. 68 推荐方法建议 3 个 CO 标准气体浓度为 2%、7%和 12%。

为了验证 CO 标准气体的浓度范围是否合适，避免测试样品过程中存在校准曲线外推的情况，对项目实验过程中所得 587 个一氧化碳浓度示值数据进行统计分析，结果如图 3-20 所示。

由图 3-20 可知，所测样品 CO 浓度示值的平均值为 6.55%，最小值为 1.48%，最大值为 11.86%，其中有 90%的测试数据在 2.42%～10.39%之间。因此，CORESTA No. 68 推荐的 CO 标准气体浓度范围是合适的。

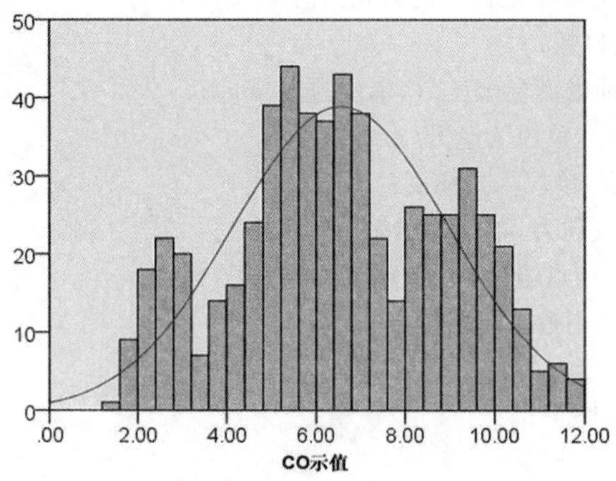

图 3-20　测试样品一氧化碳浓度示值分布图

3. 一氧化碳平均值的比较

由表 3-11 可以看出，4＃、6＃样品项目比对实验一氧化碳平均值与雪茄烟学组合作研究平均值绝对偏差都小于雪茄烟学组合作研究的再现性标准差，说明项目组比对实验的平均值与雪茄烟学组合作研究的平均值之间没有显著性差异。

4. r_{SD} 和 R_{SD} 的比较

计算雪茄烟主流烟气中一氧化碳比对实验的 r_{SD} 和 R_{SD}，将之与 CORESTA 推荐方法提供的 r_{SD} 和 R_{SD} 进行比较，如图 3-21 和图 3-22 所示。

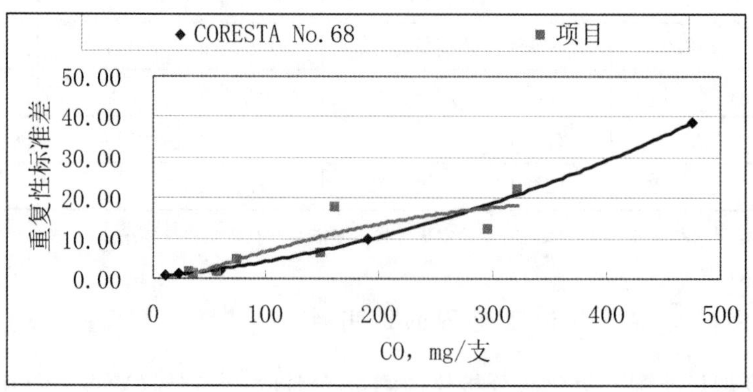

图 3-21　CO 测定的重复性标准差的比较

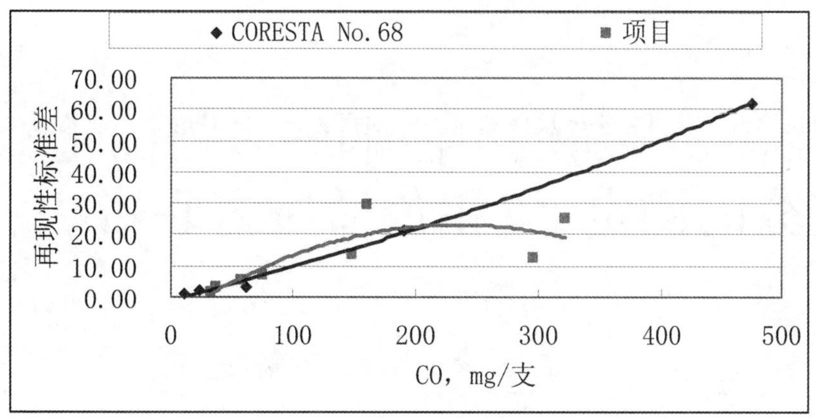

图 3-22 CO 测定的再现性标准差的比较

从图 3-21 和图 3-22 可以看出：项目组开展的雪茄烟主流烟气中一氧化碳测定的比对实验的重复性标准差、再现性标准差与 CORESTA No. 68 的重复性标准差、再现性标准差差异不大。

7.6 小结

项目组对 CORESTA No. 68 雪茄烟主流烟气中一氧化碳的测定过程开展了比对实验，2 个样品的一氧化碳与雪茄烟学组合作研究的结果一致，8 个样品一氧化碳测定的重复性标准差和再现性标准差与 CORESTA No. 68 没有显著性差异。

第八节 结 论

通过对雪茄烟吸烟机抽吸曲线，抽吸通道的密封性、死体积、压降，抽吸容量的稳定性，吸烟机的风速和剑桥滤片的载荷量进行测试，上述指标满足雪茄烟吸烟机标准条件，抽吸过程中吸烟机性能稳定可靠。

结合 GB/T 15269.1—2010、雪茄烟测试 CORESTA 推荐方法中 r、R 评价所用样品、CORESTA 雪茄烟学组合作研究样品，项目组制定了实验样品选取原则，选取了 9 个有代表性的雪茄烟样品。

利用所选取的实验样品，对雪茄烟进行调节并对调节的平衡进行验证，结果表明不同样品达到调节平衡的时间差异较大，在进行雪茄烟测试之前，必须进行调节平衡的验证。

依据 CORESTA 推荐方法，对 9 个雪茄烟样品进行主流烟气中总粒相物的收集，测定总粒相物中水分、烟碱，计算焦油量，测定主流烟气中一氧化碳量，统计分析平均值、重复性标准差、再现性标准差等统计量。结果表明，项目比对实验 3 个样品平均值和雪茄烟学组合作研究平均值基本一致，没有显著性差异；项目比对实验得到的重复性标准差和再现性标准差与 CORESTA 推荐方法相吻合，验证了方法的重复性和再现性。

第四章 雪茄烟主流烟气多靶标化学成分的测定 气相色谱质谱联用法

第一节 简 介

目前对雪茄烟主流烟气中重要化学成分的检测方法鲜见报道。雪茄烟烟气组成成分繁杂，且大部分化学成分含量很低，因此高效灵敏的检测手段必不可少。

与常规卷烟相比，雪茄烟具有规格、长度、直径和质量分布广的特点，针对雪茄烟的烟气分析测试相对有限。据报道，雪茄烟的期刊论文仅为常规卷烟期刊论文的 1/100 左右[1,2]。目前，国外仅有少数文章对雪茄烟烟气进行分析，在国际期刊发表的文章中，关于雪茄烟烟气更多集中在一些简单的成分对比，如常规成分烟碱、焦油和小部分 HPHC 的分析。国内研究者多针对雪茄烟茄芯原料进行化学成分分析。

国外研究主要集中于烟气成分分析及不同品牌雪茄烟化学成分区分，1962 年，Schmeltz 等[3]分离鉴定了雪茄烟烟气中的酚类，包括苯酚、邻甲酚、对甲酚、间甲酚、2，4-二甲苯酚、2，5-二甲苯酚或邻乙基苯酚、3，4-二甲基苯酚、3，5-二甲苯酚和棕榈酸。1963 年，Osman 等[4]采用干冰-乙酮冷阱收集雪茄烟烟气中冷凝物，用气相色谱法分离鉴定了吡啶、3-乙基吡啶、3-乙烯基吡啶、烟碱、甲基吡啶类、降烟碱、麦斯明、2，2′-联吡啶。1964 年，Schmeltz 等[5]对烤烟烟气中的碱性成分和烟气香味之间的关系进行了分析，通过比较雪茄烟和卷烟烟气中碱性成分的含量，指出雪茄烟和卷烟烟气的感官区别与烟气挥发相中的游离尼古丁有关。1974 年，Brunnemann 等[6]用气相色谱法测定了卷烟和雪茄烟烟气中的氨含量，小雪茄主流烟气中氨含量显著高于卷烟，侧流烟气中氨含量比主流烟气高 100～200 倍。1999 年，Henningfield 等[7]检测了大雪茄和小雪茄烟的烟碱和 pH 值，结果发现小雪茄烟在抽吸了 1/3 之后，烟气会变为酸性并一直保持酸性到抽吸结束；大雪茄烟会在抽吸了 1/3 之后变成酸性，2/3 会变为碱性。雪茄烟的直径和烟碱的释放量并不成正比。2001 年，Lay-Keow 等[8]建立了一种气相色谱/质谱(GC/MS)分析雪茄烟非挥发性有机物的可靠方法，在自动进样器的小瓶中用溶于乙腈中的 N-甲基-N-三甲基硅烷基-三氟乙酰胺(MSTFA)将酸直接甲硅烷基化，原位洗脱衍生酸，可直接进行 GC/MS 分析，无须进一步处理样品。采用本方法分离了烟草酸、琥珀酸、甘油酸、苹果酸、焦谷氨酸、苏糖酸、柠檬酸、尿嘧啶。结果表明，有机酸能用于区分不同类型的烟草。并采用 PCA 多元统计方法对 18 种古巴雪茄和 31 种非古巴雪茄进行了区分。该方法能用于鉴定古巴雪茄。2005 年 CORESTA 会上，Modestia F. 等[9]对两个雪茄品牌 Antico Toscano 和 Toscanello 的挥发性成分进行了比较研究。实验使用高分辨率气相色谱(HRGC)和 HRGC-质谱法鉴定了 56 种挥发性化合物。结果表明，17 种挥发性化合物仅在 Toscanello 提取物中检测到，其中 4 种化合物有特有的香气(黄油、坚果、焦糖、杏仁)，而 N-甲基乙酰胺仅在 Antico Toscano 提取物中发现。采用三种多变量统计技术用于评估实验数据：方差分析(Tukey 检验)，聚类分析(CA)，主成分分析(PCA)。结果表明，Toscanello 样品的特征化学成分是生物碱、醛类(焦糖、杏仁、木香)、一些有机酸(花、蜂蜜、奶酪)、6-甲基-5-炔-2-酮和 3-羟基-2-丁酮(黄油)。Antico Toscano 样品的特征化学成分为吡啶、吡嗪(椰子、坚果、咖啡风味)和香叶基丙酮(玫瑰、木兰风味)。2010 年 CORESTA 大会，Lauterbach J. H. 等[10]报道采用两种 GC-MS 扫描技术对几种小雪茄茄芯进行了区分：①直接甲硅烷基化扫描(分析前的烟草原位甲硅烷基化)，对酸、保湿剂、糖类和其他化合物进行鉴定和半定量；②HFP Scan(分析前用六氟异丙醇原位提取烟草)，可以分析低分子量的酮类到新植二烯等半挥发性化合物和一些甾醇。结果表明，能够区分不同茄芯组成的小雪茄。2014 年，Schmeltz 等[11]对比了卷烟、大雪茄和小雪茄烟的 TPM、烟碱和部分 HPHC。结果发现：雪茄烟和主流烟气的烟气 pH 值、氨和 CO 释放量存在显著不同。2016 年，Klupinski 等[12]对比美国产小雪茄和卷烟主流烟气的粒相物，发现 3 种显著差异物质。2017 年，Koszowski 等[13]对比了小雪茄烟和卷烟的部分挥发性有机物和半挥发性有机物，以及吸烟者的对应暴露型生物标志物，结果发现主流烟气中检测的这几种物质相似，生物标志物的差异很大。这表明雪茄烟和卷烟的吸烟行为导致了化学成分暴露剂量的不同。同年，Hamad 等[14]对比了小雪茄烟和 3R4F 参比卷烟主流烟气中的半挥发性有机化合物，结果发现小雪茄烟和 3R4F 的烟碱释放量相似，小雪茄烟释放更多的 TSNA 和苯并芘。2018 年，Reilly 等[15]对比了小雪茄烟、滤嘴小雪茄烟的羰基化合物释放量，结果发现小雪茄烟比滤嘴小雪茄烟的羰基化合物释放量高，同时雪茄烟较卷烟的羰基化合物水平略高。

2016 年 8 月起美国食品药品监督管理局(FDA)将包括雪茄烟在内的所有烟草产品统一纳入监管。由于雪茄与传统烟草制品有显著差异，雪茄烟烟气中化学成分和释放量的研究显得尤为迫切。2017 年 CORESTA 烟气科学与产品工艺学组 (SSPT) 联席会议上，奥驰亚、帝国品牌(原名帝国烟草)、美国 Enthalpy 分析等公司或研究机构分别报道了雪茄烟烟气中羰基化合物、氨以及除尼古丁以外的其他有害成分的分析方法或研究进展。此外，研究者们还对雪茄的手工制作、雪茄规格参数以及制造工艺对于雪茄口味以及烟气化学成分释放量的影响进行了考察[16]。

The Chemical Components of Tobacco and Tobacco Smoke, *2nd edition* 列出了 9582 种烟草和烟气成分，并提供这些成分的化学名称、美国化学文摘编号(CAS No.)和结构式等信息，是迄今最权威、最完整的烟草和烟气化学成分信息的来源。以 *The Chemical Components of Tobacco and Tobacco Smoke*, *2nd edition* 提供的烟草及烟气化学成分名单为数据来源，从烟气存在可能性、香气贡献可能性、成分自身安全性等 3 个角度确定了烟气香气成分的筛查原则，从 9582 种烟草及烟气成分中筛出 1625 种候选成分。这些成分基本反映了卷烟烟气香气特征来源，构成了卷烟烟气香气代谢组的基本轮

廓，具有重要的深化研究价值。在此基础上通过对国内外烟草添加剂名单、烟草成分分析文献的整合、梳理，筛选出 300 余种对烟草感官品质有影响的关键化学成分。通过对样品前处理、色谱-质谱条件优化，建立了乙腈提取、无水 $MgSO_4$ 除水、GC-MS 双柱同时测定烟草中 300 余种香味成分的分析方法，使用 t 检验和偏最小二乘法判别分析（PLS-DA）筛选出差异成分并成功区分出不同风格的雪茄烟样品，旨在为雪茄烟风格特征剖析提供方法参考。

第二节 材料与方法

QuEChERS 萃取试剂盒（4 g $MgSO_4$ +1 g NaCl）、分散固相萃取试剂盒（50 mg PSA（N-丙基乙二胺）+150 mg $MgSO_4$）（美国 Agilent 公司）；标准品（>98%，分别购自美国 Sigma-Aldrich 公司、日本 TCI 公司、北京百灵威科技有限公司）；苯-d6（98atom% D，美国 Sigma-Aldrich 公司）；乙腈（色谱纯，美国 J. T. Baker 公司）；二氯甲烷（色谱纯，德国 Chemicell 公司）。

7890B-5977C 气相色谱质谱联用仪（美国 Agilent 公司）；EOFO-945066 多管式旋涡混合器（美国 Talboys 公司）；3-30KS 高速冷冻离心机（德国 Sigma 公司）；Milli-Q 超纯水仪（美国 Millipore 公司）。

第三节 结果与讨论

3.1 烟气捕集方法的优化

1. 烟气的捕集

将样品卷烟在（22±1）℃、相对湿度（60±2）%的环境中平衡 48 h。

用直线型雪茄吸烟机抽吸卷烟，每组抽吸 1 支，用直径为 55 mm 的剑桥滤片捕集卷烟主流烟气粒相物。分别采用两种方式捕集气相物：①在捕集器后面接两个串联的吸收瓶，每个瓶子装 10 mL 甲醇溶液，并在低温冷却（干冰/异丙醇）条件下捕集主流烟气气相成分；②将吸附管（CX-572 cartridge）连接于卷烟烟气捕集器与抽吸针筒之间收集卷烟主流烟气气相组分（连接图如图 4-1 所示）。

2. 粒相组分分析方法

将捕集 1 支雪茄烟主流烟气粒相物的剑桥滤片一分为二放入 4 mL 样品瓶中，加入 3 mL 二氯甲烷萃取剂，并准确加入 50 μL 混合内标工作液（D6 苯：9.35 mg/mL。乙酸苯乙酯：9.06 mg/mL），密封膜密封，超声萃取 30 分钟，取萃取液用 0.45 μm 微孔滤膜过滤，滤液进行 GC-MS 分析，选择离子监测（SIM）定量分析检测目标成分（见图 4-2）。

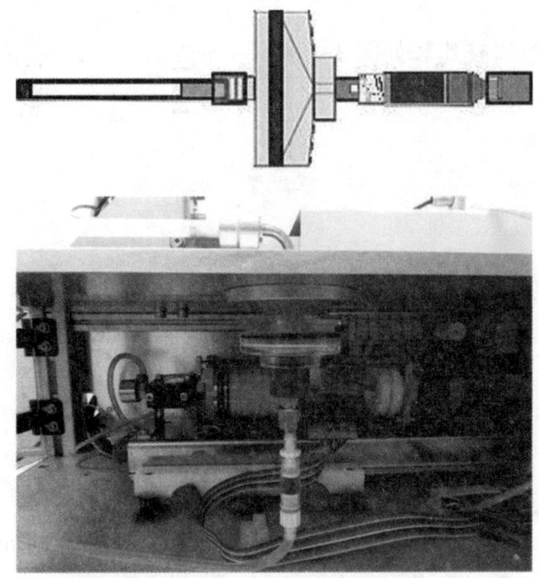

图 4-1 吸附管连接图

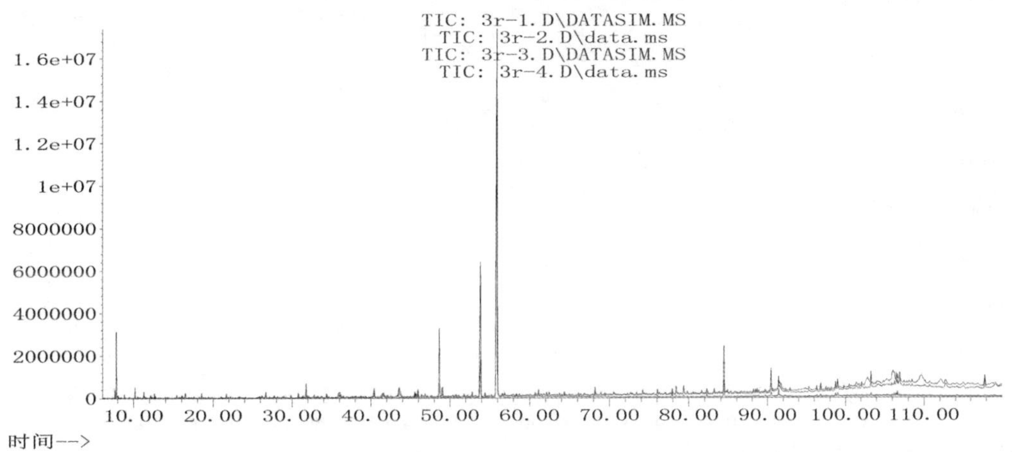

图 4-2 粒相组分分析

3. 气相组分捕集方法的比较

捕集瓶的操作：卷烟抽吸后，用洗耳球分别对捕集装置两个吸收瓶中的吸收管抽吸5次进行清洗，每个吸收瓶中准确加入50 μL内标溶液，搅拌均匀后，各取两个吸收瓶中1 mL溶液混匀进行GC-MS分析，向色谱瓶中取样时要尽快并盖紧色谱瓶盖，以防止挥发性成分损失。

吸附剂的操作：卷烟抽吸完成后，将吸附管中的吸附剂转移至15 mL的储液瓶内，用1 mL注射器缓慢(速度控制在1 mL/min)加入3 mL二氯甲烷，准确加入50 μL内标溶液，振荡摇匀后静止10 min；移取1 mL洗脱液至色谱瓶后采用GC-MS进行分析测试。

两种方法气相物色谱柱比较如图 4-3 和图 4-4 所示。

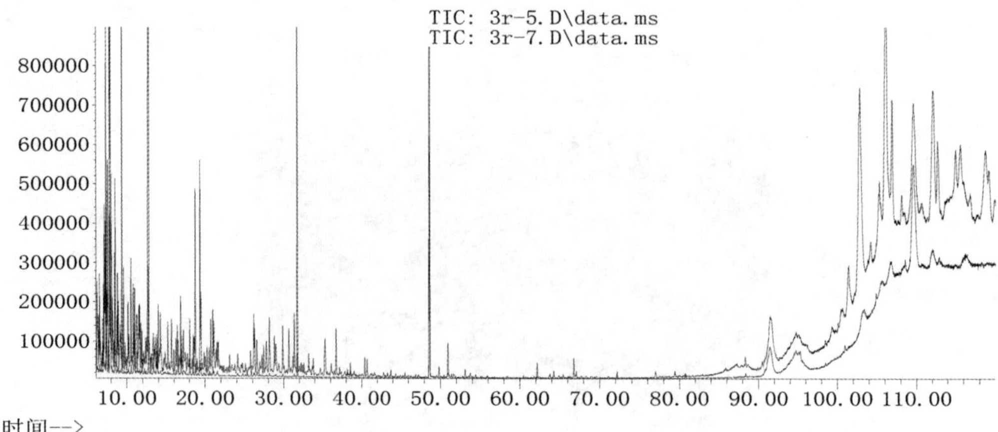

图 4-3　两种方法气相物 DB-5MS 色谱柱比较(3r-5 为吸附剂捕集,3r-7 为溶液捕集)

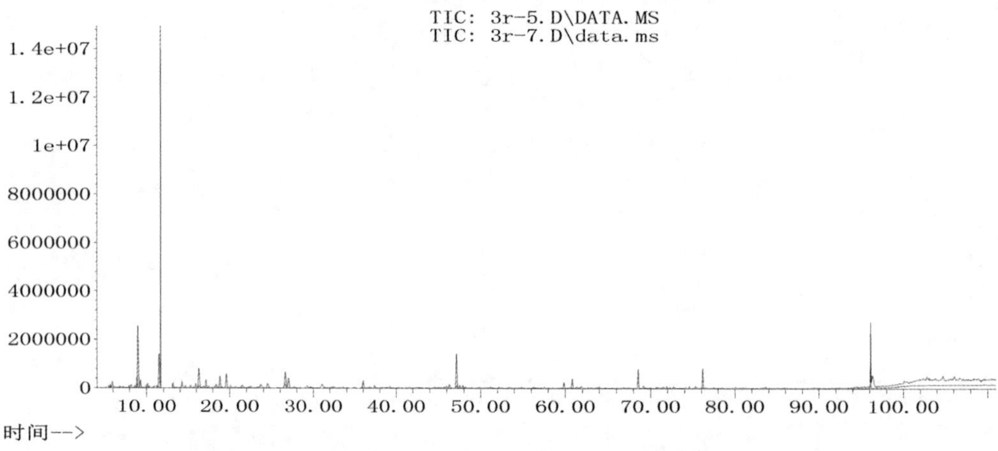

图 4-4　两种方法气相物 DB-624 色谱柱比较(3r-5 为吸附剂捕集,3r-7 为溶液捕集)

从图 4-3 和图 4-4 所示结果可以看出,采用吸附剂对气相物捕集的响应要远高于采用溶液捕集,并且采用吸附剂的捕集方式不受实验室是否有干冰的限制,更方便进行实验操作,因此选择采用吸附剂的捕集方式。

4. 最终确定的捕集条件

用直线型雪茄吸烟机抽吸雪茄烟,每组抽吸 1 支,用直径为 55 mm 的剑桥滤片捕集主流烟气粒相物,用 300 mg 吸附管(CX-572 cartridge)捕集主流烟气气相组分。

3.2 雪茄烟主流烟气化学成分分析

用直线型雪茄吸烟机抽吸雪茄烟，每组抽吸 1 支，用直径为 55 mm 的剑桥滤片捕集主流烟气粒相物，用 300 mg 吸附管(CX-572 cartridge)捕集主流烟气气相组分。

1. 主流烟气粒相物中性和碱性成分分析

将捕集主流烟气粒相物的剑桥滤片一分为二放入 4 mL 样品瓶中，加入 3 mL 二氯甲烷萃取剂，并准确加入 50 μL 混合内标工作液(D6 苯：9.35 mg/mL。乙酸苯乙酯：9.06 mg/mL)，密封膜密封，超声萃取 30 分钟，取萃取液用 0.45 μm 微孔滤膜过滤，滤液进行 GC-MS 分析。

样品分别在 DB-5MS 和 DB-624 两根柱子上进样分析，DB-624 柱子使用氘代苯内标，DB-5MS 柱子使用乙酸苯乙酯内标。

具体色谱质谱分析条件如下：

DB-5MS(60 m×1.0 μm×0.25 mm)：

程序升温：60 ℃ $\xrightarrow{2\ ℃/min}$ 250 ℃ $\xrightarrow{5\ ℃/min}$ 290 ℃(20 min)。进样量：1 μL。进样口温度：290 ℃。分流比：10∶1。载气：He。流速：1.5 mL/min(以保留时间锁定功能确定具体流速)。传输线温度：290 ℃。电离方式：EI。离子源温度：230 ℃。电离能量：70 eV。四极杆温度：150 ℃。质谱质量扫描范围：26～400 amu。监测模式：全扫描模式和选择离子扫描模式。

DB-624 (60 m×1.4 μm×0.25 mm)：

程序升温：40 ℃ (30 min) $\xrightarrow{2\ ℃/min}$ 160 ℃ (1 min) $\xrightarrow{8\ ℃/min}$ 240 ℃(10 min)。进样量：1 μL。进样口温度：220 ℃。分流比：10∶1。载气：He。流速：1.0 mL/min(以保留时间锁定功能确定具体流速)。传输线温度：240 ℃。电离方式：EI。离子源温度：230 ℃。电离能量：70 eV。四极杆温度：150 ℃。质谱质量扫描范围：20～350 amu。监测模式：全扫描模式和选择离子扫描模式。

2. 主流烟气气相物中性和碱性成分分析

将吸附管中的吸附剂转移至 15 mL 的储液瓶内，用 1 mL 注射器缓慢(速度控制在 1 mL/min)加入 3 mL 二氯甲烷，准确加入 50 μL 混合内标工作液(D6 苯：9.35 mg/mL。乙酸苯乙酯：9.06 mg/mL)，密封膜密封，振荡摇匀后移取 1 mL 萃取液至色谱瓶，采用 GC-MS 进行分析测试。

样品分别在 DB-5MS 和 DB-624 两根柱子上进样分析，DB-624 柱子使用氘代苯内标，DB-5MS 柱子使用乙酸苯乙酯内标。

具体色谱质谱分析条件如下：

DB-5MS(60 m×1.0 μm×0.25 mm)：

程序升温：60 ℃ $\xrightarrow{2\ ℃/min}$ 250 ℃ $\xrightarrow{5\ ℃/min}$ 290 ℃(20 min)。进样量：1 μL。进样口温度：290 ℃。分流比：10∶1。载气：He。流速：1.5 mL/min(以保留时间锁定功能确定具体

流速)。传输线温度:290 ℃。电离方式:EI。离子源温度:230 ℃。电离能量:70 eV。四极杆温度:150 ℃。质谱质量扫描范围:26～400 amu。监测模式:全扫描模式和选择离子扫描模式。

DB-624 (60 m×1.4 μm×0.25 mm):

程序升温:40 ℃ (30 min) $\xrightarrow{2\ ℃/min}$ 160 ℃ (1 min) $\xrightarrow{8\ ℃/min}$ 240 ℃(10 min)。进样量:1 μL。进样口温度:220 ℃。分流比:10∶1。载气:He。流速:1.0 mL/min(以保留时间锁定功能确定具体流速)。传输线温度:240 ℃。电离方式:EI。离子源温度:230 ℃。电离能量:70 eV。四极杆温度:150 ℃。质谱质量扫描范围:20～350 amu。监测模式:全扫描模式和选择离子扫描模式。

3. 主流烟气酸性成分硅烷化衍生

取经过0.45 μm滤膜过滤的粒相物和气相物萃取液1 mL,转入色谱瓶中,加入100 μL N,O-双(三甲基硅烷基)三氟乙酰胺(BSTFA),加入100 μL内标溶液(正辛酸溶液,0.0218 g到25 mL),密封,在60 ℃水浴中衍生化40 min,取出冷却至室温,待进样分析。

色谱柱:DB-5MS弹性石英毛细管柱(60 m×1.0 μm×0.25 mm)。进样口温度:280 ℃。分流比:10∶1。进样量:1 μL。程序升温:初始温度40 ℃,保持3 min,然后以4 ℃/min升至280 ℃,保持20 min。传输线温度:280 ℃。离子源温度:280 ℃。电离方式:EI。电离能量:70 eV。质谱质量扫描范围:35～450 amu。谱图检索:NIST 14谱库。监测模式:全扫描模式和选择离子扫描模式。

第四节　结　　论

对于雪茄烟气中的多种化学成分分析,目前缺乏标准检测方法。针对雪茄烟气样品中高沸点化学成分,建立了超多靶标、高灵敏、高通量GC-MS方法体系进行检测,该方法体系具体包含了基于QuEChERS方法、硅烷化衍生两种样品前处理方式,包括醇、酚、醛、酮、挥发及半挥发酸、酯、内酯、醚、吡啶、吡嗪等300余种化合物,并同时对国内外100余个雪茄烟进行了检测分析。

参考文献:

[1] 李军华,唐杰,梁坤,等.印尼与国内雪茄烟叶主要化学成分差异分析[J].浙江农业科学,2015, 56 (7):1080-1083.

[2] Smith, J H, Aubuchon S M, Wagner K A, et al. Challenges and opportunities in cigar science.[C]//CORESTA Congress. Kunming: CORESTA, 2018.

[3] Schmeltz I, Higman H C, Stedman R L. Phenols of cigar smoke. 54th Tobacco Science Research Conference, 1962.

[4] Osman S, Barson J. Volatile bases of cigar smoke. 54th Tobacco Science Research Conference, 1963.

[5] Schmeltz I, Stedman R L, Chamberlain W J, et al. Composition studies on

tobacco. XX—bases of cigarette smoke[J]. Journal of the Science of Food and Agriculture,1964, 15(11):774-781.

[6] Brunnemann K D, Hoffmann D. Gas chromatographic determination of ammonia in cigarette and cigar smoke. 54th Tobacco Science Research Conference,1974.

[7] Henningfield J E, Fant R V, Radzius A,et al. Nicotine concentration, smoke pH and whole tobacco aqueous pH of some cigar brands and types popular in the United States[J]. Nicotine & Tobacco Research,1999, 1 (2):163-168.

[8] Ng L K, Hupe M, Vanier M, et al. Characterization of cigar tobaccos by gas chromatographic/mass spectrometric analysis of nonvolatile organic acids: application to the authentication of cuban cigars[J]. Journal of Agricultural & Food Chemistry, 2001,49(3):1132-1138.

[9] Modestia F, CiaravoloI S, Genovese A, et al. Gas chromatographic mass spectrometric determination of toscano cigar extracts aroma and characterization of their odor profiles by GC-olfactometric techniques. CORESTA Meet. Smoke Sci. -Prod. Techno Groups, Stratford-upon-Avon, 2005. abstr. SSPT 07.

[10] Lauterbach J H, Grimm D A. Use of two GC-MS scan techniques for the characterization of tobacco fillers used in cigar products [C] // CORESTA Congress. Edinburgh, 2010, Smoke Science/Product Technology Groups.

[11] Schmeltz I, Brunnemann K D, Hoffmann D, et al. On the chemistry of cigar smoke: comparisons between experimental little and large cigars[J]. Beiträge Zur Tabakforschung International/contributions to Tobacco Research, 2014, 8 (6):367-377.

[12] Klupinski T P, Strozier E D, Friedenberg D A, et al. Identification of new and distinctive exposures from little cigars[J]. Chemical Research in Toxicology, 2016, 29 (2):162-168.

[13] Koszowski B, Rosenberry Z R, Yi D, et al. Smoking behavior and smoke constituents from cigarillos and little cigars[J]. Tobacco Regulatory Science, 2017, 3 (1):S31-S40.

[14] Hamad S H, Johnson N M, Tefft M E, et al. Little cigars vs 3R4F cigarette: physical properties and HPHC yields[J]. Tobacco Regulatory Science, 2017, 3 (4):459-478.

[15] Reilly S M, Goel R, Bitzer Z, et al. Little cigars, filtered cigars, and their carbonyl delivery relative to cigarettes[J]. Nicotine & Tobacco Research, 2018, 20(1):S99-S106.

[16] CORESTA SSPT 联席会议中国烟草代表团. 出席 2017 年 CORESTA 烟气科学与产品工艺学组(SSPT)联席会议报告[J]. 中国烟草学报,2017,23(5):150-152.